"十三五"国家重点出版物出版规划项目
海洋生态文明建设丛书

# 辽河口湿地水生态修复技术与实践

赵阳国 郭书海 郎印海 白 洁 编著

海洋出版社

2017年·北京

图书在版编目（CIP）数据

辽河口湿地水生态修复技术与实践/赵阳国等编著. —北京：海洋出版社，2017.12
ISBN 978-7-5210-0008-5

Ⅰ.①辽⋯ Ⅱ.①赵⋯ Ⅲ.①辽河流域-沼泽化地-生态恢复-研究 Ⅳ.①P942.313.78

中国版本图书馆CIP数据核字（2017）第322892号

责任编辑：鹿　源
责任印制：赵麟苏

海洋出版社　出版发行

http://www.oceanpress.com.cn
北京市海淀区大慧寺路8号　邮编：100081
北京文昌阁彩色印刷有限公司印刷　新华书店发行所经销
2017年12月第1版　2017年12月北京第1次印刷
开本：889mm×1194mm　1/16　印张：16
字数：480千字　定价：98.00元
发行部：62147016　邮购部：68038093　总编室：62114335
**海洋版图书印、装错误可随时退换**

# 《辽河口湿地水生态修复技术与实践》编委会

**编委（按姓氏笔画排序）：**

王延松　　王金爽　　田伟君　　白　洁　　吕久俊

任一平　　杨继松　　李凤梅　　李正炎　　李　东

李岢然　　李海波　　李　辉　　李道宁　　邹　立

宋常站　　张学庆　　林国庆　　金　明　　郎印海

孟泰舟　　赵阳国　　胡　泓　　高会旺　　郭书海

# 前　言

河口湿地是河流入海的最后屏障，发挥着污染物去除、调节区域气候、提供生物栖息地等多项重要功能。辽河流域水污染防治规划（2011—2015年）明确指出辽河流域"水生态系统结构退化严重，生态功能衰退明显"，将辽河盘锦河口区作为14个优先控制的水污染防治单元之一，以达到"提高饮用水源地安全、改善水环境质量、恢复局部水体水生态"的目的。同时，辽河河口区也是辽河保护区优先控制单元的重要组成部分，河口湿地生态修复是实现"一条河和一块湿地全面生态恢复"的重要保障。

经过实施水体污染控制与治理科技重大专项（简称水专项）"十一五"计划，辽河河口区湿地退化机制、点源污染分布和污染物运移途径已经基本查清，建立在河口尺度上的水环境污染治理策略已基本形成，初步构建了陆源污染控制和湿地生态修复的技术体系。

根据水专项"十二五"总体设计，在点源污染得到有效控制的前提下，亟须对典型区域面源污染进行控制，建立入河前端的典型污染物净化保障技术体系。为此，本书以调查和实验数据为基础较系统地介绍了辽河河口区油田、稻田和苇田中污染物来源和环境行为特征，油田烃类有机污染物削减、稻田氮磷面源污染防控、苇田河蟹养殖废水污染阻控、退化湿地生境修复等技术理论和方法，并对部分技术进行示范，最终提出湿地生态安全保护体系。本书汇集了"水专项""辽河河口区水质改善与湿地水生态修复技术集成与示范"（2013ZX07202-007）课题组几十位环境领域专家、学者、研究生们历时5年的研究成果，具有很强的实践指导意义。

参与课题研究和本书编写的主要人员包括中国海洋大学田伟君、白洁、任一平、李正炎、邹立、张学庆、郎印海、林国庆、赵阳国、胡泓（以姓氏笔画为序，后同）；中国科学院沈阳应用生态研究所李凤梅、郭书海；辽宁省环境科学研究院王延松、吕久俊、李道宁；沈阳大学李海波、杨继松；盘锦市芦苇科学研究所王金爽、李东、宋常站、金明、孟泰舟。上述单位约50余位博士、硕士研究生参与了课题研究，并在数据处理、材料准备、论文撰写等方面付出了大量的劳动，在此予以特别致谢。赵阳国副教授、郎印海教授负责全书统稿，郭书海研究员和白洁教授对全书进行了审校。

本书是作者们齐心协力的结晶，在编写过程中更是得到了国家和地方水专项管理办公室、辽宁省和盘锦市环保部门领导、辽河流域水体污染综合治理技术集成与工程示范项目专家组以及课题承担单位和参加单位相关领导的大力支持，许多专家学者和同仁在本书出版过程中提出了大量宝贵意见，在此谨呈衷心的感谢！

希望本书能够使读者了解辽河口湿地水生态环境现状及污染控制、生态修复方法，并为相关领域的科学研究与教学提供有益的参考。

由于编者水平所限，书中一定会有不少疏漏和不当之处，敬请提出宝贵意见。

编者<br>2017年8月

# 目　次

第1章　绪论 (1)
  1.1　辽河口湿地面临的生态环境问题 (1)
    1.1.1　湿地面积变化 (1)
    1.1.2　湿地生物资源情况 (1)
    1.1.3　湿地生态供需水情况 (2)
    1.1.4　人类开发活动的影响 (2)
  1.2　亟须开展技术研究 (2)

第2章　河口区累积性烃类污染物的削减与控制 (4)
  2.1　河口区石油烃类污染物环境行为分析 (4)
    2.1.1　油田区石油烃类污染特征 (5)
    2.1.2　石油烃类污染物在水土间的赋存状态 (6)
    2.1.3　典型石油组分的降解过程 (10)
    2.1.4　石油烃类污染物在地表水中的归宿 (14)
  2.2　地表水体中有机污染物的强化阻控 (17)
    2.2.1　厌氧—好氧共代谢削减技术小试研究 (17)
    2.2.2　厌氧—好氧共代谢削减技术中试研究 (25)
  2.3　湿地土壤中烃类污染物组合削减技术 (27)
    2.3.1　烃类污染物组合削减技术小试研究 (27)
    2.3.2　石油污染土壤电动—生物修复工艺优化 (40)
    2.3.3　电动—微生物联合修复技术中试研究 (49)

第3章　辽河口稻田生产区氮磷面源污染控制 (54)
  3.1　农业生产中面源污染及控制现状 (54)
    3.1.1　稻田肥料高效利用技术 (54)
    3.1.2　农田污染侧渗阻控技术 (55)
    3.1.3　径流污染物生态净化技术 (55)
  3.2　稻田氮磷面源污染的产生、运移与转化特征 (56)
    3.2.1　稻田氮磷面源污染的产生特征 (56)
    3.2.2　稻田退水中氮磷运移与归趋特征 (60)

  3.2.3 外源氮磷在湿地中的迁移转化特征 ……………………………………… (65)
 3.3 稻田水肥调控技术 ……………………………………………………………… (67)
  3.3.1 稻田节水控肥技术 ……………………………………………………… (67)
  3.3.2 稻田保水抑肥耕作技术 ………………………………………………… (75)
 3.4 稻田退水"沟渠—湿地"梯级净化技术 ………………………………………… (80)
  3.4.1 沟渠对稻田退水中氮磷的阻控效果 …………………………………… (80)
  3.4.2 不同水力条件对湿地净化氮磷的影响 ………………………………… (84)
  3.4.3 沟渠—湿地系统对稻田退水的联合净化作用 ………………………… (88)

# 第4章 辽河口湿地苇田水体污染阻控技术 …………………………………………… (92)
 4.1 湿地污染物源解析与生态效应 ………………………………………………… (92)
  4.1.1 芦苇湿地PAHs分布特征 ……………………………………………… (93)
  4.1.2 芦苇湿地污染物来源解析 ……………………………………………… (94)
  4.1.3 芦苇湿地有机污染物的生态效应 ……………………………………… (96)
 4.2 芦苇湿地水资源综合利用的生态效应 ………………………………………… (103)
  4.2.1 苇田灌溉用水污染特征及生态效应 …………………………………… (103)
  4.2.2 微咸水利用的生态效应 ………………………………………………… (109)
  4.2.3 苇田河蟹养殖过程的生态学效应 ……………………………………… (112)
 4.3 水利工程影响下的苇田用水配置方案与调控技术 …………………………… (115)
  4.3.1 水利工程影响下湿地河网水质动态变化 ……………………………… (115)
  4.3.2 水利工程影响下的苇田用水调控技术 ………………………………… (121)
  4.3.3 苇田用水配置方案优化 ………………………………………………… (123)
 4.4 河口区苇田养殖水体污染阻控技术 …………………………………………… (127)
  4.4.1 养殖水体污染控制生物填料的制备与优化 …………………………… (128)
  4.4.2 芦苇湿地生物—多孔介质联合阻控技术 ……………………………… (137)

# 第5章 油田作业区湿地净化功能的修复 ……………………………………………… (143)
 5.1 湿地系统水资源时空调配技术 ………………………………………………… (143)
  5.1.1 湿地有机污染净化系统水资源调配技术小试研究 …………………… (144)
  5.1.2 净化系统水资源调配技术中试研究 …………………………………… (149)
  5.1.3 水资源配置建议 ………………………………………………………… (154)
 5.2 湿地系统养分调控工艺优化 …………………………………………………… (155)
  5.2.1 湿地净化系统养分调控技术小试研究 ………………………………… (155)
  5.2.2 湿地净化系统养分调控与水质净化技术中试研究 …………………… (159)
 5.3 湿地净化能力优化与仿真设计 ………………………………………………… (161)
  5.3.1 研究区湿地净化能力评估 ……………………………………………… (161)

5.3.2　研究区湿地单元净化能力调控与仿真 …………………………………… (165)
　　5.3.3　年际间湿地净化能力预测 ……………………………………………… (169)
　　5.3.4　辽河口采油区湿地系统净化能力仿真 …………………………………… (171)

# 第6章　河口湿地生境修复与效果评估 …………………………………………… (173)
## 6.1　湿地生态修复技术现状 ………………………………………………………… (173)
　　6.1.1　湿地生境修复技术 ………………………………………………………… (173)
　　6.1.2　湿地生物修复技术 ………………………………………………………… (174)
　　6.1.3　生态系统结构与功能修复技术 …………………………………………… (176)
## 6.2　河口湿地芦苇群落退化驱动力研究 …………………………………………… (176)
　　6.2.1　导致湿地退化的原因分析 ………………………………………………… (176)
　　6.2.2　芦苇群落退化的驱动力研究 ……………………………………………… (177)
## 6.3　退化芦苇湿地的生境修复技术 ………………………………………………… (179)
　　6.3.1　退化湿地水盐运移规律研究 ……………………………………………… (180)
　　6.3.2　土壤生境的微生物菌剂改良 ……………………………………………… (184)
　　6.3.3　退化芦苇湿地基底结构设计与优化 ……………………………………… (187)
## 6.4　芦苇水盐胁迫效应分析 ………………………………………………………… (188)
　　6.4.1　芦苇生长的适宜盐分 ……………………………………………………… (188)
　　6.4.2　芦苇生长的适宜水分 ……………………………………………………… (191)
## 6.5　芦苇湿地生态修复对污染物净化功能的提升 ………………………………… (193)
　　6.5.1　实验条件与设计 …………………………………………………………… (194)
　　6.5.2　芦苇修复与灌排水方式对湿地污染物去除效果的影响 ………………… (196)
　　6.5.3　溶解氧在微污染水净化过程中的作用 …………………………………… (204)
　　6.5.4　辽河口湿地生态修复对河口水质的影响评价 …………………………… (209)

# 第7章　辽河口湿地生态安全因子识别与保护体系构建 ………………………… (219)
## 7.1　河口湿地生态安全因子识别 …………………………………………………… (219)
　　7.1.1　自然胁迫因子的综合调查与分析 ………………………………………… (219)
　　7.1.2　人为胁迫因子的综合调查与分析 ………………………………………… (221)
　　7.1.3　河口区生态胁迫的综合生态效应 ………………………………………… (226)
## 7.2　辽河口湿地生态安全保护体系构建 …………………………………………… (229)
　　7.2.1　河口湿地生态安全因子的确定 …………………………………………… (230)
　　7.2.2　湿地生态安全评价指标体系构建 ………………………………………… (233)
　　7.2.3　辽河口湿地各区镇生态安全等级评价 …………………………………… (235)
　　7.2.4　生态安全保护建议 ………………………………………………………… (239)

**参考文献** ……………………………………………………………………………… (240)

# 第1章 绪 论

## 1.1 辽河口湿地面临的生态环境问题

辽河口湿地位于辽宁省盘锦市南部，辽东湾北岸，辽河下游入海口处，湿地类型以冲积平原和潮滩为主。湿地盛产芦苇和石油、天然气，是世界第二大苇场和我国重要油田，稻米和河蟹闻名全国。同时湿地内还栖息着丹顶鹤、白天鹅、黑嘴鸥等200多种珍稀鸟类，是我国重要的自然保护区，具有巨大的蓄水防洪、净化污染、调节气候的生态功能。

辽河口湿地既是辽河中上游河段污染物"总汇"场所，又是本区域沿河城乡地区的主要纳污体，污染叠加特征突出。在河口区受纳水体环境容量有限的情况下，水体及河流的自净能力急剧下降，对下游滨海湿地生态功能造成严重威胁，也进一步影响近海海域水环境质量。辽河口湿地作为辽河流域水体污染物入海前的最后一道天然屏障，其环境状况和面临的生态风险对辽东湾近海生态系统健康有着举足轻重的意义。辽河口湿地生态群落的恢复是保证湿地生态健康和生态功能的前提，进行辽河口湿地水质改善和生态修复，将对辽河流域水污染治理、保护河口湿地生态健康和辽东湾近岸海域生态环境具有重要的支撑作用。

经过水专项"十一五"辽河口湿地生态问题的研究，积累了一定的基础和成果，加上国家和地方对辽河上游污染物的有效阻控和治理，水体污染对河口湿地的影响有所缓解，河口湿地生态环境有一定程度的改善，但仍面临很多较为严重的生态环境问题。

### 1.1.1 湿地面积变化

辽河口湿地面积的变化主要是区域开发造成的，特别是20世纪80年代以来开发规模越来越大，原有湿地面貌发生了很大变化，表现为自然湿地面积逐渐减少，人工湿地面积逐渐增加。"八五"以来石油开发占用自然湿地面积为$3.19\times10^4$ $hm^2$；1977—2005年，农田、村庄、道路及油井占地由4.1%增加到8.4%，自然湿地面积每年以0.43%的速度减少，区域综合开发使自然湿地面积减少了$3.79\times10^4$ $hm^2$。根据本课题"十一五"期间研究结果，1978—2008年30年间，河口区水田和虾蟹田面积分别以年均0.75%和42.6%的速度增加，而芦苇湿地面积则以年均0.77%的速度减少，且芦苇湿地面积减少速度有逐渐增加的趋势。

### 1.1.2 湿地生物资源情况

随着辽河口湿地面积的变化，湿地的生态结构和功能也随之改变，生物多样性有所下降。河刀鱼、梭鱼、面条鱼、河蟹和河虾曾经是河口区渔业主要生产品种。由于河闸的相继建成使用，河床淤塞，水质污染，河口区渔业生产受到严重影响。例如，河刀鱼是逆河性鱼类，原来年产$50\times10^4 \sim 100\times10^4$ kg，河闸建成后资源随即衰减，近年河刀鱼的生产已经消失。中华绒螯蟹是本区特有的水产资源，20世纪50—60年代资源十分丰富，1970年后因人为干扰使产量出现不稳，1978年后产量急剧下降，最低点已不足100 t。近年来，随着蟹田面积不断扩大，半人工养殖的河蟹产量开始迅速攀升，甚至成为单一养殖水产品种，对物种多样性造成很大冲击。生物资源的锐减导致湿地作为生物物种基因库功能丧失，对河口湿地生态系统结构及功能将产生巨大的负面影响。

### 1.1.3 湿地生态供需水情况

盘锦市的河流径流量1995年为$150×10^8$ $m^3$，其中可利用量为$50×10^8$ $m^3$；2000年河流径流量降为$44.28×10^8$ $m^3$，其中可利用量降为$14.26×10^8$ $m^3$；到2005年河流径流量降为$26.2×10^8$ $m^3$，可利用量降为$13×10^8$ $m^3$。据有关资料显示，盘锦的水田面积呈不断增加的趋势，2008年农业灌溉用水量达$10.66×10^8$ $m^3$，占总用水量的78.2%。在河流径流量下降的情况下，盘锦的水资源供应短缺，这将直接导致河口湿地生态需水无法得到满足，局部地表返盐严重，部分区域湿地生态逐渐退化。

### 1.1.4 人类开发活动的影响

根据本课题研究，1978—2008年30年间，河口区水田面积由$14.18×10^4$ $hm^2$增至$17.36×10^4$ $hm^2$，年均增加1 000 $hm^2$。水田的开发，使河口区土地利用结构发生了巨大变化。如盘锦市大洼区小三角洲水田开发区是辽河三角洲农业资源开发的先期工程，该区同时也是河口区农业开发区中水利工程较集中、开发后生态环境变化较大的地区。由于开发修筑的防潮堤、平原水库、防潮闸及渠系等水利工程，使辽河口至二界沟口内$2.67×10^4$ $hm^2$近海滩涂脱离海水的直接影响，翅碱蓬群落显著退化。

本课题研究发现，1978年河口区虾蟹田面积仅有1 149 $hm^2$，而到2008年，虾蟹田面积已达$1.58×10^4$ $hm^2$，增加了约14倍。虾蟹养殖过程中排放的污染物不但对周围水域环境产生极大的影响，而且还会随河入海，污染近海、浅海水环境。河口区水稻种植集约化程度较高，是主要的需水、耗水和化肥使用大户，由传统的生产管理方式产生的含氮磷污染物流失或外排，已对河口水环境造成严重影响。

辽河河口区大规模的石油开采、联合化工等重污染点源使水体环境质量急剧恶化，直接威胁到该地区的经济和环境可持续发展。辽河油田是世界上典型的稠油、超稠油开采区，最高年开采量为$1 450×10^4$ t，产生了大量的采油废水和固体含油废弃物。以采油废水为例，在达标排放情况下，每年仍有超过$6×10^4$ t石油类污染物流入环境中。石油类污染物毒性强，可生化性差，部分化合物在环境中经过长期的迁移转化、生物富集等作用，对人类健康和生态环境造成极大危害。

## 1.2 亟须开展技术研究

2009年，辽河干流已经全部消灭了劣Ⅴ类水质，提前实现了辽宁省政府确定的"三年内实现辽河干流全部消灭劣Ⅴ类水体"的目标。在此基础上，"十二五"期间辽河流域针对不同污染控制单元，采取了分区规划的方案进行治理。河口湿地处于辽河干流保护区优先规划区内，是辽河流域污染治理及生态环境恢复和保护的核心区域。

结合国家和地方的污染控制、生态修复规划以及辽河河口区目前的生态环境现状，针对辽河口湿地由于石油开采、稻田种植和苇田养殖造成的水体污染以及由于水资源短缺造成湿地生态退化、生态功能下降等问题，我们开展了以降低湿地污染、恢复湿地生物群落、改善湿地生态功能为目标的技术研发和技术实践。针对河口湿地生态退化、污染严重等问题，探讨了河口湿地演化格局和潜在的生态风险，并对其生态安全进行预警分析，构建了河口湿地生态安全保护体系，建立湿地生境修复、退化芦苇生态恢复技术；针对河口区累积性烃类的污染问题，研究了有毒有机污染物的迁移、阻控和削减技术，研发了湿地污染降解功能恢复方案与石油类有机污染净化系统养分调控技术；针对稻田退水造成湿地水体污染严重的问题，建立了稻田水肥调控技术，实现了氮磷的田内削减和退水中氮磷的田间及田外削减；针对芦苇湿地水资源短缺、苇田养殖污染严重的问题，建立了苇田水资源合理利用调控技术和苇田养殖水体物理—生物联合阻控技术。

# 第 2 章 河口区累积性烃类污染物的削减与控制

到 2013 年，辽河河口区油田占地面积已扩至 $1.28\times10^4$ hm$^2$，增长速度迅猛。该区油井比较分散，多分布在自然湿地生态系统中，在钻井、试井、采油等作业过程中产生原油跑、冒、漏等均能造成湿地原油污染。湿地土壤中石油烃含量高达 200~1 560 mg/kg，是背景含量的 12~200 倍，在重度污染区内，土壤中含油量已达到 10 000 mg/kg 以上。其中采油井周边的土壤污染比较严重，并呈现从井口向外辐射递减的趋势。在井场周围 0~40 m 范围内土壤污染较为严重，一般污染范围可达 100~130 m，并且会因雨水冲刷而导致污染面积不断扩大。

与其他油田相比，辽河油田稠油中芳烃类污染物含量较高，多环芳烃类有毒有害物质比例大，且具有高环比例大的特点，四环以上多环芳烃占近 70%，这些高环化合物毒性强，可生化性差，难以降解，会在环境中长期存在。当这些污染物进入土壤的量超过土壤的自净容量后，积累的污染物将长期停留，破坏土壤结构，使土壤透水性降低，引起土壤理化性质的改变。石油类物质进入土壤后，不仅使土壤的理化性质发生变化，还可以通过食物链在动植物体内逐渐富集，对人类健康和生态环境造成极大危害。石油烃中不易被土壤吸附的部分还能被降雨形成的地表径流带入湿地地表水体如沼泽、河流等，造成湿地水体的污染。

鉴于石油污染的危害性，各国已经研发了一系列石油污染防治技术，包括物理、化学和生物技术。物理化学方法能耗高，有二次污染；生物修复虽然处理成本低，污染治理彻底，但其影响因素较多，如含油量、温度、湿度、营养元素及氧气浓度等，最主要的问题是处理周期长、效率低。有机污染电动修复技术是 20 世纪末兴起的绿色修复技术，其优点是可进行原位修复、修复时间短、没有二次污染。当电动修复技术与生物修复技术联合后，能够充分发挥物理化学修复的快速优势以及生物修复的非破坏性的特点，是基于物化—生物修复技术中最具应用潜力的污染土壤修复方法之一。其基本原理是利用电场产生的电动效应和电化学反应，增强土壤中污染物的生物可利用性，加快有机污染物的氧化进程，改善功能微生物的代谢条件，并提供生物—化学反应所需的外部条件，如适宜的温度、氧气、pH 值和传质环境等。

本章主要针对辽河口湿地地表水和土壤中有毒烃类污染物，研发适用于河口湿地的石油烃类污染物阻控和削减技术，这将对特征性污染物削减、湿地功能恢复和地表水净化具有重要意义。

## 2.1 河口区石油烃类污染物环境行为分析

分析河口湿地井场周边石油烃类等有毒有机污染物在地表水体与土壤中的含量、分布和赋存特征，解析石油烃类污染物在水土间的赋存状态，研究典型石油组分的降解过程与限速步骤，估算石油烃类污染物在地表水体中的归宿，将为湿地环境中烃类有毒有机污染物的削减提供科学依据。

## 2.1.1 油田区石油烃类污染特征

### 2.1.1.1 油田区石油烃污染发生规律

石油勘探开发过程中，由于各种原因，部分石油烃类污染物进入水环境及周边区域。在水环境中，这类污染物将发生一系列物理、化学和生物变化。其中一部分污染物降解或转化为无害物质；一部分通过挥发等途径转移到其他环境相中；还有一部分会长期留存于水环境中，通过饮水和食物链的传递威胁人体健康。石油烃类污染物在水环境中的环境行为包括扩散、挥发、溶解、分解、氧化、生物降解、沉降、吸附与吸收、分配与富集等。

选择地表水丰富的苇田湿地，以油井为圆心，按距离油井不同圆周半径布置采样点。检测水、土壤中石油烃含量，结果见表2.1。分析表明，油井周围的水体和土壤受到了严重污染，而且污染面积较大，随着污染半径的增大，石油烃的含量逐渐降低。

表2.1 油井污染半径内的石油烃类浓度

| 距离油井/m | 稻田水体 /(mg/L) | 超标情况 | 苇田水体 /(mg/L) | 超标情况 | 旱田土壤（0~20 cm）/(mg/kg) |
|---|---|---|---|---|---|
| 50 | 1.14 | 超Ⅴ | 1.89 | 超Ⅴ | 229 |
| 100 | 0.76 | 超Ⅴ | 1.21 | 超Ⅴ | 180 |
| 150 | 0.58 | 超Ⅴ | 0.91 | 超Ⅴ | 89 |
| 200 | 0.47 | Ⅴ | 0.67 | 超Ⅴ | 31.9 |
| 背景 | 0.07 | | 0 | | |

### 2.1.1.2 石油烃类污染物在地表水中的变化

由于石油烃类污染物中各族（包括烷烃、芳烃和极性物质）性质不同，它们在地表水体中迁移转化过程中，组成含量也随时空变化存在显著差异。

选取具有代表性石油污染河段用以分析烃类污染物的赋存特征。该河段长约3.1 km，宽6 m，深1.5 m，平均水力停留时间（HRT）48 h。采样点间隔约450~550 m，共设置7个采样点（S1~S7）。采集河流中间表层水样，为防止水体的瞬时差异，每个样点采集3个平行样品。水样存放在4℃的聚乙烯瓶中，并立刻运回实验室进行分析，沉积物样品与水样一并采集。

根据图2.1，11月（冬季）地表水体中烷烃组分的含量随迁移距离增加而缓慢减少（从5.36 mg/L降至3.60 mg/L），且在S3~S6段之间水体中烷烃组分含量相对稳定[（4.46±0.22）mg/L]，虽然烷烃组分的含量变化出现波动，但与距离呈现显著的相关性（$R^2 = 0.743$，$P<0.05$）；地表水体中芳烃组分也呈现减少的趋势，但不同河段的变化差异显著，在S1~S4段，含量降低速率较慢，均值稳定在（4.20±0.29）mg/L，而S4~S7段，水体中芳烃组分的含量降低相对较快，变化差异显著，含量削减超过了45%；而水体中极性物质的含量变化则存在明显的拐点，在河段的S1~S2段，极性物质含量快速降低，S2后其含量基本保持不变[（1.44±0.09）mg/L]。

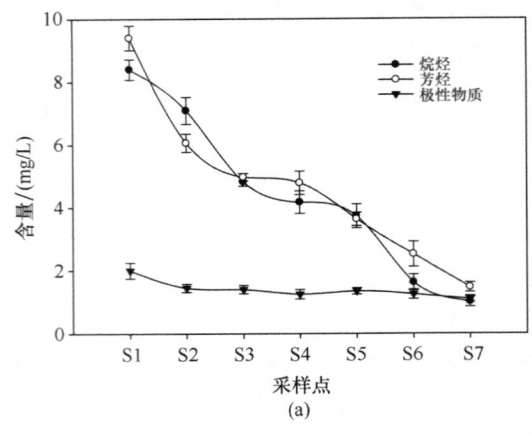 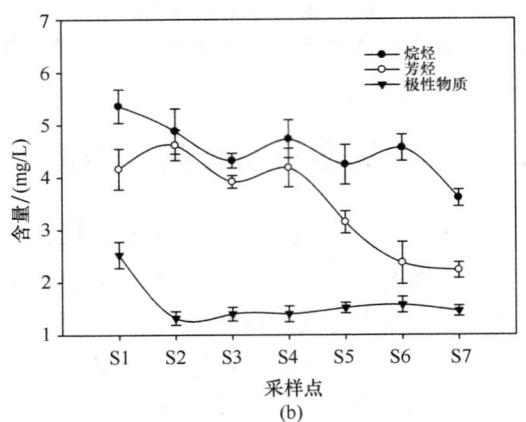

图 2.1 8月（a）和11月（b）地表水体中石油烃类污染物各族组成含量空间变化

与11月（冬季）有所不同，8月（夏季）地表水体中烷烃与芳烃组分的含量均呈逐渐减少的趋势，且减少的速率相似，削减率也相近（烷烃，87.9%；芳烃，84.4%），不存在明显的拐点与稳定段；极性物质含量在不同季节的变化趋势较为一致，即在河段前段快速减少后保持平衡，表明其变化主要受沉淀作用影响，降解作用对其影响较小。各族组成含量的变化趋势，一方面取决于各族组成的疏水程度，另一方面则与其易降解性密切相关。

### 2.1.2 石油烃类污染物在水土间的赋存状态

石油烃类污染物在水体中大致可分为可溶态、游离态与吸附态（被悬浮物吸附）。为了更好地阐明石油烃类污染物含量、族组成与其在水体中赋存形态之间的关系，将水体中石油烃类污染物划分为吸附态与非吸附态（包括可溶态和游离态）。

#### 2.1.2.1 石油烃类污染物在水体中的赋存状态

由于石油烃类污染物随地表水体迁移过程中，除受水利条件与水环境影响外，还受到沉积与降解等作用的综合影响，因此，不同季节石油烃类污染物在水体中的赋存状态（吸附态/非吸附态）也存在差异。根据图2.2，不同季节采油废水处理厂排水进入研究河段的石油烃类污染赋存状态较为一致（吸附态的比例均值为68.2%），在两相间的（吸附态/非吸附态）分配系数 $K_p$ 均值为2.14。但在河段末端，石油烃类污染物的赋存状态的差别较大，随着环境温度的升高，水体中石油烃类污染物吸附态的比例相应增大，其中，8月（夏季）水体中石油烃类污染物的吸附态比例最高，达到50.5%；11月（冬季）石油烃类污染物的吸附态比例最低，仅为30.1%。这可能是由于随着季节性气温的升高，生物降解作用逐渐增强，水中吸附态与非吸附态的污染物重新分

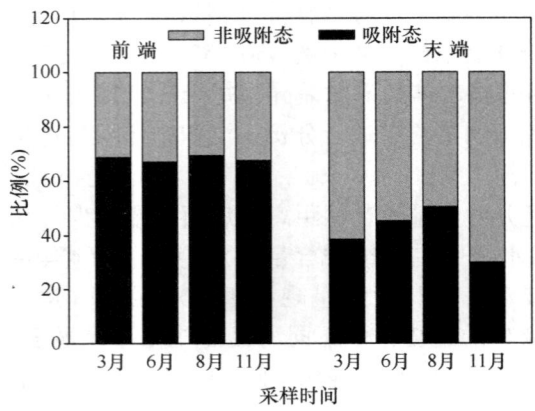

图 2.2 水体中石油烃类污染物在河段两端的赋存状态

配，使更多的污染物被吸附到悬浮物上。

对比不同季节石油烃类污染物随河流迁移过程中，在不同河段两相间（吸附态/非吸附态）分配系数（表2.2）发现，水体中石油烃类污染物的分配系数变化较为一致，均在石油烃类污染物进入河段初期（S1~S3）快速降低，减少的比例均超过37%，最高为11月，分配系数降低了55.5%。石油烃类污染物进入河段中后期（S3~S7），分配系数虽有一定程度的降低，但减少的比例较少，分配系数的均值为1.02±0.29，基本保持稳定。这主要是由于悬浮物在河流前段大量沉降，从而导致吸附态石油烃类污染物比例大幅减少。

表2.2 不同河段石油烃类污染物的分配系数

| 采样时间 | 分配系数（$K_p$） | | | | | | |
| --- | --- | --- | --- | --- | --- | --- | --- |
| | S1 | S2 | S3 | S4 | S5 | S6 | S7 |
| 3月 | 2.20 | 1.18 | 1.00 | 1.06 | 1.11 | 0.96 | 0.63 |
| 6月 | 2.04 | 1.41 | 1.28 | 1.22 | 0.98 | 1.06 | 0.83 |
| 8月 | 2.27 | 1.89 | 1.32 | 1.68 | 1.00 | 1.43 | 1.02 |
| 11月 | 2.09 | 0.93 | 0.93 | 0.65 | 1.00 | 0.74 | 0.43 |

#### 2.1.2.2 石油烃类污染物各族的赋存状态

虽然不同季节石油烃类污染物在河段前端两相中的赋存状态相似，但石油烃类各族（即烷烃、芳烃和极性物质）的赋存状态则差异显著（图2.3）。对4个采样时间河段前端（S1）的各族组成进行了均值分析，可以看出，进入河流的石油烃类污染物各族组成均是以吸附态为主，但比例存在差异。其中，烷烃组分的吸附态比例最低，为59.3%；极性物质吸附态的比例最高，占总污染物含量的86.7%；芳烃组分的吸附态比例居中，为70.5%。为更好地了解石油烃类污染物各族在两相间的分配特性，本研究考察了各族污染物在河流迁移过程中赋存状态的变化。

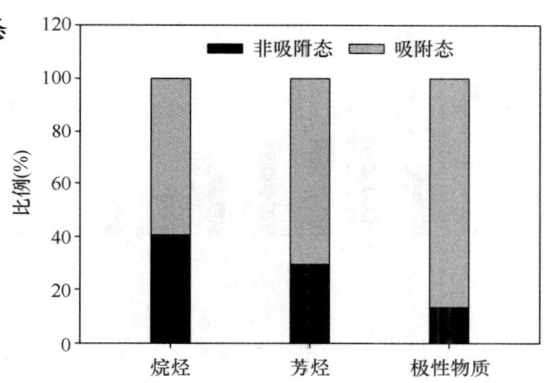

图2.3 河段前端（S1）石油烃类污染物各族组成的赋存状态

图2.4显示，随着烷烃组分沿河迁移距离的增加，两季节（11月与8月）水体中烷烃的分配系数变化均呈下降的趋势，但与距离并未呈显著的负相关（$P>0.05$）。两个季节的变化趋势存在不同的驱动外因。首先，进入河段的烷烃组分的赋存状态不同，11月的烷烃组分中主要以吸附态为主，占烷烃组分总量的70.1%；而8月水体中烷烃组分在河段前端的赋存状态中，吸附态与非吸附态的比例约分别占48.5%与51.5%，这对烷烃组分迁移过程中的解吸与再分配的影响存在差别。其次，不同季节引起分配系数变化的原因不同，11月时烷烃组分的非吸附态含量有增加的趋势（25.0%），而吸附态的含量在S3之后呈现降低的趋势，从而导致烷烃组分分配系数的降低，这可能是悬浮物沉淀与两相再分配的结果；8月时烷烃组分的吸附态与非吸附态的含量均呈减少的趋势，而分配系数的下降主要是由于吸附态含量的降低速率略快于非吸附态，这可能是沉降与降解共同作用的结果。

由图2.5可知，石油烃类污染物芳烃组分在迁移过程中，随着迁移距离的增加，两季节

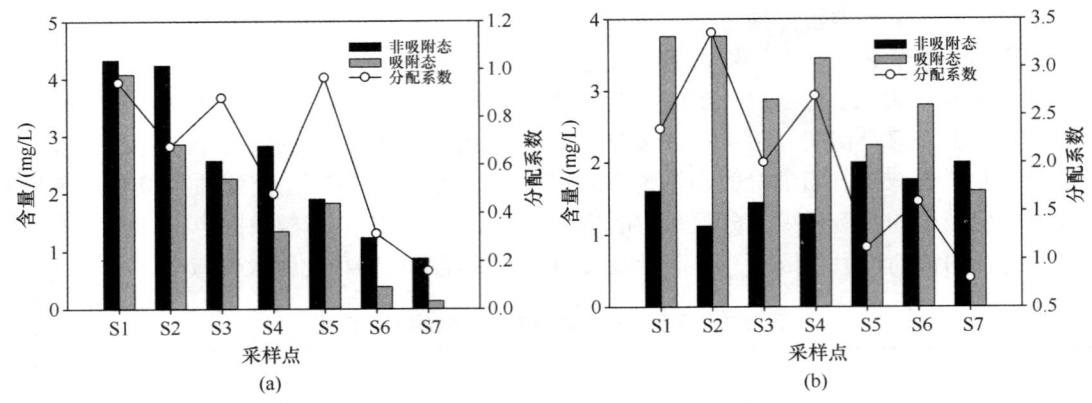

图 2.4 8 月（a）和 11 月（b）河流中烷烃组分的分配系数变化

（11 月与 8 月）水体中芳烃的分配系数变化趋势明显不同。8 月时芳烃组分的分配系数呈现下降的趋势，而 11 月时芳烃的分配系数则呈现上升的趋势。

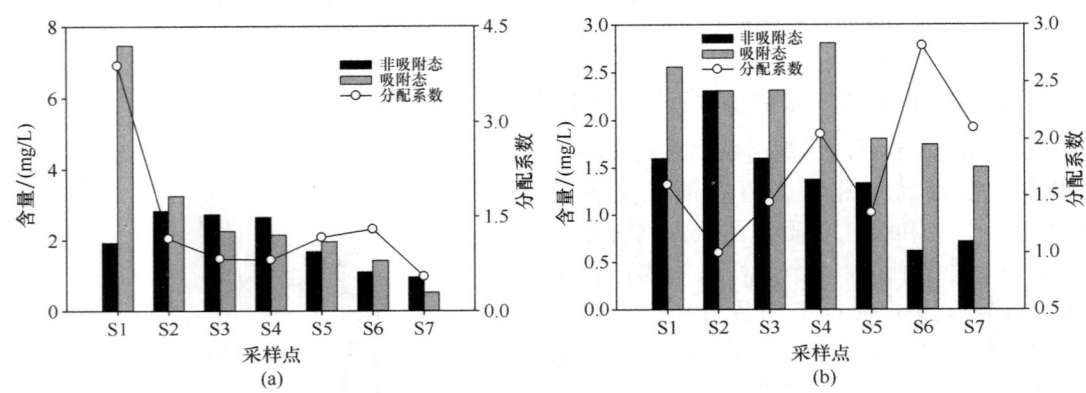

图 2.5 8 月（a）和 11 月（b）河流中芳烃组分的分配系数变化

芳烃组分在两季节（11 月与 8 月）进入河段的赋存状态相似，均是以吸附态为主，分别占总含量的 61.5% 与 79.5%。但 8 月时，在河段初期（S1～S2），悬浮物含量迅速沉淀，导致易吸附的石油烃类污染物中芳烃组分的含量快速减少，减少量超过 56%，出现芳烃组分的分配系数在河段初期快速降低的现象。而 11 月时，芳烃组分则没有表现出类似的规律，其河段前端到中段（S1～S4），芳烃组分在两相间的含量变化过程并不明显，分配系数一直稳定在 0.59±0.07；在河段后段（S4～S7），可能是由于芳烃在两相间重新分配的原因，分配系数才出现明显升高的现象。

若不考虑河段前端悬浮物快速沉淀所带来的影响，只考察 S2～S7 段，那么如图 2.6 所

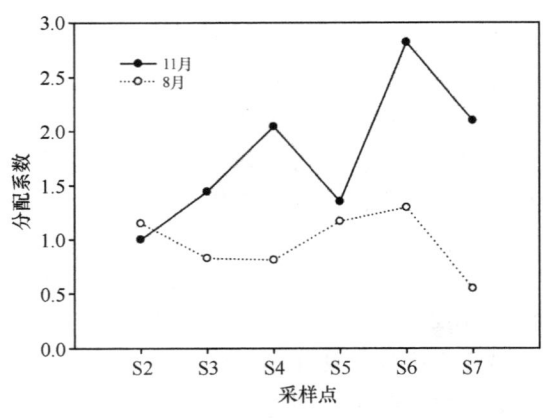

图 2.6 8 月和 11 月 S2～S7 河段中芳烃组分的分配系数变化

示,11月时,两相间的分配系数明显呈增大的趋势,而8月的分配系数则在该河段内变化相对稳定,均值为0.97±0.28,这可能是夏季降解作用的影响。同时,芳烃类污染物在两相间的分配存在一定的动态变化过程,但各相中分配系数差异相对较大,这可能是由于芳烃类污染物在两相间的分配,不仅与污染物的量有关,也与悬浮物类型相关。

8月和11月石油烃类污染物中极性物质沿河流迁移过程中,两相间的分配系数的变化表现出相同的趋势(图2.7),即均在河段前段快速下降,并在随后的河段中保持相对稳定。

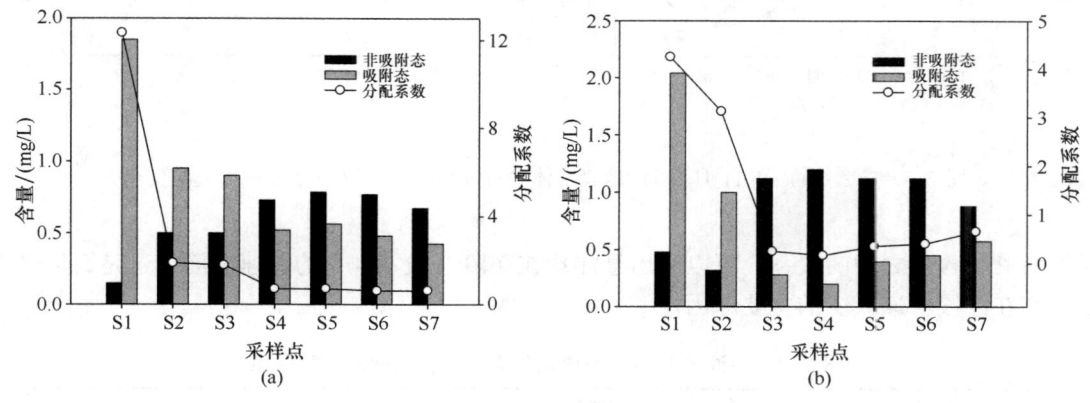

图2.7　8月(a)和11月(b)河流中极性物质的分配系数变化

从含量的变化来看,在河流前端(S1~S3)吸附态的极性物质含量快速减少,两季节(11月与8月)分别减少86.3%与51.3%,而非吸附态极性物质含量在该段中有所增加,并在河流的中后端(S4~S5)保持相对稳定,均值分别为1.08±0.14(11月)与0.74±0.05(8月)。两相间的含量变化最终导致了分配系数在不同季节中相似的变化趋势,这也说明降解作用对极性物质的影响较小,即水体中极性物质受季节性变化的影响较小。

#### 2.1.2.3　悬浮物与石油烃类污染物的关系

有机污染物在地表水体迁移过程中浓度的下降与悬浮物含量密切相关。主要考察在两个季节,即夏季(8月)和冬季(11月),选定的河段石油烃类污染物、各族组成与悬浮物含量变化的关系。

由图2.8可以看出,首先,两个季节进入地表水体中悬浮物的含量差距明显,冬季(11月)河段前端悬浮物的含量(140 mg/L)是夏季(8月)的2.6倍,这主要是由于两个季节河段丰水期、枯水期水量变化所引起的。同时,两季悬浮物含量在地表水体的中前段(S1~S4)均呈快速减少的趋势,且冬季(11月)悬浮物减少的速率要高于夏季(8月)。而在地表水体的中后段,悬浮物的含量出现了波动,直接表现为部分采样点悬浮物含量的升高。悬浮物含量的这种变化趋势一方面是悬浮物自身的沉淀作用所引起的;另一方面也可能是该河段水深变化所致,该河段前端水深较浅,有利于悬浮物的快速沉淀,而中后段水深相对较深,且此时悬浮物含量较少,因此沉淀的比例也相对较少。

比较了石油烃类污染物含量与悬浮物含量之间的线性关系(表2.3),研究发现在该河段水量较大的8月,石油烃类污染物含量与悬浮物之间呈显著的线性关系($R^2 = 0.903$,$P < 0.01$),但11月时在河段中两种变量的关系则并不显著。这是由于不同季节地表水体水量的变化,部分掩盖了石油烃类污染与悬浮物含量之间的关系。但通过对比悬浮物含量与石油

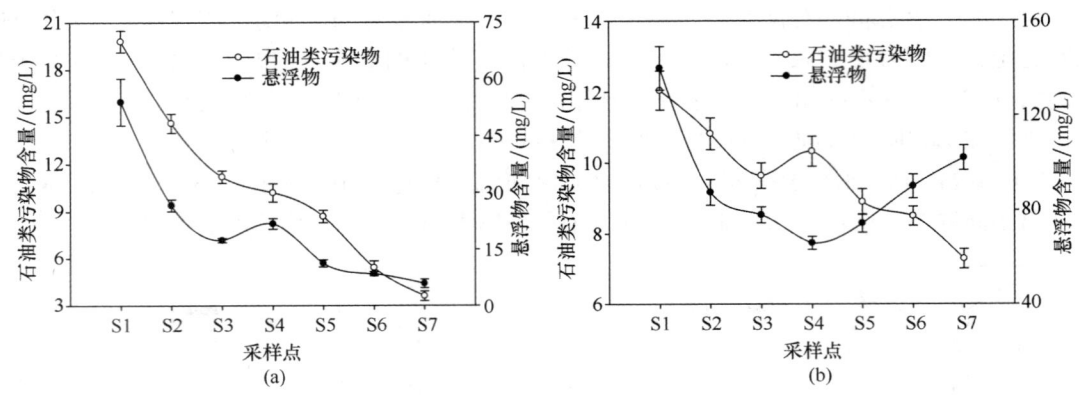

图 2.8 8 月 (a) 和 11 月 (b) 地表水体中石油烃类污染物与悬浮物含量的变化

烃类污染物含量之间的关系，可以看出悬浮物在初段（S1~S4）的快速沉淀，这是石油烃类污染物在此段快速减少的主要原因。

表 2.3 石油烃类污染物含量与悬浮物含量间的线性关系

| 采样时间 | 线性关系 | $R^2$ |
|---|---|---|
| 8 月 | $y = 0.3174x + 3.9125$ | 0.903* |
| 11 月 | $y = 0.0234x + 7.5105$ | 0.131 |

注：*，$P<0.05$；$y$ 为水体中石油烃类污染物含量；$x$ 为悬浮物含量。

## 2.1.3 典型石油组分的降解过程

有些微生物能够以石油烃类物质为碳源和能源生长，这些微生物被称为石油降解微生物，它们广泛分布于环境中，并多为异养型微生物。但微生物降解石油类物质的能力受石油烃类的种类、碳链长度影响，其降解速度和需要的条件也不尽相同。

### 2.1.3.1 典型直链烷烃的生物降解过程

由于石油中烷烃比例较大，因此，对代表性烷烃的微生物降解过程进行了研究。目前，关于直链烷烃的生物降解途径已有大量报道，并且在受污染的土壤与水体等环境样品中分离出大量可以降解烷烃化合物的微生物。图 2.9 为总结的烷烃类生物降解途径。

正十六烷生物降解是按照单末端氧化方式进行，首先正十六烷在醇脱氢酶作用下生成正十六醇，正十六醇再在醛脱氢酶催化下生成正十六醛，然后正十六醛在酸脱氢酶作用下生成正十六酸，反应历程如图 2.10 所示。

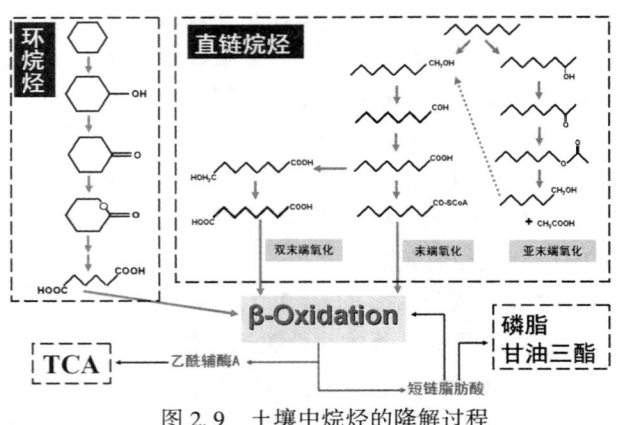

图 2.9 土壤中烷烃的降解过程

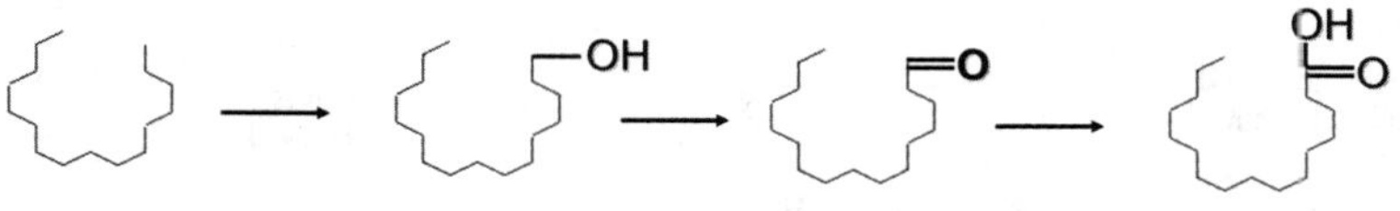

图 2.10　土壤中正十六烷的单末端氧化方式

在本研究中，通过向无石油污染的土壤中添加正十六烷烃来探讨土壤微生物对烷烃的可能降解途径。发现正十六烷只有末端碳原子被单加氧酶攻击，这表明土壤石油污染降解菌群中占主导地位的酶类仍然属于单加氧酶。通过甲酯衍生分析，检测到土壤中出现了正十四酸、正十二酸、正癸烷酸以及正辛烷酸（图 2.11），这表明土壤微生物可以继续代谢正十六酸。正十六酸每脱去一个二碳单位形成一个新的少两个碳原子脂肪酸的方式被称为 β-氧化。正十六烷烃在土壤微生物作用下，通过 β-氧化过程逐渐降解形成乙酰辅酶 A，进入三羧酸循环，最终降解成二氧化碳和水。

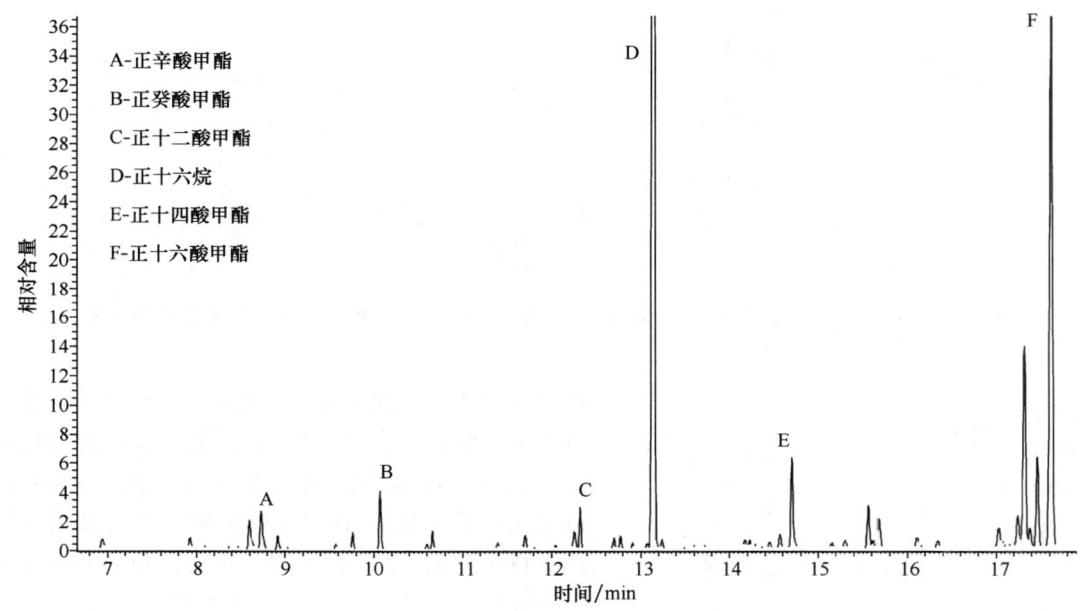

图 2.11　正十六酸代谢中间产物的总离子色谱图

为了探讨电场对土壤微生物 β-氧化正十六烷烃的影响，实验设计了无电场对照（实验Ⅰ），加电场（实验Ⅱ），加电场并不断切换电场的极性（实验Ⅲ）。结果发现（图 2.12），在所有实验中，正十六烷的降解量与正十六酸生成量具有一致的变化曲线，但二者在产量方面存在差额，且随着时间的延长这个差额逐渐增加，这表明正十六酸被继续降解的量在逐渐增加，产生了更多的短链脂肪酸与乙酰辅酶 A。

为了对比分析 3 种修复方式土壤中正十六酸降解速率的快慢，以质量平衡的方法得到了 3 种修复方式共 42 d 降解过程中正十六酸的降解率。由图 2.13 可知，随着修复时间的延长，土壤中正十六酸不断被土壤微生物继续代谢。实验Ⅰ缺乏电场的促进作用，正十六酸的 β-氧化速率总体缓慢，平均降解速率为 0.001 7/d，42 d 时正十六酸 β-氧化降解量为初始正十六烷浓度的 7.3%；而施加了电场的实验Ⅱ β-氧化速率较快，平均降解速率为 0.003 4/d，

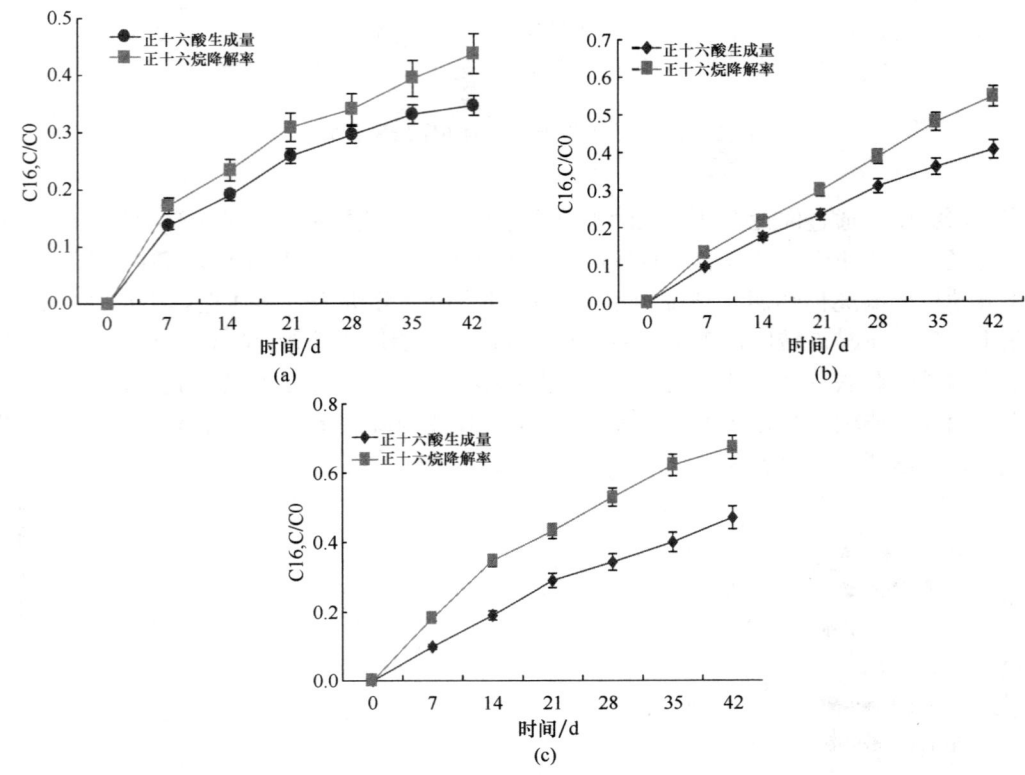

图 2.12 实验Ⅰ（a）、Ⅱ（b）和Ⅲ（c）中正十六烷烃的降解与正十六酸生成量的关系

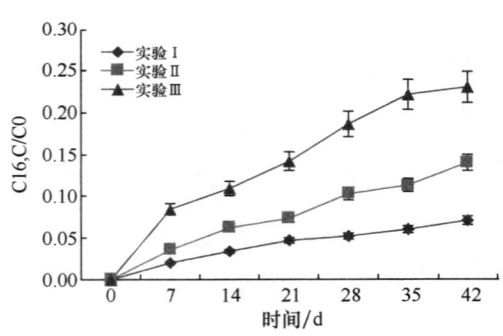

图 2.13 不同处理方式下土壤中正十六酸的降解

42 d 时正十六酸降解量达到初始正十六烷浓度的 14.0%，是实验Ⅰ的 1.92 倍。实验Ⅲ经过极性切换，维持了较为适宜的土壤环境与微生物活性，因此获得了最高的 β-氧化降解率，平均降解率可达 0.005 5/d，是实验Ⅰ的 3.2 倍，42 d 时正十六酸降解量达到初始正十六烷浓度的 23.1%。

可见，施加电场不仅加快了正十六烷的末端氧化，而且促进了正十六酸的 β-氧化。42 d 时，实验Ⅰ正十六烷降解率为 41.6%；实验Ⅱ为 54.7%，是实验Ⅰ的 1.31 倍；实验Ⅲ正十六烷降解率为 67.3%，为实验Ⅰ的 1.62 倍。42 d 时，实验Ⅰ正十六酸 β-氧化降解率为 7.1%；实验Ⅱ为 14.0%，为实验Ⅰ的 1.97 倍；实验Ⅲ降解率达 23.1%，为实验Ⅰ的 3.25 倍。从这组数据可以看出，电场对正十六烷降解的加速效应较低，而对正十六酸 β-氧化的加速效应非常显著。尤其是当极性切换之后，适宜的土壤环境更有利于微生物的生长与代谢，加之电场的加速效应使得污染物的降解变得更为迅速。Alvarez（2003）研究表明，β-氧化对于土壤微生物正常生长与代谢起着至关重要的作用。首先，β-氧化产生的乙酰辅酶 A 可以进入到细胞的三羧酸循环中，释放能量；另外，乙酰辅酶 A 可以继续催化脂肪酸的 β-氧化过程，进而再生成短链脂肪酸与乙酰辅酶 A。再者，β-氧化生成的脂肪酸不仅可以用于合成细胞壁的磷脂，有助于微生物的生长与繁殖；还能够以甘油三酯的形式储存起来，在营养缺乏的情况下供微生物自身利用。β-氧化不仅能够将长链烃类转化成短链烃，而且将外源性的烃类转化成为细胞内源性碳；不仅将污染物降解了，而且合成并储存了自身可利用的物质以支持自身正常的生命活动。从污染控制与治理的角度上看，电场对 β-氧化的加速效应更具现实意义。

综上所述，正十六烷首先在单加氧酶催化作用下，按照单末端氧化方式生成正十六酸；正十六酸进入 β-氧化阶段，生成乙酰辅酶 A 与少了一个二碳片段的短链脂肪酸，乙酰辅酶 A 可以进入三羧酸循环也可以催化 β-氧化，而生成的脂肪酸可以合成微生物所需的营养物质与细胞壁成分。

#### 2.1.3.2 典型环烷烃的生物降解过程

本研究以环十二烷烃为例，分析土壤微生物对环烷烃的可能降解途径。通过 GC-MS 分析土壤微生物对环十二烷烃降解的产物，并结合 NIST 08 谱库，首先确定了一种中间产物——环十二酮；再用甲酯化方法对样品进行衍生化处理后，发现土壤中产生了一定量的十二烷酸二甲酯、癸二酸二甲酯与辛二酸二甲酯，还原其结构分别对应于十二烷二酸、癸二酸与辛二酸（图 2.14）。

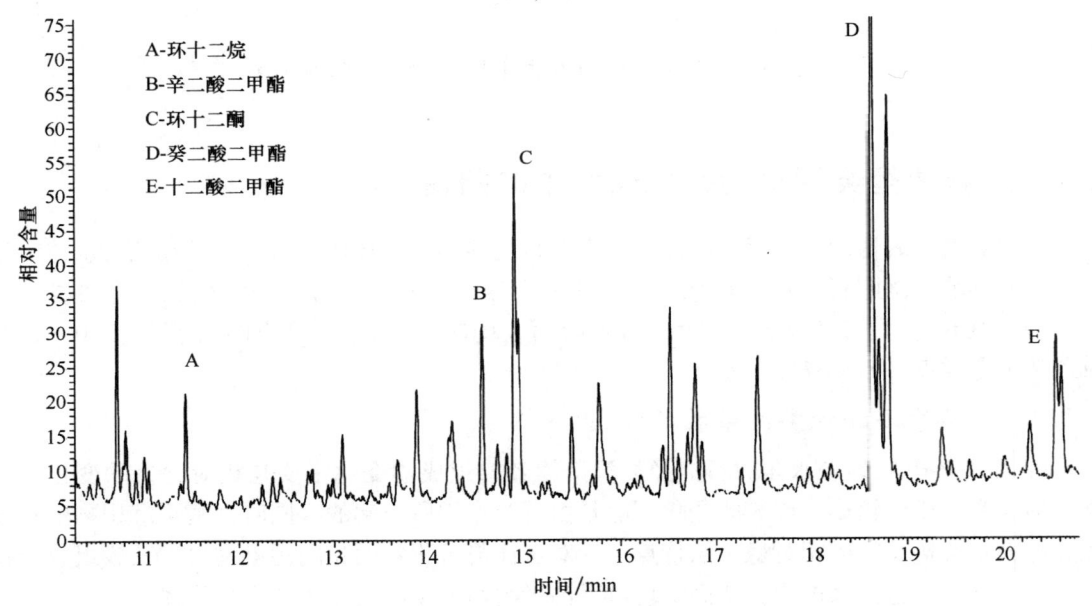

图 2.14　环十二烷中间产物的总离子色谱图

由此可推断土壤中环十二烷的降解途径，类似于直链烷烃的亚末端氧化，即环十二烷首先被单加氧酶催化生成环十二醇，环十二醇继续被单加氧酶氧化生成环十二酮，环十二酮在单加氧酶作用下生成十二环内酯，该内酯在水解酶作用下迅速开环生成 12-羟基十二烷酸，12-羟基十二烷酸接着在醇脱氢酶作用下生成 12-醛基十二烷酸，12-醛基十二烷酸被继续氧化生成十二烷二酸；接着十二烷二酸进入 β-氧化阶段，脱去两个碳原子而生成 1,10-癸烷二酸，1,10-癸烷二酸进一步脱去两个碳原子生成 1,8-辛烷二酸。

在关于环烷烃生物降解的研究中，多以环己烷为代表性底物。Stirling 等（1977）从河口淤泥中提取出一株能够以环己烷为底物生长的诺卡氏菌（*Nocardia* sp.），该菌株可以将环己烷依次氧化成为环己醇、环己酮、己内酯以及6-羟基己烷酸。Anderson等（1980）从富含烧木灰的土壤中分离出一株假单胞菌（*Pseudomonas*）并将其接种至含环己烷的培养液中，菌体生长、呼吸强度及酶活性实验结果与菌株的代谢路径相符，环己烷依次被氧化成环己醇、环己酮、己内酯、6-羟基己烷酸以及己二酸。

然而，Murray等（1974）利用诺卡氏菌（*Nocardia*）降解环己酮的实验认为环己酮需要羟基化生成2-羟基环己酮后才能开环生成己二酸。少数研究人员也研究了环十二烷的生物降解过程。Schumacher和Fakoussa（1999）利用红球菌（*Rhodococcus ruber* CD4）降解环十二烷，在培养液中检测到了环十二酮、氧杂环十三烷-2-酮以及十二烷二酸。本节中环十二烷生物降解途径与发表的研究结果基本一致，具体反应过程如图2.15所示。

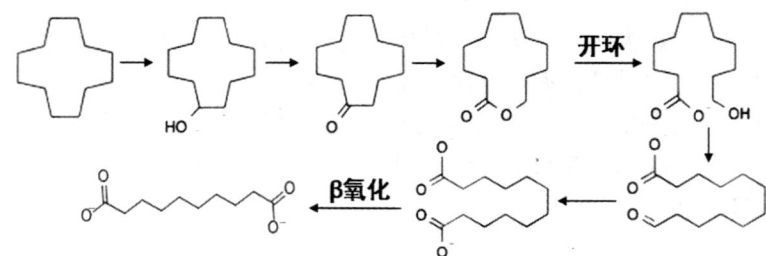

图2.15　本研究推测的土壤中环十二烷的生物降解途径

## 2.1.4　石油烃类污染物在地表水中的归宿

选取具有代表性的石油污染河段，用来分析沉淀和降解作用对石油烃类在地表水体中迁移转化的影响，阐明石油烃类在地表水体中的归宿，并建立相应的归宿模型。该河段长约3.1 km，宽6 m，深1.5 m，平均水力停留时间（HRT）48 h。采样点间隔450~550 m，共设置7个采样点（S1~S7）。

### 2.1.4.1　冬季石油烃类污染物的归宿

11月（冬季）地表水体中石油烃类污染物各族组成的变化主要是相对含量的变化，其物质构成变化相对较小，推测此变化可能是由沉淀作用所引起的。同时，基于沉积物中石油烃类污染物含量及组成相对稳定的特点，针对水体与沉积物两相间污染物含量及族组成变化的比较，进一步验证该推测，从而实现对石油烃类污染物沉淀作用的定量描述。

由于沉积物处于厌氧环境中，该河段沉积物中较难降解的芳烃组分与极性物质比例相对较高，所以，沉积物中石油烃类污染物的降解效率较低、族组成比例相对稳定。同时对比分析沉积物—水体两相中石油烃类污染物的含量（图2.16）的相关性，结果如图2.17所示，两者显著正相关（$R^2=0.893$，$P<0.01$）。由于污染物进入系统时含量相对较高，若不考虑河段前端S1处的影响，则其余河段两相中石油烃类污染物含量的相关性更好（$R^2=0.907$，$P<0.01$）。因此，沉积物中的石油烃类污染物含量的空间分布，基本反映了水体中石油烃类污染物在河段迁移时的沉淀过程。

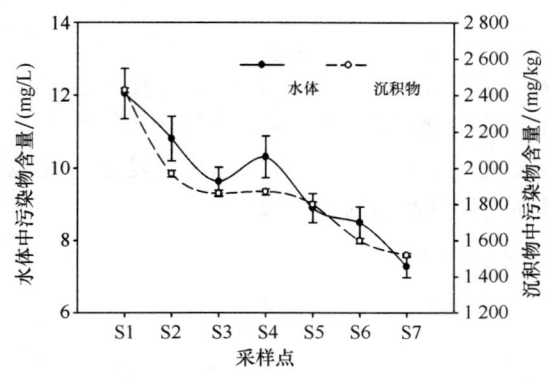 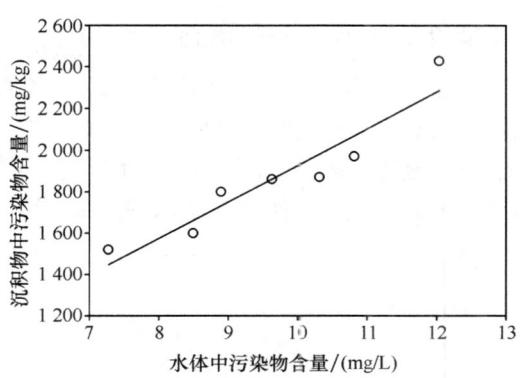

图 2.16 两相中石油烃类污染物浓度空间变化 　　图 2.17 两相中石油烃类污染物浓度的相关性

因此,从沉积物—水体两相中石油烃类总体含量的变化来看,可推测 11 月(冬季)石油烃类污染物在地表水体中的归宿主要由沉淀作用决定。

由于石油烃类污染物组成复杂,其总含量变化无法全面反映不同性质族组成的变化规律。但由于进入该河段中石油烃类污染物的族组成存在一定程度的差异,族组成在沉积物—水体两相间无法通过含量变化直接比较。因此,如表 2.4 所示,将该河段作为封闭系统,从系统输入与输出的角度考虑污染物族组成变化,通过计算可知石油烃类污染物进出地表水体前后,烷烃组分、芳烃组分、极性物质的削减比例分别为 37.0%、40.7%、22.3%。

表 2.4　研究河段中石油烃类污染物削减比例

| 族组成 | 输入量 /(mg/L) | 输出量 /(mg/L) | 削减含量 /(mg/L) | 削减比例 (%) |
| --- | --- | --- | --- | --- |
| 烷烃组分 | 5.36 | 3.60 | 1.76 | 37.0 |
| 芳烃组分 | 4.16 | 2.22 | 1.94 | 40.7 |
| 极性物质 | 2.52 | 1.46 | 1.06 | 22.3 |

基于上述石油烃类污染物的含量变化的特点,将该河段分为 3 个单元,即单元 I(S1~S3)、单元 II(S3~S5)、单元 III(S5~S7),各段长度相等。

如表 2.5 所示,11 月(冬季)时该河段输入的石油烃类污染物,约有 39.5% 在沉淀作用下累积到沉积物中,同时有 60.5% 的污染物迁移输出该河段。但其沉淀过程并不一致,从不同河段单元来看,单元 I 内石油烃类污染物的沉淀比例最高,达到 20.0%,超过总沉淀比例的 50%;在单元 II 内,污染物沉淀比例最低,仅为 6.1%;单元 III 内沉淀作用有所增强,沉淀比例上升为 13.4%。从该河段来看,单元 I 与单元 III 内河道均存在一个弯角,其水利条件的改变有利于污染物在该单元内的沉淀。

表 2.5　该河段及各单元中石油烃类污染物的归宿比例 (%)

| 归宿比例 | 研究河段 | 单元 I | 单元 II | 单元 III |
| --- | --- | --- | --- | --- |
| 沉淀作用 | 39.5 | 20.0 | 6.1 | 13.4 |
| 迁移输出 | 60.5 | 80.0 | 73.9 | 60.5 |

### 2.1.4.2 夏季石油烃类污染物的归宿

8月（夏季）地表水体中石油烃类各族组成比例变化与11月（冬季）存在显著差异（图2.18）。这主要是由于8月（夏季）地表水体中石油烃类的含量变化不仅受沉淀作用影响，同时还受降解作用的影响。针对两季污染物变化趋势的差异，估算8月（夏季）地表水体中石油烃类污染物的归宿比例，同时，定量描述降解作用的变化规律。

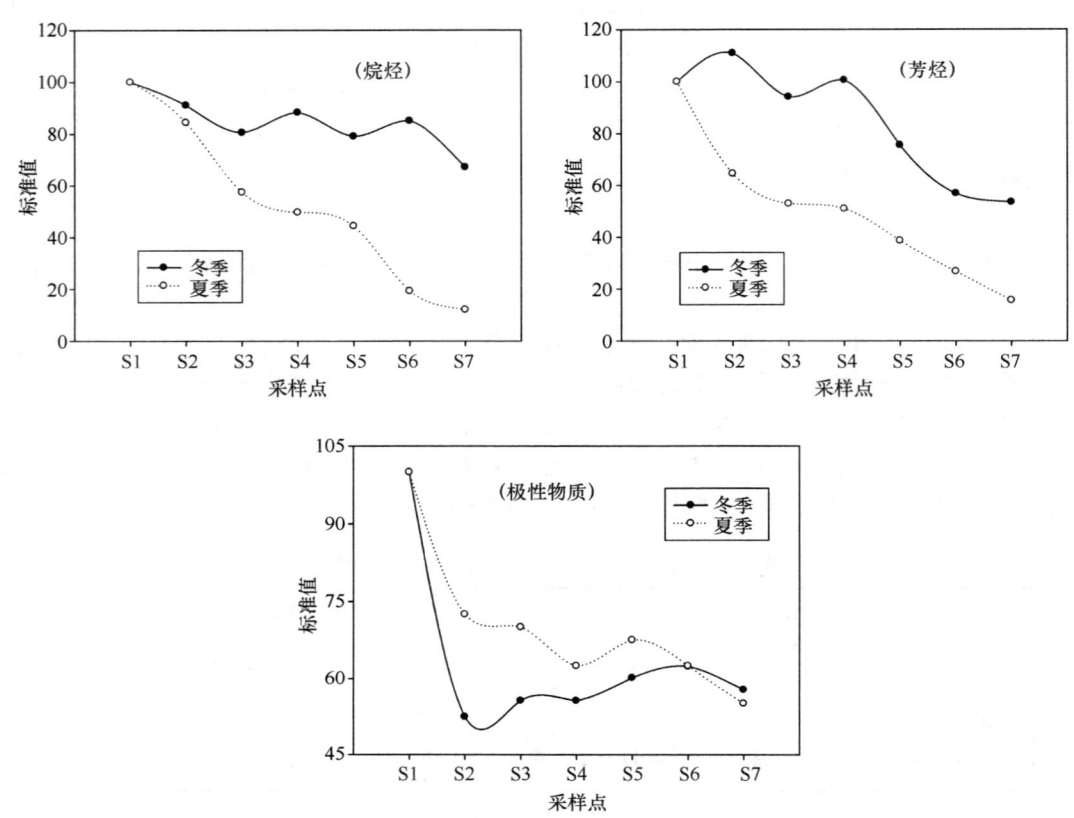

图2.18　8月和11月地表水体中石油烃类各族组成含量标准值变化

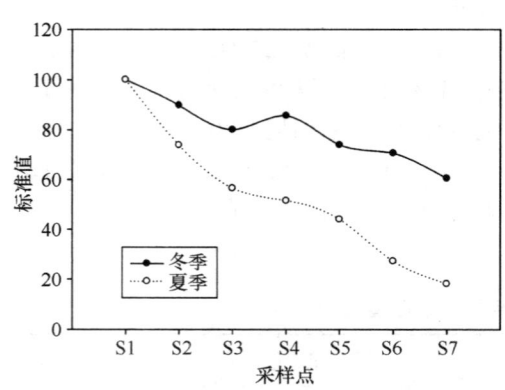

图2.19　8月和11月地表水体中石油烃类污染物含量标准值变化

如图2.19所示，两个季节石油烃类污染物标准值的变化趋势基本一致。与11月（冬季）相似，8月（夏季）标准值变化也呈现单元间的差异，即单元Ⅰ与单元Ⅲ变化速率相对较快，而单元Ⅱ变化相对平稳。

两季标准值虽然均呈显著降低的趋势，但变化速率差异较大。冬季标准值曲线的变化主要受沉淀作用影响，而夏季标准值曲线的变化在此基础上，叠加了降解效应，因此可将两季标准值的差值视为降解作用的结果。

如表2.6所示，8月（夏季）时，该河段输入的石油烃类污染物，分别在沉淀作用与降解作用下削减了39.5%与42.4%，仅有18.1%的污染物迁移输出研究河段。这与11月（冬季）相比，污染物削减率增加了1倍。与此同时，降解作用在不同河段单元也存在差异，其差异规律与沉淀作用相似，单元Ⅰ内石油类污染物的降解比例最高，为23.5%；单元Ⅱ内石油烃类污染物的降解比例最低，仅为6.4%；单元Ⅲ内降解作用又有所增强，其相应比例为12.5%。这可能是由于该河段自身结构及不同河段单元对采油废水处理厂长期排放污染物的适应，形成了不同河段对污染物的削减特点。

表2.6　8月份该河段及各单元中石油烃类污染物的归宿比例

| 归宿比例 | 研究河段（%） | 单元Ⅰ（%） | 单元Ⅱ（%） | 单元Ⅲ（%） |
| --- | --- | --- | --- | --- |
| 沉淀作用 | 39.5 | 20.0 | 6.1 | 13.4 |
| 降解作用 | 42.4 | 23.5 | 6.4 | 12.5 |
| 迁移输出 | 18.1 | 56.5 | 44.0 | 18.1 |

## 2.2　地表水体中有机污染物的强化阻控

湿地系统可有效去除地表水中的石油烃污染物。其中，水体中石油烃的去除率可达到80%以上，土壤中石油烃去除率达到50%以上。湿地系统厌氧处理（淹水期）出水中脂肪酸、醛、酮类化合物的相对含量上升，石油烃污染物得到有效分解，这些中间产物可经好氧处理实现完全降解。水中石油烃类污染物会进入湿地土壤环境，随处理时间的延长而逐渐累积。随着湿地系统运行的逐渐稳定，石油烃生物降解效率逐渐提高，进而控制其在土壤中残留量在可接受水平之内。

### 2.2.1　厌氧—好氧共代谢削减技术小试研究

人工湿地厌氧—好氧共代谢技术可有效处理石油污染水体，石油降解菌的添加可显著提高湿地处理单元对石油烃的去除效率。本研究采用模拟人工湿地探讨了水力停留时间（HRT）和营养物质对石油烃降解效率的影响，进而为中试实验提供理论依据。

#### 2.2.1.1　供试污水、土壤基质

实验用水直接采自井场周边被石油污染的地表水，水质参数见表2.7。

表2.7　水质分析结果　　　　　　　　　　　　　　　单位：mg/L

| 矿物油 | pH值 | SS | $COD_{Cr}$ | $BOD_5$ | TN | TP | $Cl^-$ | $SO_4^{2-}$ | $Ca^{2+}$ | $Mg^{2+}$ |
| --- | --- | --- | --- | --- | --- | --- | --- | --- | --- | --- |
| 105 | 7.47 | 33.6 | 86 | 28.58 | 11.82 | 0.42 | 507.10 | 10.78 | 0.042 | 0.021 |

供试土壤采自中科院沈阳应用生态研究所生态站附近0~30 cm的表层土，理化性质见表2.8。

表 2.8  供试土壤理化性质

| 土壤性质 | 参数值 |
| --- | --- |
| pH 值 | 6.22 |
| 有机碳/（g/kg） | 6.43 |
| 阳离子交换量/（cmol/kg） | 21.25 |
| 速效氮/（mg/kg） | 73.43 |
| 速效磷/（mg/kg） | 7.23 |
| 粒径分布（%） | |
| <2 μm | 22.5 |
| 2~50 μm | 53.6 |
| 50~2000 μm | 23.9 |

#### 2.2.1.2  实验装置和实验设计

本实验使用的人工湿地模拟装置及工艺流程如图 2.20 所示。该装置主要由储水、水量控制、布水、湿地主体、运行控制、湿地内部采样等装置组成，储水池和湿地装置通过水管连接，在进入湿地装置后的水管上设置有孔，形成布水的多孔管，湿地装置的出水通过出水管排出，出水管后连接有软管。

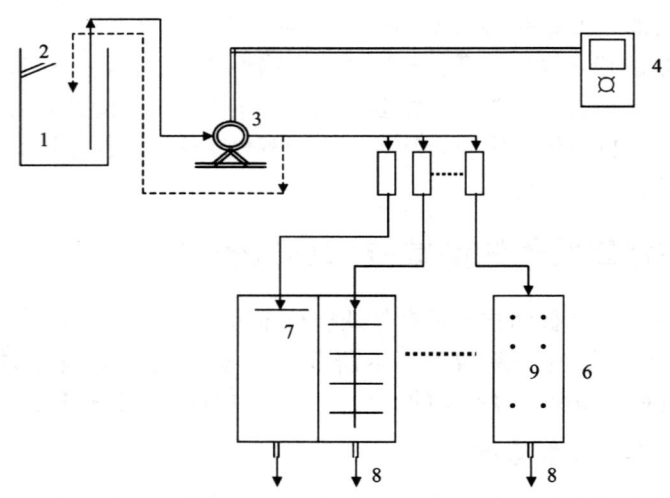

1—储水池；2—100 目过滤筛网；3—自吸泵；4—微电脑时控开关；5—流量计；
6—湿地处理单元；7—穿孔布水管；8—出水管；9—湿地内不同位置的采样管
图 2.20  湿地模拟装置及工艺流程

储水装置采用 50 L 的水桶，水桶出水口设有 100 目筛网用以去除污水中的悬浮物；水量控制装置由小流量自吸泵和流量计组成，由于小流量自吸泵的流量往往远远大于实验中的设计流量，所以在泵出口处设三通供多余流量回流，回流污水对储水桶中的污水起到一定的曝气调节作用，有助于污水在储水桶中进行有效的预处理；布水装置采用穿孔塑料管；湿地的主体装置为立方体，采用 PVC 板焊接而成，设多个单元，出水口设在主体装置的末端，自下而上间隔一定距离设多个出水口，装置之间的连接采用 PVC 管；运行控制装置采用微电脑时控开关,与泵相连,通过时间设定自动启闭水泵;取样装置由有机玻璃管和乳胶软管组成,有机玻璃管在装填料的时候在不同深度不同位置预埋,使用较长的乳胶软管与之相连,采样时借助吸耳球抽吸,可以取到装置内部水样。

本实验中共设 3 个并联的湿地单元,每个单元长宽高设计为 700 mm×300 mm×600 mm,土壤基质厚度 500 mm。

模拟装置放置于温室内,首先开始间歇式地进水 5 d,自盘锦市采集芦苇根茎栽植于湿地单元内,再经过 20 d 左右的稳定和适应,小试装置开始连续进水,正常运行,并开始常规监测,监测频率为平均一周两次,以便考察水力停留时间和氮磷营养盐对石油烃去除效果的影响。

### 2.2.1.3 高效降解微生物的筛选

石油污染水体水质成分复杂,其中有机污染物主要为烷烃、芳烃、有机酸和石油胶质,不饱和烃类和非烃类物质含量较低。生物强化技术的关键是高效微生物的筛选,以石油污染水体为菌种来源,经分离、筛选、鉴别获得的主要微生物菌属见表 2.9。

表 2.9 自石油废水中分离的主要微生物

| 菌类 | 鉴定至属 | 解脂酶活性 | |
|---|---|---|---|
| | | 吐温 80 法 | 中性红法 |
| 真菌 | 毛霉（*Mucor*） | + | +++ |
| | 小克银汉（*Cunninghamella*） | ++ | +++ |
| | 镰刀菌（*Fusarium*） | + | + |
| | 酵母菌（*Saccharomyces*） | ++ | ++ |
| 细菌 | 芽孢杆菌（*Bacillus*） | + | + |
| | 黄杆菌 1（*Flavobcterium*） | - | + |
| | 黄杆菌 2（*Flavobcterium*） | ++ | + |
| | 动胶杆菌 1（*Zoogloea*） | ++ | + |
| | 动胶杆菌 2（*Zoogloea*） | ++ | + |
| | 动胶杆菌 3（*Zoogloea*） | ++ | + |
| 放线菌 | 链霉菌（*Streptomyces*） | ++ | + |

注:+表示阳性,数量多表示反应强烈;-表示阴性。

结果表明,分离到的微生物均有解脂酶活性,其中毛霉和小克银汉的解脂酶活性最强;细菌以动胶杆菌的活性最高;放线菌中只分离到了链霉菌,该菌解脂酶活性较强。石油降解微生物经自然驯化,能利用、降解烃类化合物,因此在废水处理系统中若能创造降解菌的生长条件,就能提高该系统对污染物的去除效果。

### 2.2.1.4 水力停留时间对石油污染物降解的影响

油井周边水质如表 2.1 所示,水中石油类和 $COD_{Cr}$ 均高于地表水 V 类标准（GB 8979—1996）;氮磷比过高,营养物质不均衡。因此,本技术重点在于通过人工调节水体环境参数以强化微生物功能,实现微生物与人工构筑物净化功能的协同效应,从而使处理效果大大提高。

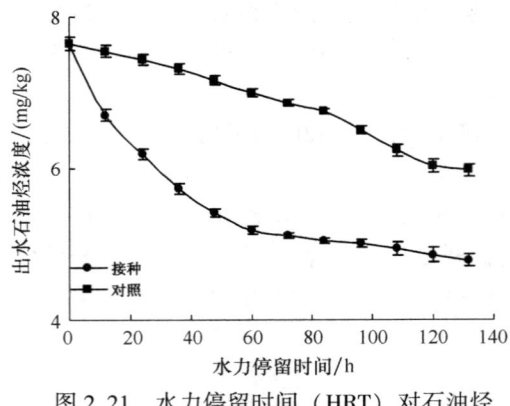

图 2.21 水力停留时间（HRT）对石油烃去除效果的影响

烃类污染物的微生物降解速度缓慢，从而导致处理过程时间较长，为探寻稠油废水微生物快速处理的有效途径，充分发挥微生物作用，实验讨论了水力停留时间对石油烃去除效果的影响。由于实验投加的是直接自废水中筛选出的菌株，对自身水体环境的适应能力较强，对污染物的作用速度也较快。从图2.21可以看出，接种微生物处理组石油烃污染物浓度在60 h内快速下降，而后降幅逐渐降低。而对照组中石油烃污染物浓度一直处于缓慢下降过程。接种微生物的处理单元出水中石油烃污染物去除效率在60 h后即达到26.9%，经过132 h处理后，达到了37.5%。而对照组石油烃污染物去除效率在经过132 h处理后仅为22%。

#### 2.2.1.5 氮磷营养物质对石油烃降解的影响

石油烃降解菌主要是化能异养菌，其正常生命活动需要一定量的营养物质。在对稠油污染水体进行微生物处理时，石油烃成为系统反应过程中微生物可利用的碳源和能源，但不能提供氮源和磷源。根据微生物细胞的化学组成可以看出，水体环境中氮磷营养物质的缺乏必将会影响微生物的新陈代谢，从而影响其对污染物的降解。由于水样中氮磷比偏高，实验讨论了在单一添加磷源和同时添加氮磷情况下对石油烃去除率的影响。单一添加磷营养盐可以促进石油烃的去除（图2.22），去除率最高时氮磷比为5.91∶1，但添加过量后石油烃去除率反而下降。

同时添加氮磷营养盐实验结果表明（图2.23），当稠油废水中氮磷元素的浓度分别为86.82 mg/L、15.42 mg/L，氮磷比为5.63∶1时，石油烃去除效果最佳。参照微生物细胞的正常化学组成，考虑磷元素缺乏对石油烃去除的抑制作用，氮磷元素比值在5.5∶1~6∶1之间比较适合。

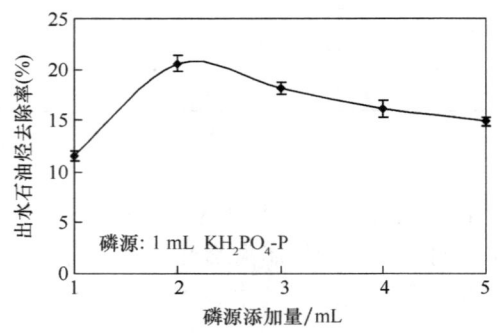

图 2.22 添加磷元素对石油烃去除率的影响

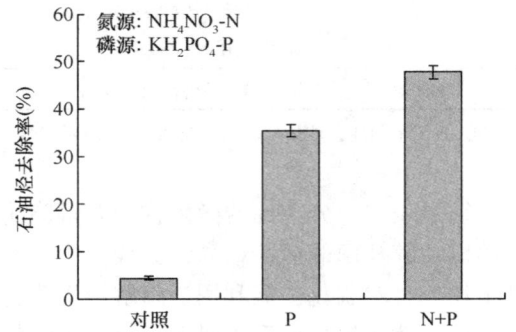

图 2.23 营养盐添加方式对石油烃去除率的影响

图2.24表明，添加氮磷营养盐对微生物去除稠油废水中的石油烃是必需的，具有重要作用。添加营养盐对石油烃的去除率大于接种微生物而不添加营养盐时的去除率；接种且添加氮磷营养盐时，能够极大地强化稠油废水石油烃的去除效果，去除率可达46.30%。

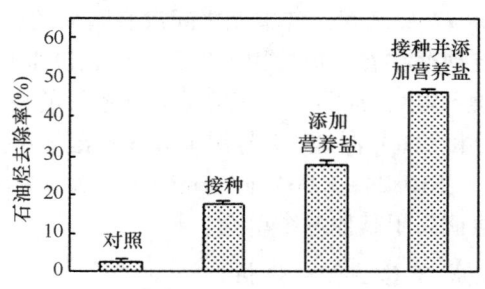

图 2.24 不同条件下的石油烃去除率

#### 2.2.1.6 人工湿地对石油污染物的去除

实验用水直接取自油井周边地表水,由于水样批次不同,储存时间和温度也有所变化,因此进水中石油烃污染物浓度存在一定程度的波动。进水水质的波动对人工湿地的处理效果有一定的影响,出水石油烃浓度随进水的波动也有所波动,特别是系统运行初期出水石油烃浓度波动很大,两个月之后出水逐渐稳定,出水石油烃浓度基本维持在 2 mg/L 以下(图 2.25),表明湿地内微生物系统初步形成并稳定。

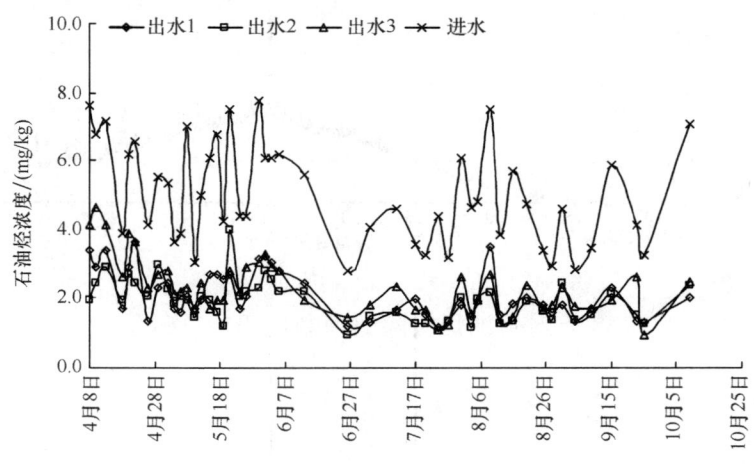

图 2.25 人工湿地各单元进出水石油烃浓度

各平行单元出水中石油烃浓度相差较小,处理效果不存在明显的差异。人工湿地对污水中石油烃污染物去除,在微生物系统还没有形成的初期主要依靠土壤基质的过滤作用,当经过足够长的时间形成较稳定的微生物系统之后,微生物的降解作用成为石油烃去除的主要过程。

人工湿地的重要特点之一是对有机污染物具有较强的降解能力,废水中的不溶性有机物通过湿地的沉淀、过滤作用,可以很快地被截留而被微生物利用;废水中可溶性有机物可通过植物根系的吸附、吸收及生物代谢降解过程而被分解去除。随着处理的不断进行,湿地基质中的微生物相应地繁殖生长,通过对湿地植物的定期收割将有机物从系统中去除。

从图 2.25 中可以看到各处理单元石油烃污染物去除率波动比较大,特别是在开始运行的两个月内,去除率波动很大,并且单元之间也存在较大的差异;系统稳定之后,去除率的波动趋缓，基本维持在50%~75%之间，各单元之间没有明显的差别，去除率波动的存在与进水石油烃污染物浓度的波动存在着一定的相关性，系统在进水石油烃浓度波动的情况下可以维持比较稳定的出水石油烃浓度，证明了人工湿地处理系统的稳定性和抗冲击负荷的能力。另外，从污染负荷的角度分析，1号湿地、2号湿地和3号湿地单元的COD表面负荷分别为（9.62±3.29）g/（m²·d）、（10.24±3.86）g/（m²·d）和（8.71±3.33）g/（m²·d），2号湿地单元所承受的污染负荷高于其他两个单元。

### 2.2.1.7 处理前后有机成分GC-MS分析

从色谱图（图2.26）中可以看出，石油烃废水降解前共检测出122个峰，其中对主要的29个色谱峰进行了分析，降解后共检测出127个峰，其中对主要的33个色谱峰进行了分析；并按峰面积归一化法得到质量分数（表2.10，表2.11）。所分析的29个和33个化合物分别占样品总量的89.26%和91.56%。

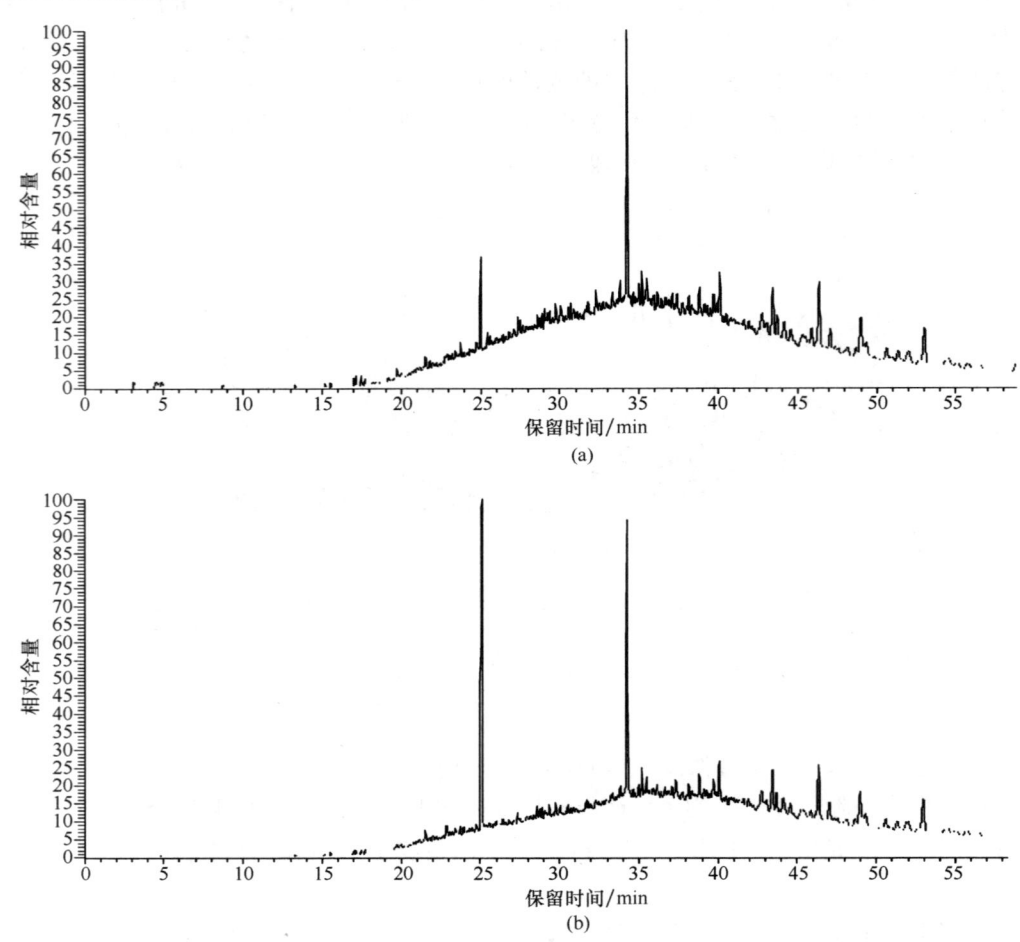

图2.26 稠油废水生物降解前（a）后（b）有机化合物GC-MS分析图谱

表 2.10　降解前废水中有机化合物分析结果

| 序列号 | 保留时间/min | 分子式 | 分子量 | 百分含量（%） |
| --- | --- | --- | --- | --- |
| 1 | 3.11 | $C_{40}H_{31}P_3S$ | 636 | 0.97 |
| 2 | 4.54 | $C_2Cl_6$ | 234 | 1.13 |
| 3 | 4.86 | $C_6H_{12}N_6$ | 168 | 0.80 |
| 4 | 6.70 | $C_4Cl_6$ | 258 | 0.05 |
| 5 | 8.71 | $C_{14}H_{27}NO$ | 225 | 0.29 |
| 6 | 15.52 | $C_{17}H_{36}$ | 240 | 0.18 |
| 7 | 17.11 | $C_{15}H_{32}O_2$ | 228 | 0.98 |
| 8 | 17.70 | $C_{18}H_{38}$ | 254 | 0.29 |
| 9 | 17.47 | $C_{20}H_{42}$ | 282 | 0.59 |
| 10 | 21.52 | $C_{22}H_{32}O_8$ | 424 | 1.31 |
| 11 | 23.41 | $C_{17}H_{24}O_5$ | 308 | 0.52 |
| 12 | 24.74 | $C_{17}H_{32}O$ | 252 | 1.03 |
| 13 | 25.01 | $C_{16}H_{22}O_4$ | 278 | 4.44 |
| 14 | 27.35 | $C_{30}H_{44}O_{11}$ | 580 | 3.85 |
| 15 | 30.69 | $C_{24}H_{32}O_8$ | 448 | 0.84 |
| 16 | 32.28 | $C_{30}H_{44}O_{11}$ | 580 | 2.10 |
| 17 | 33.82 | $C_{54}H_{108}Br_2$ | 914 | 2.17 |
| 18 | 34.26 | $C_{24}H_{38}O_4$ | 390 | 18.83 |
| 19 | 35.17 | $C_{18}H_{32}$ | 248 | 1.87 |
| 20 | 35.49 | $C_{27}H_{48}$ | 372 | 4.53 |
| 21 | 38.82 | $C_{30}H_{44}O_{11}$ | 580 | 2.63 |
| 22 | 40.10 | $C_{30}H_{54}$ | 414 | 4.55 |
| 23 | 42.77 | $C_{14}H_{22}O$ | 206 | 4.30 |
| 24 | 43.44 | $C_{28}H_{48}$ | 384 | 5.84 |
| 25 | 43.71 | $C_{28}H_{48}O_2$ | 416 | 2.47 |
| 26 | 49.01 | $C_{29}H_{50}$ | 398 | 7.61 |
| 27 | 51.35 | $C_{31}H_{52}O_3$ | 472 | 1.89 |
| 28 | 54.53 | $C_{24}H_{33}FO_6$ | 436 | 2.92 |
| 29 | 55.80 | $C_{24}H_{33}FO_7$ | 436 | 0.86 |

表 2.11 降解后废水中有机化合物分析结果

| 序列号 | 保留时间/min | 分子式 | 分子量 | 百分含量（%） |
|---|---|---|---|---|
| 1 | 3.11 | $C_{55}H_{76}N_4O_6$ | 888 | 0.43 |
| 2 | 4.54 | $C_{15}H_{31}N$ | 225 | 0.20 |
| 3 | 4.88 | $C_{50}H_{70}O_9$ | 814 | 0.14 |
| 4 | 8.75 | $C_{14}H_{27}NO$ | 225 | 0.05 |
| 5 | 13.28 | $C_{16}H_{34}$ | 226 | 0.07 |
| 6 | 14.01 | $C_{26}H_{54}$ | 366 | 0.03 |
| 7 | 15.17 | $C_{19}H_{40}$ | 268 | 0.10 |
| 8 | 15.53 | $C_{17}H_{36}$ | 240 | 0.13 |
| 9 | 17.47 | $C_{20}H_{42}$ | 282 | 0.21 |
| 10 | 17.70 | $C_{18}H_{38}$ | 254 | 0.20 |
| 11 | 19.69 | $C_{17}H_{32}O_2$ | 268 | 0.51 |
| 12 | 21.13 | $C_{14}H_{20}O_3$ | 236 | 0.35 |
| 13 | 21.52 | $C_{11}H_{21}BO$ | 180 | 0.97 |
| 14 | 21.74 | $C_{18}H_{30}O$ | 262 | 0.37 |
| 15 | 25.09 | $C_{16}H_{22}O_4$ | 278 | 23.73 |
| 16 | 26.4 | $C_{26}H_{48}$ | 360 | 0.63 |
| 17 | 28.57 | $C_{21}H_{36}$ | 288 | 1.14 |
| 18 | 29.35 | $C_{26}H_{48}$ | 360 | 0.77 |
| 19 | 29.73 | $C_{30}H_{50}O_6$ | 476 | 0.84 |
| 20 | 31.69 | $C_{26}H_{48}$ | 360 | 1.13 |
| 21 | 33.83 | $C_{30}H_{44}O_{11}$ | 580 | 0.93 |
| 22 | 34.27 | $C_{24}H_{38}O_4$ | 390 | 18.66 |
| 23 | 35.17 | $C_{24}H_{40}N_2O$ | 372 | 1.36 |
| 24 | 38.81 | $C_{20}H_{32}O$ | 288 | 2.11 |
| 25 | 40.08 | $C_{30}H_{54}$ | 414 | 3.26 |
| 26 | 42.75 | $C_{14}H_{22}O$ | 206 | 3.38 |
| 27 | 43.43 | $C_{28}H_{48}$ | 384 | 4.38 |
| 28 | 46.36 | $C_{29}H_{50}$ | 398 | 7.95 |
| 29 | 48.96 | $C_{20}H_{32}O$ | 288 | 4.00 |
| 30 | 50.59 | $C_{32}H_{46}O_6$ | 526 | 1.51 |
| 31 | 52.96 | $C_{20}H_{32}O$ | 288 | 4.84 |
| 32 | 54.48 | $C_{31}H_{50}O_2$ | 454 | 1.29 |
| 33 | 55.05 | $C_{28}H_{34}O_8$ | 498 | 0.84 |

结果表明，生物降解前分子量超过 300 的占 61%，碳原子数超过 18 的占 33%；生物降解后分子量超过 300 的占 52%，碳原子数超过 18 的占 31%。可见，微生物降解前后有机物中低碳饱和烃比例较低，高碳和芳香类物质以及胶质含量均较高。

尽管测定结果无法给出足够的信息，但是在保留时间 20~50 min 范围内，降解后色谱图中出现的"鼓包（UCM）"较降解前明显降低，即降解后的色谱峰较降解前有明显的下降，各种烃类物质均有不同程度的降解。经分析，饱和烃类化合物的降解率最高，其次是低分子量芳香烃化合物，而高分子量芳香烃化合物、胶质沥青质降解较慢。

## 2.2.2　厌氧—好氧共代谢削减技术中试研究

根据烷烃的降解过程发现，烃类污染物的降解过程存在限速节点，为了加快污染物的降解，需要对污染物的降解过程进行调控，包括生长因子、底物和微生物群落等。本研究针对难降解污染物的特点，通过控制湿地系统的厌氧/好氧交替过程，满足污染物和中间产物的共代谢条件，实现难降解污染物的高效去除。

### 2.2.2.1　实验装置和实验设计

选择辽河油田曙光采油厂湿地进行中试研究，供试石油污水就地采自井场附近水体，具体参数见表 2.12。

表 2.12　井场附近石油污染水体水质参数

| 石油烃/（mg/L） | pH 值 | SS/（mg/L） | $COD_{Cr}$/（mg/L） | $BOD_5$/（mg/L） | TN/（mg/L） | TP/（mg/L） |
| --- | --- | --- | --- | --- | --- | --- |
| 2.51 | 7.47 | 43.6 | 118 | 36.43 | 8.36 | 2.38 |

供试的微生物同小试研究；中试所用装置同小试实验，但是根据中试场地面积及需水量进行等比放大。湿地系统的厌氧—好氧条件通过控制湿地水位，即湿地淹水和落干交替来实现，包括淹水 2 d、落干 4 d，每一交替过程为一批次。

### 2.2.2.2　人工湿地系统对石油烃的去除

连续对湿地淹水和落干交替过程的进水和出水中污染物进行监测，湿地系统中每一交替过程的水体和土壤中石油烃污染物含量及相应去除率如表 2.13 所示。可以看出，经过厌氧/好氧过程，湿地系统地表水中石油烃得到有效去除，水体中石油烃的去除率达到 80% 以上，土壤中石油烃去除率达到 50% 以上。

表 2.13　湿地系统中石油烃含量及降解率

| 采样批次 | 1 | 2 | 3 | 4 | 5 | 6 | 7 | 8 | 9 | 10 |
| --- | --- | --- | --- | --- | --- | --- | --- | --- | --- | --- |
| 进水石油烃含量/（mg/L） | 2.52 | 2.23 | 2.74 | 2.54 | 2.38 | 2.61 | 2.34 | 2.47 | 2.42 | 2.81 |
| 出水石油烃含量/（mg/L） | 0.44 | 0.43 | 0.41 | 0.37 | 0.34 | 0.32 | 0.31 | 0.35 | 0.33 | 0.33 |
| 水中石油烃去除率（%） | 82.5 | 80.7 | 85.0 | 85.4 | 85.7 | 87.7 | 86.6 | 85.9 | 86.4 | 88.4 |
| 土壤石油烃持留量/（mg/kg） | 0.21 | 0.48 | 0.59 | 0.85 | 1.13 | 1.46 | 1.92 | 2.25 | 2.57 | 3.13 |
| 退水期土壤石油烃去除率（%） | 52.7 | 57.4 | 59.1 | 61.3 | 57.4 | 55.2 | 53.3 | 52.5 | 53.6 | 54.2 |

### 2.2.2.3　石油烃厌氧—好氧共代谢

对湿地系统中厌氧处理后烃类污染物组成进行分析（表 2.14），发现厌氧段出水中脂肪酸、醛、酮类化合物的相对含量有所上升，这些物质可以作为好氧处理的较佳底物。

表 2.14　淹水后湿地中烃类化合物分析结果

| 序列号 | 分子式 | 百分含量（%） | 序列号 | 分子式 | 百分含量（%） |
| --- | --- | --- | --- | --- | --- |
| 1 | $C_{55}H_{76}N_4O_6$ | 0.43 | 17 | $C_{21}H_{36}$ | 1.14 |
| 2 | $C_{15}H_{31}N$ | 0.20 | 18 | $C_{26}H_{48}$ | 0.77 |
| 3 | $C_{50}H_{70}O_9$ | 0.14 | 19 | $C_{30}H_{50}O_6$ | 0.84 |
| 4 | $C_{14}H_{27}NO$ | 0.05 | 20 | $C_{26}H_{48}$ | 1.13 |
| 5 | $C_{16}H_{34}$ | 0.07 | 21 | $C_{30}H_{44}O_{11}$ | 0.93 |
| 6 | $C_{26}H_{54}$ | 0.03 | 22 | $C_{24}H_{38}O_4$ | 18.66 |
| 7 | $C_{19}H_{40}$ | 0.10 | 23 | $C_{24}H_{40}N_2O$ | 1.36 |
| 8 | $C_{17}H_{36}$ | 0.13 | 24 | $C_{20}H_{32}O$ | 2.11 |
| 9 | $C_{20}H_{42}$ | 0.21 | 25 | $C_{30}H_{54}$ | 3.26 |
| 10 | $C_{18}H_{38}$ | 0.20 | 26 | $C_{14}H_{22}O$ | 3.38 |
| 11 | $C_{17}H_{32}O_2$ | 0.51 | 27 | $C_{28}H_{48}$ | 4.38 |
| 12 | $C_{14}H_{20}O_3$ | 0.35 | 28 | $C_{29}H_{50}$ | 7.95 |
| 13 | $C_{11}H_{21}BO$ | 0.97 | 29 | $C_{20}H_{32}O$ | 4.00 |
| 14 | $C_{18}H_{30}O$ | 0.37 | 30 | $C_{32}H_{46}O_6$ | 1.51 |
| 15 | $C_{16}H_{22}O_4$ | 23.73 | 31 | $C_{20}H_{32}O$ | 4.84 |
| 16 | $C_{26}H_{48}$ | 0.63 | 32 | $C_{31}H_{50}O_2$ | 1.29 |

水中石油烃类污染物会有一部分进入湿地土壤环境，在下一次进水之前（无水期），这些污染物会通过芦苇及微生物的共同代谢作用得以去除，从而确保土壤中石油烃类污染物残留量保持在一定范围之内。在湿地干湿交替过程中，土壤中烃类污染物的残留量及无水期烃类污染物去除率如图 2.27 所示。从图中可以看出，随着处理时间的延长，水中石油烃类污染物会不断进入湿地土壤环境，并不断累积。随着湿地系统运行，石油烃的生物降解效率也逐渐提高，因此土壤残存量增长缓慢，可以将其控制在较低范围之内（低于 0.5 mg/kg）。

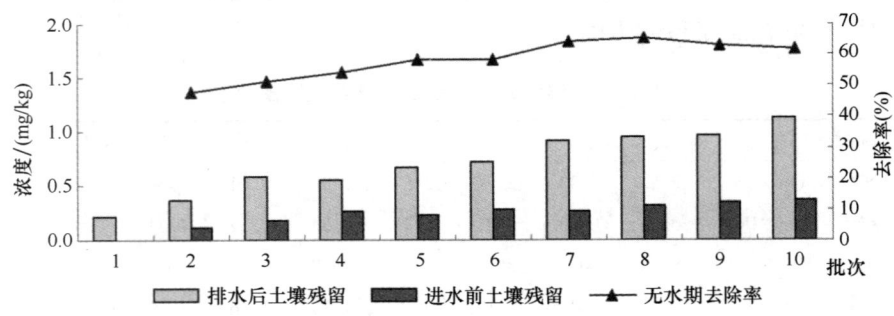

图 2.27　土壤烃类污染物残留量及无水期降解率

## 2.3 湿地土壤中烃类污染物组合削减技术

### 2.3.1 烃类污染物组合削减技术小试研究

土壤中烃类有毒污染物组合削减小试研究分为两个阶段：第一个阶段进行石油污染电动—生物修复；第二个阶段开展电动—生物修复的工艺优化。

#### 2.3.1.1 石油污染土壤电动—生物修复技术

实验土壤采自沈阳应用生态研究所生态站附近 0~30 cm 的表层土，理化性质见表 2.8。石油取自大庆油田，理化性质见表 2.15。

表 2.15 原油组分含量及理化性质

| 密度<br>(20℃, g/cm$^3$) | 烷烃<br>(%) | 芳烃<br>(%) | 胶质+沥青质<br>(%) | 凝点<br>(℃) | 黏度<br>(50℃, mPa·s) |
| --- | --- | --- | --- | --- | --- |
| 0.882 | 69.5 | 23.4 | 7.1 | 25.8 | 18.9 |

以筛选自石油污染土壤的 10 株高效石油降解菌组成的混合菌为供试菌株。将细菌活化后，接入以石油为唯一碳源的无机盐培养基中，采用 10 L 发酵罐 150 rpm, 35 ℃ 进行发酵培养，3 d 后低温条件下离心收集（8 000 rpm, 2 min）。

电动修复反应装置（图 2.28）包括有机玻璃制成的土壤室（26 cm×11 cm×10 cm）、电极槽、一对不锈钢电极（10 cm×1 cm）、24 V 直流电源、电极极性转换器（端子箱和断路器）、每 24 h 转换一次电极极性、实时监控系统、电子温度计。对照装置与这套装置基本相同，但是没有电极极性转换器。

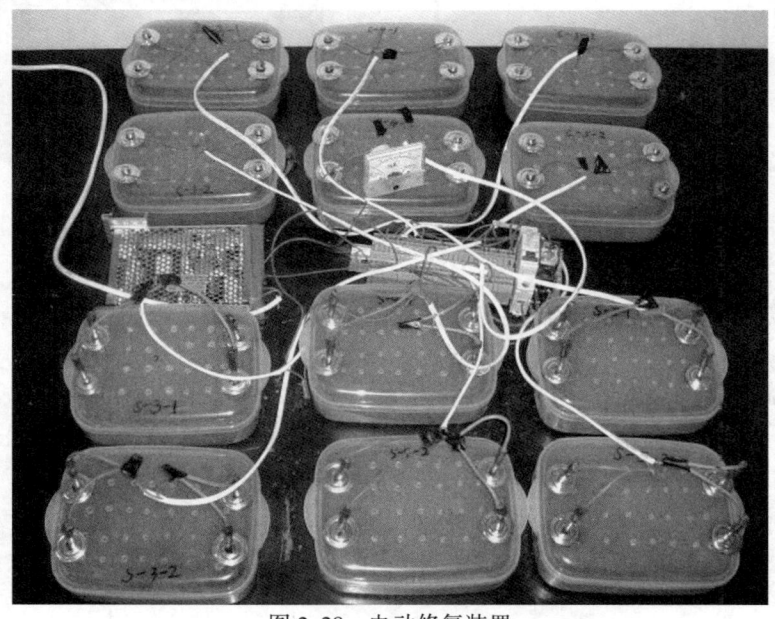

图 2.28 电动修复装置

将过筛（孔径 2 mm）后的土壤与一定量的石油混合，配置成浓度为 50 g/kg 的石油污染土壤。室温状态下平衡 7 d。实验前测得土壤中石油实际浓度为 45 g/kg。用蒸馏水均匀喷洒土壤并不断翻动搅拌，使土壤的湿度达到 16%～19%（w/w）。将土壤分层铺放在土壤室内，每个土壤室土壤量大约为 1.1 kg。共设置 6 个不同处理（表 2.16）。实验时间为 100 d，每隔 20 d 采样一次，采样深度为 10 cm，采样点距离阳极电极分别为 0 cm、4 cm、8 cm、12 cm、16 cm 和 20 cm。

表 2.16 污染土壤不同处理情况

| 序号 | 实验分类 | 实验情况 | | |
|---|---|---|---|---|
| | | 电势差/(V/cm) | 高效石油降解菌 | 极性切换 |
| 1 | 对照组 | 0 | − | / |
| 2 | | 0 | + | / |
| 3 | 实验组 | 1 | − | N |
| 4 | | 1 | + | N |
| 5 | | 1 | − | Y |
| 6 | | 1 | + | Y |

注：/表示无电极；+表示添加石油降解菌；−表示未添加石油降解菌；N 表示不切换电极；Y 表示切换电极。

为确定电场供能的最佳方式，分别用恒定电压和恒定电流的方式进行预实验。同时确定最佳切换时间间隔，极性切换示意图和装置图如图 2.29 所示。

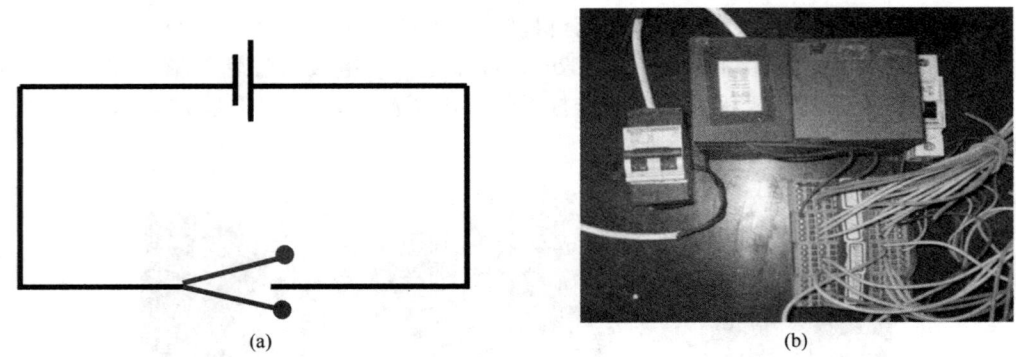

图 2.29 电极极性切换示意图（a）和装置图（b）

当采用恒定电流的方式进行供能时，随着通电时间的延长，土壤的电阻会逐渐升高，为达到恒定电流条件，须不断升高电压。初始电压 24 V，最初 10 min 不记录电压。从图 2.30 中可以看出，通电 10 min 后，电压升高了 2.8 V。到 72 min 时，为保证电流恒定，电压达到了人体安全电压的最高值（36V）。100 min 后，电压 45.7 V，接近初始电压 2 倍，远远超出安全电压。因此，本实验选择恒压电场供能方式。设定 8 个相同浓度的石油污染土壤组，用不同梯度的电压进行修复，修复时间相同。测定结果表明（图 2.30），电势差为 1 V/cm 时石油污染物降解率最高，达到了 73%。此时电流随电阻的增加下降，不会造成供电器负荷过载。

供试土壤初始 pH 值为 6.5。经过 24 h 处理，极性不切换时，阳极附近土壤 pH 值降低

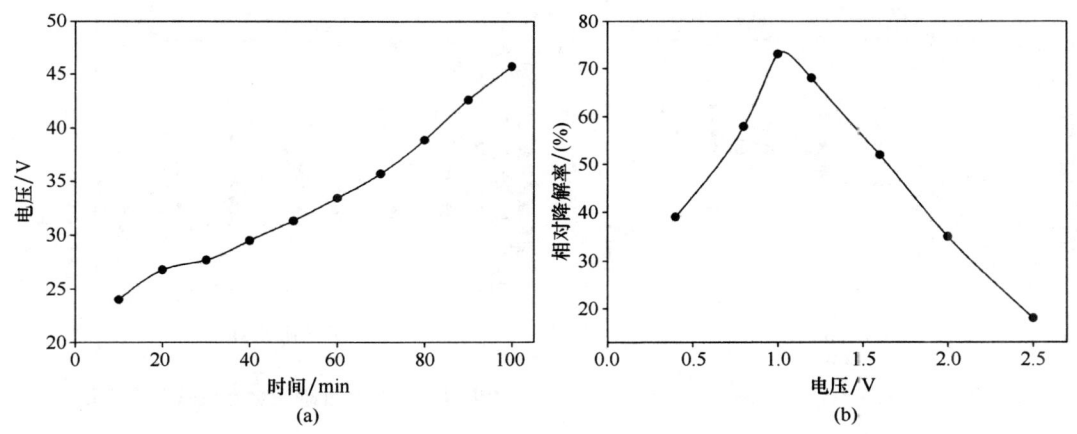

图 2.30 恒电流条件下电势—时间变化（a）和电压—降解率关系（b）曲线

到 3.5，阴极附近 pH 值升高到 12.7，电极中间位置土壤 pH 值接近中性；与之相比，极性切换处理后阳极附近和阴极附近土壤 pH 值分别为 5.5 和 7.3，其他位置 pH 值在 6.2~6.4 之间（图 2.31）。

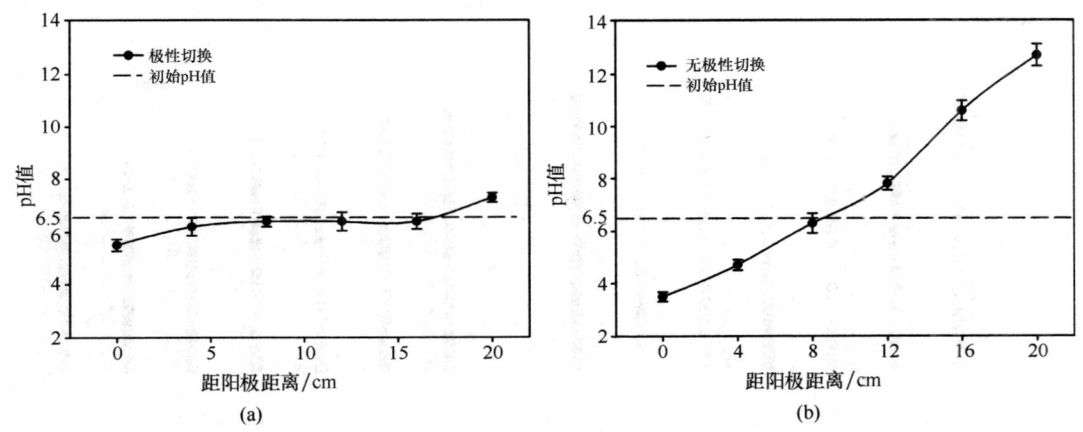

图 2.31 极性切换处理土壤（a）和无极性切换处理土壤（b）pH 值变化

通过检测电动—微生物处理土壤有机碳含量变化（图 2.32），发现对于无极性切换的电动—微生物处理组，修复后各位点的有机碳含量均有所下降，且随着修复时间的延长，含量逐渐降低。在初始的 20 d 内阳极附近土壤有机碳消耗量约为总有机碳含量的 9.6%，比阴极有机碳消耗速度快 5.6 倍。60 d 后，有机碳平均消耗量降低，仅为总量的 1.6%。而在有极性切换的电动—微生物处理组中，电极附近有机碳平均消耗总量较高，20 d 内有机碳消耗总量约为总有机碳含量的 9.3%，中间位置消耗量较低，仅为 3.1% 左右。修复后各位点的有机碳含量降低，且随着修复时间的延长，消耗速率逐渐下降。

根据图 2.33，经过 100 d 处理后，电动—微生物处理组有效氮、磷、钾含量均显著高于对照组含量（$P<0.05$）。无极性切换的处理阳极附近土壤有效氮、磷含量高于阴极。可能由于土壤有效氮、磷大多以阴离子形式存在，在电场中向阳极迁移。有效钾主要以 $K^+$ 形式存

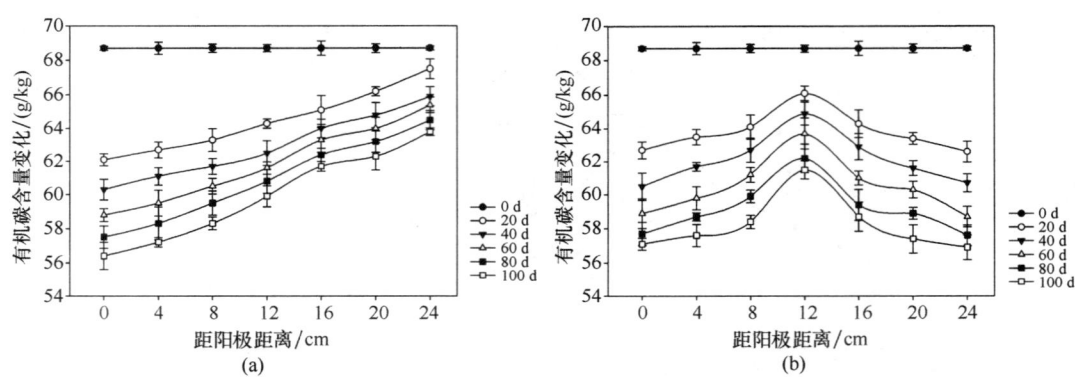

图 2.32　无极性切换（a）和有极性切换（b）的电动—微生物处理土壤有机碳含量变化

在，在电场作用下向阴极迁移，所以阴极区土壤有效钾要高于阳极区。而在有极性切换处理组中，近电极区域有效氮、磷、钾含量要高于远电极区域，平均含量为 141.52 mg/kg、49.86 mg/kg 和 187.24 mg/kg，分别为对照组含量的 1.5 倍、1.4 倍和 1.2 倍。结果表明，直流电场的施加有助于土壤中有效态氮、磷、钾的活化，且在极性转换条件下进行非定向迁移，促使其在土壤介质中的均匀分布，这些营养物质可有效提高微生物活性，加速石油污染物的去除。

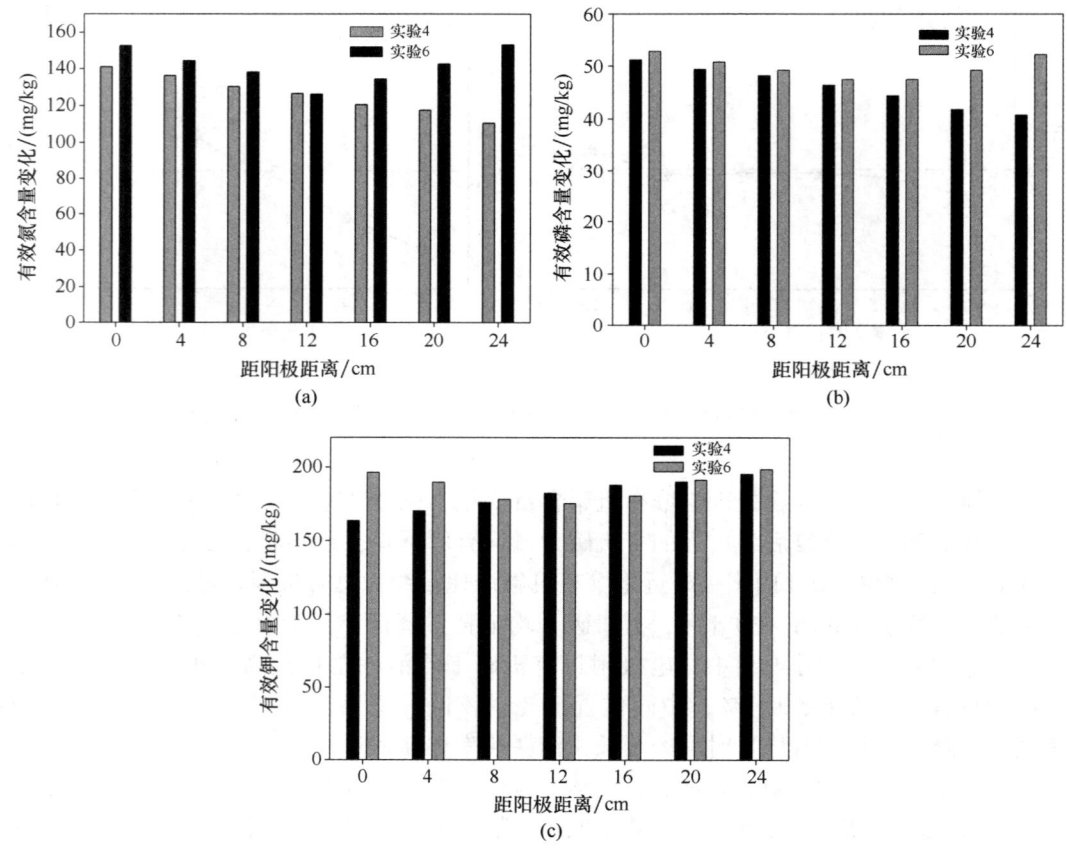

图 2.33　电动—微生物处理土壤有效氮（a）、磷（b）和钾（c）含量变化

不同处理组中土壤石油污染物降解率变化见图 2.34。结果表明，实验结束后电动和微生物处理组土壤石油降解率分别达到了 42.1% 和 22.3%，表明电动技术可有效处理石油污染土壤。电动—微生物联合修复技术要优于单项修复技术，且电极切换处理要优于单向电动处理，土壤石油降解率达到 67.5%。

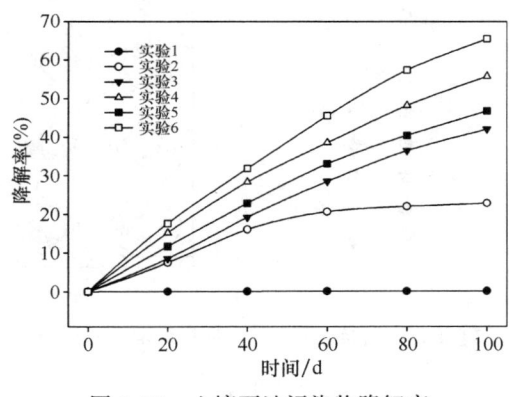

图 2.34　土壤石油污染物降解率

### 2.3.1.2　石油污染土壤电动—微生物修复技术电场设计优化

供试土壤、石油和微生物同上，电动修复装置（图 2.35）包括 1 个土壤室（100 cm×100 cm×25 cm）、25 根不锈钢电极（20 cm×1 cm）、1 个可调直流电源、电极极性转换器（端子箱和断路器）、实时监控系统、电子温度计。自动化控制系统，整合了西门子可编程控制器（PLC）、可控硅整流器（03508GWF）、可调式直流电源（WYJ6050E）和触摸屏（MT4300C）。

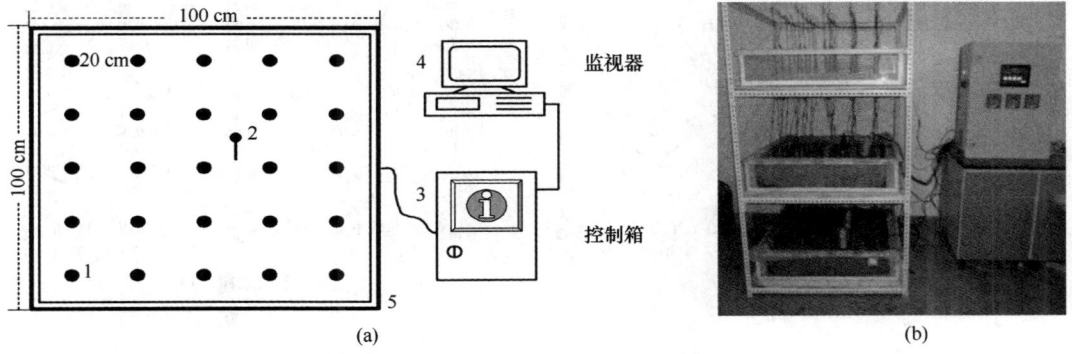

图 2.35　石油污染土壤电动/微生物修复装置示意图（a）和实物图（b）

建立一个在空间和场强上完全对称的电场（图 2.36）。EK-BIO 处理施加 1.0 V/cm 的直流电场，电极极性每 5 min 一次，每 10 min 进行/列转换。各采样点电场强度根据以下公式进行计算：

$$E_p = \left\{\frac{2b(y^2 + b^2 - x^2)}{[(x^2 + b^2) + y^2][(x^2 - b^2) + y^2]}\right\} i + \left\{\frac{(-4bxy)}{[(x^2 + b^2) + y^2][(x^2 - b^2) + y^2]}\right\} j \tag{2.1}$$

式中，$b$ 表示两电极之间的距离；$x$ 和 $y$ 为采样点坐标；$i$ 和 $j$ 为表示电场方向。

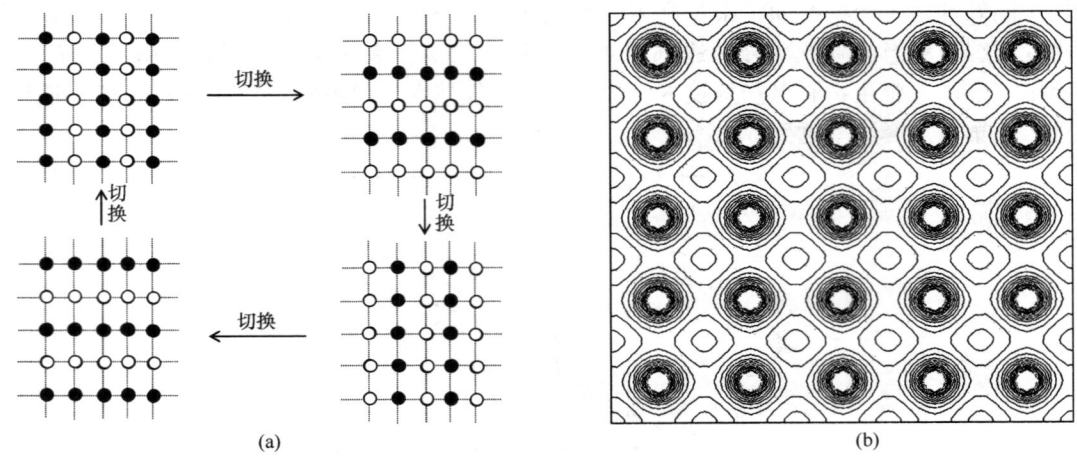

图 2.36 电极极性切换方式（a）及对称电场强度分布图（b）

电场强度计算结果如图 2.37 所示。采样点 a、b、c、d 和 e 的电场强度分别是 0.34 V/cm、0.18 V/cm、0.06 V/cm、0.1 V/cm 和 0.02 V/cm。可以看出，电极周围电场强度最大，随着与电极距离的增大，电场强度也逐渐减小，对角线中心最小。

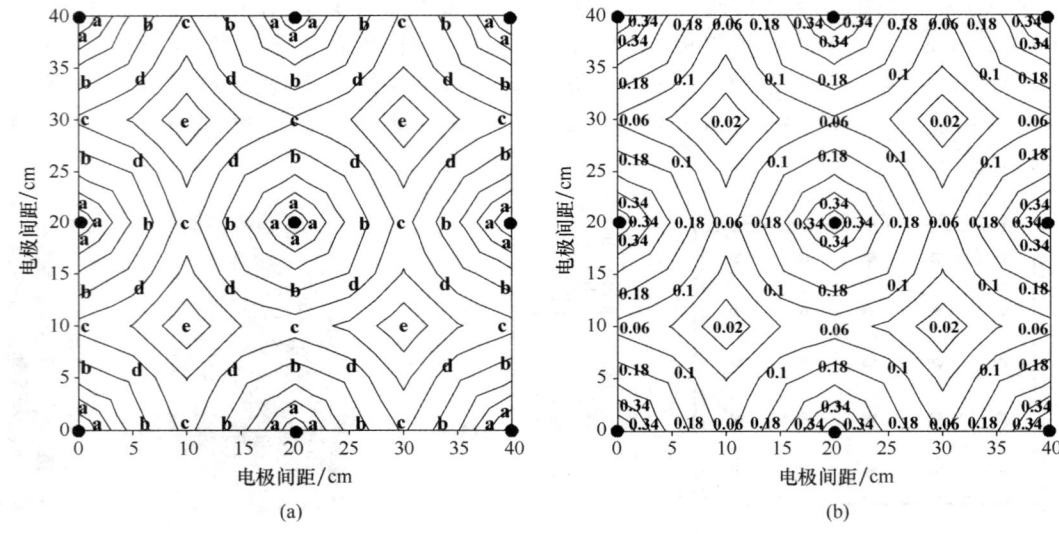

图 2.37 采样点（a）及电场强度分布等高线图（b）

● 电极；a—电极处；b—距电极 5 cm 处；c—两电极中间；d—对角线上距电极 7 cm 处；e—对角线中心

实验共设 4 组不同的处理（表 2.17）。将土壤分层铺放在土壤室内，并压实以减小土壤孔隙，每个土壤室约 100 kg。用蒸馏水均匀喷洒土壤并不断翻动搅拌，使土壤的湿度达到 16%~19%（w/w）。根据电场强度分布，每 10 d 采样进行分析，实验共进行 100 d。实验过程中，须定期向土壤箱中喷洒蒸馏水以保持土壤湿度。

表 2.17　实验设计

| 实验名称 | 电场/(V/cm) | 微生物/(copies/g) | 正负切换时间/min | 行/列切换时间/min |
|---|---|---|---|---|
| BIO-EK | 1.0 | 6.5×10⁸ | 5.0 | 10.0 |
| EK | 1.0 | — | 5.0 | 10.0 |
| BIO | — | 6.5×10⁸ | — | — |
| control | — | — | — | — |

### 2.3.1.3　石油烃降解效率随时间和空间的变化

在实验过程中，土壤 pH 值在一定范围内保持稳定（介于 6.3~6.5 之间），同时在 BIO-EK 和 EK 实验中（图 2.38），各采样点之间 pH 值差异未达到显著水平（$P>0.05$）。本研究采用二维对称电场，可对电极极性进行周期性切换，还可将电极极性以行/列转换的形式进行旋转切换，有效地消除了土壤 pH 值的大幅变化。

对土壤温度监测结果表明，与未施加电场的 BIO 与 control 相比，施加电场的 BIO-EK 和 EK 土壤温度并未发生明显变化。在电动处理过程中，部分电能可转化为焦耳热，从而引起土壤温度升高。而本研究中，所采用的电流密度较小，因此并未观察到热效应。

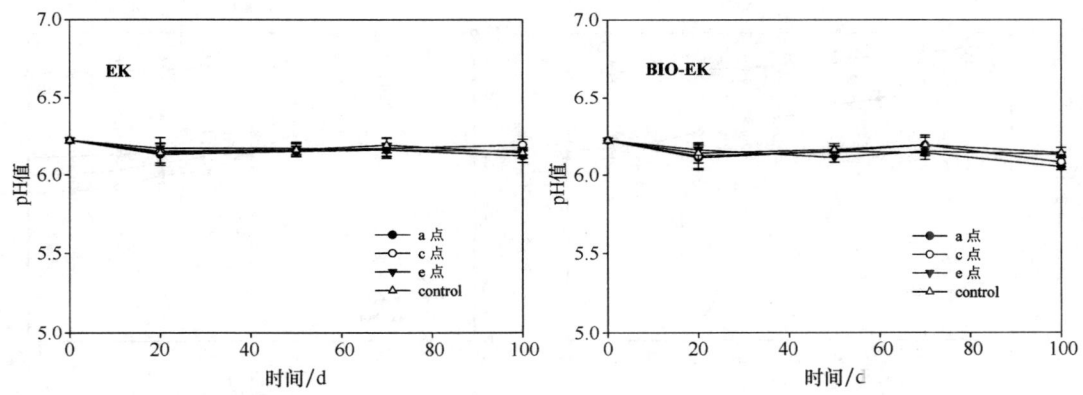

图 2.38　土壤 pH 值的变化

处理 100 d 后，石油烃（TPH）降解率随电场强度分布特征如图 2.39 所示。在 BIO-EK 及 EK 中，TPH 降解率与电场强度均呈正相关，相关系数分别达 0.922 和 0.919（$P<0.05$）。TPH 最大降解率均发生在场强最大的电极附近，且降解率随电场强度的减弱而逐渐降低，对角线中心降解率最小。

在修复过程中，TPH 含量随时间和空间变化情况如图 2.40 所示。100 d 后，control、BIO、EK 及 BIO-EK 处理土壤中的 TPH 含量由初始的 45.30 g/kg 分别降至 41.74 g/kg、35.36 g/kg、33.34 g/kg 和 22.95 g/kg。在处理的前 20 d，TPH 含量均有一个明显的降低过程。

图 2.41 表示在 BIO、EK 及 BIO-EK 处理过程中，TPH 的平均降解率以及 TPH 在不同位点（a、c 和 e 点）的降解率随时间的变化。图 2.41 中虚线为 EK 及 BIO 处理过程中 TPH 降解率之和。100 d 后，通过 BIO、EK 及 BIO-EK 处理，土壤中 TPH 平均降解率分别为

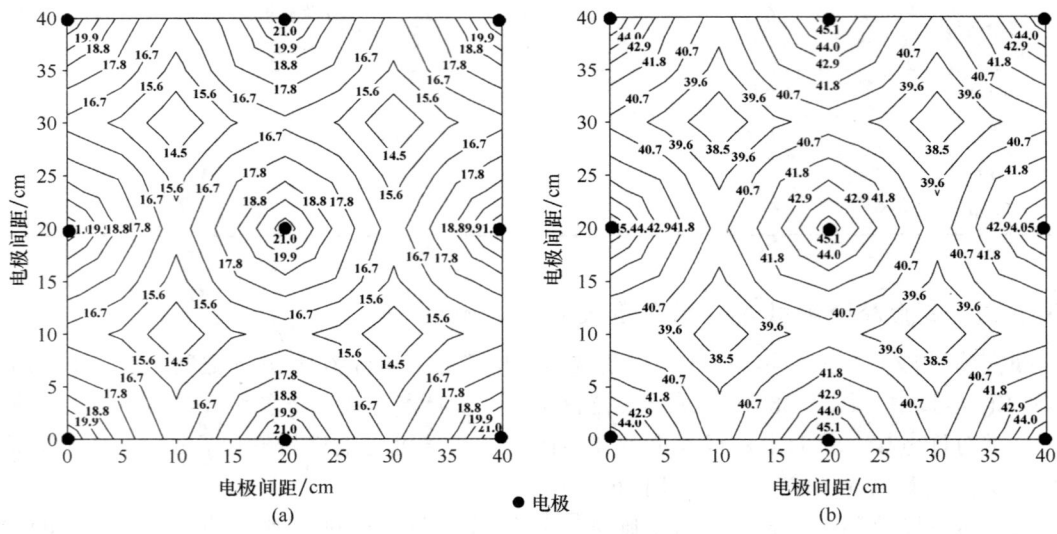

图 2.39 EK（a）及 BIO-EK（b）中 TPH 降解率（%）随电场强度变化等高线图

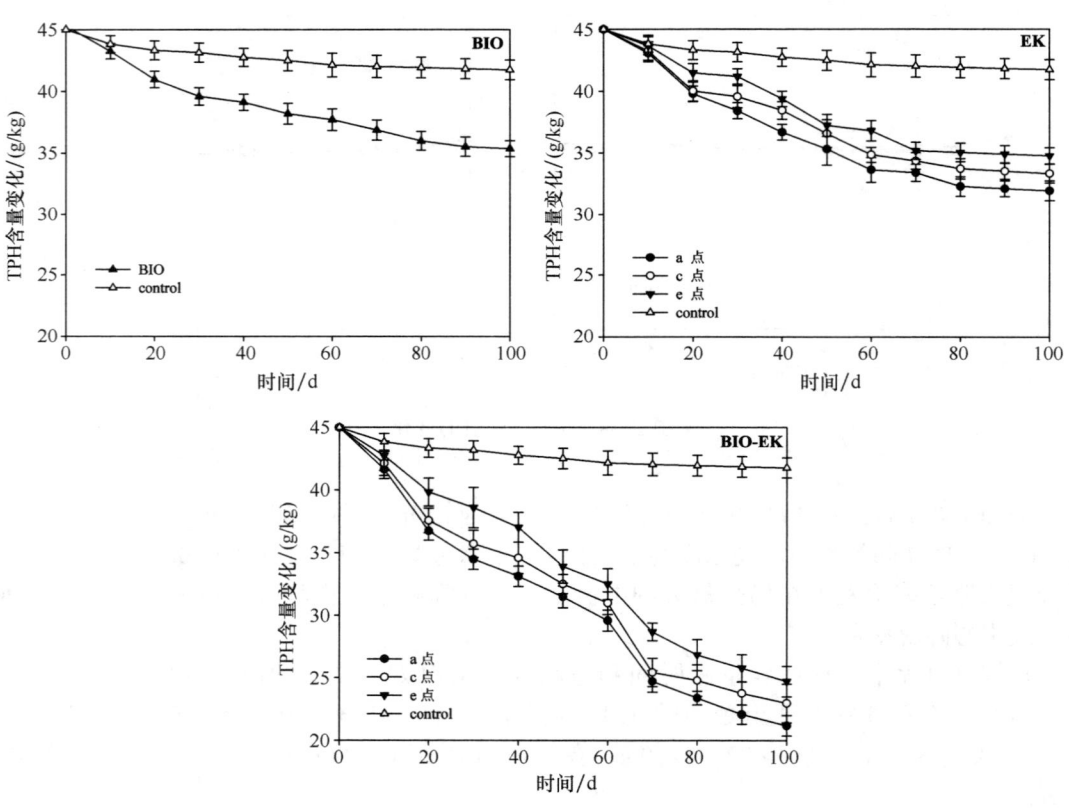

图 2.40 土壤中 TPH 含量变化

14.1%、18.5%和41.5%。其中，在EK实验中，a、c和e点的降解率分别为21.7%、18.6%和15.4%；在BIO-EK中，a、c和e点的降解率则分别为45.4%、41.5%和37.6%。在实验进行的前60 d，BIO-EK中a、c和e点TPH的实际降解率与模拟曲线均有良好的拟合度，相关系数分别达0.996、0.998和0.990（$P<0.01$），表明在前60 d，TPH的降解归功于电化学氧化和生物降解的叠加效应；而在60~100 d，BIO-EK中TPH实际降解率明显高于模拟曲线中所表示的降解率，说明电场的施加促进了生物降解效率，表明后期BIO-EK中TPH的降解归于电化学氧化与生物降解的协同效应。

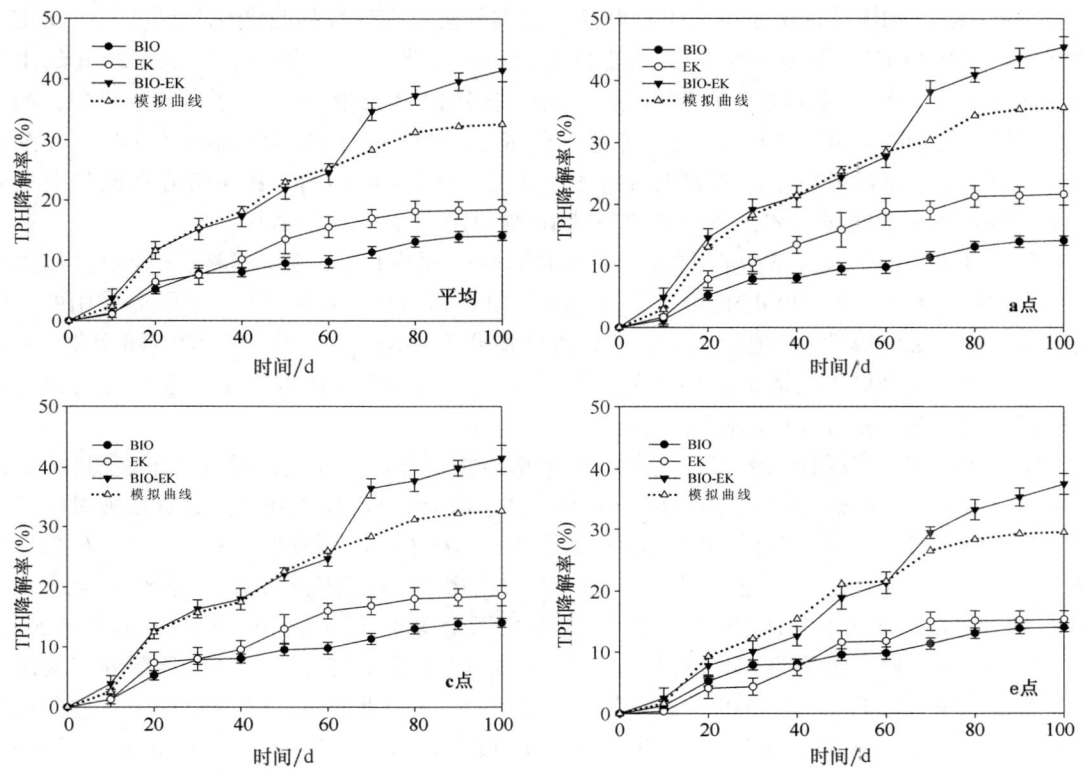

模拟曲线表示EK及BIO中TPH降解率之和

图2.41　TPH平均降解率及在不同位点降解率随时间的变化

### 2.3.1.4　微生物数量及群落结构变化

通过测定BIO及BIO-EK处理土壤中微生物16S rRNA基因拷贝数变化，分析微生物数量的变化，结果如图2.42所示。在整个实验过程中，微生物数量始终维持在同一数量级（$10^8$）。在处理的前20 d，微生物数量相对于0 d呈下降趋势。在BIO-EK处理中，16S rRNA基因拷贝数在a、c和e点之间差异没有达到显著性水平（$P>0.05$）。BIO-EK中平均基因拷贝数略高于BIO中，约为BIO中基因拷贝数的1.5倍。

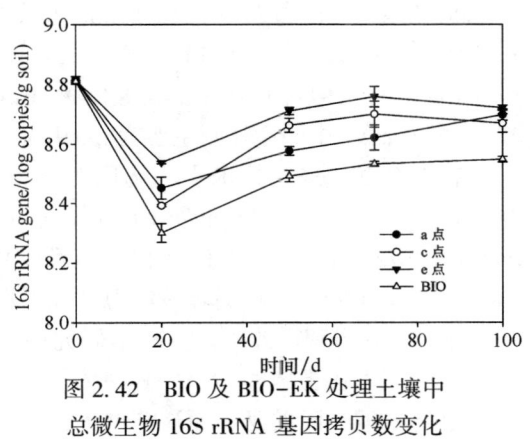

图2.42　BIO及BIO-EK处理土壤中总微生物16S rRNA基因拷贝数变化

在实验过程中，微生物数量始终维持在同一数量级，说明二维电场的使用有利于微生物的生长。微生物数量与其呼吸速率呈正相关，当向土壤中施加电场时，阳极附近由于水的电解作用所产生的氧气会促进微生物细胞的呼吸速率，从而引起微生物数量的增加，这可能是BIO-EK中微生物数量略高于BIO中的一个原因。而前20 d微生物数量有所下降，可能是微生物对环境适应性的一个反应。周期性切换电极极性可驱使微生物在土壤中来回移动。在本研究中，微生物数量在空间上未发生明显的变化，可能的原因除了由于电极的切换使得土壤中pH值均一之外，也可能是因为微生物局部移动所致。

BIO-EK及BIO处理土壤中微生物群落、聚类分析及多样性指数变化如图2.43。条带1主要存在于初始土样及20 d和50 d各点的土样中；条带2主要存在于初始及20 d的土样中；条带3、条带7、条带8、条带9、条带11、条带12和条带13存在于所有土样中，而条带3所代表的种群丰度在70 d后逐渐降低，条带12和条带13的丰度则随处理时间逐渐增加；条带4所表示的种群丰度随处理时间逐渐降低，100 d后则消失；条带6在施加电场后出现，70 d后丰度明显增加；条带5和条带10则只出现在初始土壤中。

根据聚类分析结果，微生物群落主要随时间变化而变化，而随空间变化较小。具体来说，0 d各自聚为一类，20 d和50 d聚为一类，70 d和100 d聚为一类。本研究采用的二维电场可避免土壤中极端pH值的产生，因此微生物群落结构并未发生明显的空间变化。TPH降解速率与微生物群落的动态结构有关。70 d时微生物群落结构发生了明显变化，而此时TPH降解表现为EK与BIO的协同效应。

通过计算香农多样性指数$H'$，分析了土壤微生物多样性的变化情况，结果表明，0 d的土样中微生物的多样性最高（BIO-EK和BIO中分别为2.06和2.09），随着处理时间的延长，BIO-EK中各位点微生物多样性逐渐降低，并在100 d时达到最小（a、c、e点$H'$值分别为1.56、1.61和1.56）。而在此过程中，70 d时微生物多样性出现一个反弹趋势，e点尤为明显（$H'=1.99$）。不同于BIO-EK处理的是，BIO中微生物多样性最低值（1.64）出现在20 d。

在BIO-EK处理土壤DGGE图谱中，共切取了13个条带进行测序，每条序列与基因库中细菌基因序列相似度均在97%~99%之间（表2.18）。结果表明，13个菌株中既包含革兰氏阴性菌，又包含革兰氏阳性菌，其中革兰氏阴性菌占较大比例，主要为*Beta-proteobacteria*（条带2、条带5、条带6和条带8）和*Alpha-proteobacteria*（条带3、条带7和条带10）。*Beta-proteobacteria*中，则主要为*Massilia*（条带2和条带5），*Burkholderia*（条带6）和*Hydrogenophaga*（条带8）。而*Alpha-proteobacteria*中，主要为*Sphingobium*（条带3）、*Devosia*（条带7）和*Phenylobacterium*（条带10）。革兰氏阳性菌中则主要包含了*Actinobacteria*（条带11、条带12和条带13）、*Firmicutes*（条带1和条带4）和*Acidobacteria*（条带9）。而*Actinobacteria*中所包含的菌株主要鉴定为*Arthrobacter*（条带11和条带13）和*Flexivirga*（条带12）。*Firmicutes*中的菌株则主要为*Bacillus*（条带1和条带4）。

在BIO-EK修复技术中，选取对环境压力有耐受能力的细菌至关重要。在本实验中，*Massilia aerilata*和*Phenylobacterium muchangponense*只出现在初始土壤中，*Massilia haematophila*则在处理20 d后消失，说明这些菌种的竞争力和适应能力较差，不宜应用于BIO-EK技术中。*Arthrobacter*对环境压力（如干燥或缺乏营养物质）具有较高的耐受力，从极端环境土壤中往往可获得此类菌。在本研究中，*Arthrobacter sulfonivorans*和*Arthrobacter oxydans*自始至终存在于各土壤样品中，其中*A. oxydans*与其他条带所表示的菌种相比，其强度最强，且随电场处理时间的延长而逐渐增大，说明该菌种对电场环境具有很强的适应能力。

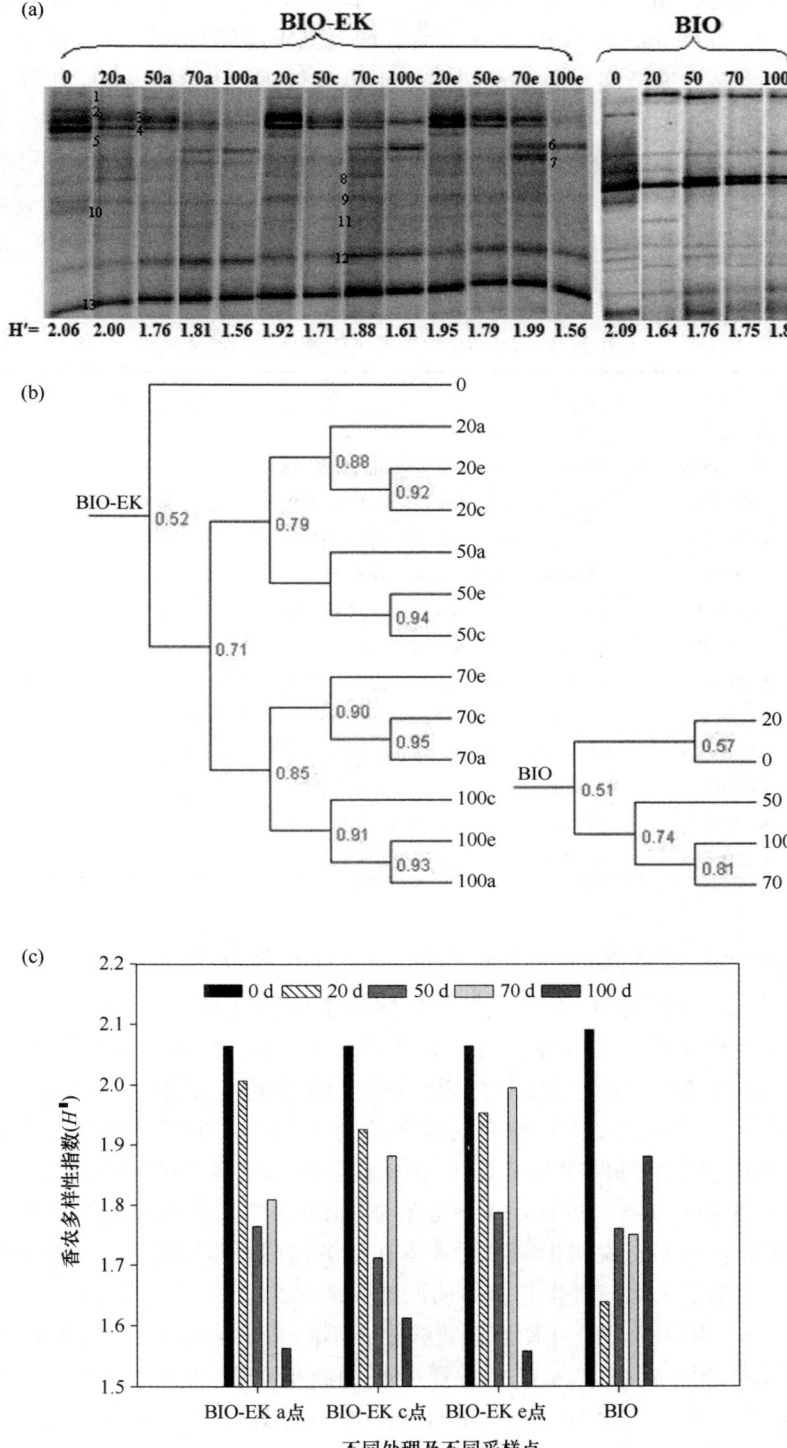

图 2.43 土壤微生物群落变化（a）、聚类分析（b）及香农多样性指数（c）

*Burkholderia fungorum* 含有烷烃羟化酶基因，该基因编码的蛋白是一种功能性烷烃羟化酶。在实验中，*B. fungorum* 出现于 20 d 以后，而且其丰度随处理时间逐渐增大，而在场强较弱的区域尤为明显，这可能是因为在对污染土壤的处理过程中，对 TPH 降解的需要诱使了该菌的产生。除上述菌种外，还检测到了较高丰度的 *Sphingobium fuliginis*、*Bacillus cereus* 和 *Flexivirga alba*，表明这些菌在降解污染物的过程中均起着重要的作用。同时，*S. fuliginis* 的丰度在 70 d 后呈下降趋势，*B. cereus* 的丰度随时间的推移逐渐降低，在实验结束时几乎消失。与此相反，*F. alba* 的丰度随处理时间则逐渐增大，这可能是因为 *S. fuliginis* 和 *B. cereus* 更善于消耗石油中的轻组分，而 *F. alba* 则更倾向于消耗重质组分。

表 2.18 DGGE 中主要条带测序比对结果

| 条带 | 登录号 | 同源序列 | 相似性（%） |
|---|---|---|---|
| 1 | KC505593 | *Bacillus cereus* strain JCM 2152 | 98 |
| 2 | KC505594 | *Massilia haematophila* strain CCUG 38318 | 99 |
| 3 | KC505595 | *Sphingobium fuliginis* strain DSM 14926 | 97 |
| 4 | KC505596 | *Bacillus cereus* strain ATCC 14579 | 99 |
| 5 | KC505597 | *Massilia aerilata* strain 5516S-11 | 97 |
| 6 | KC505598 | *Burkholderia fungorum* strain LMG 16225 | 97 |
| 7 | KC505599 | *Devosia insulae* strain DS-56 | 98 |
| 8 | KC505600 | *Hydrogenophaga atypica* strain BSB 41.8 | 98 |
| 9 | KC505601 | Uncultured *Acidobacteria* bacterium clone GASP-WC1S2-C07 | 97 |
| 10 | KC505602 | *Phenylobacterium muchangponense* strain A8 | 98 |
| 11 | KC505603 | *Arthrobacter sulfonivorans* strain ALL | 99 |
| 12 | KC505604 | *Flexivirga alba* strain ST13 | 97 |
| 13 | KC505605 | *Arthrobacter oxydans* strainDSM 20119 | 99 |

### 2.3.1.5 电动—生物修复对石油组分降解率的贡献分析

100 d 后 BIO-EK 处理中 a、c 和 e 点 TPH 降解率分别为 45.4%、41.5% 和 37.6%，其中电化学氧化的贡献值分别为 21.6%、18.6% 和 15.4%，而微生物降解的贡献值大小分别为 23.8%、22.9% 和 22.2%。电化学氧化的贡献率与电场强度呈正相关，而微生物的贡献率则正好相反。在 BIO 处理中，TPH 降解率的实测值为 14.1%。在实验进行的前 60 d，模拟曲线中 a、c 和 e 点所表示的降解率与 BIO 中 TPH 实际降解率具有良好的拟合度，相关系数分别达 0.983、0.975 和 0.966（$P<0.01$）。而在 60~100 d 期间，模拟曲线所表示的降解率明显高于 BIO 中实际降解率，说明生物降解效率在电场作用下得以提升，表明 BIO-EK 处理中石油烃的降解是电化学氧化与微生物降解协同作用的结果。

图 2.44 为 EK、BIO 及 BIO-EK 处理实验中，不同采样时间（0 d、20 d、50 d、70 d 和 100 d）和不同采样点（a、c 和 e 点）土样中石油族组分含量和比例变化。与其他组分相比，烷烃降解最快。实验结束时，EK、BIO 及 BIO-EK 处理的土壤中，烷烃浓度从初始的 24.62 g/kg 分别降至 14.39 g/kg、17.97 g/kg 和 6.89 g/kg；相应地，EK、BIO 及 BIO-EK 处理的土壤残留石油中，烷烃所占比例从初始的 69.5% 分别降至 58.3%、65.7% 和 42.3%。比较而言，芳烃降解速率明显低于烷烃。100 d 后，EK、BIO 及 BIO-EK 处理的土壤中，芳烃含量由初始的 8.30 g/kg 分别降至 7.37 g/kg、6.90 g/kg 和 6.08 g/kg，所占比例则由

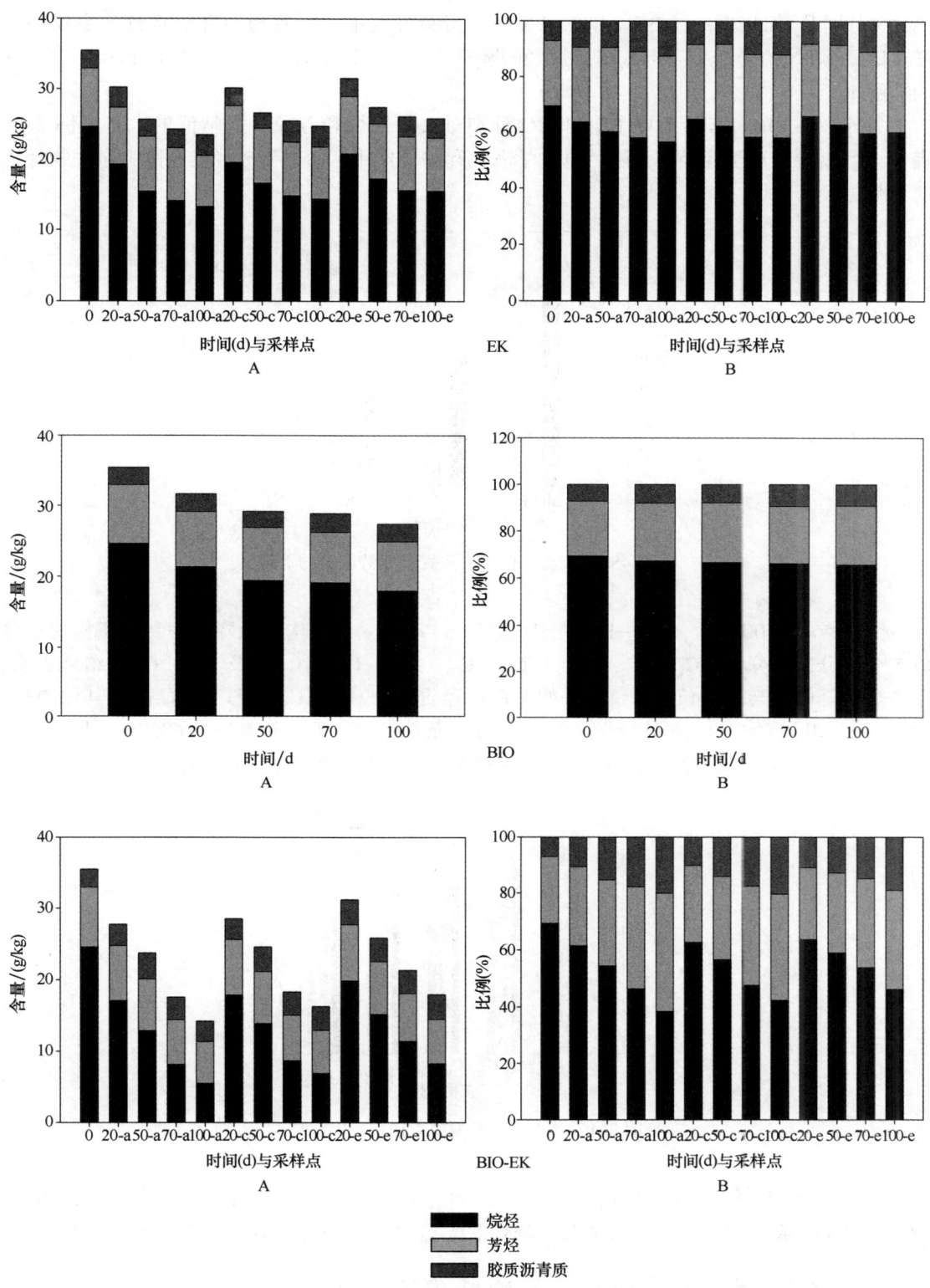

图 2.44 土壤中石油各族组分含量（A）和比例（B）的变化

23.4%分别升至29.9%、25.2%和37.9%。在实验过程中,胶质和沥青质含量几乎保持不变。EK中烷烃的降解率高于BIO中烷烃的降解率,而EK中芳烃的降解率低于BIO中芳烃的降解率。

另外,将BIO-EK处理中EK和BIO分别对去除烷烃和芳烃时贡献值的大小用图2.45表示,可以看出对于烷烃的去除,电化学氧化起主要作用;而对于芳烃的去除,微生物降解的贡献更大。

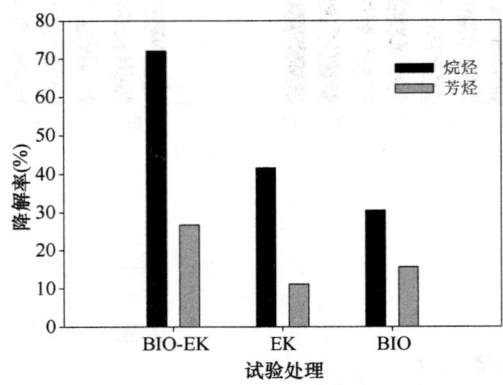

图2.45 EK及BIO对去除烷烃和芳烃时的贡献

图2.46为100 d后,BIO-EK处理土壤中a、c及e点正构烷烃降解率。将正构烷烃分成5个部分进行分析:$C_{12}-C_{15}$,$C_{16}-C_{19}$,$C_{20}-C_{23}$,$C_{24}-C_{27}$以及$C_{28}-C_{31}$。结果表明,正构烷烃降解率与碳链长度呈负相关的关系。轻质组分$C_{12}-C_{15}$降解率明显高于其他组分。100 d后,组分$C_{12}-C_{15}$平均降解率达85.2%,而$C_{28}-C_{31}$平均降解率为68.9%。另外,正构烷烃降解率与电场强度呈正相关:a点降解率最高,其次为c点,e点降解率则最低。

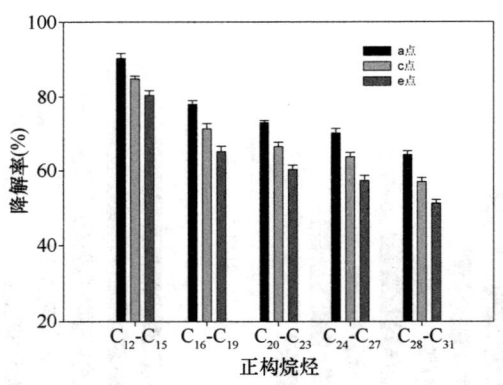

图2.46 100 d后石油中正构烷烃降解率

烃类化合物碳链的增加会导致其疏水性的提高,从而进一步导致其电化学稳定性的增加和生物可利用性的降低,这是低碳链正构烷烃降解率高于高碳链正构烷烃降解率的一个主要原因。

## 2.3.2 石油污染土壤电动—生物修复工艺优化

以石油污染土壤为研究对象,在二维对称电场修复平台上,采用电动—生物修复的方式，研究了电场强度、电化学氧化和微生物降解之间的相关性，分析了电化学氧化和微生物降解对石油烃不同组分去除率的贡献大小，并对修复条件进行了优化。

#### 2.3.2.1 供试土壤、污染物和微生物

实验土壤采自沈阳应用生态研究所生态站附近0~30 cm的表层土。将土壤自然风干后过筛（孔径2 mm），将正十六烷、环十二烷和芘分别以5 000 mg/kg、1 000 mg/kg和50 mg/kg的浓度均匀混入土壤中，配制成混合烃污染土壤，经过气相色谱分析，土壤中正十六烷、环十二烷和芘的实际浓度分别为4744.54 mg/kg、947.22 mg/kg和48.81 mg/kg。其中，正十六烷（纯度大于98%，东京化成工业株式会社），作为直链烷烃的代表性污染物，密度为0.773 g/cm$^3$，熔点18.2 ℃，沸点286.8 ℃；环十二烷（纯度大于99%，东京化成工业株式会社），作为环烷烃的代表性污染物，密度为0.871 g/cm$^3$，熔点61 ℃，沸点247 ℃。芘（纯度大于99%，百灵威科技有限公司），作为芳烃的代表性污染物，密度为1.271 g/cm$^3$，熔点150 ℃，沸点393.5 ℃。

以辽河油田的原油为石油降解菌筛选时的碳源，其密度为0.882 g/cm$^3$（20 ℃），凝固点为25.8 ℃，黏度为18.9 mPa/s（50 ℃）。将筛选出的降解菌按一定比例制成混合菌悬液，接入到以石油为唯一碳源的无机盐培养基中，采用10 L发酵罐150 rpm，35 ℃进行发酵培养，3 d后低温条件下离心收集（8 000 rpm，2 min）。

#### 2.3.2.2 实验装置及实验设计

实验共设4组不同的处理，分别为BIO-EK、EK、BIO和control。BIO-EK和BIO中投加微生物混合菌群至污染土壤中，调节土壤C∶N∶P比例和pH值，混入适量的吐温-80。其中氮源由NaNO$_3$和（NH$_4$）$_2$SO$_4$提供，磷源由K$_2$HPO$_4$提供。

#### 2.3.2.3 石油降解菌对不同烃类利用情况

将10株石油降解细菌命名为B1~B10，3种不同烃类的利用情况见表2.19。10株菌均能在直链烷烃降解菌筛选培养基中生长，表明均能以直链烷烃为唯一碳源生长；菌B1、B2、B3、B6、B7和B9能以环烷烃为唯一碳源生长；菌B2和B3能在芳烃降解菌筛选培养基上生长，表明其能利用芳烃。

表2.19 各菌株的降解性能

| 菌株代号 | 直链烷烃利用情况 | 环烷烃利用情况 | 芳烃利用情况 |
| --- | --- | --- | --- |
| B1 | + | + | − |
| B2 | + | + | + |
| B3 | + | + | + |
| B4 | + | − | − |
| B5 | + | − | − |
| B6 | + | + | − |
| B7 | + | + | − |
| B8 | + | − | − |
| B9 | + | + | − |
| B10 | + | − | − |

注："+"表示能够利用，"−"表示不能利用。

#### 2.3.2.4 各单菌株对石油烃的降解能力

各单菌株对 TPH 的降解能力如图 2.47 所示。其中菌株 B2 降解 TPH 能力最强，5 d 后石油降解率达 75%；其次为 B3，其处理的石油 5 d 降解率达 72%；其他菌株降解能力大小依次为 B9、B1、B7、B6、B5、B10、B8、B4。

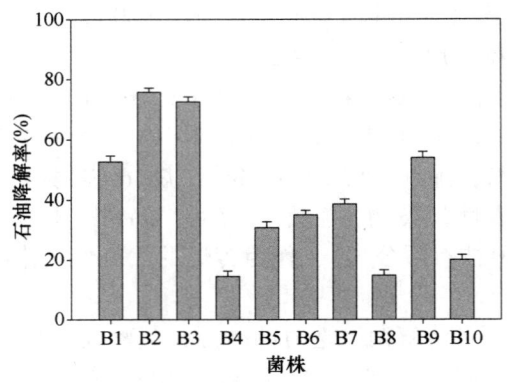

图 2.47 各单菌株对石油烃降解能力

综合分析，菌株 B1、B2、B3、B6、B7 和 B9 对 TPH 具有较高的降解能力，而且其中的 B2 和 B3 对直链烷烃、环烷烃和芳烃均具有降解能力，B1、B6、B7 和 B9 对直链烷烃和环烷烃具有降解能力，故选择菌株 B1、B2、B3、B6、B7 和 B9 构建微生物混合菌群。

#### 2.3.2.5 混合菌群的构建及降解能力分析

根据六因素三水平正交实验 $L_{27}(3^6)$ 对所选 6 株菌投加比例进行优化。六因素分别为菌株 B1、B2、B3、B6、B7 和 B9，三水平为菌液投加量 0.5 mL、1.0 mL 和 2.0 mL。不同投加比例下各菌群对 TPH 的降解能力见表 2.20。从极差分析结果可知，所选出的 6 株菌中，菌株 B2 对混合菌群降解 TPH 的影响最大，然后依次为 B3、B7、B1、B9 和 B6。菌株 B2 和 B3 对直链烷烃、环烷烃和芳烃均具有降解能力，而且 B2 和 B3 菌株对 TPH 的降解能力明显高于其他菌株，这可能是 B2 和 B3 菌株对混合菌群降解 TPH 影响最大的主要原因。

表 2.20 混合菌群的构建及其降解能力

| 实验编号 | 菌液投加量/mL | | | | | | 石油降解率（%） |
| --- | --- | --- | --- | --- | --- | --- | --- |
| | B1 | B2 | B3 | B6 | B7 | B9 | |
| 1 | 0.5 | 0.5 | 0.5 | 0.5 | 0.5 | 0.5 | 76.2 |
| 2 | 0.5 | 0.5 | 0.5 | 0.5 | 1 | 1 | 77.4 |
| 3 | 0.5 | 0.5 | 0.5 | 0.5 | 2 | 2 | 80.4 |
| 4 | 0.5 | 1 | 1 | 1 | 0.5 | 0.5 | 83.0 |
| 5 | 0.5 | 1 | 1 | 1 | 1 | 1 | 79.3 |
| 6 | 0.5 | 1 | 1 | 1 | 2 | 2 | 86.0 |
| 7 | 0.5 | 2 | 2 | 2 | 0.5 | 0.5 | 82.2 |
| 8 | 0.5 | 2 | 2 | 2 | 1 | 1 | 82.5 |
| 9 | 0.5 | 2 | 2 | 2 | 2 | 2 | 86.3 |

续表

| 实验编号 | 菌液投加量/mL | | | | | | 石油降解率（%） |
| --- | --- | --- | --- | --- | --- | --- | --- |
| | B1 | B2 | B3 | B6 | B7 | B9 | |
| 10 | 1 | 0.5 | 1 | 2 | 0.5 | 1 | 76.2 |
| 11 | 1 | 0.5 | 1 | 2 | 1 | 2 | 71.8 |
| 12 | 1 | 0.5 | 1 | 2 | 2 | 0.5 | 86.9 |
| 13 | 1 | 1 | 2 | 0.5 | 0.5 | 1 | 93.8 |
| 14 | 1 | 1 | 2 | 0.5 | 1 | 2 | 94.4 |
| 15 | 1 | 1 | 2 | 0.5 | 2 | 0.5 | 90.4 |
| 16 | 1 | 2 | 0.5 | 1 | 0.5 | 1 | 87.2 |
| 17 | 1 | 2 | 0.5 | 1 | 1 | 2 | 76.7 |
| 18 | 1 | 2 | 0.5 | 1 | 2 | 0.5 | 89.0 |
| 19 | 2 | 0.5 | 2 | 1 | 0.5 | 2 | 84.6 |
| 20 | 2 | 0.5 | 2 | 1 | 1 | 0.5 | 82.2 |
| 21 | 2 | 0.5 | 2 | 1 | 2 | 1 | 81.9 |
| 22 | 2 | 1 | 0.5 | 2 | 0.5 | 2 | 79.9 |
| 23 | 2 | 1 | 0.5 | 2 | 1 | 0.5 | 84.5 |
| 24 | 2 | 1 | 0.5 | 2 | 2 | 1 | 87.5 |
| 25 | 2 | 2 | 1 | 0.5 | 0.5 | 2 | 76.2 |
| 26 | 2 | 2 | 1 | 0.5 | 1 | 0.5 | 86.0 |
| 27 | 2 | 2 | 1 | 0.5 | 2 | 1 | 81.3 |
| K1 | 81.47 | 79.74 | 82.10 | 83.97 | 82.14 | 84.45 | |
| K2 | 85.12 | 86.49 | 80.73 | 83.32 | 81.65 | 83.01 | |
| K3 | 82.68 | 83.04 | 86.43 | 81.98 | 85.48 | 81.80 | |
| R | 3.65 | 6.75 | 5.70 | 1.99 | 3.83 | 2.65 | |

直观分析，14号实验中石油降解率为94.9%，对应的菌株投加比例为B1∶B2∶B3∶B6∶B7∶B9＝1∶1∶2∶0.5∶1∶2，是当前最好的水平搭配。而将6株菌3个水平处理下的石油平均降解率用图2.48表示，发现B1、B2、B3、B6、B7和B9投加量分别为1.0 mL、1.0 mL、2.0 mL、0.5 mL、2.0 mL和0.5 mL时，石油降解率应为最高，此时对应的菌株投加比例为B1∶B2∶B3∶B6∶B7∶B9＝1∶1∶2∶0.5∶2∶0.5，对应于15号实验，而15号实验中TPH降解率为90.4%，低于14号实验中石油降解率。综合分析，最佳的菌株投加比例应为B1∶B2∶B3∶B6∶B7∶B9＝1∶1∶2∶0.5∶1∶2。不同投加比例的菌群对石油降解能力存在差异，原因可能是菌群中各菌株在生长过程中存在相互制约的关系，当各菌株的数

量达到一定比例时才能发挥最大的优势。

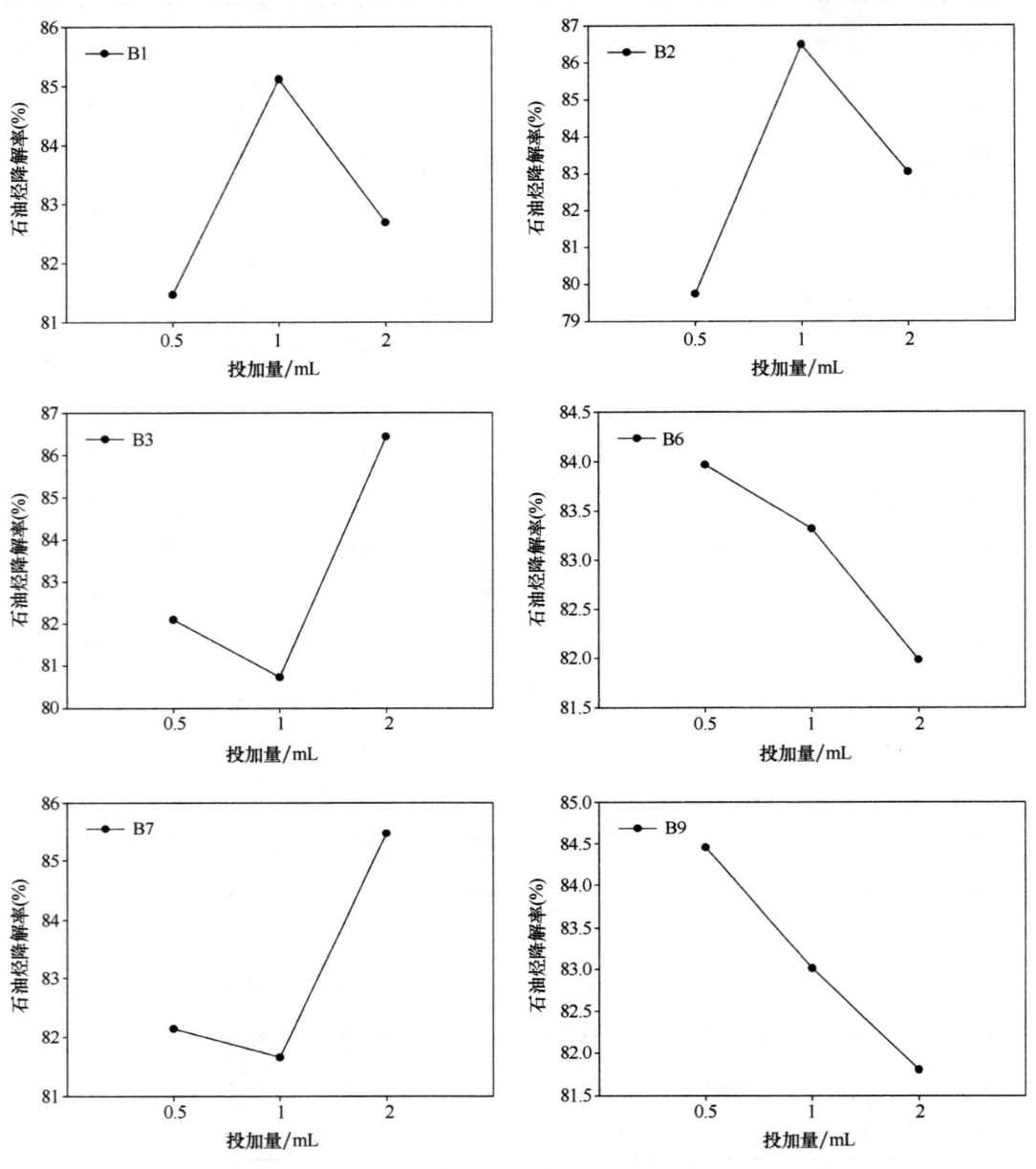

图 2.48　不同水平处理下石油烃平均降解率

### 2.3.2.6　石油降解菌群影响因素分析

根据四因素四水平正交实验 $L_{16}(4^4)$ 对 C∶N∶P、pH 值、表面活性剂以及微生物接种量等进行优化，结果如表 2.21 所示。从极差分析结果可知，影响石油降解的 4 个因素中，接种量对石油降解效果影响最大，然后依次为 pH 值、C∶N∶P 和表面活性剂添加量。

表 2.21 多因素正交实验结果

| 编号 | C∶N∶P | pH 值 | 吐温-80/（mg/kg） | 接种量（%） | 石油降解率（%） |
|---|---|---|---|---|---|
| 1 | 100∶2∶1 | 5 | 50 | 1 | 36.9 |
| 2 | 100∶2∶1 | 6 | 100 | 2 | 41.6 |
| 3 | 100∶2∶1 | 7 | 150 | 4 | 41.3 |
| 4 | 100∶2∶1 | 8 | 200 | 8 | 35.6 |
| 5 | 100∶5∶1 | 5 | 100 | 8 | 40.7 |
| 6 | 100∶5∶1 | 6 | 50 | 4 | 46.5 |
| 7 | 100∶5∶1 | 7 | 200 | 2 | 45.0 |
| 8 | 100∶5∶1 | 8 | 150 | 1 | 39.6 |
| 9 | 100∶10∶2 | 5 | 150 | 2 | 45.2 |
| 10 | 100∶10∶2 | 6 | 50 | 1 | 43.8 |
| 11 | 100∶10∶2 | 7 | 200 | 8 | 39.5 |
| 12 | 100∶10∶2 | 8 | 100 | 4 | 36.8 |
| 13 | 100∶20∶2 | 5 | 200 | 4 | 37.5 |
| 14 | 100∶20∶2 | 6 | 150 | 8 | 33.3 |
| 15 | 100∶20∶2 | 7 | 100 | 1 | 49.5 |
| 16 | 100∶20∶2 | 8 | 50 | 2 | 44.5 |
| K1 | 23.29 | 24.03 | 25.76 | 25.48 | |
| K2 | 25.79 | 24.79 | 25.29 | 26.45 | |
| K3 | 24.80 | 26.30 | 23.91 | 24.30 | |
| K4 | 24.70 | 23.47 | 23.63 | 22.36 | |
| R | 2.50 | 2.83 | 2.13 | 4.09 | |

直观分析，15 号实验中石油降解率为 49.5%，对应的条件组合为 C∶N∶P 比例为 100∶20∶2，pH 值为 7，吐温-80 添加量为 100 mg/kg，微生物降解菌群接种量为 1%，是当前最优的组合。而将各因素不同水平处理下石油烃的平均降解率用图 2.49 表示时发现，当 C∶N∶P 比例为 100∶5∶1，pH 值为 7，吐温-80 添加量为 50 mg/kg，微生物降解菌群接种量为 2% 时，石油降解率应为最高，而这一配比并未出现在正交表中，因此以该配比进行降解条件的验证实验，结果石油降解率达 58.3%，高于正交实验中的石油降解率，说明该配比为最优组合。

### 2.3.2.7 土壤中正十六烷、环十二烷含量变化

修复过程中正十六烷含量随时间和空间变化情况如图 2.50 所示。经过 100 d 的修复，除对照组外，各处理方式下正十六烷浓度均有明显的下降，100 d 后，BIO、EK 及 BIO-EK

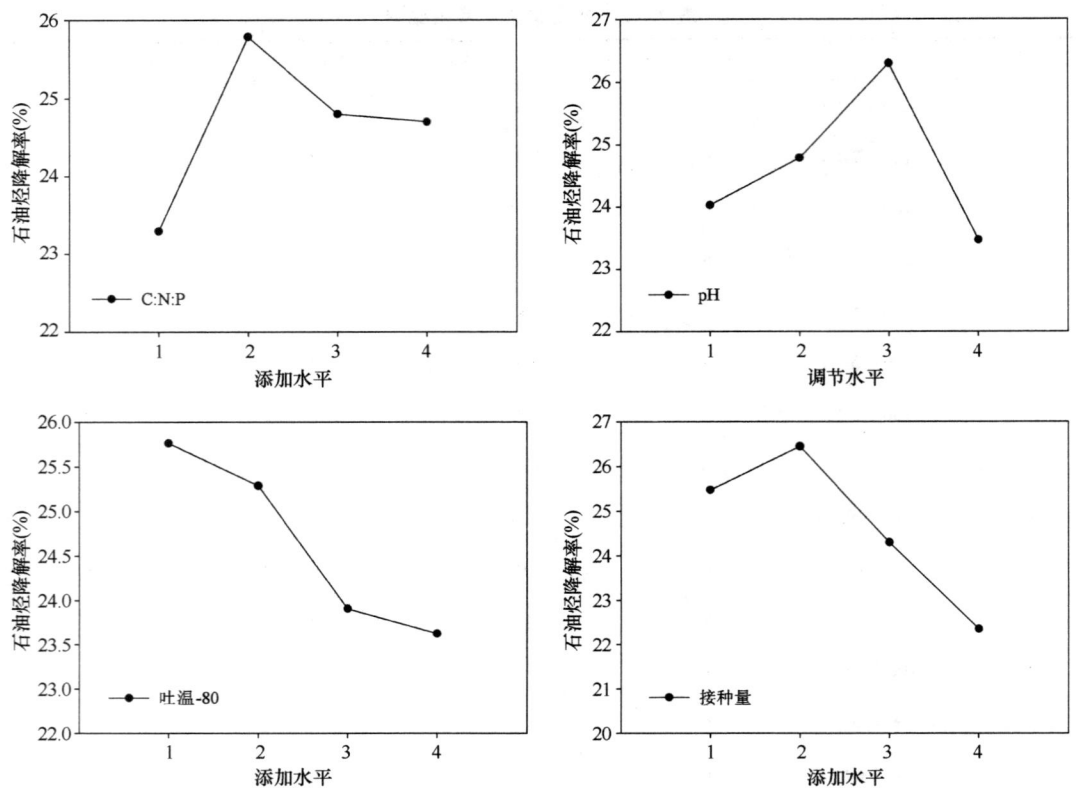

图 2.49 各因素不同水平处理下石油烃平均降解率

处理土壤中的正十六烷平均含量由初始的 4 744.54 mg/kg 分别降至 1 585.37 mg/kg、2 089.74 mg/kg 和 711.13 mg/kg。在 BIO 及 BIO-EK 处理中，在实验进行的前 10 d，正十六烷降解速率最快，这可能是由于实验初期，微生物混合菌与氮磷营养物的投加解决了土壤中营养缺乏与微生物活性低下的问题，故土壤降解菌数量、活性与污染物去除率迅速上升。在 EK 处理中，在未添加降解菌，也未进行土壤条件优化的情况下，正十六烷也发生了明显的降解，说明正十六烷的去除在很大程度上也依赖于电化学氧化作用。在 BIO-EK 及 EK 处理的土壤中，正十六烷降解速率与电场强度呈正相关，即正十六烷在电极处降解最快，而在远离电极的位点降解最慢。可能的原因为电场强度越大，污染物与降解菌的传质作用也越强，从而使得污染物降解率越高。另外，电极附近所发生的电化学反应与其他位点相比较为剧烈，这也是导致电极附近污染物降解率较高的一个原因。

图 2.51 为在实验处理过程中，不同位点（a、c 和 e 点）土壤中正十六烷的降解率随时间的变化情况。虚线（模拟曲线）为正十六烷在 BIO-EK 中的降解率与 EK 中降解率之差，用以表示微生物的贡献值。扣除对照组降解率（9.7%），100 d 后，BIO-EK 中 a、c 和 e 点正十六烷降解率分别为 79.0%、75.7% 和 71.4%，其中，电化学氧化作用的贡献值分别为 50.1%、46.6% 和 42.2%，而微生物的贡献值分别为 28.9%、29.0% 和 29.2%。可以看出，单独的 BIO 处理中正十六烷降解率高于单独的 EK 处理中正十六烷的降解率，而在电动—生物联合修复中，电化学氧化作用的贡献值高于微生物贡献值。

在 BIO-EK 中，正十六烷的去除一方面源于微生物的降解作用，另一方面依赖于电化学

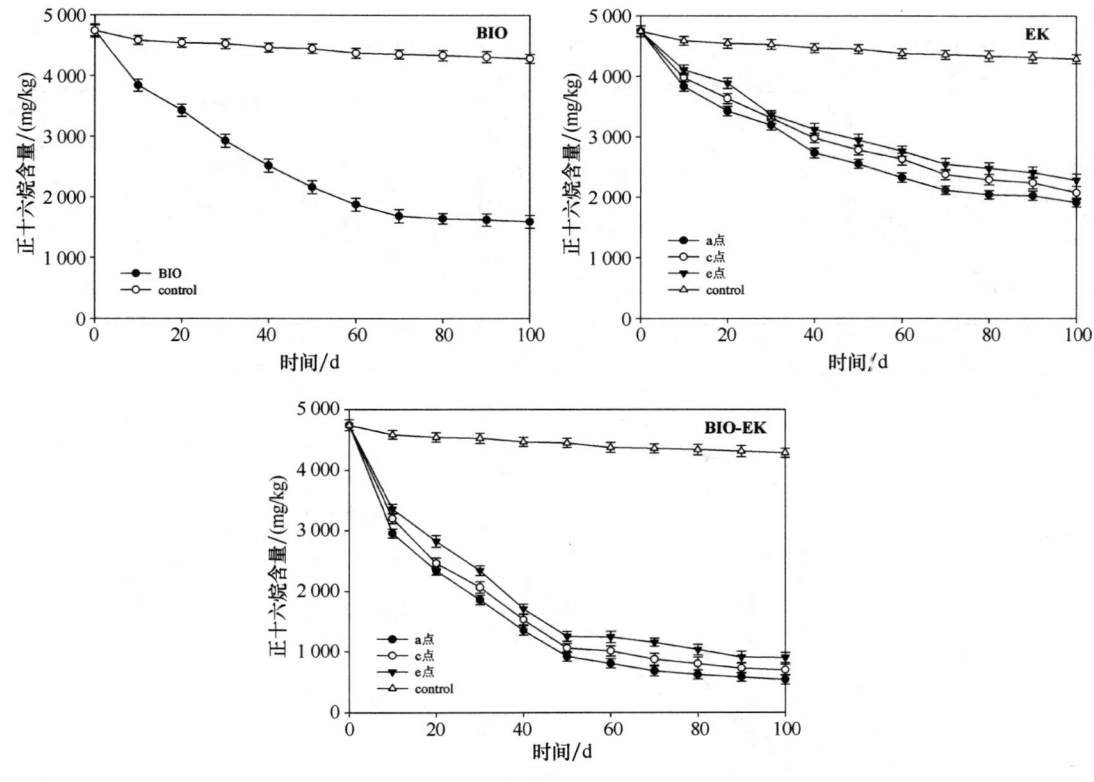

图 2.50 土壤中正十六烷含量变化

氧化和电场的刺激作用,因此 BIO-EK 对正十六烷处理效率最高。在 BIO-EK 中,电化学氧化作用的贡献值高于微生物降解的贡献值,说明在电动—生物联合修复的情况下,正十六烷的去除更多地依赖于电化学氧化。

环十二烷含量随时间和空间变化情况如图 2.52 所示,其在 3 种烃类中降解速率最快,与对照组相比,各处理方式下环十二烷浓度均有明显的下降,40 d 后,BIO、EK 及 BIO-EK 处理的土壤中的环十二烷平均含量由初始的 947.22 mg/kg 分别降至 140.89 mg/kg、150.12 mg/kg 和 58.17 mg/kg。在实验进行的前 20 d,各处理中环十二烷降解速率最快,后期则逐渐降低,这可能是由于实验初期,土壤中积累的中间产物较少,故环十二烷减少速率较大,而随着中间产物的积累,不但要进行环十二烷的转化,还要进行中间产物的进一步氧化,使环十二烷减少速率降低。BIO-EK 及 EK 处理的土壤中,环十二烷降解速率与电场强度也呈正相关。

图 2.53 是在实验处理过程中,不同位点(a、c 和 e 点)土壤中环十二烷的降解率随时间的变化情况。虚线(模拟曲线)为环十二烷在 BIO-EK 中的降解率与 EK 中的降解率之差,用以表示微生物的贡献值。扣除对照组降解率(10.6%),40 d 后,BIO-EK 中 a、c 和 e 点环十二烷降解率分别为 86.9%、83.1% 和 79.8%,其中电化学氧化的贡献值分别为 78.6%、73.8% 和 68.2%,而微生物的贡献值分别为 8.2%、9.3% 和 11.6%。可以看出,单独的 BIO 处理中环十二烷降解率高于单独的 EK 处理中环十二烷降解率,而在电动—生物联合修复中,电化学氧化的贡献值明显高于微生物降解的贡献值。

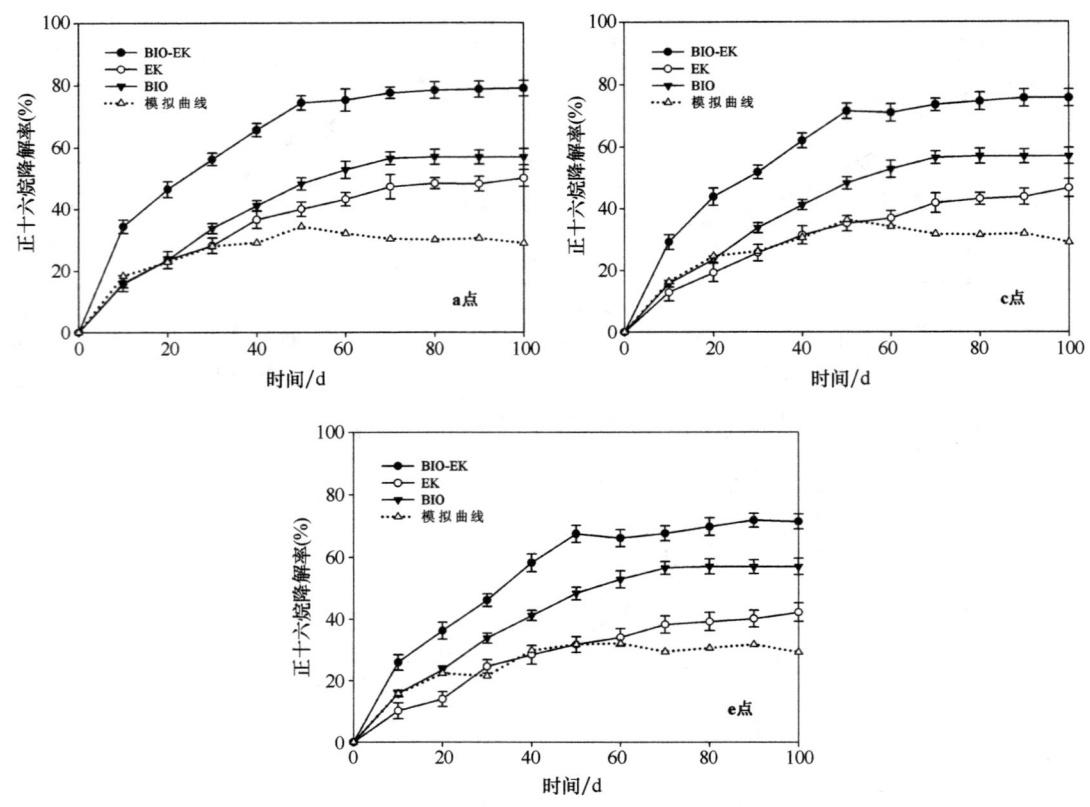

模拟曲线为 BIO-EK 与 EK 中正十六烷降解率之差
图 2.51 不同采样点正十六烷降解率随时间的变化

在降解过程中环十二烷首先脱氢生成环十二醇，然后脱氢生成环十二酮，再生成相应的十二元环内酯，十二元环内酯在水解酶作用下迅速开环，再经历两步脱氢后生成十二烷二酸，接着进入 β-氧化阶段，电场不仅可以加速环十二酮的开环进程，还可促进后续相应酸的 β-氧化过程。因此，在 BIO-EK 处理过程中环十二烷的去除也是一方面源于微生物自身的降解作用，另一方面源于电化学氧化和电场的刺激作用，因此 BIO-EK 对环十二烷处理效果高于单独 BIO 和 EK 的处理效果。BIO-EK 中，电化学氧化的贡献值明显高于微生物降解的贡献值，说明在电动—生物联合修复的情况下，环十二烷的去除也是更多地依赖于电化学氧化。

### 2.3.2.8 微生物群落变化

BIO-EK 及 BIO 处理土壤中微生物群落、聚类分析及多样性变化如图 2.54 所示。条带 1 主要出现于 0 d 及 BIO-EK 处理 70 d 以后的土样中；条带 1、条带 2、条带 3、条带 4、条带 7 和条带 15 存在于所有土样中，其中条带 2、条带 4、条带 7 和条带 15 所代表的种群丰度在初始土样中最高，10 d 以后则明显降低，而条带 3 正好相反；条带 5 和条带 6 出现于 10 d 后，且电极附近该条带丰度随处理时间的延长而增大，而其他采样点该条带丰度则随处理时间的延长而减小；条带 8 和条带 9 也出现于 10 d 后，且丰度在电极附近小于其他采样点；条带 10 主要存在于初始土样及电极附近的土样中；条带 11、条带 12、条带 13 和条带 14 出

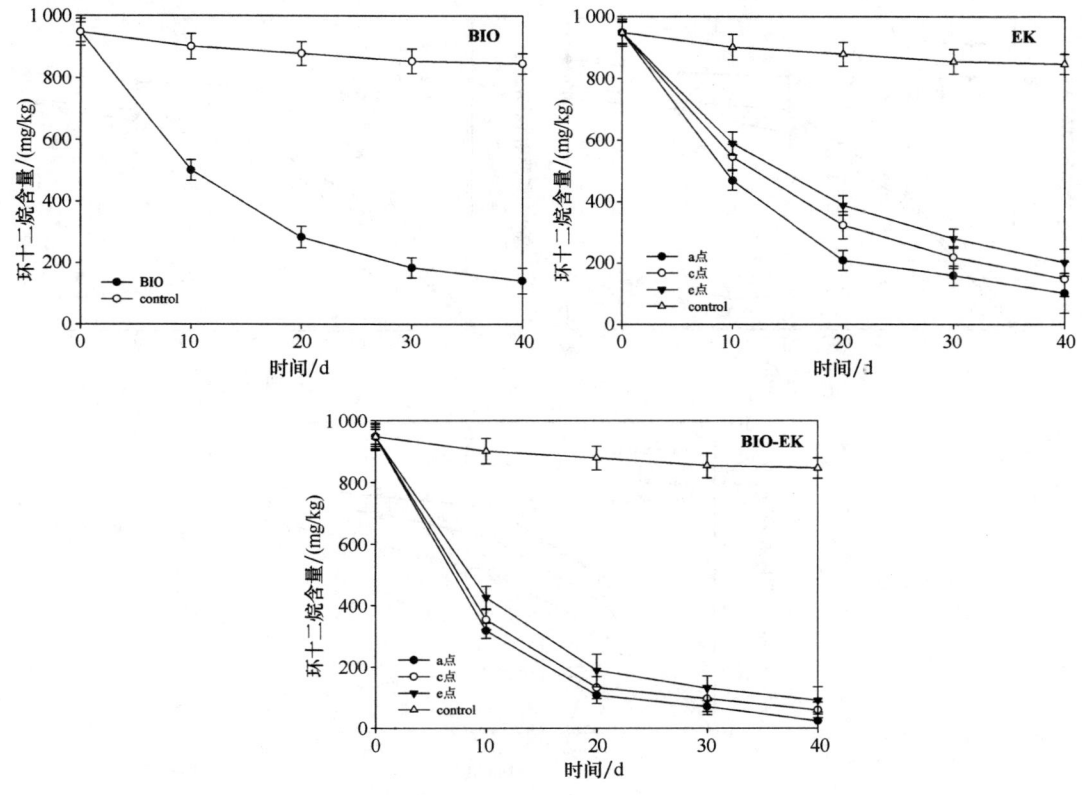

图 2.52 土壤中环十二烷含量变化

现于 10 d 后；条带 16 则只出现于 40 d 后电极附近土样中。

根据聚类分析结果，微生物群落结构主要随时间变化，即 0 d 各自聚为一类，10 d 和 40 d 聚为一类，而 70 d 和 100 d 聚为一类，随空间变化较小。pH 值可影响土壤微生物的生存、活性、数量以及对污染物的生物可利用性等。而电动处理土壤中，电极附近由于电解作用会产生极端的 pH 值环境，使微生物群落结构发生改变。本研究采用二维电场，消除了土壤中极端 pH 值环境的产生，因此微生物群落结构在空间上所产生的较小变化，可能是因为不同菌对电场强弱的适应能力有所不同。

根据土壤微生物多样性变化，在实验进行的前 10 d，土样中微生物多样性明显升高，可能的原因是微生物混合菌与氮磷营养物的加入使土壤降解菌多样性迅速上升。40 d 后多样性开始逐渐降低，但 100 d 后，各位点土样中微生物多样性仍高于 0 d 的多样性，说明在实验处理过程中，土壤微生物多样性保持良好，也说明所优化的土壤环境适宜微生物的生长。

## 2.3.3　电动—微生物联合修复技术中试研究

本研究已经证实电动—微生物联合修复技术能够快速有效地修复石油污染土壤，并对工艺参数进行了优化。以小试研究成果为基础，在辽河油田曙光采油厂进行了石油污染土壤电动—微生物联合修复技术的中试研究。

通过本研究发现，外加电场可活化土壤有效氮、有效磷和有效钾，提高其在污染土壤中

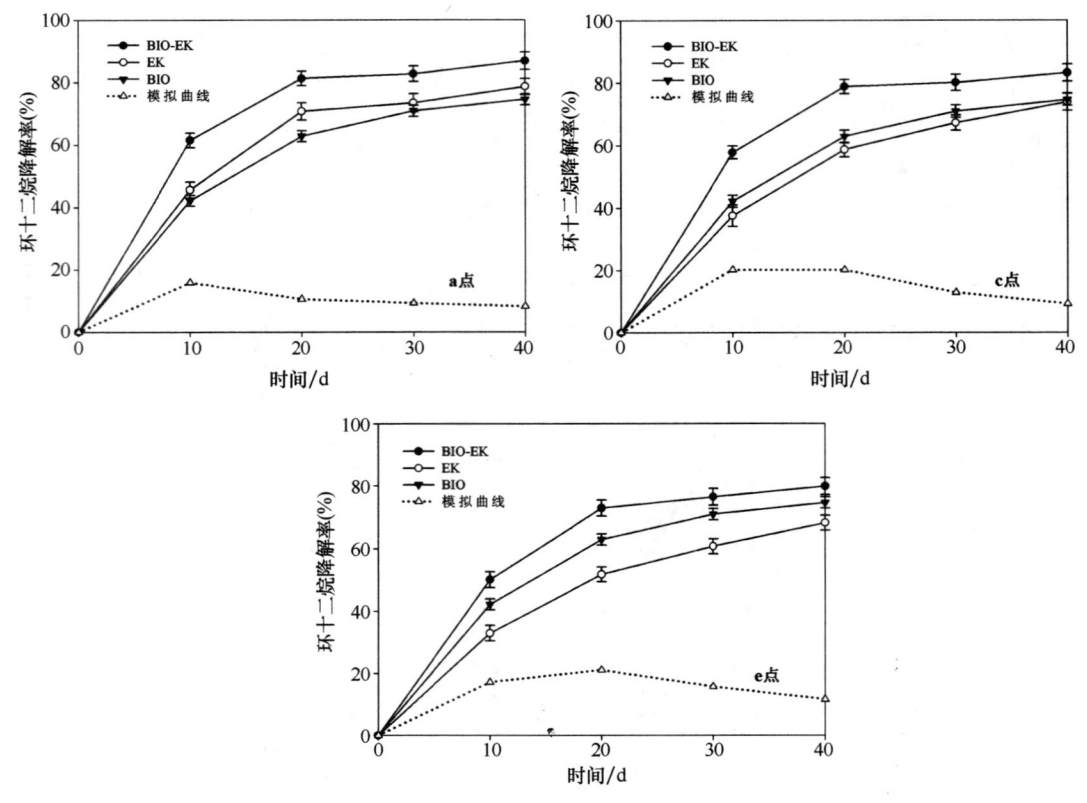

模拟曲线为 BIO-EK 与 EK 中环十二烷降解率之差

图 2.53 土壤中环十二烷降解率随时间和空间的变化

的含量,平均含量分别是对照组 1.3 倍、1.6 倍和 1.2 倍。此外,还可促进营养物与降解菌的均匀分布,增强微生物与营养物质和污染物的相互作用,提高生物活性。周期性极性变换的二维对称电场可使土壤 pH 值保持在一定范围之内(pH 值 6.3 左右),有利于降解微生物的生长。电动—生物联合修复结束后(60 d),土壤石油污染物去除率达到 33.42%,是生物处理组的 2.4 倍,可见,电动—微生物联合修复技术可用于石油污染土壤治理。

#### 2.3.3.1 实验方法

供试土壤采自辽河油田附近未污染的农田土,土样经过碎散,除去肉眼可见的树根草叶以及杂质,自然风干过筛(孔径 1 cm)备用,其理化性质见表 2.22。

石油取自辽河油田华油环保公司物化处理后的油泥。

供试菌株为本实验室从辽河油田污染土壤筛选出的高效降解菌,依据小试研究结果制成混合菌剂。

表 2.22 供试土壤的理化性质

| 机械组成(%) | | | 阳离子交换量 | 总有机碳 | 有效氮 | 有效磷 | 有效钾 | pH 值 |
|---|---|---|---|---|---|---|---|---|
| 砂粒 | 粉粒 | 黏粒 | /(cmol/kg) | /(g/kg) | /(mg/kg) | /(mg/kg) | /(mg/kg) | |
| 12.6 | 62.6 | 24.8 | 23.5 | 28.4 | 94.6 | 10.96 | 108.48 | 6.7 |

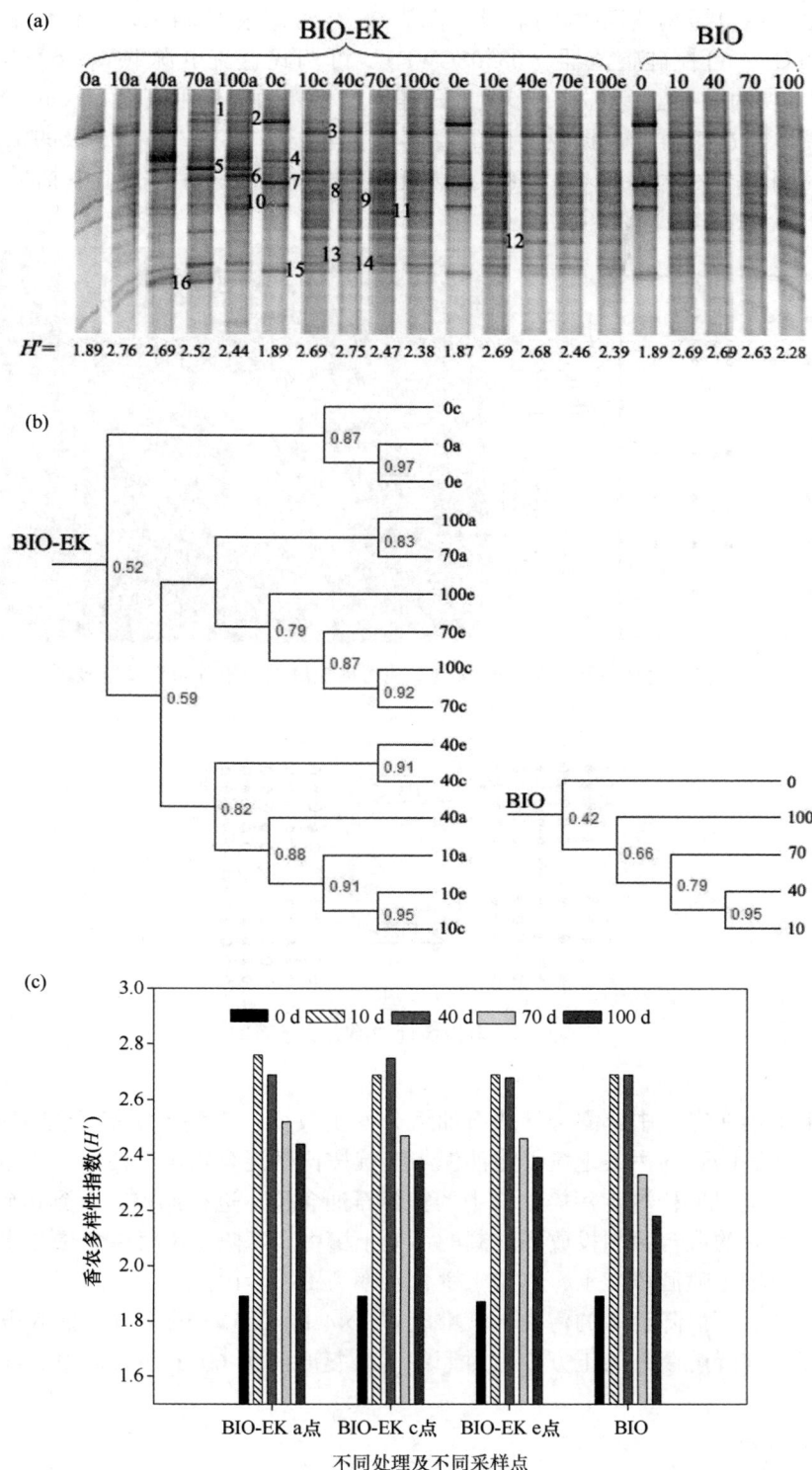

图 2.54 土壤微生物群落动态（a）、聚类分析（b）及香农多样性指数变化（c）

电动修复设备包括 81 根不锈钢电极（图 2.55）；自动化控制系统，整合了西门子可编程控制器（PLC）、可控硅整流器（03508GWF）、可调式直流电源（WYJ6050E）、触摸屏（MT4300C）和实时监控器。电极的布置方式是任意相邻两电极距离为 50 cm，排列成 M×N 的矩阵。交流电经过整流器，提供持续的直流电，电压梯度 1V/cm。电极的极性进行周期切换，切换时间为 5 min（$3.3\times10^{-3}$ Hz），切换的方式采用行/列电极组电扫描式转换（图 2.56）。

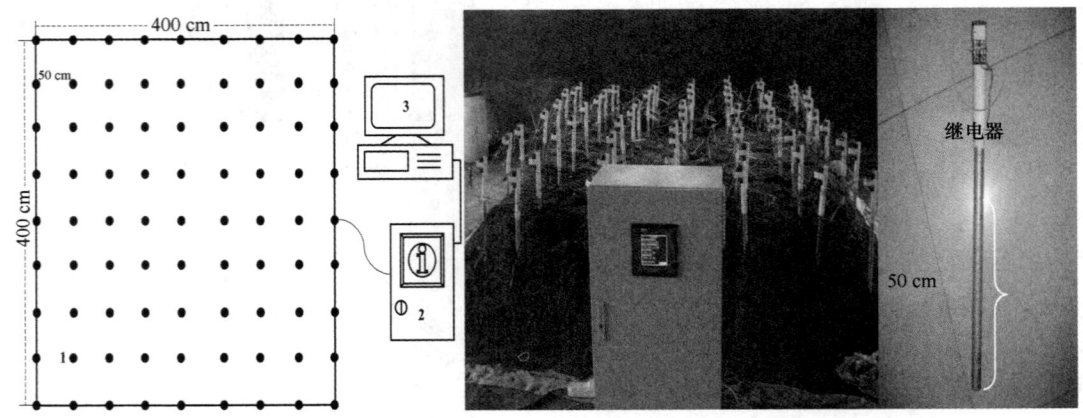

图 2.55　电动—微生物联合修复石油污染土壤电极矩阵布置及电极图

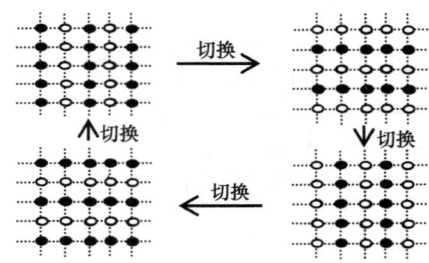

图 2.56　电极极性切换方式示意图

石油污染土壤在空气中暴露会导致石油组分发生改变，不利于实验研究和重复性测量，因此实验采用配制的石油污染土壤。将油泥与土壤按比例混合均匀，使污染土壤中石油含量为 5%（w/w）。随机取样测定污染土样中的实际石油含量，进行调整，直到达到浓度要求。

将富集培养后的混合菌剂投放到配制的污染土壤中。每隔 1 d 用铝盒法测定含水率，根据数据定期向土壤中喷洒蒸馏水，维持土壤含水率为 16%～19%。

将均匀混合了石油降解菌的污染土壤堆成 4 m×4 m×0.5 m 的土方，插入电极；其他条件相同，将仅添加降解菌剂的土方作为对照组。修复时间为 60 d。每隔 10 d 随机采样，混匀待测。

### 2.3.3.2　石油降解菌数量变化

由表 2.23 可以看出，在电动—微生物联合修复土壤中，随着处理时间的延长，石油降解菌的数量呈现先增加后减少的趋势。修复 20 d 时，土壤中的降解菌数量最多，达到 $2.3\times10^9$ CFU/mL，至实验结束时，降解菌的数量（$8.3\times10^6$ CFU/mL）仍然高于初始投加量。

表 2.23　石油降解菌电动修复过程中的数量变化　　　　　　　　单位：CFU/mL

| 处理方式 | 0 d | 10 d | 20 d | 30 d | 40 d | 50 d | 60 d |
|---|---|---|---|---|---|---|---|
| 电动—微生物 | $3.1\times10^5$ | $3.6\times10^7$ | $2.3\times10^9$ | $1.8\times10^9$ | $7.4\times10^8$ | $9.2\times10^7$ | $8.3\times10^6$ |
| 微生物 | $3.1\times10^5$ | $8.9\times10^5$ | $1.6\times10^7$ | $8.4\times10^6$ | $4.1\times10^5$ | $9.2\times10^4$ | $5.9\times10^4$ |

#### 2.3.3.3　土壤中石油污染物去除

石油污染物的去除率随时间的增加而提高（图 2.57）。在 1 V/cm 电压梯度下，修复 20 d 时，石油污染物的去除率达到了 22.65%，这与降解菌的快速增长期十分吻合。当修复结束时，石油污染物去除率达到 33.42%，是生物对照组的 2.4 倍。

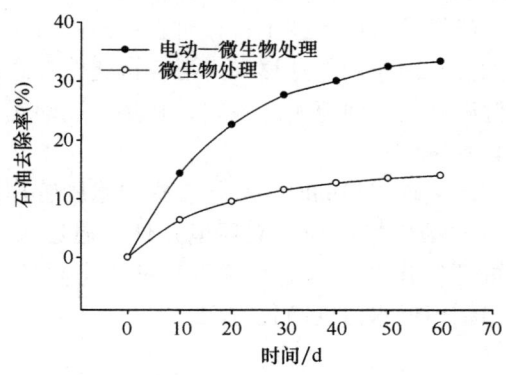

图 2.57　石油污染物去除率

本研究在辽河油田曙光采油厂进行，针对辽河稠油黏度大、凝固点高等特点，从辽河油田污染土壤中筛选出石油降解菌株，制成混合菌剂，按优化配比投加到污染土壤中，用于电动—微生物联合修复，经过约 60 d 的修复，石油污染物去除率达到 33.42%。

# 第3章 辽河口稻田生产区氮磷面源污染控制

稻田生产过程中产生的污染是辽河河口区农业面源污染的主要形式，稻田种植对辽河主要支流的氮磷污染贡献率超过45%，河口地表水质量已经不能满足区域经济可持续发展的要求，亟须针对河网河流，研发生态修复技术；针对农业面源污染，研发农艺阻控技术。从污染运输和末端汇流两方面控制污染物的迁移和入海，构建低耗高效的生态型河口地表水治理与修复技术，逐步重建健康的河口河流生态系统。解决上述问题对提升河流修复能力、促进河口区水环境管理保护具有重要意义。

本章主要阐明稻田生产区氮磷流失的时空规律，提出水肥管理优化模式，建立稻田水肥调控技术；依据稻田产区水网结构特征和水文环境条件，通过人工诱导、自然强化、"沟渠—湿地"生态系统空间配置，建立稻田退水氮磷污染生态阻控技术；根据稻田—苇田系统之间的水力学关系，提出稻田退水深度净化方案。

## 3.1 农业生产中面源污染及控制现状

传统的农业面源污染阻控技术通常面向个例，缺乏在区域尺度上的集成，尤其是在河口尺度上，尚未形成有效的农业面源污染阻控技术模式。

### 3.1.1 稻田肥料高效利用技术

目前，发达国家对稻田肥料的污染控制遵循自然生态的理念，主要采用休养生息的技术模式。通过降低利用强度、减少肥料投入量、设置宽广的生物隔离带等技术措施，来达到养地和保护环境的目标，即以牺牲农业产量来达到保护环境的目的。而我国人多地少、人口压力大，保障粮食安全始终处于最重要的地位。因此，国外的现有技术应用到我国农田以后，存在着产量严重降低、占用农田过多、成本过高等问题，因此，并不完全适合我国农田的肥料污染控制。水稻氮肥实时（Real-time Nitrogen Management，RTNM）、实地（Site-specific Nitrogen Management，SSNM）管理技术是近年来建立起来的新型高产高效养分综合管理技术，在许多国家得到了大范围的推广，许多研究表明这一技术模式能增加作物的产量，减少肥料的投入，增加肥料的利用率。RTNM采用叶绿素仪（SPAD）或叶色卡（LCC）从秧苗移栽返青后至抽穗期每隔7 d左右测定水稻主茎最上一片全展叶片的SPAD或LCC值，根据该实时测定值与预先设定的SPAD或LCC阈值进行比较，确定是否需要施用肥料。SSNM则是根据施肥田块地力基础产量和目标产量，预先估算水稻全生育期总需肥量，然后根据不同地区水稻高产施肥模式，分配基肥和各时期追肥比例；追施肥时根据水稻叶片养分营养状况（SPAD或LCC测定值）调高或降低。生产上在应用SSNM时分别设定了分蘖期、幼穗分化期或抽穗期 SPAD 或 LCC 的上阈值和下阈值，当 SPAD 或 LCC 测定值介于上阈值和下阈值之间时，实际施肥量按预设比例追肥；当 SPAD 或 LCC 测定值低于下阈值或高于上阈值时，实际施肥量在预设比例的基础上增加或减少 5%~10%，实现施肥量以田块为基本单元的动态调节。

### 3.1.2 农田污染侧渗阻控技术

稻田侧渗是肥料养分损失的主要途径之一。田埂截留技术对于稻田土壤中无机氮磷的侧渗有明显的截留作用，且截留效果与田埂宽度及其土壤紧实度密切相关，对氮磷的不同形态截留效果也表现出一定的差异，其中对氨氮和磷酸盐的侧渗截留作用比较明显，对硝态氮的作用则较小。同时在田埂的两侧栽种某些植物，形成隔离带，在发生地表径流时可有效阻截养分，也可有效地控制地表径流造成的养分损失。

缓冲带在拦截农田养分流失、去除农业非点源污染方面是一个简单而有效的工具。缓冲带是指利用永久性植被拦截污染物的条带状的土地，主要是通过滞缓径流、沉降泥沙、强化过滤和增强吸附等功能来实现防治农业非点源污染，能明显降低各种污染物的浓度。但构建缓冲带、生态交错带等生态工程需要占用大量土地，会进一步加剧人多地少的矛盾。

目前已开发出一种不会占用大量土地，还能充分发挥拦截功能的新型缓冲带——稻田缓冲带。施肥期间，稻田是水体氮磷的污染源，而施肥后稻田又可成为削减水体氮磷负荷的"人工湿地"。故可将稻田本身作为一种缓冲拦截带来控制稻田非点源污染。在经济发达地区，大部分沟渠均采用硬质化技术，产生的地表径流通过硬质化渠道直接排放到河流，造成了河流富营养化。因此将现有硬质化渠道改为生态型渠道，即在硬质板上留适当的孔，使作物或草能够生长。沟壁植物能吸收侧渗水体中的营养成分，沟底植物对水流中养分具有吸收作用，并有利于水流中携带泥沙、颗粒物质的沉降。生态拦截型沟渠通过对沟壁、水体和沟底中养分的立体式吸收和拦截作用实现对农田氮磷流失的控制，不仅起到沟渠应有的排灌功能，还能减少农田氮磷等养分的流失，且景观效果良好。

### 3.1.3 径流污染物生态净化技术

生态阻控技术在环境污染处理中具有较明显的生态效益、经济效益和景观功能。运用景观生态规划方法，将可持续发展理念融于景观规划中研发河岸带生态阻控削减技术，通过景观生态学的"分散—集中"理论，合理调配污染物在不同景观处的污染负荷和削减负荷，实现污染物的分散与集成，通过时间—空间控制，减少非点源污染物的输出。例如在林木截污/净化方面，由欧盟和多项国际基金资助，瑞典农业大学组织丹麦、芬兰、德国等多国联合进行了"短周期林木废水灌溉系统"研究，取得了大量研究成果。在草坪净化方面，已经研制出废水生物过滤与回用系统，通过木质素、纤维素、半纤维素等截留和捕获微粒污染物质并加速其自然降解；同时在根际区通过植物吸收作用，去除氮磷等污染物。

稻田排水经过各种生态阻控措施后通过沟渠外排，氮磷浓度有所降低，但仍将对承接水体造成一定程度的污染。如果能合理利用环境的自然净化能力，则可有效减少污染物的入海输送。同时，对解决湿地用水，降低土壤盐分具有良好的生态作用。

近年来，部分苇塘由于供水不足，向沼泽化方向演替，水生性杂草侵入，芦苇群落演变为芦苇与水生性杂草混生群落，芦苇形态变得细密，生产力下降。有些大面积苇塘，由于咸水长期灌入，土壤盐分积累，盐渍化加重，芦苇长势变弱，向旱生盐生杂草演替。利用净化后的稻田排水进行灌溉，既可以改善区域地表水质量，又可以保持或增加区域湿地的总量，优化水资源的时空分配，缓解水资源短缺问题，实现自然资源的持续利用和生态环境的良性循环，获取更大的环境和社会效益。

## 3.2 稻田氮磷面源污染的产生、运移与转化特征

### 3.2.1 稻田氮磷面源污染的产生特征

在辽河口湿地绕阳河上游，选择面积为 2.68 hm² 的一块稻田作为研究对象。在稻田中，采用对角线法，设置 5 个采样点（R1~R5）；在稻田出水口和田间沟渠出水口各设置 1 个样点（S1、S2）；在排水沟渠中，沿着水流方向，依次设置 6 个采样点（D1~D6）（图 3.1）；每个采样点同时采集水样、土样和作物样品。

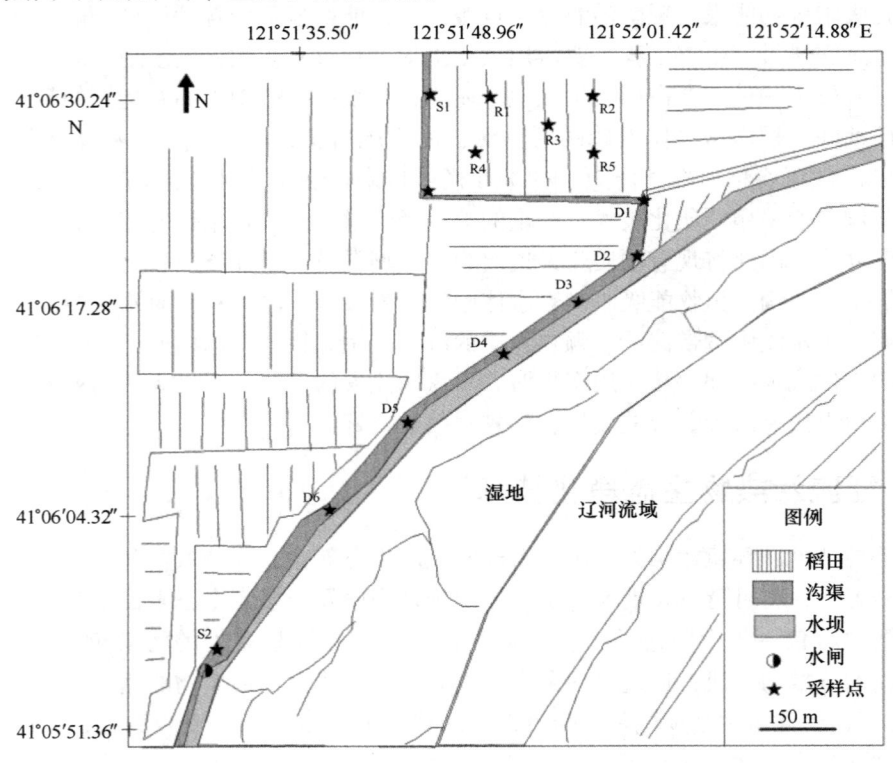

图 3.1 本研究涉及的稻田沟渠及其采样点

#### 3.2.1.1 稻田系统氮素输入过程

（1）施肥

对研究区的调查显示，施用化肥以尿素、氮磷复合肥、钾肥、磷肥混合的掺混化肥为主，化肥中各种营养物质的质量比例是 $N:P_2O_5:K_2O = 29:13:10$，总养分不小于 52%，其中化肥溶解氮含量较高，主要是以氨氮和硝态氮的形态存在。单位面积稻田施肥量见表 3.1。

表 3.1  实验田化肥施用量及含氮量

| 营养物质 | 面积/hm² | 施肥量/（kg/hm²） | 施氮量/（kg/hm²） |
|---|---|---|---|
| N | 2.68 | 1197.16 | 347.18 |

（2）大气沉降

大气沉降是获取外源氮的重要途径之一，可分为干沉降和湿沉降。由于实验条件的限制，未对干沉降进行监测，所以本研究所指大气沉降均指湿沉降。实验区 2015 年 5—6 月中旬单位面积降雨量及氮素沉降量见表 3.2。

表 3.2  研究区每次降雨量及氮沉降量

| 日期（月-日） | 水量/mm | 氮浓度/（mg/L） | 氮沉降量/（kg/hm²） |
|---|---|---|---|
| 05-02 | 2.10 | 3.5 | 0.07 |
| 05-07 | 4.40 | 4.5 | 0.20 |
| 05-11 | 16.70 | 6.2 | 1.03 |
| 05-17 | 9.50 | 5.8 | 0.55 |
| 06-05 | 0.85 | 7.5 | 0.06 |
| 06-06 | 8.50 | 7.9 | 0.67 |
| 06-10 | 16.15 | 8.2 | 1.32 |
| 06-11 | 17.85 | 5.4 | 0.96 |
| 06-12 | 0.85 | 8.5 | 0.07 |
| 06-13 | 2.55 | 6.8 | 0.17 |
| 06-17 | 10.20 | 5.5 | 0.56 |
| 06-18 | 12.75 | 7.4 | 0.94 |
| 06-19 | 15.30 | 8.2 | 1.25 |
| 总计 | 117.70 | - | 7.88 |

（3）施肥前土壤含氮量

施肥前土壤氮素是稻田土壤的重要构成成分，代表着土壤对植物的供氮潜力，是衡量土壤肥力的标准。通过测定施肥前稻田和沟渠 0~20 cm 剖面土壤含氮量，根据土壤容重，计算得出施肥前土壤总氮，结果见表 3.3。

表 3.3  施肥前土壤含氮量

| 区域 | 面积/hm² | 土壤深度/cm | 土壤容重/（kg/m³） | 施肥前土壤含氮量/（mg/kg） | 土壤总氮量/（kg/hm²） |
|---|---|---|---|---|---|
| 稻田 | 2.68 | 20 | 1027.5 | 5.68 | 12.04 |
| 沟渠 | 0.08 | 20 | 1220 | 15.65 | 38.29 |

（4）秸秆还田

作物秸秆能够提供稻田物质循环所需的部分氮素，是有机质的重要组成部分。秸秆中的氮磷钾等营养物质，不仅能提供重要的肥料资源，还能提高土壤有机质含量和肥料利用率，改良土壤结构和物理性状，改善土壤水、肥、气和热等方面的生态效益。通过现场调查和原位采样，发现水稻秸秆根部是还田作物的主要来源，测量单位面积秸秆株数，计算水稻秸秆根部还田量和秸秆含氮率，获得稻田秸秆还田氮量（表3.4）。

表3.4 秸秆还田氮量

| 植物名称 | 株数/（株/hm²） | 单株净重/g | 含氮量/（mg/kg） | 根系还田总氮量/（kg/hm²） |
|---|---|---|---|---|
| 水稻根系 | 513 414 | 8.417 | 6.465 | 0.028 |

#### 3.2.1.2 稻田系统氮素输出过程

（1）氨挥发

氨挥发是稻田物质循环过程中氮素输出的主要途径，受土壤性质、肥料品种、植物种类、施肥方法、水肥管理以及土地利用方式等因素影响。由于受研究区环境条件限制，未对该项指标进行实地测定，故参照土壤理化性质和气候相近的区域氨挥发损失率，以Xing和Zhu（2000）的实验结果为依据，稻田氨挥发损失率按25%计算，得到氮损失量为86.79 kg/hm²；沟渠氨挥发损失参考孙志高等（2006）在三江平原淹水湿地的研究结果[0.082 kg/（hm²·d）]，计算氮损失量为41.00 kg/hm²。

（2）植物吸收

植物根系通过吸收土壤中的$NH_4^+$和$NO_3^-$来供应自身所需的营养。根据当地植物的生长周期，研究了5—6月水稻、芦苇及水葱对氮的吸收情况，其中沟渠里的芦苇和水葱在5月初发芽，5月中旬至6月进入快速生长期，而水稻插秧则是在5月下旬，水稻幼苗对养分的吸收在15 d左右，因此实验以水稻插秧后30 d为期限。通过现场调查，估算出种植面积和播种量，实测出插秧时水稻、芦苇、水葱幼苗含氮量和实验后水稻、芦苇、水葱含氮量，计算出植物吸收氮的前后差值，结果见表3.5。

表3.5 植物种植面积及氮素含量

| 区域 | 植物名称 | 种植面积/hm² | 插秧量株 | 实验前植物净重/g | 实验前植物含氮量/kg | 实验后植物净重/g | 实验后植物含氮量/kg | 植物总氮量/（kg/hm²） |
|---|---|---|---|---|---|---|---|---|
| 稻田 | 水稻 | 2.68 | 13.12×10⁴ | 10.468 | 2.21 | 17.338 | 8.45 | 60.40 |
| 沟渠 | 芦苇 | 0.04 | 54311 | 8.575 | 2.48 | 24.950 | 5.94 | 84.02 |
| | 水葱 | 0.04 | 11137 | 20.894 | 2.16 | 89.358 | 7.61 | 86.22 |

（3）反硝化脱氮

反硝化脱氮是稻田氮循环损失的主要方式，该过程通过厌氧条件下硝态氮的生物化学还原来实现。当pH值为6.5~7.5时，反硝化速率较高；当pH值低于6.5或高于7.5时，反硝化速率较低。

实验以研究区土壤性质和气候变化为背景，参照Zhu和Sikora等（1995）的研究结果，稻田反硝化率按32%计算，得到氮损失量为111.10 kg/hm²，以Rysgaard等（1994）研究的沉积物反硝化速率（3.58 mmol/m²·d）为参照值，计算出沟渠氮损失量为50.24 kg/hm²。

(4) 径流与渗透

径流和渗漏损失氮素是造成地表水和地下水污染的主要原因。参考袁峰明等（1995）对土壤渗漏率的研究结果，氮素损失一般占总施肥量的 12.5%，计算出稻田氮损失量为 43.40 kg/hm²；沟渠的渗漏率取 20%，计算出沟渠氮损失量为 95.73 kg/hm²。研究区淡水资源紧缺，除泡田排水或强降雨导致的排水外，其他时期不排水。研究区 5—6 月进行了 6 次排水，第 1 次是施基肥后，对稻田进行泡田排水；第 2 次是水稻插秧时的二次排水；第 3~6 次是强降雨造成田间水量超负荷所进行的排水，分别测定 6 次排水的氮素浓度，详见表 3.6。

表 3.6  稻田和农沟退水损失的氮量

| 排水次数 | 水量/L | | 氮浓度/(mg/L) | | 损失氮量/(kg/hm²) | |
|---|---|---|---|---|---|---|
| | 稻田 | 沟渠 | 稻田 | 农沟 | 稻田 | 农沟 |
| 第 1 次 | 1338876 | 1060965 | 17.5 | 5.5 | 8.74 | 71.22 |
| 第 2 次 | 535550.4 | 453260.4 | 15.4 | 4.0 | 3.08 | 22.07 |
| 第 3 次 | 179409.4 | 97119.4 | 12.6 | 4.5 | 0.84 | 5.37 |
| 第 4 次 | 164681.7 | 82391.7 | 13.2 | 3.5 | 0.81 | 3.54 |
| 第 5 次 | 210203.5 | 127913.5 | 9.6 | 3.5 | 0.75 | 5.49 |
| 第 6 次 | 141920.9 | 59630.9 | 8.0 | 3.0 | 0.43 | 2.20 |
| 总计 | 2570642 | 1881281 | — | — | 14.65 | 109.76 |

(5) 施肥后土壤总氮

土壤通过淋洗、吸附等方式截留施肥中的氮，导致土壤含氮量高于施肥前土壤含氮量，测定施肥后土壤总氮含量，根据土壤容重，计算获得施肥后土壤总氮，结果见表 3.7。

表 3.7  施肥后土壤总氮

| 区域 | 面积/hm² | 土壤深度/cm | 土壤容重/(kg/m³) | 施肥后土壤氮量/(mg/kg) | 土壤总氮量/(kg/hm²) |
|---|---|---|---|---|---|
| 稻田 | 2.68 | 20 | 1027.5 | 13.82 | 28.38 |
| 沟渠 | 0.08 | 20 | 1220 | 18.63 | 45.61 |

### 3.2.1.3 稻田系统氮输入—输出平衡估算

在控水灌溉条件下，稻田系统通过土壤—作物—水界面以物理、化学和微生物等方式吸收转化投入田间的氮素，其中部分氮素分解成可溶性氮供植物吸收、硝化反硝化细菌转化以及挥发，另一部分则通过淋失和淋溶等方式损失，导致水环境污染。表 3.8 为稻田系统养分输入—输出平衡。由表 3.8 可知，施肥是稻田氮输入的主要来源途径，而氨挥发和反硝化脱氮则是氮输出的重要途径。

表 3.8 稻田系统氮素养分平衡关系

| 输入 | 氮素/(kg/hm²) | 占输入比例(%) | 输出 | 氮素/(kg/hm²) | 占输出比例(%) |
| --- | --- | --- | --- | --- | --- |
| 施肥 | 347.18 | 94.57 | 氨挥发 | 86.79 | 25.18 |
| 大气沉降 | 7.88 | 2.15 | 作物吸收 | 60.40 | 17.52 |
| 施肥前土壤总氮 | 12.04 | 3.28 | 施肥后土壤总氮 | 28.38 | 8.23 |
| 秸秆还田 | 0.01 | 0.003 | 反硝化脱氮 | 111.10 | 32.23 |
| — | — | — | 径流和渗漏 | 58.05 | 16.84 |
| 输入总计 | 367.11 | — | 输出总计 | 344.72 | — |

本研究表明，该稻田氮输入总量为 367.11 kg/hm²，其中施肥、大气沉降、施肥前土壤总氮和秸秆还田分别占输入比例的 94.57%、2.15%、3.28% 和 0.003%；氮输出总量为 344.72 kg/hm²，其中氨挥发、作物吸收、反硝化脱氮、径流和渗漏、施肥后土壤总氮分别占输出比例的 25.18%、17.52%、32.23%、16.84% 和 8.23%。根据物质守恒定律估算，研究区稻田氮盈余为 22.39 kg/hm²。

## 3.2.2 稻田退水中氮磷运移与归趋特征

### 3.2.2.1 退水中氮素浓度变化特征

在稻田排水沟渠中，如图 3.1，沿着水流方向，依次设置 6 个采样点（D1~D6），分别于 5—9 月对退水中氮磷营养物质进行监测分析。由图 3.2 可知，总氮（TN）进入沟渠的初始浓度为 3.65~4.47 mg/L，沟渠排水中浓度为 2.71~3.10 mg/L，可见，5—9 月每个月沟渠对总氮的截留率分别为 19.27%、34.90%、35.62%、33.74% 和 36.48%，总氮浓度沿沟渠流向呈递减趋势，浓度和沟渠长度具有较高的线性相关性（$R^2$ 在 0.7187~0.9352 之间）。沟渠对总氮污染物截留，应该是水生植物吸收和底泥颗粒吸附共同作用的结果。

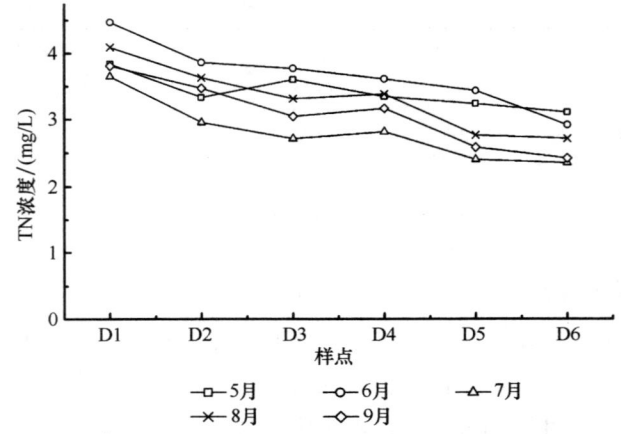

图 3.2 总氮浓度沿沟渠空间的变化

沟渠对总氮的截留并未导致总氮含量一直下降，某些时期，如 5 月总氮浓度在 D3 点反而有所升高，原因可能是初春时节，田埂不够紧实，附近稻田大量施肥，氨氮和硝氮等侧漏进入沟渠所致。

根据图3.3，5—9月氨氮（$NH_4^+$-N）进入沟渠的初始浓度为1.5~2.0 mg/L，排出沟渠的浓度为0.4~0.6 mg/L，沟渠对氨氮的每月截留率分别为40%、60%、60%、50%和53%。同总氮的变化规律一致，氨氮浓度沿沟渠流向与流程呈线性关系，相关性较好（$R^2$在0.5510~0.9011之间）。氨氮浓度沿沟渠水流方向先降低后略升高，最后趋于稳定。这是沟渠结构造成的，采样点D1和D2水位较浅，水中溶解氧充足，在好氧环境下，硝化作用为主导，氨氮浓度降低；样点D3~D6的沟渠水深增加，水中溶解氧下降，形成厌氧环境。该环境条件抑制硝化作用，增强反硝化过程，造成硝态氮损失，同时水中有机氮矿化后导致氨氮累积，氨氮浓度升高。

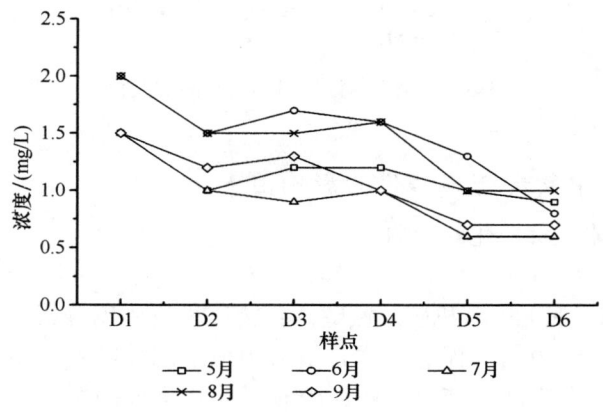

图3.3 氨氮浓度沿沟渠空间的变化

氨氮在5月的浓度为0.9~1.5 mg/L，在6月达到最大值为0.8~2.0 mg/L，这是由于水中藻类通过固氮作用将大气中氮元素转化成可被吸收利用的氨氮，使得氨氮浓度升高。在7月沟渠内氨氮达到最小值为0.6~1.5 mg/L，主要是由于7月水生植物发育完全，在根部形成了互相交错的根系结构，同时随着气温的回升，微生物活性逐渐增强，在水生植物吸收和硝化细菌转化作用下，氨氮浓度迅速下降。在8月氨氮浓度又略有升高，最后在9月趋于稳定。8月正处于水稻分蘖抽穗期，水稻田施肥增多、灌溉水量增大、淋滤次数增多，大量氨氮形式的氮素随径流损失并进入沟渠，导致氨氮浓度升高。9月水稻停灌，退水量和降雨量较少，稻田向沟渠输入的氮素较少，水中氨氮浓度趋于稳定。

根据图3.4，硝态氮（$NO_3^-$-N）进入沟渠的初始浓度为0.54~0.96 mg/L，排出沟渠的浓度为0.20~0.69 mg/L，截留率在17.86%~65.52%。硝态氮浓度沿沟渠流向呈线性变化，其中5月硝态氮浓度的变化与沟渠长度具有一定的相关性（$R^2=0.4997$）。5月初步完成了稻田翻耕，土壤结构松弛，硝态氮易于在土壤中移动，同时移栽的水稻幼苗吸收硝态氮，使其浓度下降。6—7月硝态氮浓度沿沟渠流向先下降再趋于稳定。由于降雨频繁，沟渠处在淹水条件下，水中溶解氧较低，形成厌氧环境，反硝化过程为主导，硝态氮被还原而降低。而8—9月硝态氮浓度沿沟渠流向变化较平稳、略有升高，随后下降，最后趋于稳定。原因是该时期稻田作物处在成熟期，作物对田间氮素吸收量较小或已达饱和，以氨氮和硝态氮为主的氮污染物进入沟渠。

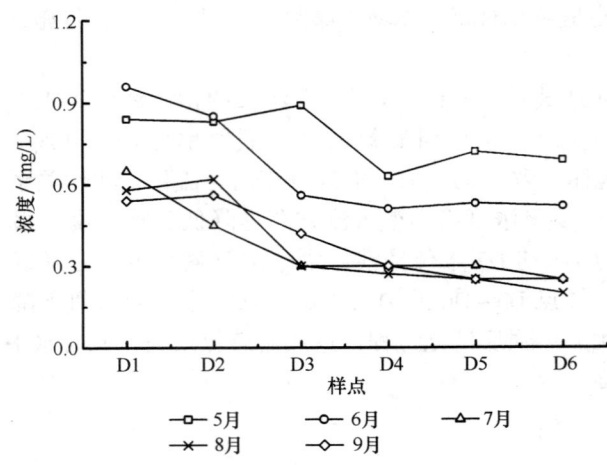

图 3.4 硝态氮浓度沿沟渠空间的变化

#### 3.2.2.2 稻田退水中氮素迁移转化的影响因素

（1）有机质对氮素迁移转化的影响

如图 3.1 所示，在稻田排水沟渠中，沿着水流方向，依次设置 6 个采样点（D1~D6），分别于 5—9 月对退水及底泥中有机碳及氮磷营养物质进行监测分析。各取样点底泥中有机质分布如图 3.5 所示。5—9 月底泥有机质含量沿沟渠水流方向差异不大，表明季节变化对底泥有机质影响较小。在空间分布上，底泥中有机质在沟渠初始位置浓度为 25.43~30.79 g/kg，有机质含量沿沟渠流向先降低后略升高，最后再降低至 6.27~12.68 g/kg。

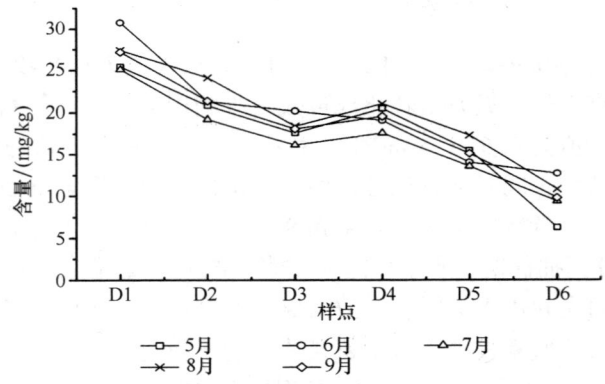

图 3.5 底泥有机质含量沿沟渠空间的变化

沟渠底泥不仅是营养元素的汇，也是污染物的源。底泥中有机质含量差异是影响氮素迁移转化的基础和关键，从表 3.9 可知，底泥有机质含量与总氮、氨氮以及硝态氮浓度呈正相关。一方面，有机质在矿化过程中可释放大量无机营养盐进入水体，造成无机氮含量增加；另一方面，当有机质含量较高时，氧化还原作用强烈，氧气会被微生物消耗，抑制硝化作用，增强反硝化作用，导致氨氮浓度升高。其中 5 月底泥有机质含量与总氮、氨氮以及硝态氮浓度的相关性（$r>0.6$）低于其他时期。主要原因是初春时气温不稳定，致使冬季冻融底泥在解冻时出现断层，导致有机质含量出现波动。然而 6—9 月底泥有机质含量与总氮、氨氮以及硝态氮的浓度相关性较高（$r>0.8$），则是因为底泥中有机质的物理、化学以及生物化学性质逐渐稳定，尤其在6月最为明显；有机质含量与亚硝态氮的浓度相关性较低，因为亚硝态氮是氨氮转化成硝态氮过程中的过渡形态，自身不稳定，易受到同围水环境影响而变化，因此未出现规律性的变化。

表3.9 底泥中有机质含量和各种氮素的相关性（$r$）

| 月份 | TN | $NH_4^+$-N | $NO_3^-$-N |
|---|---|---|---|
| 5 | 0.601 | 0.683 | 0.146 |
| 6 | 0.883* | 0.814* | 0.680 |
| 7 | 0.940* | 0.921* | 0.916* |
| 8 | 0.934* | 0.875* | 0.854* |
| 9 | 0.974* | 0.878* | 0.849* |

注：*表示与有机质含量显著相关性（$P<0.05$）；$n=6$。

（2）底泥中铁、锰赋存形态对氮素迁移转化的影响

表3.10为底泥中不同形态铁、锰含量及其占铁、锰总量的分配比率，其中分配比率是衡量铁、锰元素富集的指标。不同样点各形态铁含量由高至低依次为：残渣态，铁锰氧化态，碳酸盐结合态，交换态，有机态，其中残渣态铁占总铁的（93.02±0.44）%；铁锰氧化态铁占总铁的（5.89±0.19）%；其他形态铁仅占总铁的（1.3±0.61）%。不同样点各形态锰含量由高至低依次为残渣态，铁锰氧化态，碳酸盐结合态，有机态，交换态，其中残渣态锰和铁锰氧化态锰含量较高，占总锰的（60.4±3.8）%和（18.9±2.7）%。残渣态锰的比率仅占残渣态铁的50%，其他形态锰的比率增加显著。

表3.10 底泥中铁、锰赋存形态及其分布特征

| 项目 | 样点 | 交换态 EXC 含量/(mg/kg) | 分配比率(%) | 铁锰氧化态 Fe-MnOX 含量/(mg/kg) | 分配比率(%) | 碳酸盐结合态 CARB 含量/(mg/kg) | 分配比率(%) | 有机态 OM 含量/(mg/kg) | 分配比率(%) | 残渣态 RES 含量/(mg/kg) | 分配比率(%) |
|---|---|---|---|---|---|---|---|---|---|---|---|
| Fe | D1 | 109.7 | 0.41 | 1532 | 5.66 | 153.6 | 0.57 | 21.45 | 0.08 | 25243 | 93.3 |
| | D2 | 95.8 | 0.38 | 1476 | 5.79 | 141.1 | 0.55 | 25.76 | 0.10 | 23750 | 93.2 |
| | D3 | 99.3 | 0.38 | 1508 | 5.70 | 147.3 | 0.56 | 20.96 | 0.08 | 24691 | 93.3 |
| | D4 | 104.2 | 0.43 | 1455 | 6.03 | 132.6 | 0.55 | 24.27 | 0.10 | 22427 | 92.9 |
| | D5 | 115.7 | 0.49 | 1389 | 5.85 | 113.3 | 0.48 | 29.41 | 0.12 | 22093 | 93.1 |
| | D6 | 121.3 | 0.56 | 1357 | 6.29 | 129.4 | 0.60 | 27.38 | 0.13 | 19935 | 92.4 |
| Mn | D1 | 13.2 | 3.12 | 92 | 21.8 | 45.7 | 10.81 | 12.73 | 7.73 | 239 | 56.6 |
| | D2 | 11.9 | 3.13 | 73 | 19.3 | 39.6 | 10.52 | 10.38 | 8.02 | 224 | 59.1 |
| | D3 | 14.8 | 3.58 | 85 | 20.6 | 40.5 | 9.82 | 9.71 | 7.21 | 242 | 58.8 |
| | D4 | 14.0 | 3.29 | 79 | 18.4 | 37.7 | 8.86 | 14.49 | 8.12 | 260 | 61.2 |
| | D5 | 15.3 | 3.67 | 68 | 16.3 | 37.9 | 9.07 | 11.32 | 7.49 | 265 | 63.5 |
| | D6 | 14.8 | 3.53 | 71 | 16.7 | 36.3 | 8.62 | 13.14 | 7.86 | 266 | 63.1 |

铁、锰是过渡性质的金属元素，易随底泥 pH 值、有机质等的变化发生变化，从而铁、锰形态、化合价和离子浓度发生改变，导致底泥中氧化还原微环境的改变，影响不同形态氮的迁移转化。当 pH 值升高时，碳酸盐结合态铁、锰转化成可交换态铁、锰的能力降低。

根据表 3.11 可知，可交换态铁、锰与总氮（$r=-0.54$、$r=-0.58$），氨氮（$r=-0.61$、$r=-0.42$）呈负相关；与硝态氮（$r=0.33$、$r=0.84$）呈正相关。以 $Fe^{2+}$ 和 $Mn^{2+}$ 为主的可交换态铁、锰氧化沉淀强化底泥氧化环境，以硝化作用为主导，反硝化作用受到抑制，导致硝态氮浓度升高，氨氮和亚硝态氮浓度下降。氧化态铁、锰与总氮（$r=0.92$、$r=0.79$）、氨氮（$r=0.95$、$r=0.83*$）呈正相关；与硝态氮（$r=-0.39$、$r=-0.13$）呈负相关。氧化态铁、锰解离时耗氧，使底泥与水层分界面的还原环境加强，硝化作用受到抑制，反硝化作用增强，进而导致硝态氮浓度下降，氨氮浓度升高，同时亚硝态氮在还原条件下累积。在酸性条件下，碳酸盐结合态铁、锰可以溶解成易被底泥有机质和黏粒吸附的 $Mn^{2+}$ 等水溶性离子，使底泥可交换态铁、锰含量增加，促进硝化反应。碳酸盐结合态铁、锰与总氮（$r=-0.23$、$r=0.33$）、氨氮（$r=-0.18$、$r=-0.44$）、硝态氮（$r=0.43$、$r=-0.24$）的相关性较低且不稳定，说明碳酸盐结合态铁、锰在碱性底泥中对总氮、氨氮、硝态氮以及亚硝态氮影响较小。有机态铁、锰与氨氮（$r=0.77$、$r=0.44$）呈正相关；与硝态氮（$r=-0.57$、$r=-0.62$）呈负相关。有机质含量的增加导致了富里酸和胡敏酸含量的增加，导致更多的 $Mn^{2+}$ 被螯合成有机形态的铁、锰，降低了可交换态铁、锰含量，从而增强底泥还原环境，抑制硝化反应。以反硝化反应为主导，使氨氮和亚硝态氮积累，硝态氮浓度下降。

表 3.11 底泥中不同形态铁、锰与氮形态的相关性（$r$）

| 项目 | 交换态 EXC | | 铁、锰氧化态 Fe-MnOX | | 碳酸盐结合态 CARB | | 有机态 OM | | 残渣态 RES | |
| --- | --- | --- | --- | --- | --- | --- | --- | --- | --- | --- |
| | Fe | Mn | Fe | Mn | Fe | Mn | Fe | Mn | Fe | Mn |
| TN | -0.54 | -0.58 | 0.92* | 0.79 | -0.23 | 0.33 | 0.69 | -0.17 | 0.93* | -0.70 |
| $NH_4^+$-N | -0.61 | -0.42 | 0.95* | 0.83* | -0.18 | -0.44 | 0.77 | 0.44 | 0.94* | -0.58 |
| $NO_3^-$-N | 0.33 | 0.84* | -0.39 | -0.13 | 0.43 | -0.24 | -0.57 | -0.62 | 0.43 | -0.78 |
| $NO_2^-$-N | -0.78 | -0.75 | 0.76 | 0.38 | 0.39 | 0.46 | 0.43 | 0.62 | 0.83* | -0.94* |

注：*表示差异显著。

(3) 退水沟渠中氮输入—输出平衡估算

基于稻田系统氮输入—输出平衡估算及相关参数，估算沟渠系统氮输入—输出平衡，结果见表 3.12。由表 3.12 可知，在沟渠系统中，稻田退水是主要的氮输入途径，其输氮量可占总量的 92%，而植物吸收、径流和渗漏则是氮输出的主要途径，可占总输出氮量的 73.4%。从输入和输出总量上看，沟渠系统氮输入与输出基本平衡，这说明沟渠系统对于进入沟渠的稻田退水具有很好的净化能力。

表 3.12 沟渠系统氮养分平衡

| 输入 | N/（kg/hm²） | 占输入比例（%） | 输出 | N/（kg/hm²） | 占输出比例（%） |
| --- | --- | --- | --- | --- | --- |
| 稻田退水 | 478.90 | 91.20 | 氨挥发 | 41.00 | 7.82 |
| 大气沉降 | 7.93 | 1.51 | 植物吸收 | 170.24 | 33.28 |
| 施肥前底泥总氮 | 38.29 | 7.29 | 反硝化脱氮 | 50.24 | 9.82 |

续表

| 输入 | N/(kg/hm²) | 占输入比例(%) | 输出 | N/(kg/hm²) | 占输出比例(%) |
|---|---|---|---|---|---|
| — | — | — | 径流和渗漏 | 205.49 | 40.17 |
| — | — | — | 施肥后底泥总氮 | 45.61 | 8.92 |
| 输入总计 | 525.12 | — | 输出总计 | 512.58 | — |

本研究表明，不同季节稻田退水中氮的迁移转化规律存在差异，沿沟渠水流方向均呈线性变化。沟渠系统氮输入总量为 525.12 kg/hm²，其中稻田退水、大气沉降、底泥总氮分别占输入比例的 91.2%、1.51%、7.29%；氮输出总量为 512.58 kg/hm²，其中氨挥发、植物吸收、反硝化脱氮、径流和渗漏、底泥截留总氮分别占输出比例的 7.82%、33.28%、9.82%、40.17%和 8.92%。沟渠系统氮输入与输出基本平衡，说明沟渠系统对于进入沟渠的稻田退水具有较好的净化作用。

### 3.2.3 外源氮磷在湿地中的迁移转化特征

#### 3.2.3.1 芦苇湿地土壤氮磷含量特征

根据图 3.6，芦苇湿地 3 个取样点土壤全氮含量均随着取样深度的增加呈降低趋势。表层（0~5 cm）土壤全氮含量平均为 6.35 g/kg，至底层（20~40 cm）其含量均值降为 1.81 g/kg。土壤全磷含量的垂直分布也呈现出相同的变化趋势。表层（0~5 cm）土壤全磷含量平均为 70.7 mg/kg，底层（20~40cm）其含量均值降为 32.2 mg/kg。土壤氮磷的垂直分布规律与土壤有机质的分布有关，表层土壤为植物细根的主要分布区，细根死亡后，每年有大量有机残体归还于表层土壤中；此外，芦苇在生长过程中，枯叶向地表的归还量也很大。这些有机残体，经微生物的转化作用将大量的氮磷固定在土壤中，使得土壤表层有较高的氮磷积累。而对于底层土壤，分布的植物根系主要为多年生芦苇主根，年归还量小，有机质的补充量少，因此其全氮和全磷含量低。

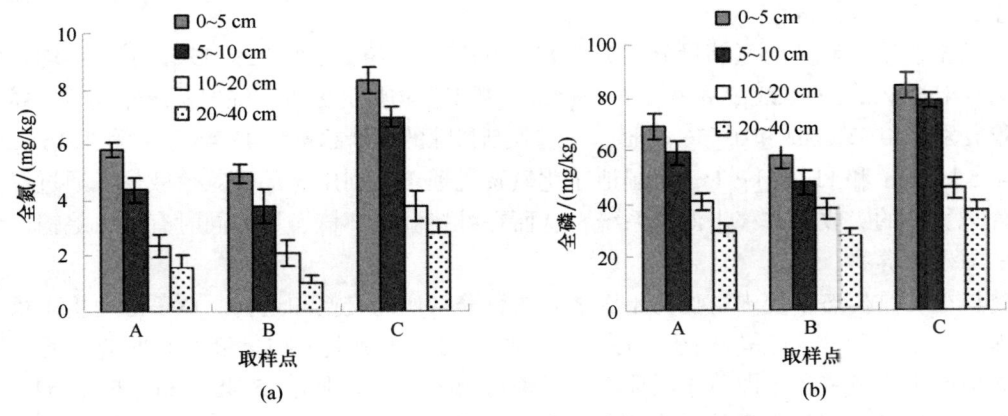

图 3.6 芦苇湿地土壤全氮含量（a）和全磷含量（b）的垂直分布

根据前期研究结果，10 月河口区湿地表层土壤全氮含量水平在 0.9~12.5 g/kg，全磷含量在 43~114 mg/kg，本研究区的表层土壤氮磷含量处于河口区土壤氮磷含量的中等水平。考虑到辽河口湿地生态系统属于贫营养系统，湿地土壤尚有较大的容纳外源氮磷的能力，如果能利用湿地氮磷贫乏的营养特征，将含氮磷的稻田退水引入湿地进行深度处理，则不仅能为稻田退水的净化处理提供天然场所，而且还将有利于改善芦苇湿地的营养水平，有助于芦苇湿地向着健康状态发展，可见，利用自然湿地净化稻田退水的思路是可行的。

#### 3.2.3.2 湿地芦苇氮磷含量与物质循环特征

图 3.7 为研究区域芦苇植株根、叶、茎中氮磷含量。芦苇根、茎、叶中氮的平均含量分别为 8.65 g/kg、8.07 g/kg 和 18.2 g/kg；芦苇根、茎、叶中磷的平均含量分别为 279 mg/kg、271 mg/kg 和 391 mg/kg。其中，芦苇器官氮磷含量均以叶中最高，而根和茎中含量较低且较为接近。

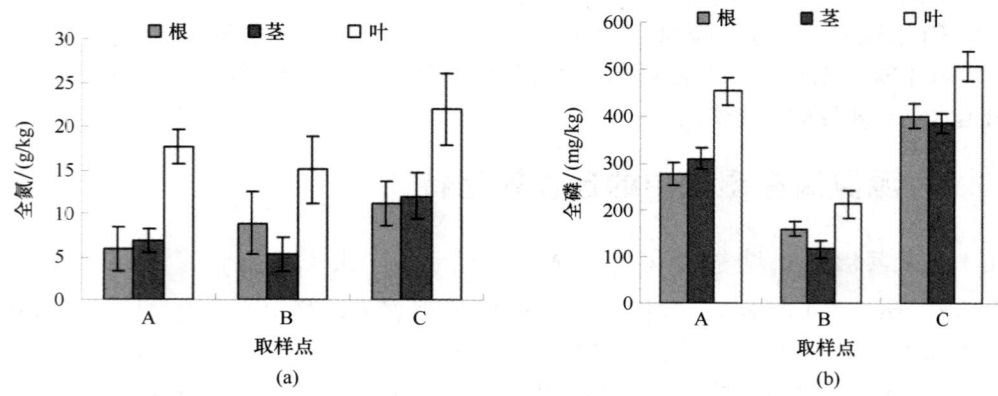

图 3.7 芦苇根、秆、叶中全氮含量（a）和全磷含量（b）

图 3.8 为研究区内芦苇根、茎、叶的最大生物量及年均氮磷储量。芦苇根、茎、叶最大生物量分别为 557.8 g/m²、1 969.2 g/m² 和 1 622.4 g/m²。年均总生物量为 4149.4 g/m²。由于芦苇为多年生植物，主根系发达，为根系生物量的主要构成部分。芦苇采取收割管理，地上部分被移除湿地系统。因此，如果不考虑落叶归还，湿地系统年均生物量可认为是根系的生物量，即 557.8 g/m²。

芦苇根、茎、叶年均氮储量分别为 4.83 g/m²、15.89 g/m² 和 29.55 g/m²；年均磷储量分别为 0.156 g/m²、0.533 g/m² 和 0.635 g/m²。基于生物量的分析，湿地系统年均氮、磷生物储存量分别为 4.83 g/m² 和 0.156 g/m²，通过收割移除的氮磷总量为 45.45 g/m² 和 1.167 g/m²，即 454.5 kg/hm² 和 11.67 kg/hm²。湿地净化氮磷机理正是利用这部分氮磷减量，通过提高芦苇对外源氮磷的吸收量并移出湿地系统，从而在维持湿地环境容量的同时有效去除输入到湿地中的氮磷营养物。

物质循环是生态系统内植物与土壤之间的营养物质的交换和迁移。芦苇湿地生态系统的物质循环遵循"吸收=存留+归还"原则。吸收采用当年地上生物量最大时期的各元素浓度与其相应的生物量乘积，即芦苇湿地年均氮磷植物吸收量分别为 45.45 g/m² 和 1.167 g/m²，这部分氮磷通过收割移出系统；存留为地下净初级生产力乘以根中全年平均各营养元素浓度，即氮营养浓度为 4.83 g/m²，磷营养浓度为 0.156 g/m²。

本研究表明，湿地植物通过自身的生长代谢可以吸收湿地土壤中的营养元素。通过计算可知，芦苇对氮磷的生物吸收系数（植物干物质元素浓度与土壤元素浓度之比）分别为 17.5 和 0.6。可见，该区氮为高富集元素，磷为低贫集元素，说明该区芦苇对氮的需求高。

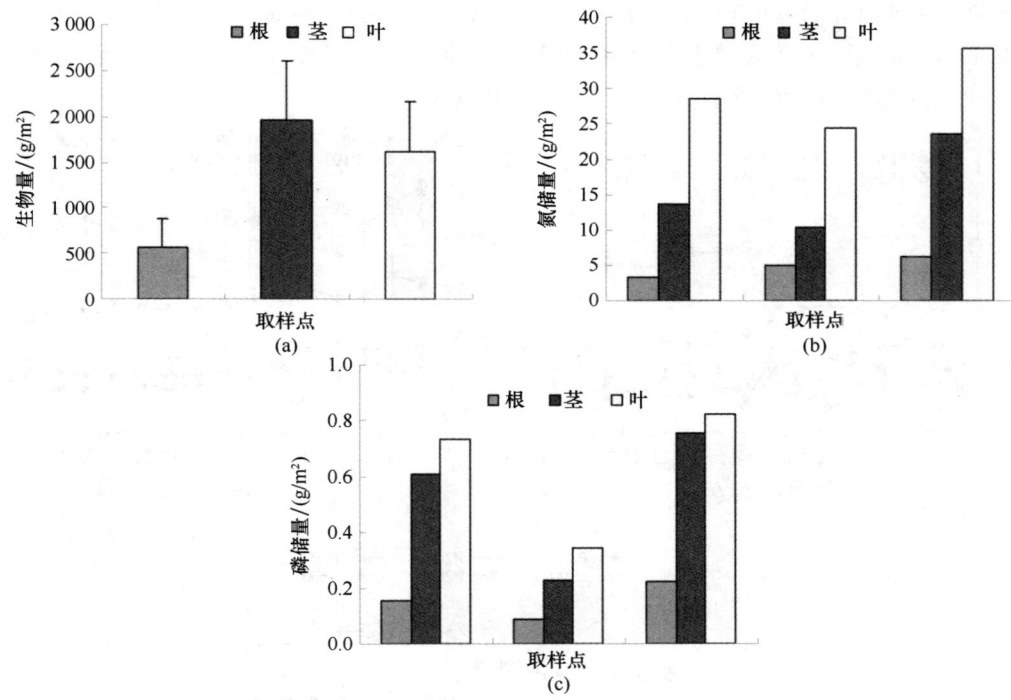

图3.8 湿地芦苇根、茎、叶最大生物量(a)以及氮(b)和磷(c)储量

这为利用湿地净化氮素污染提供了理论指导，即为了维持湿地系统的健康水平，需要输入更多的氮以满足植物的营养需求。

## 3.3 稻田水肥调控技术

### 3.3.1 稻田节水控肥技术

稻田是盘锦市河口区主要农田种植模式，是造成面源污染的主要因素。该区域的农田养分流失状况、水肥耦合关系等缺乏系统资料，也缺乏有效的水肥耦合调控技术。因此，为了研发适用于河口区稻田土壤的淹—干交替间隔技术措施，开展了稻田土壤干—湿交替条件下养分流失特征模拟及养分流失过程模拟研究。

2014年于河口区稻田采集0~20 cm耕层土壤样品，开展土壤养分流失过程模拟研究。根据上层土壤施磷量的不同，实验共设6个处理，即P0对照，不施磷；P20的施磷量为20 kg/hm$^2$；P50的施磷量为50 kg/hm$^2$；P100的施磷量为100 kg/hm$^2$；P200的施磷量为200 kg/hm$^2$；P400的施磷量为400 kg/hm$^2$。

#### 3.3.1.1 先干后湿条件下土壤磷流失特征

在先干后湿条件下，不同施磷处理土壤培养31 d，不同磷库（Olsen-P、Bray-P和CaCl$_2$-P）的含量随时间的变化如图3.9所示。各处理土壤Olsen-P含量在整个培养过程呈逐渐降低的趋势，在16 d灌水后继续降低。土壤Bray-P和CaCl$_2$-P含量在覆水后表现出明显的激增现象，各处理两种形态的磷平均增幅分别为18%和26%，且增幅随施磷量的增加明显增高。覆水 2 d 后各处理 Bray-P 和 $CaCl_2$-P 含量开始呈平缓降低趋势。培养结束时，土壤 Bray-P 和 $CaCl_2$-P 含量甚至下降到淹水前水平。这说明土壤在先干后湿条件下用 Bray-P 含量表征土壤磷流失潜能优于用 Olsen-P 含量。

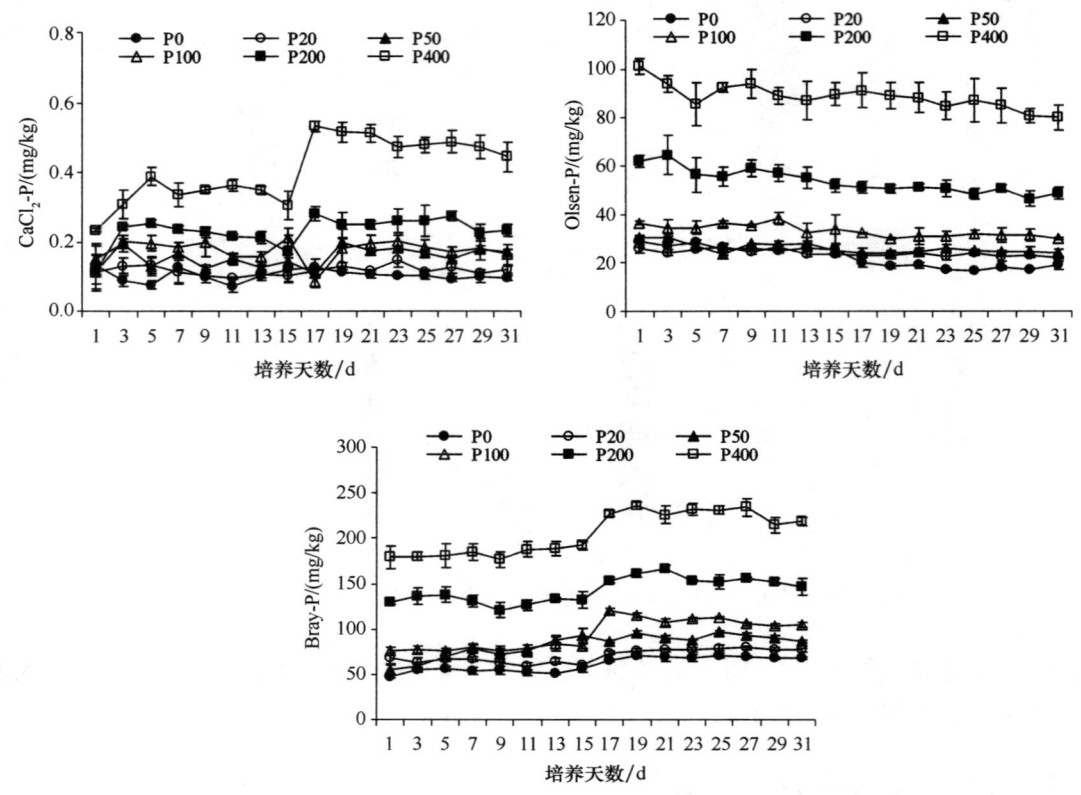

图 3.9　土壤中磷含量随培养时间的动态变化

在处理过程中，肥料磷进入土壤不同磷库（Olsen-P、Bray-P 和 $CaCl_2$-P）的比例见表 3.13。结果表明，肥料磷进入 Bray-P 库的比例最高，平均为 68%；进入 Olsen-P 库的比例平均为 24%；而进入 $CaCl_2$-P 库的比例最低，平均仅为 0.17%。肥料磷进入各磷库的比例与施磷量关系不大，说明土壤在施磷量范围内对磷仍有强的固定能力，P400 时该土壤仍未达到吸附饱和状态。

表 3.13　不同施磷量下肥料磷进入不同磷库的比率

| 处理 | Olsen-P /(mg/kg) | Bray-P /(mg/kg) | $CaCl_2$-P /(mg/kg) | 肥料磷进入不同磷库的比率 | | |
|---|---|---|---|---|---|---|
| | | | | Olsen-P 库 | Bray-P 库 | $CaCl_2$-P 库 |
| P0 | 19.0e | 68.00f | 0.096d | — | — | — |
| P20 | 22.3de | 76.83e | 0.120d | 32.8% | 88.3% | 0.24% |
| P50 | 24.1d | 86.22d | 0.171c | 17.0% | 60.7% | 0.25% |
| P100 | 30.0c | 104.78c | 0.163c | 18.4% | 61.3% | 0.11% |
| P200 | 48.9b | 146.83b | 0.232b | 24.9% | 65.7% | 0.11% |
| P400 | 80.1a | 218.50a | 0.444a | 25.5% | 62.7% | 0.14% |

注：字母 a，b，c，d，e 表示在 α=0.05 水平下差异显著。

土壤 $CaCl_2$-P 含量随着土壤 Olsen-P 和 Bray-P 的增加，均呈现增加的趋势（图 3.10）。这表明，随着施磷量的增加，土壤通过优先流流失磷的风险增大。

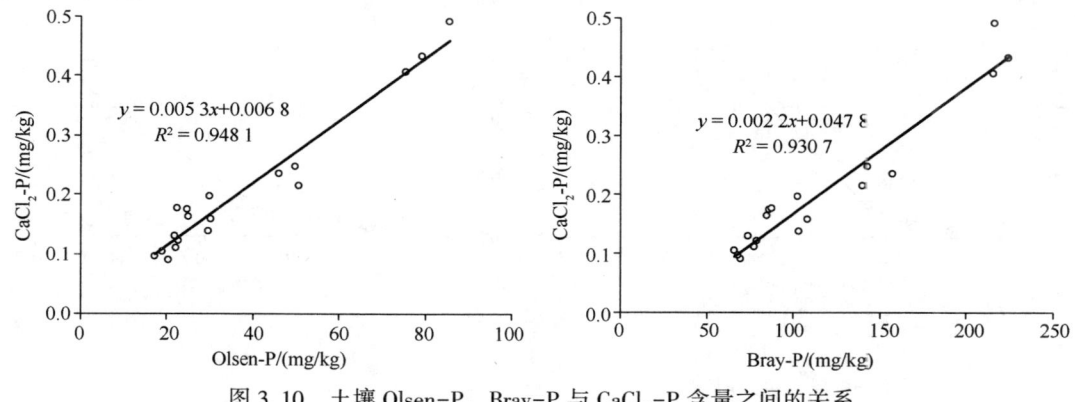

图 3.10　土壤 Olsen-P、Bray-P 与 $CaCl_2$-P 含量之间的关系

在后期淹水培养过程中各处理表层水中溶解态无机磷（DIP）浓度的变化具有相同趋势（图 3.11），处理 P0、P20 和 P50 DIP 浓度在 0.04 mg/L 左右，且处理间差异不显著；然而，这个值高于水体发生富营养化的磷临界值（0.02 mg/L）。说明生长季的每一次排水都可能会由于磷素流失而对附近水体质量产生威胁。培养结束时表层水中 DIP 浓度与施磷量呈指数函数关系。这说明在先干后湿条件下，随施磷量的增加，土壤中磷向地表径流流失的风险增加。

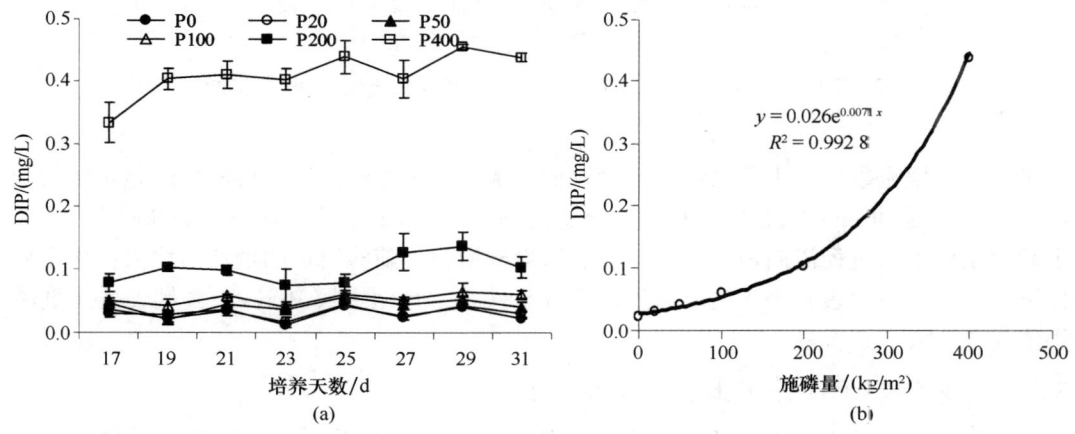

图 3.11　表层水中磷含量动态变化（a）及其与磷肥施用量的关系（b）

利用分段回归模型分别对土壤 Olsen-P、Bray-P 和 $CaCl_2$-P 含量与表层水中 DIP 浓度进行模拟（图 3.12），两条直线交点处土壤 Olsen-P、Bray-P 和 $CaCl_2$-P 含量分别是 49.72 mg/kg、148.81 mg/kg 和 0.236 mg/kg，相对应的 DIP 浓度分别为 0.118 mg/L、0.111 mg/L 和 0.108 mg/L。此值可看作是先干后湿条件下土壤易发生表层水磷损失的"突变点"，即表层水磷迅速增加的阈值。处理 P400 的土壤磷含量均高于该土壤磷损失阈值。根据上面土壤 Olsen-P、Bray-P 和 $CaCl_2$-P 含量与施磷量的关系线性方程，计算出 Olsen-P、Bray-P 和 $CaCl_2$-P 含量对应的施磷量为 201.7 kg/hm²、216.3 kg/hm² 和 201.4 kg/hm²，变异系数为 4.1%。这个施磷量远高于当地实际农业生产磷投入量，说明该土壤在常规施磷情况下土壤磷通过径流流失的风险不大。

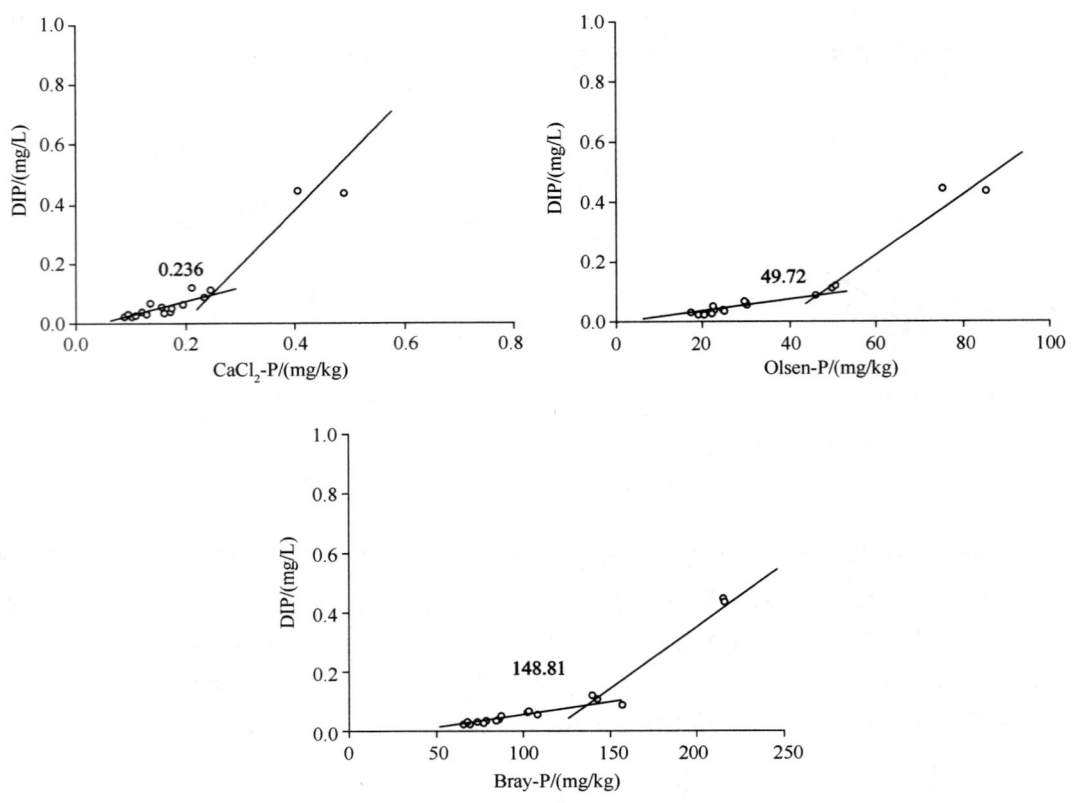

图 3.12　CaCl$_2$-P、Olsen-P、Bray-P 含量与溶解态无机磷（DIP）之间的关系

可见，土壤淹水后，土壤磷流失风险增加；磷通过优先流流失的可能性随施磷量的增加而增大；当土壤 Olsen-P 和 Bray-P 含量分别达到 49.72 mg/kg 和 148.81 mg/kg 时，土壤在先干后湿条件下通过径流向地表水体流失的风险剧增，且随施磷量的增加而增大；先干后湿条件下土壤磷通过地表径流流失的风险较淹水条件小；且用土壤 Bray-P 含量表征土壤磷流失潜能优于 Olsen-P 含量。

### 3.3.1.2　先湿后干条件下土壤磷流失特征

在先湿后干条件下，不同施磷处理土壤培养 31 d，肥料磷进入土壤不同磷库（Olsen-P、Bray-P 和 CaCl$_2$-P）含量随时间的变化如图 3.13 所示。各处理土壤 Olsen-P 含量在整个培养过程呈波动状态，第 16 天时排干变为好氧条件并没对其含量有明显影响。Bray-P 和 CaCl$_2$-P 含量变化趋势则与 Olsen-P 含量不同，均表现为排干好氧条件下含量呈显著降低趋势，平均减幅分别为 15% 和 26%。这可能主要由于落干使土壤氧化还原电位升高，使已经还原的铁氧化，生成无定形铁化物，比落干前有更大的比表面、更强的磷吸附能力，除铁外，锰、硫等元素也具有同样的氧化还原的特点，共同作用使落干后土壤有效磷含量降低。

各施磷处理中磷进入土壤不同磷库的比例见表 3.14。肥料磷进入 Bray-P 库的比例最高，平均为 78%；进入 Olsen-P 库的比例平均为 20%；而进入 CaCl$_2$-P 库的比例最低，平均仅为 0.01%。肥料磷进入各磷库的比例与施磷量无关，说明土壤在此施磷量范围内，土壤对磷仍有强的固定能力，P400 时该土壤仍未达到磷吸附饱和。

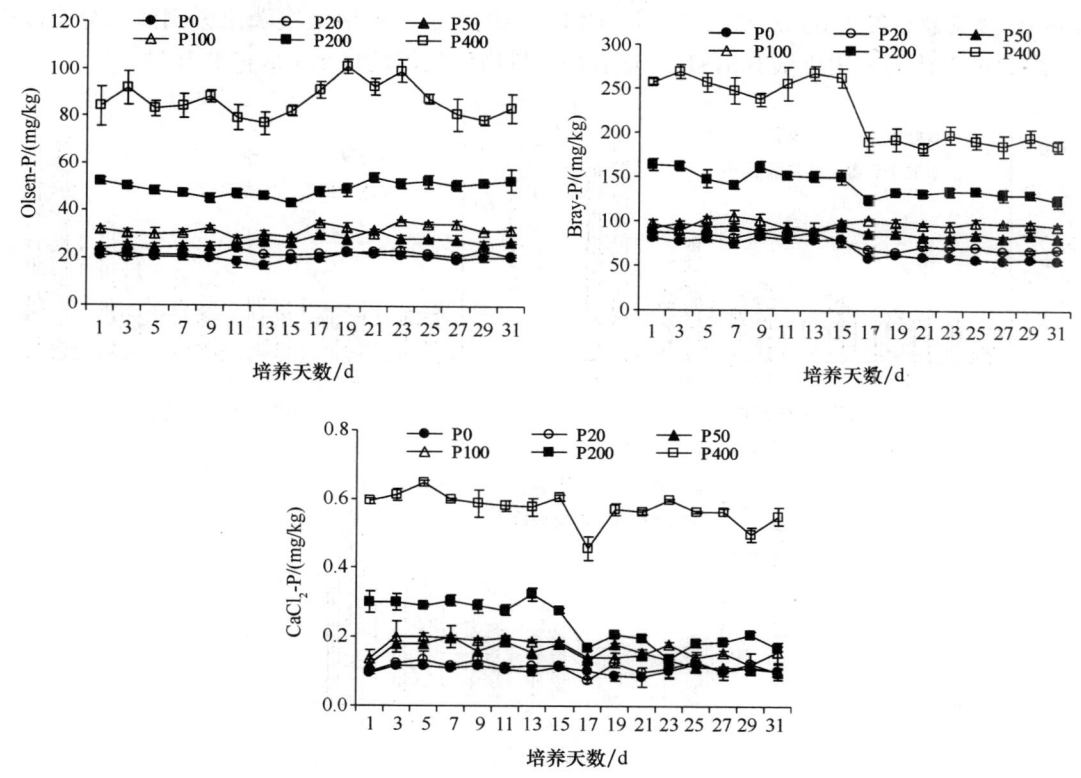

图 3.13 土壤中磷含量随培养时间的动态变化

表 3.14 不同施磷量下肥料磷进入不同磷库的比率

| 处理 | Olsen-P /(mg/kg) | Bray-P /(mg/kg) | CaCl$_2$-P /(mg/kg) | 肥料磷进入不同磷库的比率 | | |
|---|---|---|---|---|---|---|
| | | | | Olsen-P 库 | Bray-P 库 | CaCl$_2$-P 库 |
| P0 | 20.0d | 54.92f | 0.100c | — | — | — |
| P20 | 20.5d | 67.46e | 0.097c | 5.0% | 125.4% | −0.02% |
| P50 | 27.0c | 80.44d | 0.101c | 23.1% | 85.1% | 0.00% |
| P100 | 31.8c | 95.11c | 0.155b | 19.6% | 67.0% | 0.09% |
| P200 | 52.8b | 123.00b | 0.167b | 27.3% | 56.7% | 0.06% |
| P400 | 83.5a | 185.33a | 0.551a | 26.5% | 54.3% | 0.19% |

注：字母 a, b, c, d, e, f 表示在 α=0.05 水平下差异显著。

比较不同条件下土壤 Olsen-P、Bray-P 和 CaCl$_2$-P 含量，发现 Olsen-P 含量由高至低依次为好氧条件、先湿后干条件、先干后湿条件和淹水条件（图 3.14）；Bray-P 与 CaCl$_2$-P 含量趋势一致，但均与 Olsen-P 含量相反，由高至低依次为淹水条件、先干后湿条件、先湿后干条件和好氧条件。说明在相同施磷量条件下，淹水条件土壤 CaCl$_2$-P 含量最高，先干后湿条件和先湿后干条件次之，好氧条件土壤 CaCl$_2$-P 含量最低。由于 Bray-P 与 CaCl$_2$-P 含量呈现的规律一致，且土壤 Bray-P 含量随时间的动态变化也与 CaCl$_2$-P 一致，而土壤 Olsen-P 含量变化与 CaCl$_2$-P 含量相反，且各种处理土壤中 Bray-P 含量的极差最高可达 193 mg/kg，

Olsen-P 含量最高仅为 65 mg/kg，说明土壤 Bray-P 含量在评估土壤磷流失阈值时分辨度较高。因此可以认为，用土壤 Bray-P 含量表征土壤磷流失潜能优于 Olsen-P 含量。

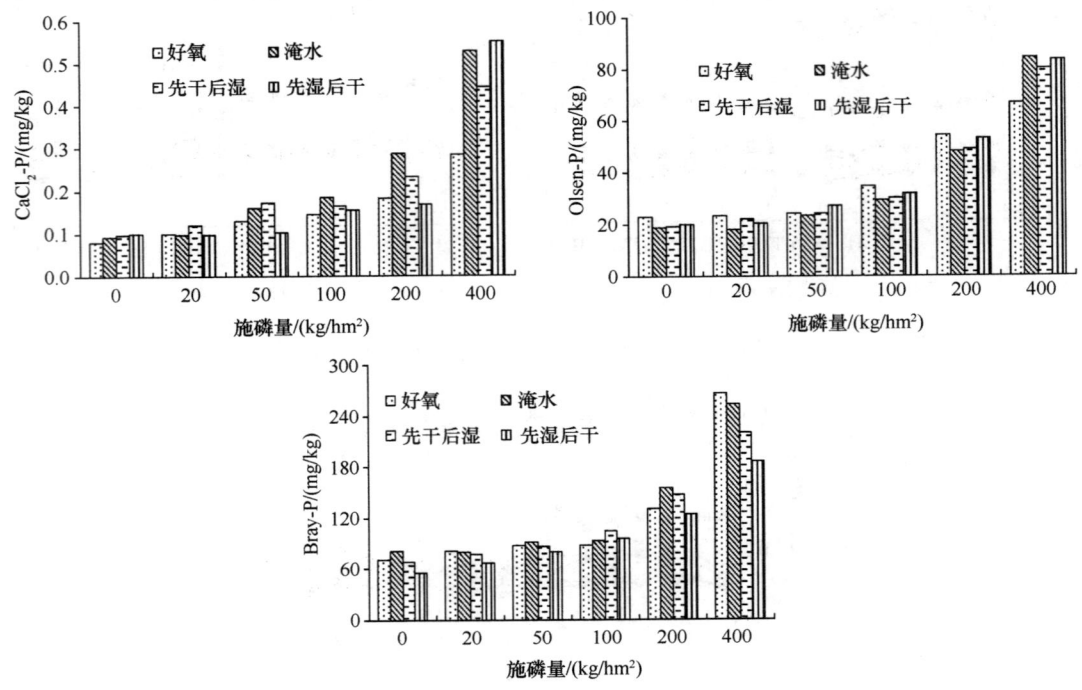

图 3.14　不同培养条件下各处理土壤中 Olsen-P、Bray-P 和 $CaCl_2$-P 含量

利用分段回归模型分别对土壤 Olsen-P 和 Bray-P 与 $CaCl_2$-P 含量进行模拟（图 3.15），两条直线交点处土壤 Olsen-P 和 Bray-P 含量分别是 57.12 mg/kg 和 130.55 mg/kg，此值可看作是该土壤易发生磷损失的"突变点"。施磷量低于 400 kg/hm² 的土壤 Olsen-P 和 Bray-P 含量都低于该土壤磷损失阈值，施磷量 400 kg/hm² 的土壤 Olsen-P 和 Bray-P 含量均高于该土壤磷损失阈值，根据土壤 Olsen-P 和 Bray-P 含量与施磷量的关系线性方程，计算出该 Olsen-P 和 Bray-P 含量对应的施磷量为 240.6 kg/hm² 和 224.3 kg/hm²。

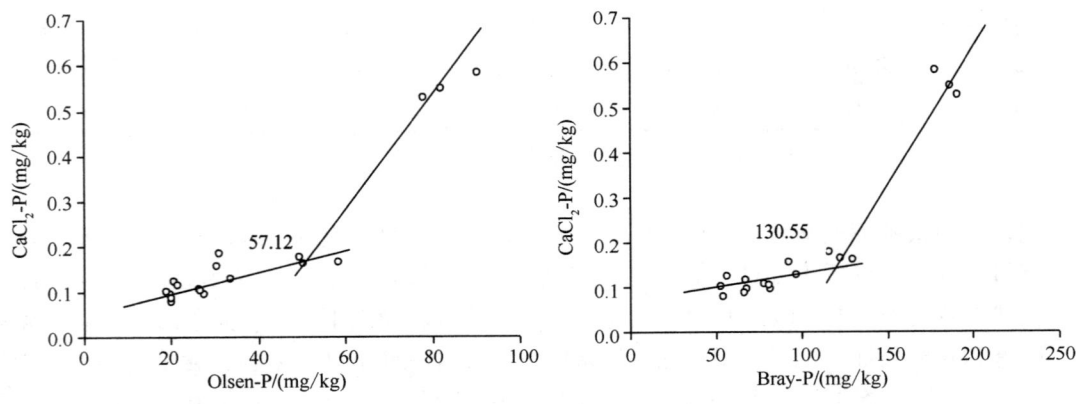

图 3.15　土壤 Olsen-P、Bray-P 与 $CaCl_2$-P 含量之间的关系

比较不同条件下土壤磷流失发生阈值对应的施磷量（表3.15），由低到高依次为淹水条件、先干后湿条件、先湿后干条件和好氧条件。说明在相同施磷量条件下，淹水条件土壤磷发生磷流失的潜能最高，其次为先干后湿条件和先湿后干条件，好氧条件最低。综合各种培养条件下土壤磷流失发生突变时对应的施磷量，得其最低值为184 kg/hm²，远高于田间实际施肥量，说明常规施磷量条件下该土壤磷流失风险较小。但不同条件土壤磷流失发生突变时对应的土壤磷含量不同，这说明应对不同土壤分别进行土壤磷流失风险评估。

表 3.15　不同形态磷流失阈值所对应的施磷量

| 磷素形态 | 不同条件下磷流失阈值/（kg/hm²） | | | |
| --- | --- | --- | --- | --- |
| | 好氧 | 淹水 | 先干后湿 | 先湿后干 |
| Olsen-P | 未测出 | 190.5 | 201.7 | 240.6 |
| Bray-P | 未测出 | 201.2 | 216.3 | 224.3 |
| $CaCl_2$-P | 未测出 | 184.0 | 201.4 | — |

在综合各种培养条件下，土壤磷流失发生突变时，对应的有效磷含量，发现 Olsen-P 含量最低为 47 mg/kg，Bray-P 含量最低为 130 mg/kg，测定有效磷含量的土壤为富磷土壤。但土壤成土母质中磷含量较低，加之对固磷能力有较大影响的铁和铝含量较高，因此一般认为土壤中磷尤其是有效磷缺乏严重。但随着农业的发展，投入到农田中的肥料磷逐年提高，目前大部分土壤特别是水稻土壤中存在磷素累积的现象，水稻土有效磷含量可高达 60 mg/kg，已经超过磷流失风险阈值。可见该地区土壤磷流失风险还是存在的。

本研究表明土壤落干后，土壤磷流失风险降低；当土壤 Olsen-P 和 Bray-P 含量分别达到 57.12 mg/kg 和 130.55 mg/kg 时，土壤在先湿后干条件下向水体流失磷的风险剧增，且随施磷量的增加而增大；在相同施磷量条件下，淹水条件土壤磷发生磷流失的潜能最高，其次为先干后湿条件和先湿后干条件，好氧条件最低；综合各条件情况，土壤 Olsen-P 和 Bray-P 流失安全值分别为 47 mg/kg 和 130 mg/kg。

### 3.3.1.3　稻田土壤养分淋溶过程模拟

土壤磷素发生淋溶一方面是由于土壤磷高度饱和，另一方面是由于土壤孔隙过大导致的优先流。由于优先流流失的磷与表层土壤磷含量相关，因此常用表层土壤磷含量表征土壤磷通过优先流流失的潜能。本研究在不考虑大孔隙优先流仅考虑基质流的情况下，评估土壤磷向地下水体的流失潜能。

如图 3.16 所示，在整个淋溶过程中，溶解态无机磷（DIP）浓度并不随施磷量的增加而增加。由表 3.16 可知，各处理最后一次淋溶液中 DIP 浓度虽存在差异，但并不随施磷量的增加而增加。这种土壤田间最大淋溶量每月不超过 50 mm，而本实验淋溶量已超过 3 000 mm；当地每季最大施磷量不过 50 kg/hm²，本实验最大施磷量为 400 kg/hm²。在如此大的施磷量和淋溶量条件下，土层 60 cm 处淋溶液中 DIP 并没有受施磷量影响，这说明施磷对当季 60 cm 处淋溶液中 DIP 没有显著影响。在不考虑大孔隙优先流仅考虑基质流的情况下，土壤当季施磷基本不存在向地下水体淋溶的风险。这主要是由于该实验土壤中无定型铁铝氧化物对磷酸根的吸附固定以及黏土胶体对磷的专性吸附，使溶于水的磷酸根在向下淋溶过程中，被土壤重新吸附固定。另外，由于淋溶液中 DIP 浓度与施磷量无关，因此说明淋溶液中的磷不是来自施入磷肥的上层土壤，而是来自下层土壤。

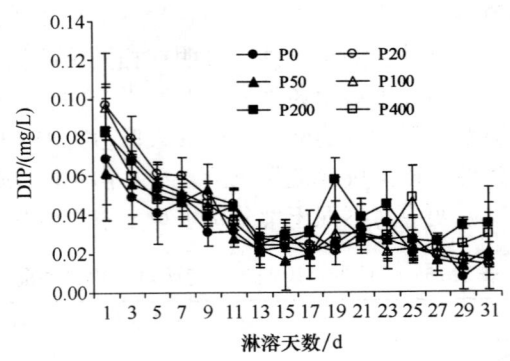

图 3.16 淋溶液中溶解态无机磷（DIP）随时间的动态变化

表 3.16 淋溶液中溶解态无机磷（DIP）浓度及磷损失总量

| 处理 | 最后一次淋溶液中磷浓度/（mg/L） | 整个淋溶过程磷损失/mg | 每公顷磷总损失总量/（kg/hm²） |
|---|---|---|---|
| P0 | 0.017ab | 0.398 | 1.034 |
| P20 | 0.014b | 0.496 | 1.286 |
| P50 | 0.021ab | 0.422 | 1.098 |
| P100 | 0.017ab | 0.478 | 1.242 |
| P200 | 0.035a | 0.550 | 1.430 |
| P400 | 0.029ab | 0.482 | 1.254 |

注：在 $\alpha=0.05$ 水平下相同字母表示均值差异不显著。

在各处理接收的淋溶液中，DIP 浓度随淋溶时间的变化趋势一致。均呈现第一天 DIP 浓度达到最大，随着下层土壤所含溶解态无机磷（DIP）逐渐淋洗出，淋溶液中 DIP 浓度降低，在 13 d 时（约淋溶 1 300 mm 蒸馏水）DIP 浓度趋于稳定，说明此时土壤所含可溶性磷与溶液磷的溶解与析出达到平衡。该结果与大田实验不尽相同，一般田间实验在施磷初期淋溶液中磷浓度与施磷量相关，主要是由于施肥初期施入的磷溶解在水中，未能被土壤充分固定，肥料磷随水沿土壤孔隙迅速淋溶，而本实验不考虑大孔隙优先流。另外，在田间实验后期淋溶液中磷浓度波动幅度较大，主要是由于田间存在烤田等农事活动，使土壤生物活动加剧，土壤受到扰动，表层土壤磷含量受到影响，进而影响优先流中磷浓度。在整个淋溶过程，各淋溶液中 DIP 浓度均低于 0.1 mg/L，流失量在 1.0~1.4 kg/hm²。

由图 3.17 可以看出，由于土壤具有较高的磷缓冲潜力，各处理中 Olsen-P、Bray-P 和 $CaCl_2$-P 含量均呈现 0~20 cm 较 30~60 cm 高的现象，同一处理 0~20 cm 间以及 30~60 cm 间差异不大。0~20 cm 土层土壤 Olsen-P 和 Bray-P 含量随施磷量的增加而增多，且各处理间差异显著；30~60 cm 土层土壤 Olsen-P 和 Bray-P 含量各处理间差异不显著。土壤 $CaCl_2$-P 含量仅 0~20 cm 土层高施磷处理（P200 和 P400）高于其他处理，其余差异均不显著。说明在大剂量施磷和强淋洗条件下，土壤磷通过基质流迁移的距离小于 10 cm。由于植物根系深度一般不超过 60 cm，因此一般认为移出 60 cm 的磷是植物无法利用的磷。而本实验各施肥处理施入的磷均未移出 30 cm，所以施入的肥料磷不存在通过基质流流失的风险。

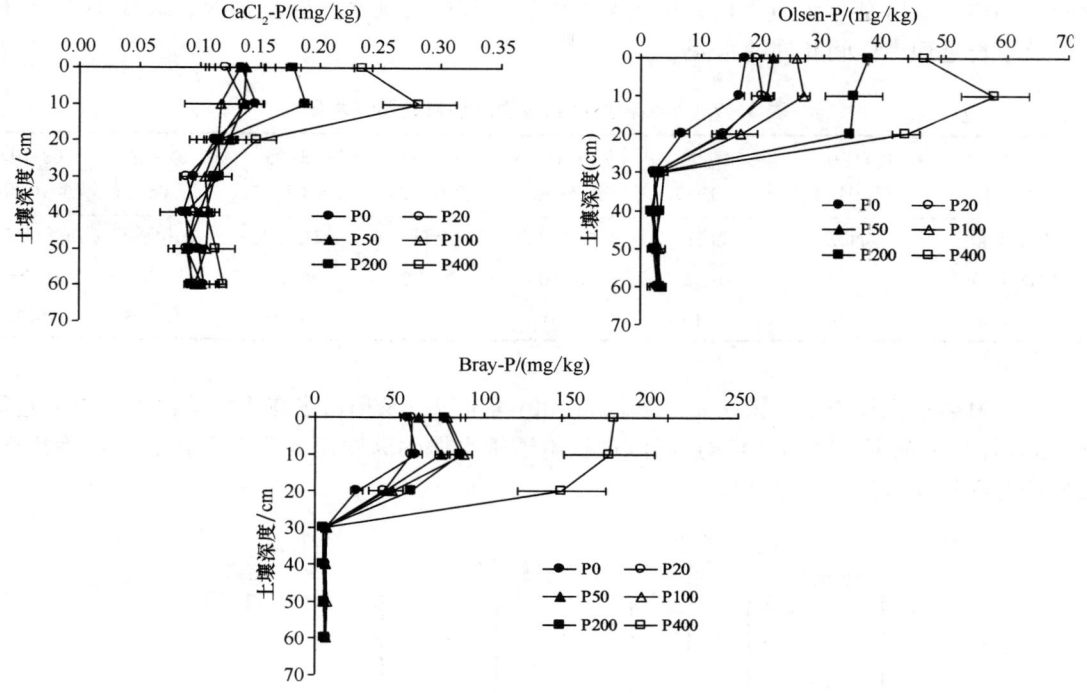

图 3.17 各施磷处理 Olsen-P、Bray-P 和 $CaCl_2$-P 浓度垂直分布

本研究表明,稻田在施磷和强淋洗条件下,土壤磷迁移的距离小于 10 cm,因此可以认为稻田土壤不存在通过基质流向地下水体而流失磷的风险。

#### 3.3.1.4 稻田节水控肥实施建议

水和肥是制约水稻生长的重要因素,合理的灌溉和施肥有利于提高水肥利用效率和减轻农田面源污染,对提高作物产量和品质也有很大帮助。通过实施稻田节水控肥技术,可以改善农田小气候,稻田处于"淹水→湿润→短暂落干"的水分循环状态,既能满足水稻对田间水分要求较高、耐湿不耐旱的特性,又能使稻田土壤通透性良好,供氧充足,改善生态条件,水、肥综合调控也大幅提高了稻田水肥利用效率,减少通过径流、淋溶等方式的养分流失量。这对促进灌区节水省肥、高产高效、环境健康具有重要作用。

基于本研究结果,在大田实践过程中,建议采取以下节水控肥方案:间歇灌溉方式、灌水定额 30 mm;施氮量 170 kg/hm² 左右,施磷量 30 kg/hm² 左右,分 3 次施用,即基肥 50% 在整地前施入,分蘖肥 30%,拔节肥 20%;控制田间排水水位 20 cm。

### 3.3.2 稻田保水抑肥耕作技术

#### 3.3.2.1 稻田氮磷径流流失估算

水稻田氮磷流失途径主要有两种:降雨引起的径流流失和农田排水流失。田间持水量不仅包括土壤田间持水量,还包括水稻田允许水深(取决于水稻田排水堰高度)。当降雨使水稻田的储水量大于田间持水量时产生径流,从而使氮磷物质流失。根据水稻生长的田间管理要求,水稻在不同的生长期内要求不同的水深,因此,水稻田在不同的生长期内持水量各不相同。2013—2014年，调查了研究区内水稻生长过程中田间水分管理情况，表3.17为水稻耕作及生长过程中田间允许的水深。

表 3.17　水稻耕作生长过程及相应的田间水深

| 时间<br>（月-日） | 11-01<br>至 04-25 | 04-25<br>至 05-01 | 05-01<br>至 5-10 | 05-10<br>至 05-25 | 05-25<br>至 07-25 | 07-25<br>至 08-01 | 08-01<br>至 10-01 |
|---|---|---|---|---|---|---|---|
| 生长阶段 | 冻融 | 准备 | 插秧和返青 | 分蘖 | 稻穗分化 | 抽穗灌浆 | 成熟收割 |
| 田间水深/mm | 0 | 0~15 | 50~70 | 20~40 | 0~20 | 30 | 0~10 |
| 时段/d | 175 | 5~10 | 7~10 | 13~15 | 25~31 | 10~15 | 20~30 |

稻田氮磷径流流失量主要决定于降雨量、田间水深以及稻田水体中氮磷浓度，可通过降雨-地表径流来测定。稻田的降雨-径流过程由于排水堰的高度而分为3个状态：初始状态、临界状态和径流状态（图3.18）。

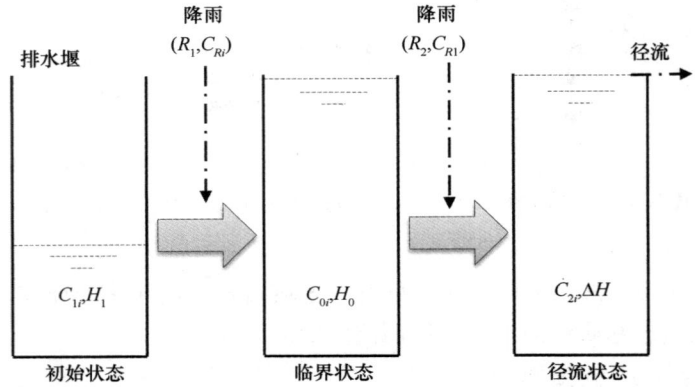

图 3.18　稻田径流过程示意图

在降雨量 $R_1$ 情况下，稻田由初始状态达到临界状态，稻田水位高度由 $H_1$ 达到 $H_0$，这时稻田没有径流产生，水体氮磷浓度计算如下：

$$C_{0i} = (C_{1i}H_1 + C_{R1}R_1)/H_0 \tag{3.1}$$

式（3.1）中，$C_{1i}$ 和 $C_{0i}$ 分别为降雨前后氮磷浓度（mg/L）；$C_{Ri}$ 为降雨中氮磷浓度（mg/L）；$H_1$，$H_0$ 和 $R_1$ 分别为原来水位高度（mm）、临界水位高度（mm）以及降雨量（mm）。

在降雨量 $R_2$ 情况下，稻田由临界状态达到径流状态，这时降雨和径流同时发生。假定降雨和稻田水均匀混合，径流水中磷氮浓度计算如下：

$$C_{2i} = (C_{Ri}\Delta H + C_{0i}H_0)/(H_0 + \Delta H) \tag{3.2}$$

式（3.2）中，$C_{0i}$ 和 $C_{2i}$ 分别为降雨前后稻田水体氮磷浓度（mg/L）；$C_{Ri}$ 为降雨中氮磷浓度（mg/L）；$H_0$ 为临界水位高度（mm）；$\Delta H$ 为降雨量（mm）。

因此，稻田氮磷径流流失量为：

$$\Delta Q_i = A \times \Delta H \times \Delta C_{2i} = A \times \Delta H \times (C_{Ri}\Delta H + C_{0i}H_0)/(H_0 + \Delta H) \tag{3.3}$$

式（3.3）中，$\Delta Q_i$ 为氮磷损失量（mg）；$A$ 为稻田面积（m²）；其他参数含义同上。

显然，稻田氮磷流失量由水稻田面积、稻田持水量、施肥、降雨量及排水堰高度等因素决定。在稻田面积和降雨量确定的情况下，氮磷流失量由施肥量、稻田持水量和排水堰高度三者决定,而这三者最终由水稻耕作和生长过程决定。由表 3.17 可知,稻田在插秧、返青和抽穗灌浆等阶段田间持水量较大,水深达 30~70 mm,因此,这时由降雨产生的径流量也大,因而氮磷流失量大;同时,根据水稻生长需要,一般在插秧前 1 d 和插秧后的 10 d 施肥两次,这时稻田水体中氮磷浓度较大,其氮磷浓度分别为 0.2~10 mg/L 和 5~100 mg/L。因此,在插秧后的 15 d 内由降雨产生的氮磷径流流失量最大。由式(3.3)估算在不同降雨和施肥情况下氮磷输出量,见表 3.18。

表 3.18 不同降雨和施肥情况下氮磷径流流失量

| 日期(月-日) | 05-20 | 06-21 | 06-25 |
| --- | --- | --- | --- |
| 降雨量/mm | 100 | 114 | 30 |
| 施肥情况 | 施肥 | 未施肥 | 未施肥 |
| 稻田持水量/mm | 70 | 30 | 10 |
| 排水堰高度/m | 0.13 | 0.12 | 0.13 |
| 氮流失量/(kg/hm²) | 11.0 | 0.12 | 0.17 |
| 磷流失量/(kg/hm²) | 0.70 | 0.01 | 0.05 |

#### 3.3.2.2 生态田埂农艺阻控技术

为研究生态田埂对减少稻田氮磷养分侧渗流失的作用,阐明不同种植模式生态田埂对防止稻田氮磷养分侧渗的效果,根据实验场地土壤特性、田埂宽度以及是否大豆—玉米间种,实验分 6 种情况(图 3.19),01 和 04 田埂宽度为 40 cm,02 和 03 田埂宽度为 50 cm,03 和 06 田埂宽度为 60 cm;01、02 和 03 田埂仅种植大豆,而 04、05 和 06 则为大豆和玉米间隔种植;采样时,在纵向上分别采集深度为 0~10 cm、10~20 cm、20~40 cm 和 40~60 cm 土样;在横向上,对于每一种田埂,自稻田至沟渠方向均将田埂平均分成 3 个剖面,分别记为 P1、P2 和 P3。

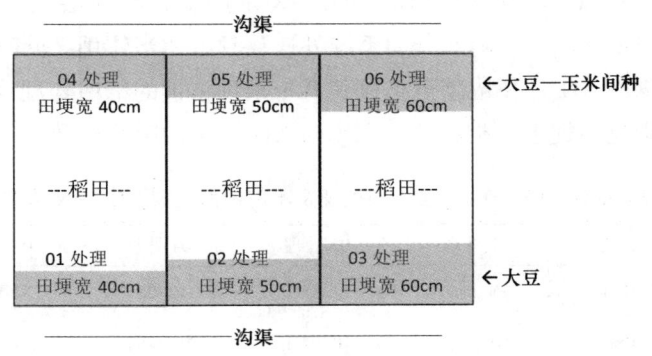

图 3.19 现场实验布设示意图

根据实验场地的本底养分状况(表 3.19),发现各田埂表层土壤全量养分较为均一,而速效磷、速效钾及阳离子交换量(CEC)在各处理间有一定差异,尤其是速效磷,这可能是受施肥或其他随机因素影响所致。

表 3.19 实验田埂表层土壤基础理化性质

| 项目 | 01 处理 | 02 处理 | 03 处理 | 04 处理 | 05 处理 | 06 处理 | 平均值 |
|---|---|---|---|---|---|---|---|
| 全 N/（g/kg） | 1.7 | 1.8 | 1.6 | 1.8 | 1.8 | 1.8 | 1.8 |
| 全 C/（g/kg） | 18.7 | 20.1 | 18.8 | 20.7 | 21.1 | 21.3 | 20.1 |
| 全 K/（g/kg） | 19.7 | 20.4 | 20.2 | 19.9 | 20.0 | 19.8 | 20.0 |
| 全 P/（g/kg） | 0.8 | 0.7 | 0.7 | 0.7 | 0.8 | 0.7 | 0.8 |
| 碱解 N/（mg/kg） | 154.9 | 139.4 | 154.4 | 157.4 | 159.2 | 153.5 | 153.1 |
| 速效 K/（mg/kg） | 480.4 | 399.7 | 395.2 | 462.4 | 457.9 | 435.5 | 438.6 |
| 速效 P/（mg/kg） | 4.6 | 7.7 | 5.6 | 7.7 | 8.7 | 9.2 | 7.3 |
| CEC/（mol/kg） | 18.1 | 18.7 | 23.3 | 22.6 | 21.1 | 22.9 | 21.1 |
| pH 值 | 9.1 | 9.2 | 9.0 | 9.1 | 8.9 | 8.9 | 9.0 |

表 3.20 表明，0~10 cm 田埂土层靠近稻田一侧（剖面 P1） $NO_3^- -N$ 浓度存在一定差异；随田埂厚度的增加，靠近水渠一侧（剖面 P3） 土壤 $NO_3^- -N$ 浓度有减小趋势，尤其以埂上种植大豆的处理较为明显。

表 3.20 0~10 cm 层不同处理及不同剖面土壤 $NO_3^- -N$ 浓度　　单位：mg/kg

| 剖面 | 01 处理 | 02 处理 | 03 处理 | 04 处理 | 05 处理 | 06 处理 |
|---|---|---|---|---|---|---|
| P1 | 18.15ab | 21.47b | 19.82ab | 20.09ab | 20.93b | 17.76a |
| P2 | 16.55ab | 19.03b | 16.39ab | 16.67ab | 18.84b | 14.25a |
| P3 | 12.51a | 16.27b | 14.11ab | 15.49ab | 15.51b | 11.93a |

注：字母 a，b 表示在 α=0.05 水平下差异显著，后同。

表 3.21 表明，10~20 cm 深度剖面间 $NO_3^- -N$ 浓度变化与表层土壤中浓度变化规律相似，说明田埂对于降低 $NO_3^- -N$ 随水分向系统外迁移具有相当作用。同时埂上种玉米与大豆处理后，其近水渠剖面 $NO_3^- -N$ 浓度更是显著低于未种植被的窄埂处理（01 处理），这可能是因为田埂宽度的影响与梗上植被在这一深度对 $NO_3^- -N$ 的吸收所致。

表 3.21 10~20 cm 层不同处理及不同剖面土壤 $NO_3^- -N$ 浓度　　单位：mg/kg

| 剖面 | 01 处理 | 02 处理 | 03 处理 | 04 处理 | 05 处理 | 06 处理 |
|---|---|---|---|---|---|---|
| P1 | 17.07b | 15.21ab | 12.33ab | 12.08a | 12.87ab | 13.50ab |
| P2 | 13.08b | 10.44ab | 10.97ab | 10.60ab | 9.91ab | 9.60a |
| P3 | 12.02b | 8.57ab | 9.39ab | 8.90ab | 8.46a | 8.45a |

随着田埂深度的增加，$NO_3^- -N$ 浓度随之降低，并未表现出在深层可能出现的富集效应。如表 3.22 和表 3.23，在田埂 40~60 cm 层，有些处理中间剖面（剖面 P2）积累了较高量的 $NO_3^- -N$，其中以 06 处理最为显著，说明这时剖面中 $NO_3^- -N$ 浓度可能已处于相对临界

状态，如再增加 $NO_3^- -N$ 输入将导致 $NO_3^- -N$ 向水渠方向移动。

表 3.22　20~40 cm 层不同处理及不同剖面土壤 $NO_3^- -N$ 浓度　　　单位：mg/kg

| 剖面 | 01 处理 | 02 处理 | 03 处理 | 04 处理 | 05 处理 | 06 处理 |
| --- | --- | --- | --- | --- | --- | --- |
| P1 | 9.51b | 7.64ab | 9.48ab | 6.47a | 6.72a | 8.45ab |
| P2 | 8.20b | 6.03ab | 7.25ab | 5.39a | 5.68a | 7.19ab |
| P3 | 7.52b | 5.01ab | 6.83ab | 4.86a | 5.31ab | 6.03ab |

表 3.23　40~60 cm 不同处理及剖面土壤 $NO_3^- -N$ 浓度　　　单位：mg/kg

| 剖面 | 01 处理 | 02 处理 | 03 处理 | 04 处理 | 05 处理 | 06 处理 |
| --- | --- | --- | --- | --- | --- | --- |
| P1 | 4.48 | 3.69 | 4.64 | 3.70 | 5.09 | 5.03 |
| P2 | 4.72 | 3.78 | 4.32 | 3.31 | 3.80 | 5.46 |
| P3 | 3.48 | 2.55 | 3.33 | 2.75 | 3.34 | 3.99 |

通过比较各田埂间不同深度各剖面间的浓度差，计算其季节动态均值，同时求浓度差最高的相对量，结果见表 3.24。田埂各剖面初始 $NO_3^- -N$ 浓度各异，因此应从 $NO_3^- -N$ 浓度降低的绝对量与相对量这两个角度来考察不同田埂厚度对 $NO_3^- -N$ 向田外迁移的阻滞效果。从绝对量上来看，随着田埂厚度的增加，$NO_3^- -N$ 浓度降低的幅度均随之增加，浓度降低程度随处理方式、深度而不同。由于未种植田埂 0~40 cm 深度 $NO_3^- -N$ 初始浓度较高，导致其剖面间浓度差高于种豆田埂。而就浓度降低的相对量而言，未种植的田埂 50 cm 厚度使 $NO_3^- -N$ 浓度降低最多；种植处理中，60 cm 厚度田埂对 $NO_3^- -N$ 阻滞作用最为明显。但由于靠近稻田剖面 $NO_3^- -N$ 初始浓度不同，因此所造成的养分浓度差不同，在考察不同田埂厚度对养分阻滞作用时应将养分降低幅度与相对量相结合进行分析。

表 3.24　各田埂处理剖面（P1~P3）$NO_3^- -N$ 浓度降低幅度

| 项目 | 深度/cm | 01 处理 | 02 处理 | 03 处理 | 04 处理 | 05 处理 | 06 处理 |
| --- | --- | --- | --- | --- | --- | --- | --- |
| 浓度降低量 /（mg/kg） | 0~10 | 5.73 | 5.21 | 5.74 | 4.60 | 5.42 | 5.84 |
| | 10~20 | 4.72 | 6.64 | 7.64 | 3.18 | 4.50 | 5.04 |
| | 20~40 | 2.85 | 2.64 | 3.11 | 1.76 | 1.85 | 2.42 |
| | 40~60 | 1.25 | 1.31 | 1.68 | 1.22 | 1.38 | 1.40 |
| 浓度降低相对量 （%） | 0~10 | 30.48 | 22.18 | 26.67 | 23.04 | 27.54 | 29.94 |
| | 10~20 | 32.19 | 37.83 | 27.08 | 26.35 | 34.18 | 34.13 |
| | 20~40 | 31.49 | 32.50 | 27.90 | 28.56 | 29.02 | 30.41 |
| | 40~60 | 31.65 | 35.24 | 32.03 | 28.12 | 27.93 | 30.13 |

## 3.4 稻田退水"沟渠—湿地"梯级净化技术

### 3.4.1 沟渠对稻田退水中氮磷的阻控效果

沟渠实验装置采用直径 290 mm 的 PVC 管材与 90°弯头黏结,并将整体上部(1/3 处)切割掉,两端采用 PVC 板材进行封口,沟渠长 5 m,最宽处 29 cm,深 21 cm(图 3.20)。实验装置内,铺设基质及植物浮床,沟渠末端放置潜水泵,水泵与沟填土用泡沫穿孔板隔开,构成进出水循环。

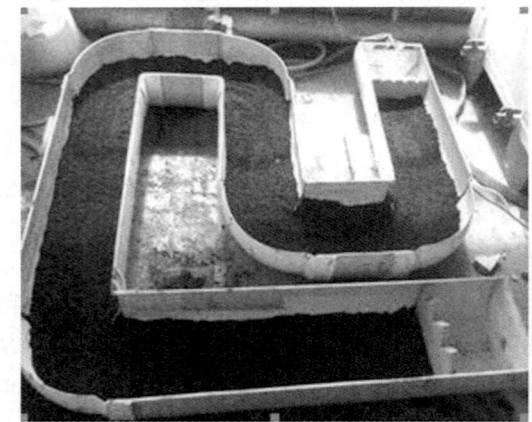

图 3.20 沟渠实验装置

沟渠基质为煤渣、细沙和土壤。其中煤渣来自锅炉燃煤废渣,经过筛子筛选,粒径 5~10 mm;细沙取自过筛的河沙,粒径 2~5 mm;土壤取自于盘锦稻田退水沟渠土。分别将煤渣与土、细沙与土按 2∶1 进行混合,再加之单纯的土壤构成 3 种不同的沟渠基质。

沟渠植物包括菖蒲(*Acorus calamus*)、长苞香蒲(*Typha angustata*)和水葱(*Scirpus validus*)。这 3 种植物均为北方地区土著植物,耐寒,具有地域适应性,符合因地制宜的原则;所选 3 种植物属于不同的科属,其生长特点和根系分泌物不同,对污水的净化效果不同,具有一定的代表性;这几种植物均具有较好的景观效应,有良好的观赏价值,符合生态建设的实际需要。

为保证进水水质的稳定性,实验采用人工配置污水,通过添加葡萄糖、氯化铵、硝酸钾和磷酸二氢钾模拟稻田退水,水质指标见表 3.25。

表 3.25 进水水质指标

| 指标 | $NH_4^+$-N /(mg/L) | $NO_3^-$-N /(mg/L) | TN /(mg/L) | TP /(mg/L) | COD /(mg/L) | pH 值 |
|---|---|---|---|---|---|---|
| 理论值 | 5.00 | 6.00 | 12.0 | 2.00 | 120 | 7.00 |
| 实际值 | 5.25 | 5.99 | 11.99 | 1.975 | 124 | 7.50 |
| 偏差 | 0.25 | 0.01 | 0.01 | 0.025 | 4.00 | 0.50 |

实验时间为2014年4—5月,在温室内进行。3种基质,3种植物,两两组合共组成9种处理单元,基质填充高度均为10 cm,植物浮床等间距放置8组,将污水一次性灌入,水深保持7 cm,调节潜水泵使流速为30 cm³/s,保持污水自沟渠始端到末端用时1 h。每种处理单元运行4 d,分别在2 h、6 h、12 h、24 h、48 h和72 h五个水力停留时间点自水泵出水口采集水样,考察生态沟渠系统在不同水力停留时间下对$NH_4^+$-N、$NO_3^-$-N、总氮(TN)和总磷(TP)的去除效果。

#### 3.4.1.1 沟渠对 $NH_4^+$-N 的净化效果

9种沟渠及空白对照沟渠对$NH_4^+$-N的去除效果如图3.21所示。3种不同基质及植物所组成的沟渠系统对$NH_4^+$-N均有较好的去除效果。生态沟渠对$NH_4^+$-N的去除率都随着水力停留时间的延长而不断增大。在同种基质的条件下,以菖蒲为沟渠植物的沟渠系统对$NH_4^+$-N的去除率明显高于以长苞香蒲和水葱为沟渠植物的沟渠;同种植物不同种基质比较可以看出,细沙—土混合基质的沟渠系统对$NH_4^+$-N的去除能力优于煤渣—土以及土质沟渠系统。

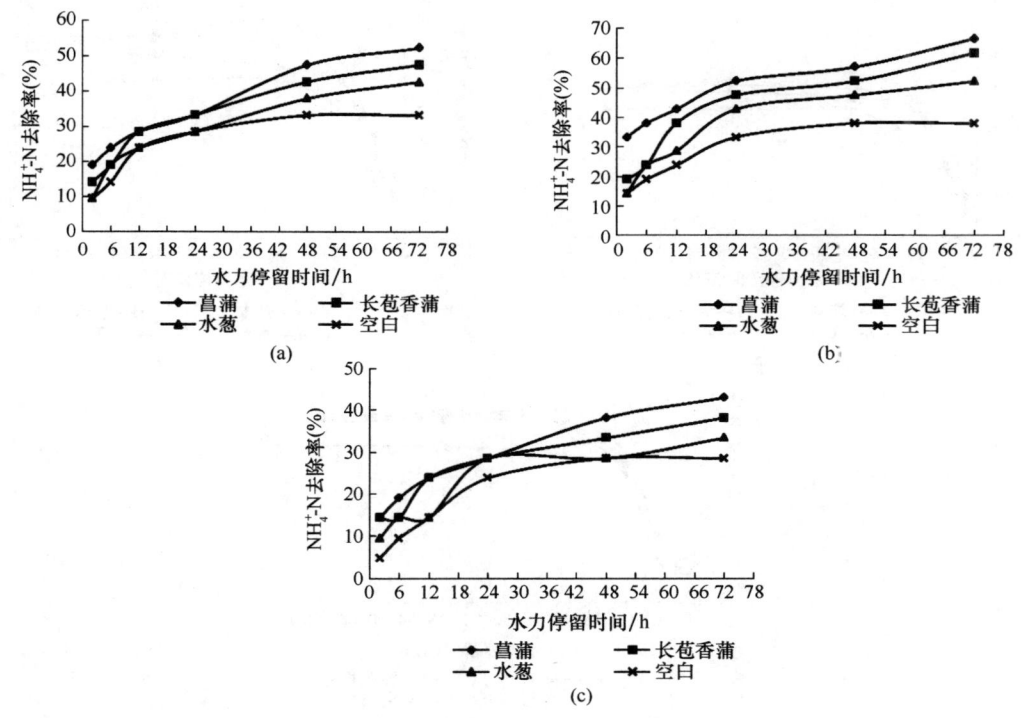

图3.21 煤渣—土混合基质沟渠(a)、细沙—土混合基质沟渠(b)、土壤基质沟渠(c)对$NH_4^+$-N的去除效果

在实验运行初期(2~6 h),各沟渠系统对$NH_4^+$-N的去除并不明显,原因可能是在运行初期沟渠基质还未形成稳定的生物膜,沟渠对$NH_4^+$-N的去除主要以基质和植物根系吸附为主,以菖蒲作为沟渠植物的3种不同基质沟渠在停留时间为6 h时对$NH_4^+$-N去除率分别为23.8%、38.1%和19.0%,高于其他沟渠植物系统。运行稳定后由于植物根系微环境的作用,沟渠断面形成好氧、厌氧区,为硝化、反硝化细菌提供生存条件,$NH_4^+$-N的去除率明显提高,其中细沙—土混合基质对$NH_4^+$-N的去除率达66.7%,煤渣—土混合基质和土壤基

质沟渠对 $NH_4^+$-N 去除率分别为 52.3%和 42.9%。

### 3.4.1.2 沟渠对 $NO_3^-$-N 的净化效果

9 种沟渠及空白系统对 $NO_3^-$-N 的去除效果如图 3.22 所示。在不同沟渠系统中 $NO_3^-$-N 的去除率随着水力停留时间的延长先增大后趋于平衡，个别沟渠系统出现下降趋势。3 组不同基质的沟渠系统中，以菖蒲为沟渠植物的沟渠系统对 $NO_3^-$-N 去除率最先达到峰值，随着停留时间的延长下降趋势也最为明显。以菖蒲为沟渠植物的不同基质沟渠系统在停留时间为 24 h 对 $NO_3^-$-N 的去除率达到最大，分别为 44.9%、49.3%、43.1%，长苞香蒲和水葱沟渠系统对 $NO_3^-$-N 去除率达到最大值要滞后于菖蒲沟渠，最大值出现在以细沙—土为基质的沟渠系统中，分别为 43.1%、44.4%。

在同种基质的条件下，以菖蒲为沟渠植物的沟渠系统对 $NO_3^-$-N 的去除率明显高于以长苞香蒲和水葱为沟渠植物的沟渠系统；同种植物不同种基质比较可以看出，细沙—土混合基质的沟渠系统对 $NO_3^-$-N 的去除能力优于煤渣—土混合基质以及土壤基质沟渠系统。

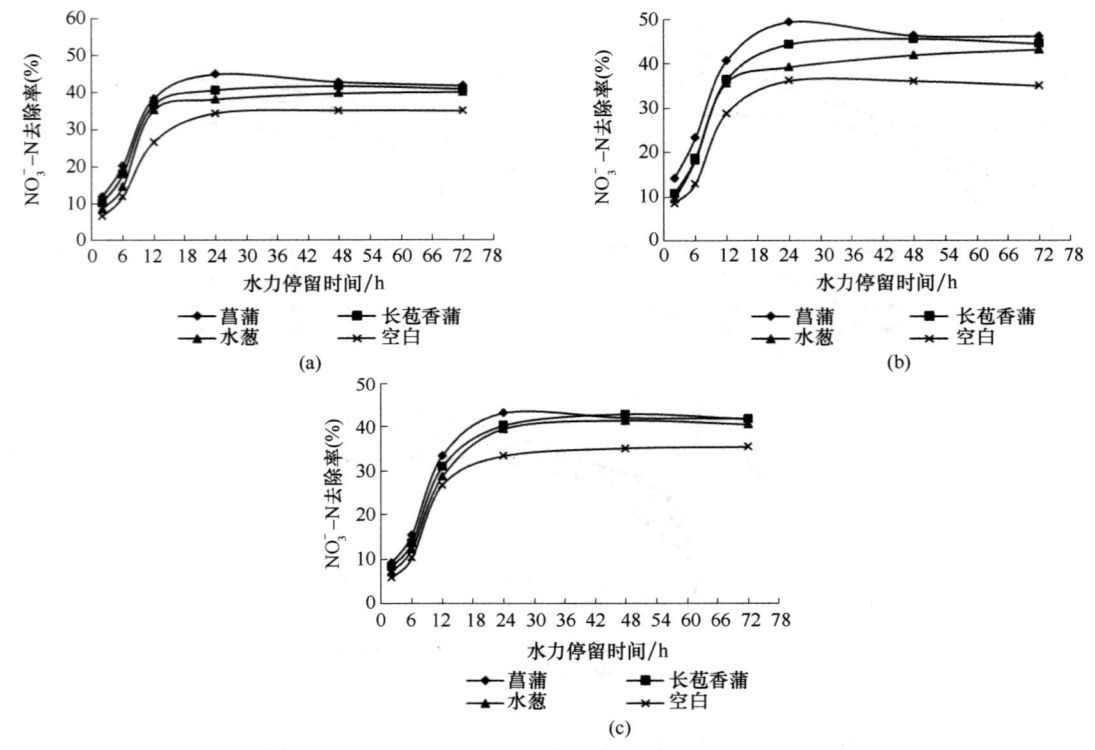

图 3.22 煤渣—土混合基质沟渠（a）、细沙—土混合基质沟渠（b）、
土壤基质沟渠（c）对 $NO_3^-$-N 的去除效果

### 3.4.1.3 沟渠对总氮（TN）的去除效果

9 种沟渠及空白系统对 TN 的去除效果如图 3.23 所示。3 组沟渠系统在运行初期（2~12 h）对 TN 的去除率有着较快速度的增加，随着时间的延长，沟渠对 TN 的去除率速度减慢并逐渐趋于平衡，部分沟渠随着时间延长呈现去除率下降的趋势。煤渣—土混合基质、细沙—土混合基质和土壤基质沟渠对 TN 的去除率最高分别达到 48.2%、50.9%、48.4%。煤渣—

土混合基质和土壤基质系统在 12 h 去除率曲线出现波峰,去除率分别为 36.6%、35.9%,细沙—土混合基质沟渠在 24 h 出现波峰,去除率为 38.4%。从空白系统与有植物存在的沟渠系统对 TN 的去除可以看出,沟渠基质对 TN 的去除是一个吸附—解吸的过程。沟渠系统运行初期进水 TN 浓度较高,基质以对 TN 的吸附为主,表现为 TN 去除率的快速升高;而随着水力停留时间的延长,水体中 TN 浓度降低,沟渠基质对 TN 的吸附饱和,在一定程度下沟渠基质以解吸为主,空白系统表现为 TN 去除率的下降;当沟渠基质对 TN 的吸附与解吸速率平衡时,TN 去除率保持不变。而生态沟渠因有植物存在可以不同程度吸收基质解吸的 TN,从而可以看出,植物的存在可以明显提高沟渠对 TN 的去除效果。不同基质、不同植物对 TN 的去除效果从高到低的顺序与其对 $NH_4^+$-N 的去除规律一致。

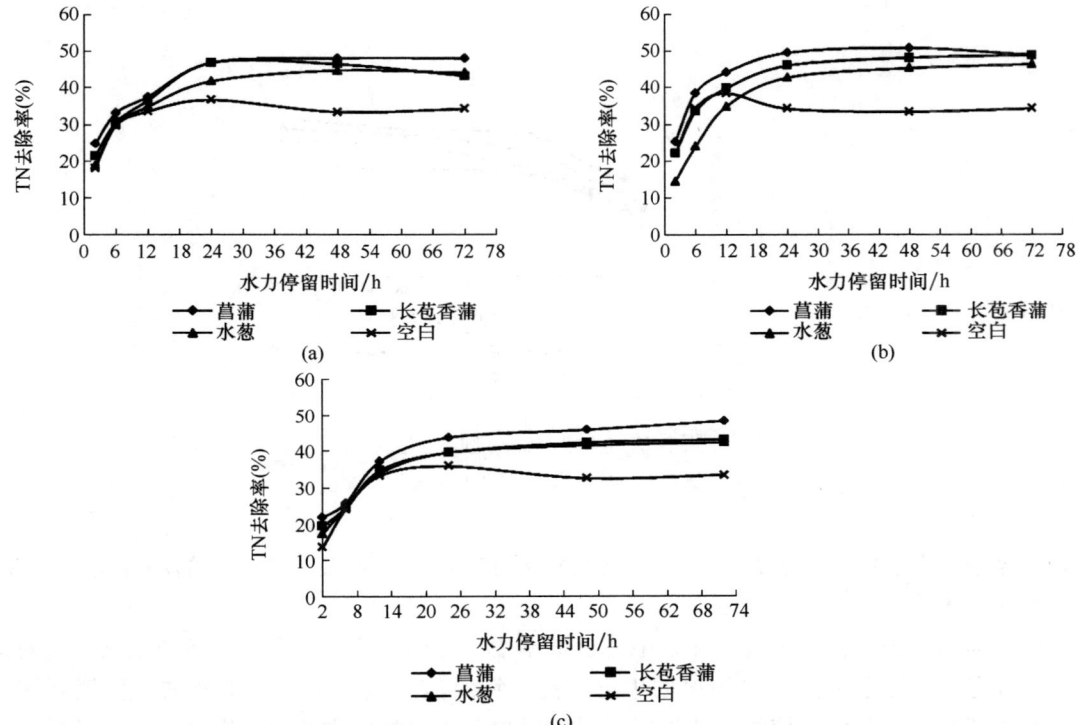

图 3.23 煤渣—土混合基质沟渠(a)、细沙—土混合基质沟渠(b)以及土壤基质沟渠(c)对 TN 的去除效果

#### 3.4.1.4 沟渠对总磷(TP)的净化效果

9 种沟渠及空白系统对 TP 的去除效果如图 3.24 所示。由图可以看出,各组沟渠对 TP 的去除率共同表现为:在运行初期去除率快速增加,随着水力停留时间的延长 TP 去除率趋于平衡,部分沟渠出现下降趋势,这与 TN 去除过程类似。有植物的沟渠可以吸收部分磷素,能够有效地控制磷素流失。各组沟渠比较可以看出,煤渣—土混合沟渠系统对 TP 的去除率明显高于细沙—土混合、土壤基质沟渠系统,煤渣—土混合基质、细沙—土混合基质和土壤基质沟渠系统对 TP 的去除率分别为 48.1%、40.5% 和 35.5%。有植物存在沟渠相对空白系统对 TP 的去除效果有明显改善,且随着水力停留时间的延长,植物作用越明显,其中菖蒲表现最为突出,长苞香蒲和水葱次之。

可见,植物可以提高沟渠系统对 TP 的去除;不同基质对 TP 的去除效果从高到低的顺

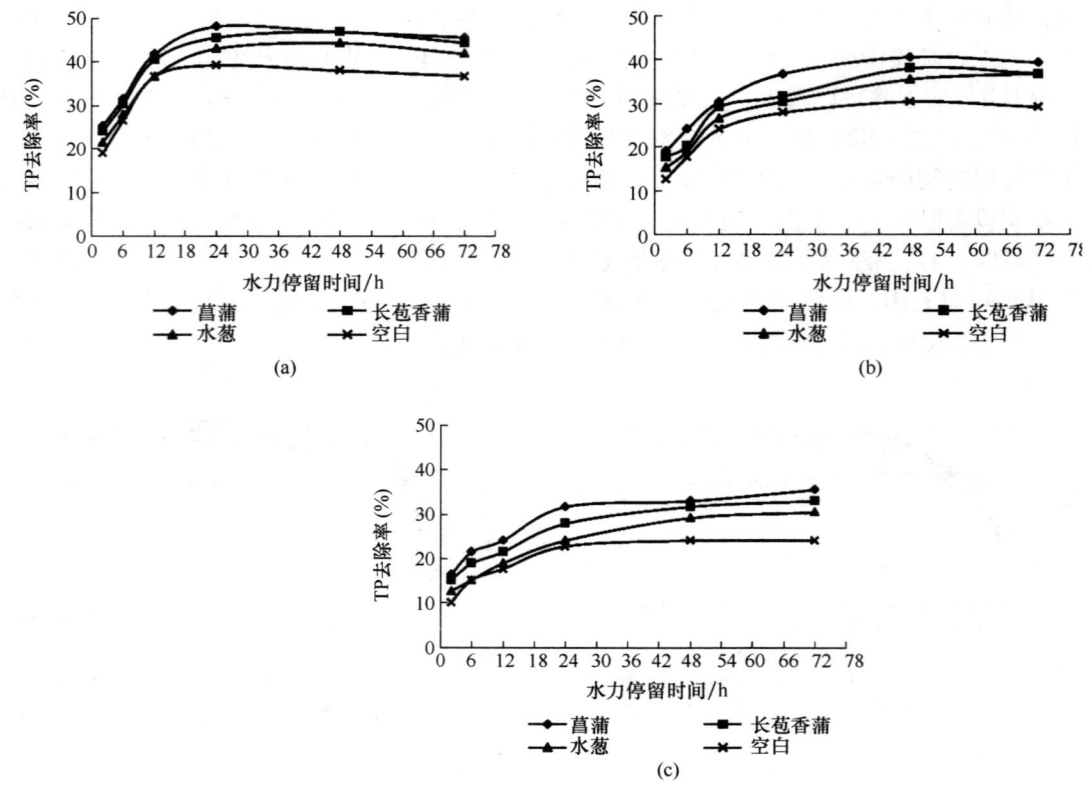

图 3.24 煤渣—土混合基质沟渠（a）、细沙—土混合基质沟渠（b）及土壤基质沟渠（c）对 TP 的去除效果

序为：煤渣—土，细沙—土，土壤；不同植物对 TP 的去除效果从高到低的顺序为：菖蒲，长苞香蒲，水葱。

根据本研究表明，生态沟渠建设中建议根据主导污染物选择适合的基质及植物组合对沟渠进行改造，有助于发挥排水沟渠的生态功能。针对氮元素为主导污染物的，建议利用细沙—土为基质，菖蒲作为植物构建沟渠；对磷元素为主导污染物的，以煤渣—土为基质，菖蒲作为植物构建沟渠。

### 3.4.2 不同水力条件对湿地净化氮磷的影响

湿地模拟装置采用 PVC 板材制作而成（图 3.25），装置容积为 80 cm×40 cm×60 cm，设置两组平行。

该实验模拟盘锦自然湿地的净化过程，鉴于盘锦湿地的主要植被是挺水植物芦苇，所以实验装置内种植的植物为芦苇。芦苇秧苗取自盘锦自然湿地，移植过程尽量保证植株长势良好，根系发达，在实验室进行土培，待植株粗壮，高度在 60 cm 左右开始进水实验。实验土壤来源于盘锦湿地，采取典型取样点分层取土样，共分 3 层；在实验槽建立时按照盘锦自然湿地的土层层序装填实验槽，每层 10 cm，土壤层高 30 cm。

自然湿地在人为调控过程中，其水位梯度与停留时间相对容易控制，所以该实验设计 5 cm、10 cm、15 cm、20 cm 和 25 cm 5 组不同湿地水位，并针对每组水位分别在 2 d、4 d、

图 3.25 湿地模拟实验装置

6 d、8 d 和 10 d 5 个水力停留时间点用注射器在装置前中后取水混合测试；每组水位与 5 个水力停留时间点相对应产生 5 组水力负荷梯度（表 3.26）。综合分析湿地在不同水位、不同停留时间以及不同水力负荷条件下污染物的净化效果。实验开始于 2014 年 4 月。实验进水采用人工配制，污水水质指标见表 3.27。

表 3.26 湿地不同水位在不同水力停留时间下的水力负荷

| 停留时间/d | 不同水位条件下的水力负荷/（cm/d） | | | | |
| --- | --- | --- | --- | --- | --- |
| | 5 cm | 10 cm | 15 cm | 20 cm | 25 cm |
| 2 | 2.50 | 5.00 | 7.50 | 10.0 | 12.5 |
| 4 | 1.25 | 2.50 | 3.75 | 5.00 | 2.25 |
| 6 | 0.83 | 1.67 | 2.50 | 3.33 | 4.17 |
| 8 | 0.63 | 1.25 | 1.88 | 2.50 | 3.13 |
| 10 | 0.50 | 1.00 | 1.50 | 2.00 | 2.50 |

表 3.27 进水水质指标

| 指标 | $NH_4^+$-N /（mg/L） | $NO_3^-$-N /（mg/L） | TN /（mg/L） | TP /（mg/L） | COD /（mg/L） | pH 值 |
| --- | --- | --- | --- | --- | --- | --- |
| 理论值 | 4.00 | 3.50 | 8.00 | 1.00 | 80.0 | 7.00 |
| 实际值 | 4.12 | 3.45 | 7.95 | 0.90 | 83.0 | 7.30 |
| 偏差 | 0.12 | 0.05 | 0.05 | 0.10 | 3.00 | 0.30 |

#### 3.4.2.1 不同水力条件下湿地对 $NH_4^+$-N 的净化效果

不同水力条件下湿地对 $NH_4^+$-N 的去除效果如图 3.26 所示。在不同水位梯度条件下，湿地在不同水力停留时间出水的 $NH_4^+$-N 去除率均随着湿地水位的升高而降低。水位为 5 cm 时，$NH_4^+$-N 的去除效果较明显，平均去除率为 75.2%。水位为 25 cm 时平均去除率最

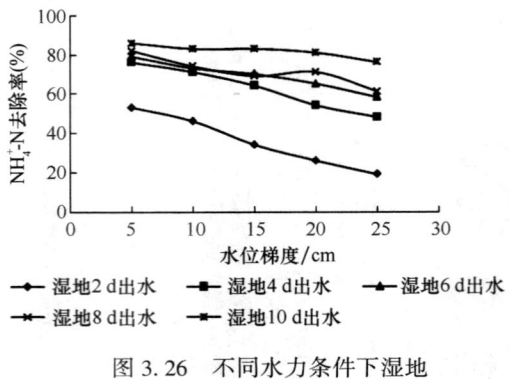

图 3.26 不同水力条件下湿地对 $NH_4^+-N$ 的去除效果

低,为 52.4%。其中第 2 天的出水 $NH_4^+-N$ 去除率波动受水位影响最为明显,去除率由水位 5 cm 时的 53% 下降到 25 cm 时的 19%,二者相差达 34%。随着水力停留时间的延长,$NH_4^+-N$ 去除效果都达到较大值,水位梯度对较长水力停留时间出水 $NH_4^+-N$ 去除率波动的影响有所降低,其中第 10 天的出水 $NH_4^+-N$ 去除率由水位 5 cm 时的 86% 下降到 25 cm 时的 76%,二者相差仅有 10%。产生去除率波动现象的原因之一可能是在较短水力停留时间下,随着湿地水位变化,其水力负荷变化幅度较大,水力停留时间为 2 d 时,水力负荷由 2.5 cm/d 增加到 12.5 cm/d;而水力停留时间为 10 d 时湿地水力负荷仅从 0.5 cm/d 增加到 2.5 cm/d,对湿地而言水力负荷增大其对污染物去除率会有所下降。湿地对 $NH_4^+-N$ 的去除作用包括挥发、氨化及硝化作用。挥发作用受水体 pH 值及水位梯度的影响,湿地水位过高不利于挥发作用的发生;在好氧条件下进行的硝化作用是湿地对 $NH_4^+-N$ 转化的主要过程,水位梯度较小时,湿地植物根系的充氧以及水体表面复氧有利于硝化作用进行。当水位升高后,土壤含水量大于田间持水量的 80% 时,硝化作用将被抑制。综合分析,可以看出湿地水位过深、水力停留时间过短以及水力负荷过大均不利于对 $NH_4^+-N$ 的去除。

### 3.4.2.2 不同水力条件下湿地对 $NO_3^--N$ 的净化效果

不同水力条件下湿地对 $NO_3^--N$ 的去除效果如图 3.27 所示。在不同水位梯度的条件下,湿地在不同水力停留时间出水的 $NO_3^--N$ 去除率随着湿地水位的升高而增加,这与 $NH_4^+-N$ 去除效果相反。水位为 5 cm 时,停留时间为 2 d 时出水 $NO_3^--N$ 去除率只有 45%,到第 10 天出水也只达到 72%,平均去除率 64.4%;而水位为 25 cm 时第 2 天的出水 $NO_3^--N$ 去除率就高达 73%,并随着停留时间增大而升高,到第 10 天时 $NO_3^--N$ 去除率达 94%,平均去除率为 84.4%。

水力负荷的波动对 $NO_3^--N$ 去除的影响没有对 $NH_4^+-N$ 明显,且 $NO_3^--N$ 去除率随水力负荷增大而增大,这种增加的趋势是水位升高造成的。原因在于湿地对 $NO_3^--N$ 的去除主要利用反硝化作用,反硝化是一个厌氧反应过程,随着湿地水位梯度的升高,基质层含水量增大,基质的通气量减少,硝化作用减弱而反硝化作用增强,硝化作用减弱产生 $NO_3^--N$ 减少,反硝化作用增强时去除 $NO_3^--N$ 量提高,因此最终导致 $NO_3^--N$ 去除率增加。

### 3.4.2.3 不同水力条件下湿地对 TN 的净化效果

不同水力条件下湿地对 TN 的去除效果如图 3.28 所示。在不同水位梯度条件下,不同水力停留时间的出水 TN 去除率随着水位的增加,呈现先升高后降低的趋势。湿地水位在 5~15 cm 时对 TN 去除效果明显,在水位 10 cm 时去除率最高,平均去除率达 68.3%。水位高于 15 cm 后湿地对 TN 的去除率明显下降,水位升到 25 cm 时平均去除率降低到 44.4%。这表明适宜的水位梯度可以促进硝化、反硝化的平衡进行。适宜的湿地水位为土壤中微生物反应提供良好的好氧、厌氧环境。当水位过低时,好氧细菌适宜生长,有利于硝化反应的进行，而对反硝化作用起到抑制作用；当水位过深时，水体中溶解氧含量减少形成缺氧环境，不利于硝化细菌等好氧微生物生长，抑制了硝化反应进行；对 TN 的去除是一个硝化反应与反硝化反应相偶联的过程，为此选取适宜的水位条件以满足硝化和反硝化顺利平衡进行，对 TN 的去除极为重要。

水力停留时间为 2 d 时的湿地出水，在各个水位条件下，TN 的去除率都较低，平均去除率仅为 28.6%；而水力停留时间为 4~10 d 的出水，在水位梯度变化的情况下，TN 的平均去除率都能保持较高数值且相差不大，分别为 53.6%、64.6%、68% 和 68.8%。可以认为各个水位下的 TN 平均去除率随水力停留时间的延长而增加，但去除率的增加有一定的限度，到达一定时间后将不再升高。

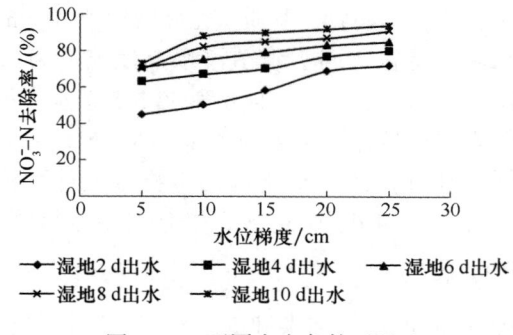

图 3.27　不同水力条件下湿地对 $NO_3^--N$ 的去除率（%）

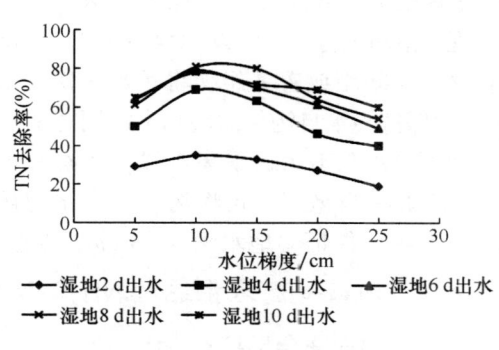

图 3.28　不同水力条件下湿地对 TN 的去除率（%）

#### 3.4.2.4　不同水力条件下湿地对 TP 的净化效果

在不同水力条件下，湿地对 TP 的去除效果如图 3.29 所示。在不同水位梯度的条件下，不同水力停留时间出水 TP 去除率随着水位的增加先升高后降低，水位梯度在 5~15 cm 时 TP 去除率随水位的升高呈增加趋势，在水位为 15 cm 时去除率达到最大，第 6 天时最大去除率为 88%。当水位大于 15 cm 后，TP 去除率随水位的升高呈下降趋势。由此可见，适宜的水位对 TP 的去除起到很大作用。湿地中磷元素主要通过微生物及植物的吸收和土壤基质的物理化学作用去除，当湿地水位过高时，湿地系统形成厌氧环境，会使微生物在好氧环境下吸收

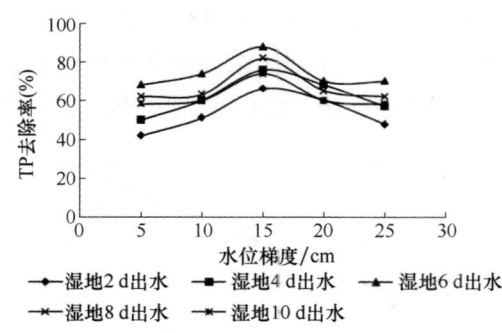

图 3.29　不同水力条件下湿地对 TP 的去除率（%）

的磷重新释放，导致 TP 去除率下降。由水力停留时间与 TP 去除率的关系可以看出，停留时间在 2~6 d 时，TP 的去除率随着水力停留时间的增加而增加，但幅度较小，在停留时间为 6 d 时 TP 的去除效果达到最大值，随着水力停留时间继续增加，TP 去除率有所下降。

本实验通过建立室内湿地模拟系统，研究了自然湿地的水力条件对氮磷污染净化效果的影响，结果表明，湿地水位梯度与水力停留时间对氮、磷污染物去除有较大的影响，不同水位条件下以及不同水力停留时间对湿地出水 $NH_4^+-N$、$NO_3^--N$、TN 和 TP 的去除率影响不

同,且各指标最适湿地水位及停留时间有所差异。综合分析发现,湿地水位深度控制在10~15 cm之间,水力停留时间控制在6 d左右,脱氮除磷都能得到较好效果。

### 3.4.3 沟渠—湿地系统对稻田退水的联合净化作用

实验装置为沟渠与湿地两部分的联合,沟渠以"煤渣—土"作为基质、菖蒲为沟渠植物;湿地水位控制在10~15 cm之间,此时对氮、磷都能起到较好的净化效果,所以将湿地水位初步控制在13 cm。

为保证进水水质的稳定性,实验采用人工配置污水,通过添加葡萄糖、氯化铵、硝酸钾和磷酸二氢钾模拟稻田退水,水质指标见表3.25。实验于2014年6—10月在沈阳大学环境学院污水生态处理温室内进行。沟渠以"煤渣—土"为基质,菖蒲为沟渠植物,基质填充高度均为10 cm,植物浮床等间距放置8组,将污水一次性灌入,水深保持在7 cm,调节潜水泵使流速为30 cm³/s,保持污水自沟渠始端到末端用时1 h。分别在2 h、6 h、12 h、24 h和48 h 5个水力停留时间点自水泵出水口采集水样,考察进水污染负荷波动条件下沟渠对$NH_4^+$-N、$NO_3^-$-N、TN和TP的去除效果。再将沟渠各个水力停留时间(HRT)的出水(以污染物浓度计)注入湿地系统,保证湿地水深为13 cm,在湿地HRT为2 d、4 d、6 d、8 d和10 d取水检测。

#### 3.4.3.1 沟渠—湿地系统对$NH_4^+$-N的净化效果

沟渠—湿地联合系统对$NH_4^+$-N净化效果如图3.30所示。沟渠和湿地对$NH_4^+$-N的去除率都是随着HRT的延长而不断增大,沟渠2 h和6 h的出水$NH_4^+$-N浓度都在4.00 mg/L以上,进入湿地后第6天降到1.00 mg/L以下,去除率分别为79.1%、78.8%;沟渠12 h及以后的出水进入湿地,在湿地停留时间4 d时$NH_4^+$-N浓度就降到1.00 mg/L以下;沟渠第48小时出水,$NH_4^+$-N浓度为2.75 mg/L;进入湿地第4天降至0.58 mg/L并随着HRT的增加继续减小;第10天达到0.31 mg/L,去除率为88.7%。由此可见,适当延长沟渠内HRT有利于湿地对$NH_4^+$-N的快速去除,在稻田非排水期沟渠可适当延长其HRT,促使湿地在较短时间将$NH_4^+$-N浓度降到1.00 mg/L以下。若在稻田排水期,可在保证沟渠畅通排水的情况下适当延长HRT,湿地可在6 d左右将$NH_4^+$-N浓度降到1.00 mg/L以下。

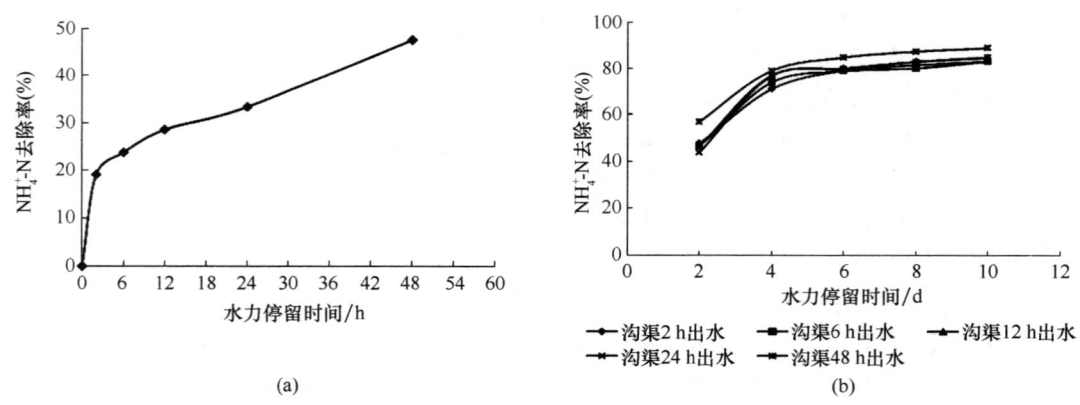

图3.30 HRT对沟渠中$NH_4^+$-N去除率的影响(a)以及联合系统对沟渠不同HRT出水$NH_4^+$-N去除率的变化(b)

#### 3.4.3.2 沟渠—湿地系统对 $NO_3^--N$ 的净化效果

沟渠—湿地联合系统对 $NO_3^--N$ 净化效果如图 3.31 所示。$NO_3^--N$ 在沟渠 2~24 h 的停留时间内，去除率不断增大。第 24 小时 $NO_3^--N$ 浓度降至 3.30 mg/L，去除率为 45.0%；然而第 48 小时的沟渠出水 $NO_3^--N$ 浓度回升至 3.43 mg/L，去除率降至 42.8%。湿地沟渠出水 $NO_3^--N$ 浓度都随着湿地 HRT 的延长而降低。湿地对沟渠 2~12 h 的出水净化需在湿地停留时间为 6 d 时才能达到 1.00 mg/L 以下，而 24 h 和 48 h 的沟渠出水在湿地停留时间仅为 4 d 时就降至 1.00 mg/L 以下。沟渠内停留时间为 12 h 和 24 h 的出水在湿地内的去除率分别为 85.9% 和 84.8%。由此可以看出，对于中浓度负荷，在沟渠的停留时间以 12 h 为宜。

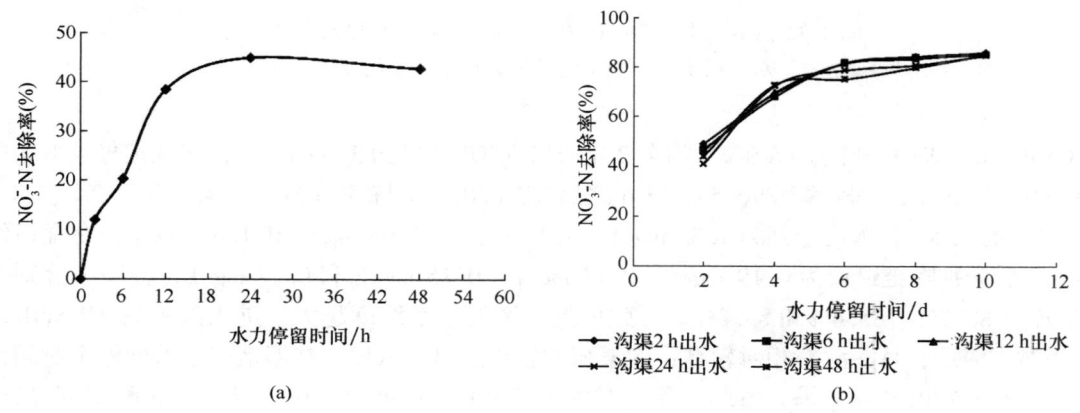

图 3.31　HRT 对沟渠中 $NO_3^--N$ 去除率的影响（a）以及联合系统对沟渠
不同 HRT 出水 $NO_3^--N$ 去除率的变化（b）

#### 3.4.3.3 沟渠—湿地系统对 TN 的净化效果

沟渠—湿地联合系统对 TN 净化效果如图 3.32 所示。沟渠和湿地对 TN 的去除率都随着 HRT 的延长而增大。沟渠内停留时间为 2 h 的出水 TN 浓度为 9.03 mg/L；进入湿地需 8 d 的停留时间才将 TN 浓度降到 2.00 mg/L 以下；10 d 时浓度降为 1.60 mg/L，去除率为 82.3%。在沟渠内停留时间分别为 6 h 和 12 h 的沟渠出水在湿地的停留时间为 6 d 时，TN 浓度分别降为 1.96 mg/L 和 1.90 mg/L，去除率分别为 75.6% 和 74.7%；并随着停留时间的延长 TN 浓度继续降低，10 d 时分别为 1.50 mg/L 和 1.45 mg/L。停留时间为 24 h 和 48 h 的沟渠出水，仅在湿地停留 4 d 时 TN 浓度就降至 2.00 mg/L 以下。不同时刻的沟渠出水作为湿地的进水，在湿地较长的 HRT 下对 TN 去除率都能达到 80% 以上。但对湿地而言，进水浓度越小，TN 达标所需时间越短且最终出水 TN 浓度越小。可以看出，适当延长进水在沟渠中的 HRT 可以缩短湿地对 TN 净化时间。稻田退水期时适当延长在湿地停留时间，可以减轻沟渠污染负荷并有效控制 TN 出水浓度。

#### 3.4.3.4 沟渠—湿地系统对 TP 的净化效果

沟渠—湿地联合系统对 TP 净化效果如图 3.33 所示。TP 在沟渠停留时间 24 h，浓度降至最低为 1.03 mg/L，去除率为 48.0%；随着 HRT 的延长，48 h 时 TP 出现解析，浓度升至

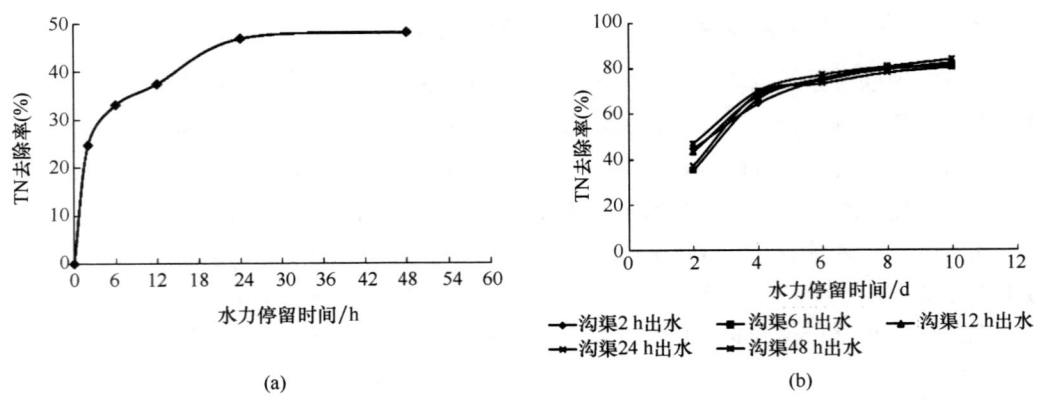

图 3.32　HRT 对沟渠中 TN 去除率的影响（a）以及联合系统
对沟渠不同 HRT 出水 TN 去除率的变化（b）

1.05 mg/L，去除率降为 47.0%。沟渠 2 h 的出水 TP 浓度为 1.48 mg/L，在湿地停留 8 d 后降到 0.14 mg/L，去除率达 90.5%；8 d 之后 TP 析出，去除率降低。沟渠 6 h、12 h、24 h 和 48 h 的出水 TP 浓度分别为 1.35 mg/L、1.15 mg/L、1.03 mg/L 和 1.05 mg/L，在湿地停留 6 d 后分别降至最低为 0.19 mg/L、0.13 mg/L、0.15 mg/L 和 0.17 mg/L，去除率分别为 85.9%、88.7%、85.4% 和 83.8%。由此可见，沟渠出水浓度越大，进入湿地后 TP 析出现象相对越滞后，且去除率相对较高；沟渠相对较小的出水浓度，在湿地中足够的停留时间作用下也有一定的去除效果。由此可见，对中等浓度的 TP 进水，在沟渠停留时间不宜过长，应充分发挥其排水功能；湿地对沟渠排水中 TP 有很好的去除效果，但在湿地 HRT 也不宜过长，以防 TP 析出造成二次污染。

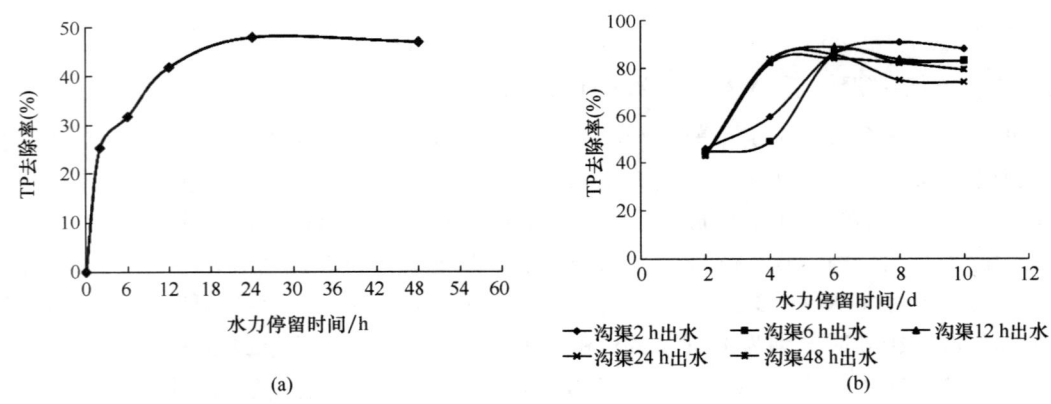

图 3.33　HRT 对沟渠中 TP 去除率的影响（a）以及联合系统
对沟渠不同 HRT 出水 TP 去除率的变化（b）

综上可见，沟渠系统对 $NH_4^+$-N、$NO_3^-$-N、TN 和 TP 污染物指标的最高去除率分别为 47.6%、45.0%、48.2% 和 48.0%；联合系统对污染物的最高去除率分别可达 94.1%、91.5%、91.7% 和 93.4%。在较短 HRT 作用下，$NH_4^+$-N 在沟渠中的去除效果不明显，进入湿地需要较长停留时间进行净化处理。沟渠 HRT 过长不利于 $NO_3^-$-N 的去除，以 12 h 为宜。

对 TN 而言，适当延长进水在沟渠中的 HRT 可以缩短湿地对 TN 的净化时间。系统对 TP 去除效果显著，但沟渠停留时间过长，否则导致 TP 析出，所以对中等浓度 TP 进水，沟渠应充分发挥其排水功能，以湿地为主要处理单元。综合沟渠—湿地联合系统在中等浓度污染进水条件下，对各类污染物净化效果可以得出，在保证沟渠排水需求的前提下，适当延长沟渠 HRT，有利于湿地对污染物快速高效去除。通过综合分析，沟渠 HRT 以 12 h 左右为宜。

# 第4章 辽河口湿地苇田水体污染阻控技术

根据我们前期调查研究结果，2009年，辽河河口区芦苇湿地地表水环境质量整体为Ⅴ类，COD和氨氮营养类污染物负荷较重（赵阳国等，2016）。湿地污染负荷的加重，将进一步恶化水环境质量，使湿地自然净化功能减弱，生态系统结构受损。因此，亟须采用必要的污染控制措施，以降低污染负荷、恢复生态系统功能。从污染物的空间分布特征看，苇田水体由于养殖过程造成的有机物、营养盐类污染，总体呈现上游污染物输入和湿地不合理利用的特征。1978—2008年30年间，辽河河口区虾蟹田面积以年均42.6%的速度增加，随着芦苇湿地的排水落干，养殖污染经辽河排放入辽东湾，近海环境和生态受到严重影响。

因此，本章重点解析了湿地中典型污染物的来源及生态效应、微咸水灌溉及养殖水体利用的生态学效应；通过现场监测和数值模型分析，对在水利工程影响下的苇田用水的调配方案进行了优化；综合应用水动力调控技术、生物处理单元以及水污染控制工程，使苇田养殖水体得以净化，为湿地水环境全面改善提供了技术保障。

## 4.1 湿地污染物源解析与生态效应

多环芳烃（PAHs）是指具有两个或两个以上苯环的有机化合物，包括萘、蒽、菲和芘等150余种物质，多来源于石油产品的加工及燃烧过程。辽河口湿地作为辽河油田的主要承载体，水体中较高浓度的PAHs以及其生态效应一直是人们关注的对象。为了更有效地控制PAHs的排放以减轻对湿地土壤的污染，必须了解湿地土壤中PAHs的主要来源，并估算相应污染来源的贡献大小。土壤中PAHs的源解析是研究污染源对土壤中PAHs的污染影响和贡献的一种定性或定量的技术方法，目前常用的土壤中PAHs源解析方法有同分异构体比值法、受体模型、逸度模型以及碳同位素法等。受体模型是通过环境受体和污染源样品的PAHs组成分析来确定污染源对受体的贡献值，因其具有客观性强、操作简便、解析相对准确等优点，近年来得到了迅速的发展，也是目前最为流行的源解析方法。

Cao等（2013）用主成分分析（PCA）的方法对辽宁铁岭农田土壤中PAHs进行了来源判定，认为稻田土壤中PAHs主要来自生物质燃烧、交通排放和燃煤；玉米和蔬菜农田土壤中的PAHs则主要来自生物质燃烧、化石燃料（石油、煤等）燃烧以及交通排放等污染源。廖书林等（2011）应用PMF模型成功地解析了辽河口湿地3个时间点表层土壤中PAHs的来源，结果显示，2008年10月以燃煤、交通燃油和生物质燃烧的贡献率最高；而在2009年5月石油与交通污染混合源、石油污染和生物质燃烧是最重要的污染源；2009年8月则以石油污染、交通污染与生物质燃烧混合源为主要污染来源。

Li等（2014）应用CMB模型对辽河口湿地苇田土壤中PAHs进行源解析时，收集石油源、汽油机排放源、柴油机排放源和生物质燃烧源等的源成分谱，选取16种PAHs代入模型进行运行，表明柴油和汽油排放等交通源在所有站位的平均贡献最大，为57.1%；石油源平均贡献21.6%，生物质燃烧平均贡献21.3%。Lang等（2015）同时使用Unmix和PMF两种模型对胶州湾湿地土壤中的PAHs进行了源解析，两种模型均显示出良好的适用性，石油源、焦化源和煤燃烧等为两种模型共同解析出的3种来源；此外，Unmix模型还解析出了柴油机排放源，而PMF模型解析出的第4种来源为柴油机排放和天然气燃烧的混合源。两种模型所解析出PAHs来源的贡献率表现出一定的差异性，这可能由于两种模型输入参数的不确定性以及输入物质的数目不同造成的。

### 4.1.1 芦苇湿地PAHs分布特征

研究发现，芦苇湿地土壤中有16种美国环保署优先控制的PAHs均被检出。对16种PAHs单体含量进行K-S检验，所有变量显著性水平均大于0.05，符合正态分布。16种PAHs的总含量范围为235~374 ng/g，其中致癌PAHs（BaA、Chr、BbF、BkF、BaP、IND、DBahA）含量范围为82.6~109 ng/g，占PAHs总含量的25.1%~37.9%。本研究测得的PAHs总量远高于土壤内源性PAHs含量，据此可以推断，苇田湿地土壤中PAHs主要来自于外源性PAHs，与人类活动密切相关。

16种PAHs单体相对含量见图4.1，苇田湿地土壤中PAH单体含量最高的是Nap，占PAHs总浓度的18.3%；其次为Phe（14.7%）、Fla（11.6%）、Pyr（8.0%）。含量最低的是Ant，仅占PAHs总浓度的1.5%；Acy（1.6%）、Ace（1.7%）等含量也相对较低。在7种致癌PAHs中，IND的含量最高，平均值为18.7 ng/g，占致癌PAHs含量的20.5%；BaP平均含量为13.6 ng/g，占致癌PAHs含量的15.0%。目前国际上尚无统一的土壤PAHs污染评价标准，基于欧洲土壤PAHs含量污染程度，辽河口湿地苇田土壤中PAHs处于轻微污染水平。

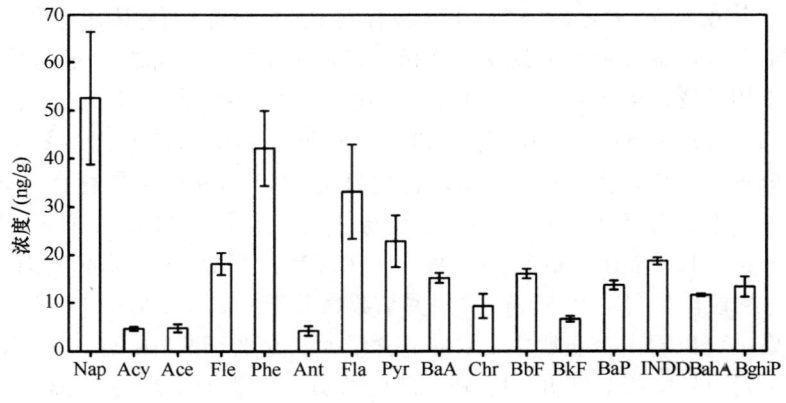

图4.1 辽河口芦苇湿地土壤PAHs含量

由图4.2可看出，大部分采样站位各环数PAHs分布特征较类似，可推测出苇田湿地土壤中PAHs可能有相似的来源。低环PAHs所占的比例明显较高，占PAHs总浓度的38.3%~51.0%；中环PAHs和高环PAHs所占的比例比较接近，分别占总浓度的22.6%~33.6%、21.%~33.5%。研究表明，低环PAHs多来自石油类产品，中高环PAHs则主要来源于生物质、化石燃料等在相对高温条件下的不完全燃烧，辽河口苇田湿地土壤中中高环PAHs的含量相对较高（48.8~61.3%），表明热解源可能是PAHs的主要来源，而低环PAHs的存在则可能与辽河口湿地区域油田开发等生产活动有一定关系。

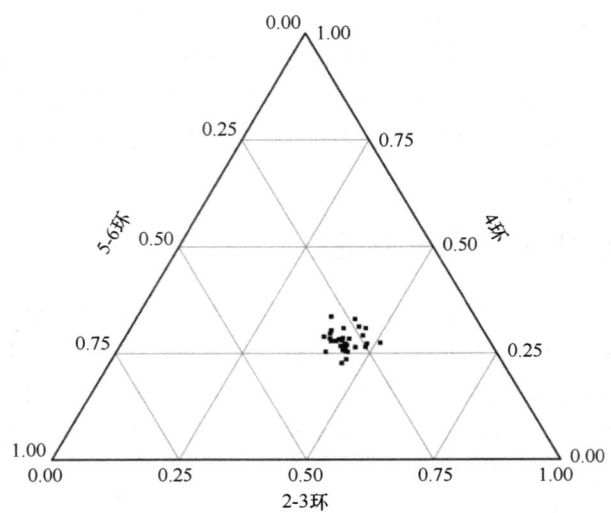

图 4.2  PAHs 环数分布

PAHs 是非极性疏水有机化合物，其在土壤中的分布特征受到很多因素的影响，除了各 PAH 单体本身的理化性质外，土壤的理化参数在有机污染物的吸附和运移过程中也起着重要的作用。

本研究对苇田湿地所有站点土壤中 PAHs 浓度与土壤中的有机碳（TOC）、粒径和阳离子交换量（CEC）等理化参数进行相关性分析，结果表明，土壤 TOC 与总 PAHs 浓度具有良好的相关性（$r=0.740$, $P<0.05$）；土壤粒径对 PAHs 分布的作用中，砂粒和粉粒含量与总 PAHs 浓度并不具有显著的正相关或者负相关（$P>0.05$），仅黏粒含量与总 PAHs 浓度存在较为显著的正相关（$r=0.564$, $P<0.05$）；土壤阳离子交换量（CEC）与总 PAHs 含量也具有一定的正相关（$r=0.517$, $P<0.05$）。进一步将低环和中高环 PAHs 含量与土壤理化参数进行相关性分析，结果显示，低环 PAHs 含量只与 TOC 和黏粒含量存在显著相关性（$P<0.05$），而与 CEC 不显著相关；中高环 PAHs 与 TOC、黏粒含量和 CEC 均显著相关（$P<0.05$）。而且低环 PAHs 与 TOC 的相关系数（$r=0.735$）稍高于中高环 PAHs（$r=0.659$），而低环 PAHs 与黏粒含量（$r=0.519$）的相关系数略低于中高环 PAHs（$r=0.549$）。

从上述结果中可以看出，土壤中 PAHs 的含量尤其是低环 PAHs 分布更容易受到 TOC 的影响，黏粒含量对 PAHs 总浓度也有影响，而 CEC 则主要影响中高环 PAHs 的分布。

## 4.1.2  芦苇湿地污染物来源解析

利用特征化合物比值法可初步判定湿地 PAHs 来源，发现芦苇湿地 PAHs 主要源于燃烧源（煤和生物质燃烧）和石油源。

分别优化了 3 种源解析模型（CMB、PMF 和 Unmix）参数，定量表征苇田湿地 PAHs 污染源贡献率。由 PMF 解析结果（图 4.3）可看出，石油源即石油类产品的输入贡献最大（31%），这可能跟采样区域附近的采油活动有密不可分的关系；汽油发动机排放（26%）和柴油发动机排放（23%）也占有较大的比重，本研究区域附近的省道和高速公路上车辆繁多，汽油或柴油动力的汽车或货车尾气中的 PAHs 可吸附于大气气溶胶中，进而通过干沉降进入表层土壤中，气相中的 PAHs 也可通过气土交换等途径被土壤所吸附从而积累起来；苇田附近的油田和工厂机器中柴油或汽油发动机，也可能对苇田土壤中 PAHs 的残留有一定的贡献。经实地调查，苇田收割后会有烧荒活动，村民也存在利用农作物和芦苇秸秆进行燃烧等活动，因此生物质燃烧对苇田湿地土壤中 PAHs 也有一定贡献（20%）。

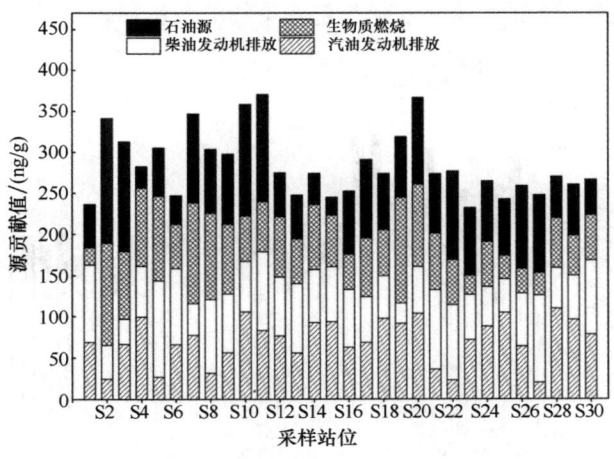

图 4.3　PMF 解析 PAHs 污染源贡献

由图 4.4 可知利用 Unmix 解析得到的 3 个污染源在不同站位上的贡献情况，即石油源的贡献最大，达到了 43%；汽油机和柴油机排放源的贡献率为 35%；生物质燃烧源也有一定贡献，贡献率为 22%。

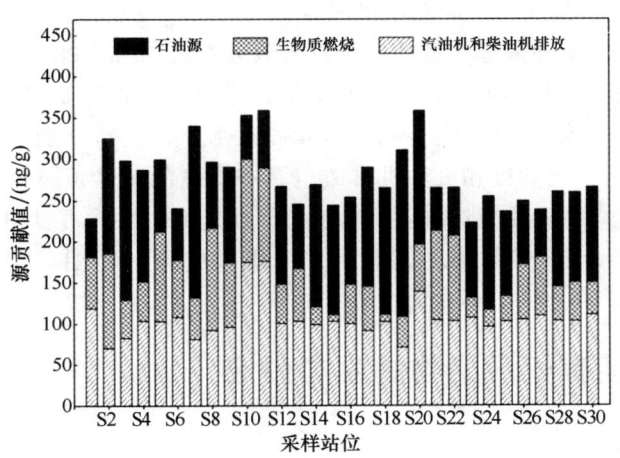

图 4.4　Unmix 解析 PAHs 污染源贡献

根据 CMB 运算判定原则，参与拟合计算的所有站点的回归系数在 0.70~0.85 之间；残差平方和在 0.84~1.79 之间，质量百分数范围为 88.7%~103.8%，计算结果符合模型拟合要求（80%~120%）。各污染源在不同站位上的贡献情况见图 4.5，汽油发动机排放在所有 30 个站位上贡献了 58.6~102 ng/g（平均 79.6 ng/g），柴油发动机排放的贡献值范围为

36.5~154 ng/g（平均77.1 ng/g），石油源对所有土壤样品中PAHs贡献了37.9~108 ng/g（平均59.1 ng/g）；生物质燃烧也有一定贡献，其范围是29.5~103 ng/g（平均58.3 ng/g）。汽油发动机排放（29%）与柴油发动机排放（28%）的贡献率最大；生物质燃烧和石油类产品的输入对辽河口苇田湿地土壤中PAHs也有较高贡献，贡献率分别为21%和22%。

由上可知，不同源解析方法的结果存在一定的差异，其原因可能是不同源解析模型参数选择不一致导致，因此继续深入研究准确判定污染物的源解析模式具有重要意义。

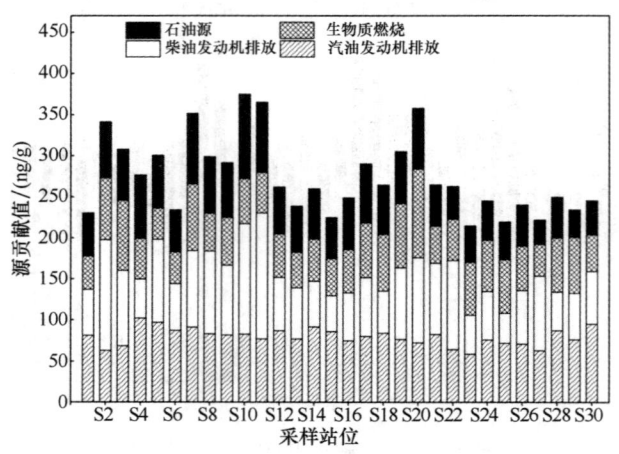

图4.5 CMB解析PAHs污染源贡献

分别构建了CMB-TEQ、PMF-TEQ和Unmix-TEQ复合模式定量表征PAHs来源途径对毒性的贡献程度（图4.6）。PMF-TEQ结果表明，柴油发动机排放源的毒性贡献平均值最大，达到了11.0 ng/g；其次为汽油发动机排放源（8.8 ng/g），石油源（7.5 ng/g）和生物质燃烧源（3.6 ng/g），4种来源的毒性贡献百分数分别为36%、28%、24%和12%。

Unmix-TEQ解析的结果表明，汽油机和柴油机排放源的毒性贡献值为18.7 ng/g；其次为石油源（7.8 ng/g）和生物质燃烧源（4.4 ng/g），贡献率分别为61%、25%和14%。CMB-TEQ的结果显示，柴油机和汽油机排放也具有最高的毒性贡献（33.3 ng/g），贡献率为96%，而生物质燃烧和石油源对PAHs毒性的贡献近似忽略，贡献值分别为1.27 ng/g和0.23 ng/g。由此可见，该研究区域汽油机和柴油机排放源对PAHs毒性贡献最大（贡献率为61%~95%）。

## 4.1.3 芦苇湿地有机污染物的生态效应

#### 4.1.3.1 对土壤微生物的影响

由图4.7可看出，五氯酚（PCP）对土壤细菌数量具有一定的促进作用。不同PCP浓度组之间，除0 ng/g和$10\times10^3$ ng/g、$100\times10^3$ ng/g和$150\times10^3$ ng/g之间无显著性差异外，其余各组之间均具有显著性差异。在浓度低于$10\times10^3$ ng/g时，PCP对土壤细菌并不会产生很显著的影响；而在浓度高于$100\times10^3$ ng/g时，PCP会对土壤细菌产生显著的刺激作用。黄耀蓉等（1999）研究发现在PCP浓度为$3.4\times10^3$ ng/g时，其对土壤细菌也具有促进作用。在PCP浓度低于$100\times10^3$ ng/g时，PCP对土壤真菌具有显著的刺激作用；而在浓度为$150\times$

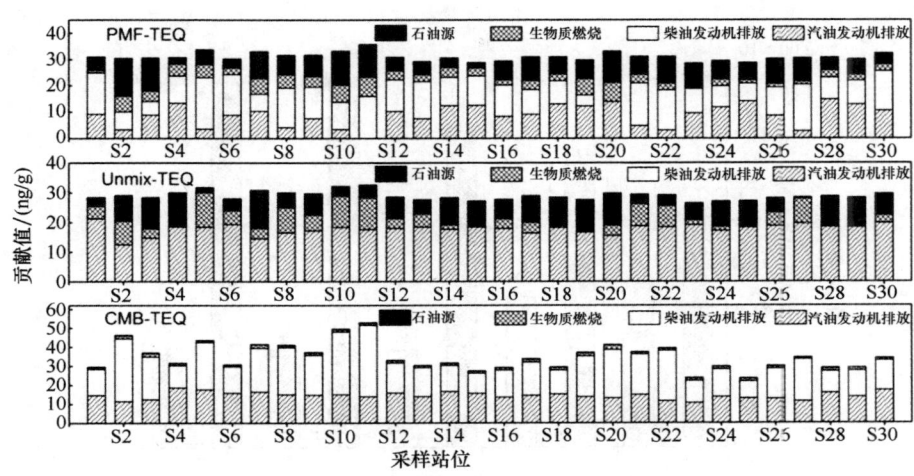

图 4.6　PAHs 来源对其毒性贡献

$10^3$ ng/g 时，PCP 对土壤真菌具有抑制作用。此外，PCP 对土壤放线菌具有抑制作用。不同 PCP 浓度组之间，除 0 ng/g 和 $10\times10^3$ ng/g、$50\times10^3$ ng/g 和 $100\times10^3$ ng/g 之间无显著性差异外，其余各组之间均具有显著性差异，表明 PCP 能够显著抑制土壤放线菌数量。

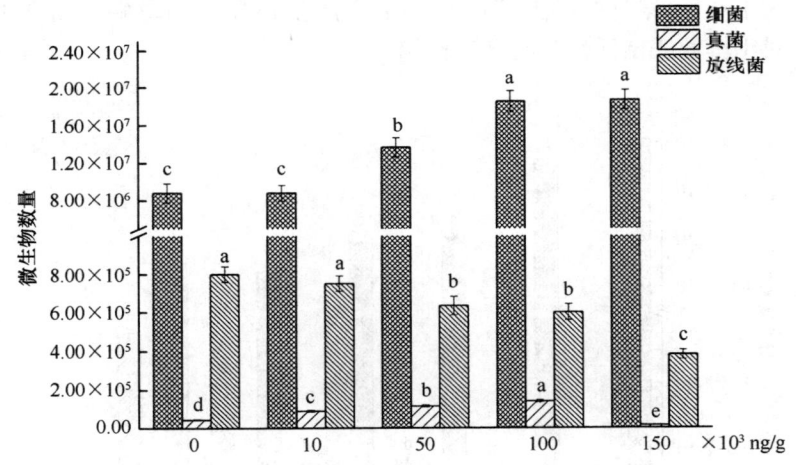

a、b、c、d、e 表示不同浓度之间差异显著（$P<0.05$），后同

图 4.7　不同浓度 PCP 对微生物数量的影响

图 4.8 为添加 PCP 后不同培养时间对土壤微生物影响。在培养的前 30 d 内，土壤细菌数增加，在 30 d 时细菌数量达到最高水平，而土壤真菌数则随着培养时间而降低。PCP 对土壤放线菌的抑制作用在 15 d 达到最大水平，$150\times10^3$ ng/g 实验组的土壤放线菌数量仅为空白对照组的 43.48%，在随后的培养时间段内土壤放线菌数量基本保持不变，这说明 PCP 对土壤放线菌的抑制作用是长期的。

由图 4.9 可看出，Phe 对土壤细菌具有一定的抑制作用。不同 Phe 浓度组之间，除 300 ng/g 和 600 ng/g 之间无显著差异外，其余各组之间均具有显著性差异，表明土壤中 Phe 会对土壤细菌产生强烈的抑制作用。

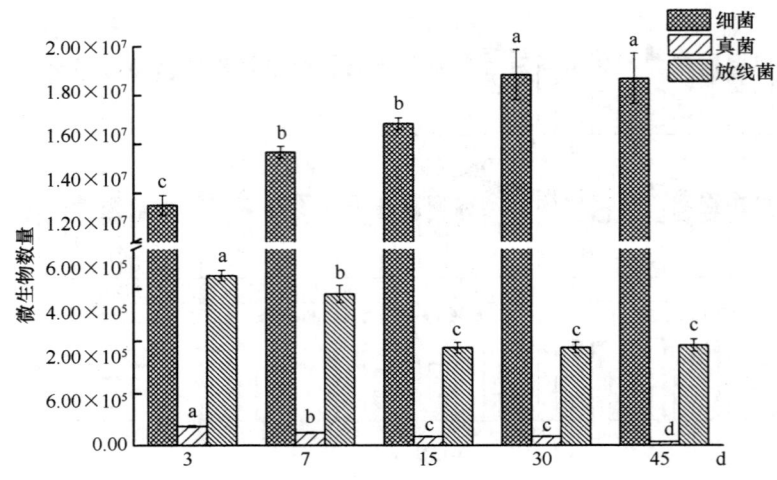

图 4.8 添加 PCP 后不同培养时间下微生物数量变化

当 Phe 浓度低于 300 ng/g 时，Phe 对土壤真菌活性具有促进作用，各浓度组之间具有显著差异。而当 Phe 浓度高于 600 ng/g 时，对土壤真菌活性具有抑制作用。Phe 对土壤放线菌具有促进作用，除 0 ng/g 和 100 ng/g 无显著性差异外，其余各组之间均具有显著性差异。在 Phe 浓度低于 100 ng/g 时，对土壤放线菌不会产生很显著的影响；而在 Phe 浓度高于 300 ng/g 时，对土壤放线菌活性具有激活作用。

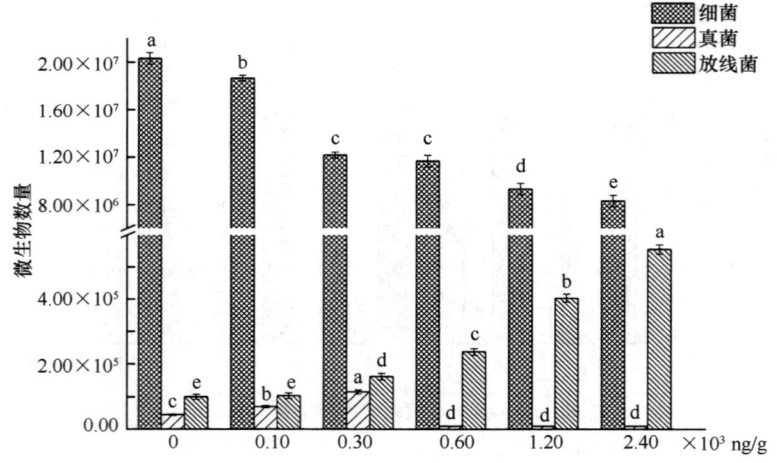

图 4.9 Phe 浓度对微生物数量影响

### 4.1.3.2 对土壤酶活性的影响

土壤中脲酶的活性一般以 1 g 土壤在 37℃ 条件下，与过量脲系作用 24 h 后，释放的氨氮质量表示（mg/g）；同样蔗糖酶活性以 1 g 土壤在 37℃ 条件下，与过量蔗糖作用 24 h 后，释放的葡萄糖质量表示（mg/g）。根据图 4.10，不同 PCP 浓度对脲酶活性的抑制率为 10%~45%，高浓度 PCP 对土壤脲酶活性具有显著影响。在 PCP 对土壤蔗糖酶活性影响实验中，不同 PCP 浓度组之间，除 $100×10^3$ ng/g 和 $150×10^3$ ng/g 之间无显著性差异外，其余各组之间均具有显著性差异，表明土壤 PCP 浓度为 $10×10^3$ ng/g 时即能显著降低土壤蔗糖酶的活性。土壤中 PCP 的存在会对土壤脲酶、土壤蔗糖酶活性产生显著的抑制作用，这可能主要与土壤中 PCP 对土壤微生物的生理活动产生影响有关。

土壤中酶主要来自于土壤微生物的分泌，而土壤 PCP 的存在可能会对土壤微生物种群和群落结构产生影响，抑制某些细菌或微生物的生理活性，从而减少其向土壤中分泌脲酶和蔗糖酶的数量，进而降低土壤脲酶和蔗糖酶活性。不同学者在研究土壤中某些农药对土壤酶活性的影响时也发现了类似的规律。闫颖等（2004）在评价土壤中几种农药对土壤酶活性的影响时，发现在实验浓度范围内，农药能够明显降低土壤蔗糖酶活性。

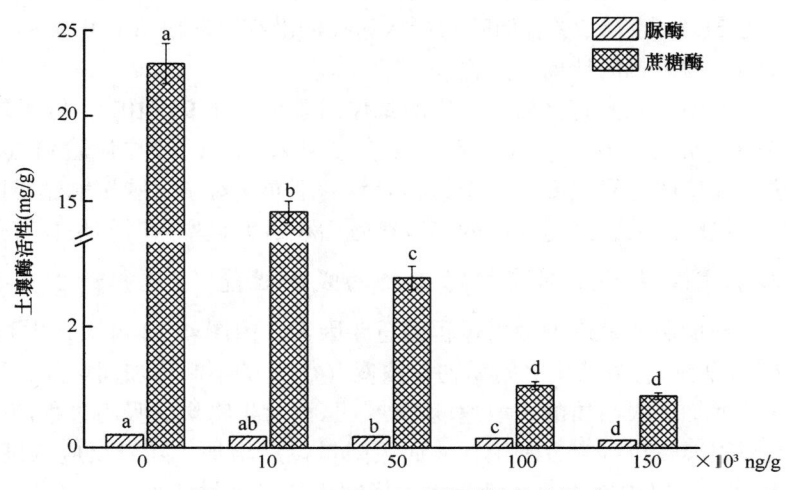

图 4.10 PCP 浓度对土壤酶活性的影响

由图 4.11 可看出，在 Phe 浓度小于 300 ng/g 时，其对土壤脲酶和蔗糖酶活性具有促进作用，随污染物浓度增高促进作用愈加明显，而各浓度组之间具有显著差异（$P<0.05$）。当 Phe 在浓度大于 600 ng/g 时，其对土壤脲酶和蔗糖酶活性具有抑制作用，浓度越高抑制作用越明显。

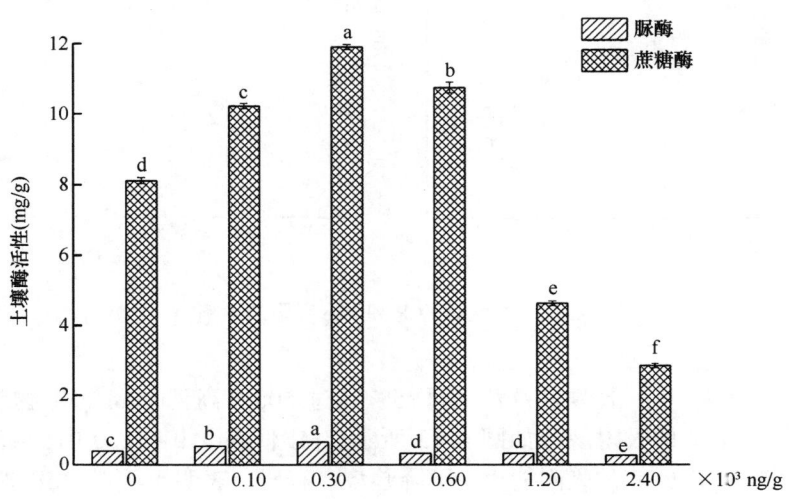

图 4.11 Phe 浓度对酶活性的影响

a、b、c、d、e 表示不同浓度之间差异显著（$P<0.05$）

### 4.1.3.3 湿地PAHs的环境风险

累积于湿地土壤中的PAHs有可能对人体健康产生潜在的危害,探讨湿地土壤PAHs的致癌风险有利于修复PAHs污染以及保护环境安全。本研究利用EPA推荐致癌风险模型评估了辽河口苇田湿地土壤PAHs对不同人群的致癌风险。结果表明,对儿童、青少年和成人的致癌风险值分别为$7.80\times10^{-8}$、$4.03\times10^{-8}$和$1.14\times10^{-7}$,成人的致癌风险值高于儿童和青少年,但远小于USEPA规定的致癌下限值($10^{-6}$),表明该PAHs暴露水平下对不同人群均不产生潜在的致癌风险。通过对不同暴露途径分析发现,皮肤接触和直接摄入所产生的致癌风险处于同一数量级($10^{-8}$),远远高于呼吸摄入($10^{-12}\sim10^{-11}$)。皮肤接触和直接摄入对总致癌风险贡献率为21.3%~78.7%,而呼吸摄入途径的潜在风险仅占0.01%~0.05%,因此,皮肤接触和直接摄入为主要的致癌暴露途径。

在不同暴露人群中,儿童直接摄入产生的致癌风险值为$1.95\times10^{-8}$,低于成人直接摄入产生的致癌风险值($5.51\times10^{-8}$),高于青少年直接摄入产生的致癌风险值($1.02\times10^{-8}$),不同人群的致癌风险值的差异主要来源于暴露参数的不同。对于皮肤接触途径而言,成人经由皮肤接触的致癌风险最大,这与成人的皮肤接触面积最大且暴露时间最长有关。

### 4.1.3.4 苇田土壤及生物炭对有机污染物的吸附性能

污染物浓度及环境温度是影响吸附过程的重要因素,由图4.12可知,生物炭对PCP和Phe的吸附量($q_e$)均随着溶液中吸附质初始浓度($C_0$)的不断增加而增加,这可能是由于随着吸附质浓度的增加,吸附质的扩散速度加快,从而对生物炭的吸附过程产生极大的促进作用,生物炭的吸附容量得到充分利用,从而吸附量逐渐增加。随着反应温度的不断升高,生物炭对PCP和Phe的吸附能力却不断下降。说明生物炭吸附PCP和Phe均为放热的过程,可能是由于温度升高供给吸附质更多的能量,导致其扩散能力增强使其解吸速度加快。

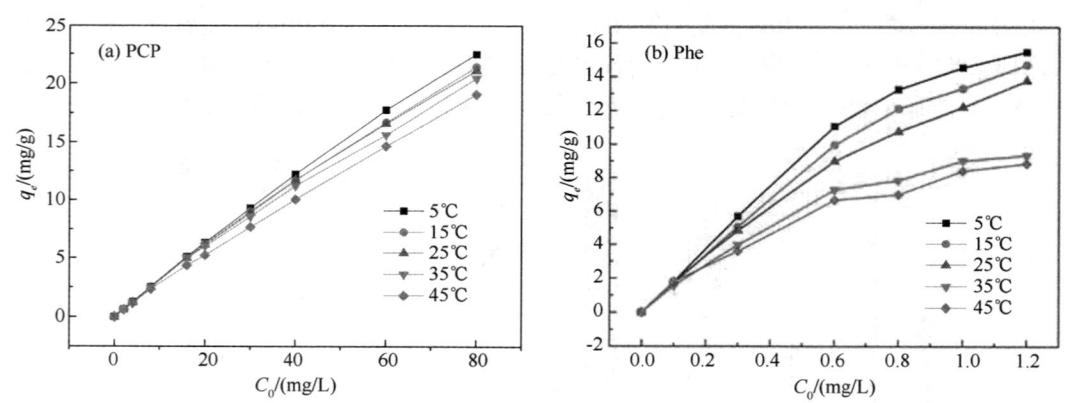

图4.12 温度对PCP和Phe吸附的影响

在不同pH值条件下,土壤以及添加了5%经过600℃高温制备的生物炭土壤(5% AR600)对PCP和Phe的吸附规律如图4.13所示。pH值在3.0~12.0内,随pH值升高,土壤、土壤—生物炭对PCP的吸附能力呈下降趋势。有研究表明土壤对$PCP^0$的吸附能力远大于其对$PCP^-$的吸附,$PCP^0$在土壤主要通过分配作用而被吸附。PCP吸附在pH值由3.0到6.0急剧下降的原因是由于溶液中$PCP^0$的相对含量快速减少,而$PCP^-$含量急增,使得

PCP 的亲水性增强而不利于吸附的进行。

另一方面，随着 pH 值的增加，土壤表面被去质子化，表面负电荷数量增加，$PCP^-$ 与带负电荷的土壤表面发生静电排斥作用，且该作用力随着 pH 值的增加而增强，从而不利于 PCP 的吸附。添加生物炭的土壤同时具备了土壤和生物炭自身的一些特殊性质，在低 pH 值环境中，生物炭表面含氧官能团（如羧基和羟基）被质子化，这些官能团能与 PCP 发生氢键作用而被吸附。此外，添加生物炭后，土壤的疏水性增强，可用于 PCP 吸附疏水吸附位点增加。

在高 pH 值环境中，$PCP^-$ 依然能与生物炭的芳香基团发生特殊相互如 π-π 相互作用，从而使得其比空白土壤的吸附性能高。湿地土壤对 Phe 的吸附量受 pH 值变化影响不明显（$P > 0.05$），在 pH 值为 3.0~12.0 时，Phe 吸附量由 17.8 mg/kg 降至 11.2 mg/kg。这可能由于溶液 pH 值增加能够有效提高溶解性有机物（DOM）的移动性，使得土壤中可溶性有机物释放量增加，从而造成土壤有机质含量降低，Phe 的吸附性能减小；相比而言，添加生物炭的土壤对 Phe 的吸附量基本不受 pH 值影响。

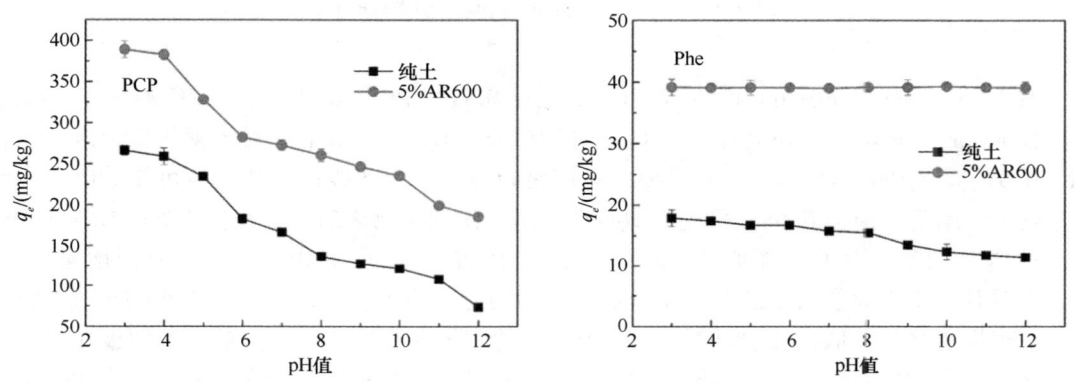

图 4.13 不同 pH 值条件下土壤和土壤—生物炭（5%AR600）对 PCP 和 Phe 的吸附规律

为了考察 PCP 和 Phe 这两种污染物在土壤中的吸附动力学行为，分别用准一级动力学方程和准二级动力学方程对其在土壤中的吸附动力学实验数据进行拟合，结果见图 4.14。从图 4.14 中可以看出，准一级动力学能对吸附初始阶段（快速吸附阶段）实现较好的拟合，在慢速吸附阶段发生了偏离现象（对照组土壤对 PCP 吸附除外）。因此，该模型只能用于描述未添加生物炭土壤对 PCP 的吸附过程，而无法对所有吸附动力学曲线的整个吸附过程进行描述。

与准一级动力学相比，准二级动力学方程对 PCP 和 Phe 实验结果拟合效果均更佳，拟合的相关系数分别为 0.956~0.997 和 0.902~0.988，且拟合的理论值 $q_{e,cal}$ 和实验值 $q_{e,exp}$ 更接近，$k_2$ 值变化明显，说明准二级动力学模型能更好地描述对 PCP 和 Phe 的整个吸附过程。PCP 和 Phe 在不同土壤中吸附速率常数 $k_2$ 值变化大体上有着相似的规律，添加高温生物炭（AR600）的土壤 $k_2$ 值远低于添加低温生物炭（AR300、AR400 和 AR500）土壤及空白土壤的 $k_2$ 值。具体大小顺序表现为：对照组土壤 > 5%AR300 ≈ 5%AR400 ≈ 5%AR500 > 5%AR600。这主要是由于土壤中含有大量的"橡胶态"区域，其有利于吸附质进行分配作用而快速吸附，AR300、AR400 和 AR500 表面含有较多的官能团和大孔，说明表面吸附、分配作用和孔隙填充均有可能在控制 PCP 和 Phe 的吸附速率方面发挥重要作用。而 AR600

表面主要存在中孔和微孔，说明控制添加 AR600 的土壤的吸附过程主要是微孔填充，同时，AR600 可能与土壤中的矿物、有机质等发生相互作用，形成特定的结构，使得其吸附平衡时间高于其他土壤。

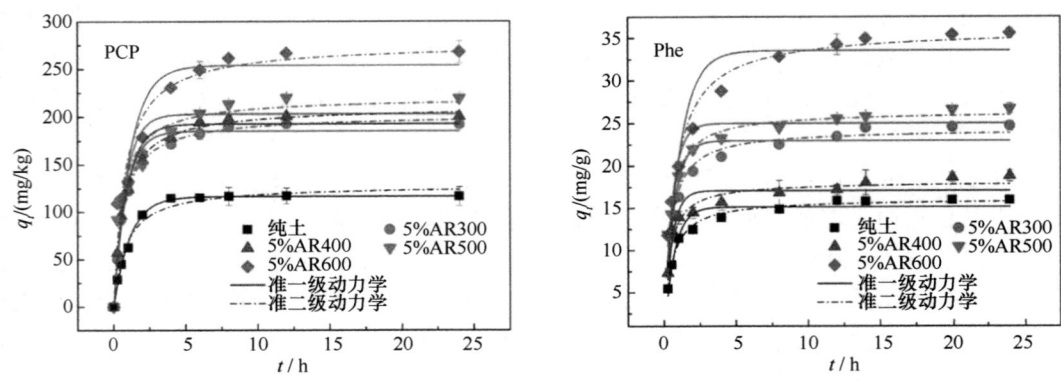

图 4.14　生物炭对 PCP 和 Phe 的吸附动力学

图 4.15 为采用 Langmuir 和 Freundlich 拟合土壤吸附 PCP 和 Phe 的吸附等温数据。Langmuir 和 Freundlich 均能较好地对 PCP 数据进行拟合，其中 Freundlich 对数据的拟合效果更佳（$R^2>0.979$），说明土壤吸附 PCP 主要以多层吸附为主。由非线性指数 $n$ 值可知，PCP 在空白土壤中吸附的 $n$ 值为 0.68，呈现近似线性吸附，添加生物炭后，$n$ 值下降至 0.56~0.28，土壤对 PCP 的非线性吸附增强，且随着生物炭热解温度增加，PCP 的非线性吸附增强。

土壤有机质是导致疏水性有机物非线性吸附的主要原因。相比添加生物炭的土壤，空白土壤中有机质含量较低，使得其对 PCP 的非线性吸附较弱。对于生物炭，表面极性、芳香性和比表面积均为非线性吸附的影响因素。高温芦苇生物炭比低温芦苇生物炭具有更低的表面极性、更大的比表面积和芳香性，为 PCP 的非线性吸附提供更佳的条件。对于 Phe 的吸附，Langmuir 对实验数据的拟合效果更佳（$R^2 = 0.989~0.998$），说明 Phe 在土壤中的吸附主要以单层吸附为主。由拟合参数最大饱和吸附量 $q_m$ 值可知，添加生物炭后，土壤对 Phe 的吸附显著增强。

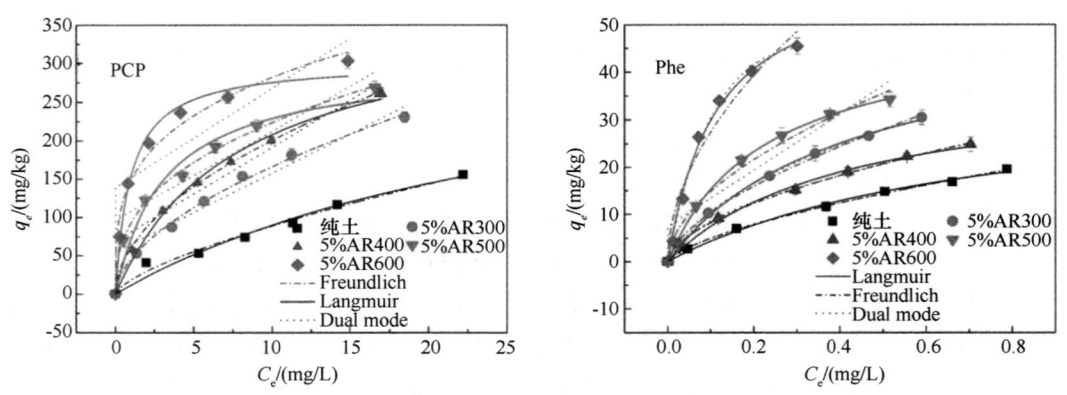

图 4.15　湿地土壤对 PCP 和 Phe 的吸附等温线

## 4.2 芦苇湿地水资源综合利用的生态效应

辽河口湿地以芦苇沼泽和潮间带滩涂为主,对该区生物资源的保护有着非常重要的作用。芦苇湿地对水质净化有显著的效果,可有效阻控河流中入海的污染物。水体的富营养化主要是由氮、磷营养盐过量引起的,而芦苇湿地作为一个复合的生态系统,可通过物理、化学和生物作用来去除氮、磷,净化水质。

芦苇湿地对水体中氮、磷等营养物质的净化能力已在很多研究中得到了验证。曲向荣等(2000)研究发现,氮、磷等营养物质经由辽东湾湿地过滤后水体满足Ⅱ类标准,全辽东湾芦苇湿地对水体中的年氮、磷移除量分别为7 632 t、360 t。欧维新等(2006)研究表明,芦苇湿地对水体中氮、磷有一定的去除作用,并估算了该区域芦苇湿地的生态功能价值。刘树元等(2011)的研究表明芦苇对氮、磷的去除贡献率分别为61.7%、12.9%。辽河口拥有亚洲最大的芦苇湿地,其气候条件和自然生态环境十分适宜河蟹的生长,这带动了苇田河蟹养殖业的发展,创造了巨大的经济效益,提高了湿地的综合利用率(王德林,2008)。

近年来在芦苇湿地的经济开发活动增多,经济活动带来了巨大的经济效益,但是过度的开发造成了经济发展与自然环境之间的矛盾,使河口湿地环境问题凸显。辽河口湿地引入河水进行农业灌溉,将农业和生活污水也带入其中。辽河口湿地面临着面积减小、水资源短缺、生境质量下降的巨大压力,已成为我国重点整治区域之一(刘红玉等,2000;王丽华和王峰,2012)。

### 4.2.1 苇田灌溉用水污染特征及生态效应

#### 4.2.1.1 研究区域和站位设置

调查区域和站位见图4.16和表4.1。

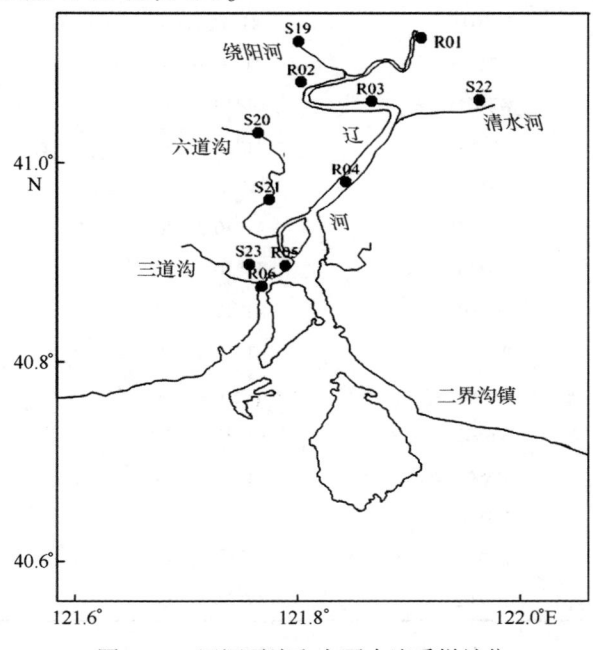

图4.16 辽河干流和主要支流采样站位

表 4.1 辽河口芦苇湿地调查站位信息

| 采样区域 | 站位编号 | 纬度（N） | 经度（E） |
| --- | --- | --- | --- |
| 辽河 | R01 | 41°7′32″ | 121°59′27″ |
| | R02 | 41°4′49″ | 121°48′14″ |
| | R03 | 41°3′39″ | 121°51′59″ |
| | R04 | 40°58′49″ | 121°50′38″ |
| | R05 | 40°53′46″ | 121°47′21″ |
| | R06 | 40°52′30″ | 121°46′6″ |
| 绕阳河 | S19 | 41°7′19.19″ | 121°48′3.6″ |
| 六道沟 | S20 | 41°1′48.36″ | 121°45′50.61″ |
| | S21 | 40°57′43.2″ | 121°46′26.4″ |
| 清水河 | S22 | 41°3′46.8″ | 121°57′50.39″ |
| 三道沟 | S23 | 40°53′51.35″ | 121°45′24.08″ |
| 总进水渠 | ZJS01 | 41°9′28.83″ | 121°48′21.71″ |
| | ZJS02 | 41°11′59.73″ | 121°47′38.43″ |
| 进水沟 | JSS01 | 41°9′50.60″ | 121°48′12.48″ |
| | JSS03 | 41°14′8.76″ | 121°47′31.86″ |
| | JSX01 | 41°9′47.92″ | 121°46′52.24″ |
| | JSX02 | 41°12′1.87″ | 121°45′26.98″ |
| | JSX03 | 41°14′4.77″ | 121°44′49.29″ |
| 苇田 | WT01J | 41°9′50.35″ | 121°48′7.25″ |
| | WT02J | 41°9′49.44″ | 121°47′24.38″ |
| | WT03J | 41°12′2.54″ | 121°47′28.47″ |
| | WT04J | 41°14′5.00″ | 121°45′45.03″ |
| | WT01H | 41°9′49.76″ | 121°47′42.09″ |
| | WT02H | 41°10′19.96″ | 121°47′0.68″ |
| | WT03H | 41°12′13.96″ | 121°47′36.03″ |
| | WT04H | 41°14′4.94″ | 121°45′18.57″ |
| | WT01P | 41°10′21.30″ | 121°47′27.14″ |
| | WT02P | 41°10′19.79″ | 121°46′42.42″ |
| | WT03P | 41°12′30.17″ | 121°47′22.26″ |
| | WT04P | 41°13′41.75″ | 121°44′46.44″ |
| 排水沟 | PSS01 | 41°10′23.21″ | 121°47′59.81″ |
| | PSS02 | 41°12′30.70″ | 121°47′34.74″ |
| | PSS03 | 41°14′42.28″ | 121°47′27.10″ |
| | PSX02 | 41°12′38.10″ | 121°45′16.19″ |
| | PSX03 | 41°14′35.87″ | 121°44′40.45″ |
| 排水闸 | PSZ02 | 41°13′42.17″ | 121°44′42.48″ |

### 4.2.1.2 苇田灌溉用水的化学特征

（1）苇田水体总氮和氨氮的分布特征

辽河口芦苇湿地不同水体在 7 月的总氮和氨氮含量如图 4.17 所示，总氮含量 1.01~3.06 mg/L，氨氮含量 0.12~0.65 mg/L。不同水域的各形态氮含量存在一定差异，部分支流总氮含量高于苇田各沟渠；除清水河外，各水域氨氮含量相近。参照国家《地表水环境质量标准》（GB 3838—2002），除辽河干流达到Ⅳ类标准限值外，绕阳河、清水河、三道沟和六道沟等各水域总氮均超Ⅳ类标准，并且清水河、三道沟和六道沟水域甚至超Ⅴ类标准。氨氮含量除清水河超Ⅱ类标准外，各水域均达到Ⅱ类水质标准。

氨氮与总氮之间的显著差异主要来自于颗粒态氮的贡献，说明芦苇湿地有机颗粒含量较高。这部分颗粒态有机物既可能悬浮于水体中进一步降解，增加水体中氮、磷含量，也可能沉降而成为土壤有机质的主要来源。

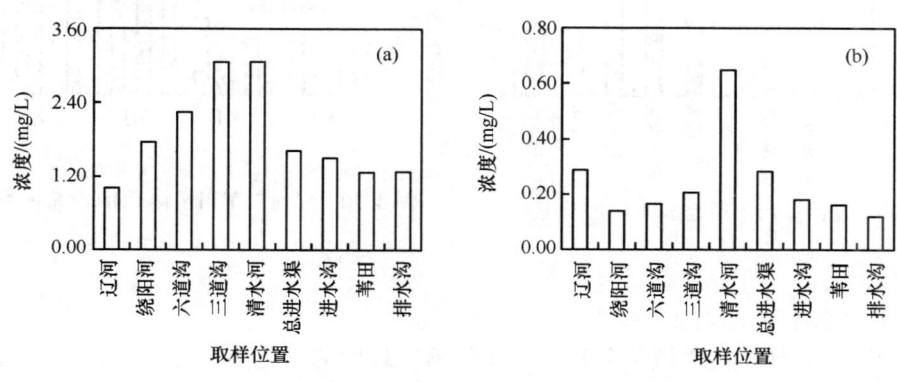

图 4.17　辽河口芦苇湿地水体总氮（a）和氨氮（b）含量

辽河口芦苇湿地苇田水体不同位置总氮和氨氮含量的季节变化如图 4.18 所示。苇田水体总氮和氨氮含量的时间变化强度大于空间变化强度。总氮和氨氮总体呈现从 5 月至 9 月逐渐降低的变化规律，但是 5 月总氮和氨氮含量明显高于其他月份，6 月和 7 月次之，8 月和 9 月较低。5 月总氮含量为 4~7 mg/L，约是 6 月和 7 月的 2 倍，8 月和 9 月的 30 倍；参照国家《地表水环境质量标准》（GB3838-2002），5 月进水时的总氮超Ⅴ类标准，至 8 月和 9 月时达到Ⅱ类标准。5 月氨氮含量为 0.20~0.45 mg/L，之后明显降低，大多低于 0.10 mg/L，最低时接近于 0，最高为 0.16 mg/L，均符合Ⅱ类标准。

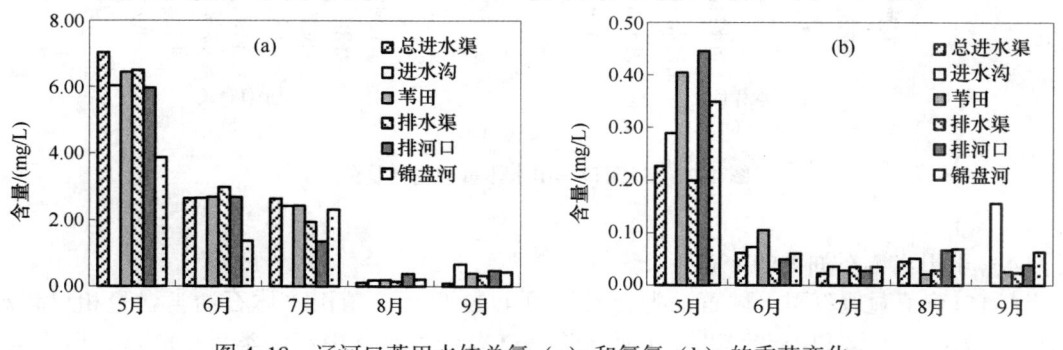

图 4.18　辽河口苇田水体总氮（a）和氨氮（b）的季节变化

(2) 苇田水体 COD 分布特征

辽河口芦苇湿地不同区域 COD 含量如图 4.19 所示。COD 含量范围较大，为 1.61~90.52 mg/L，其中辽河干流和主要支流较低，达到国家 I 类标准；六道沟很高，为超 V 类。苇田总进水渠和进水沟 COD 含量很高，达到 100 mg/L，通过苇田净化后，为 50 mg/L 左右。

辽河口芦苇湿地苇田水体 COD 的季节变化如图 4.20 所示。苇田水体 COD 随时间变化显著，以 7 月、8 月为最高，此时气温为一年最高，水体微生物活动旺盛且生物量高，因此 COD 含量也高；这与水体中颗粒氮贡献高的结果相一致。之后 9 月 COD 明显降低，但是仍然处于超 IV 类或超 V 类水质状态。

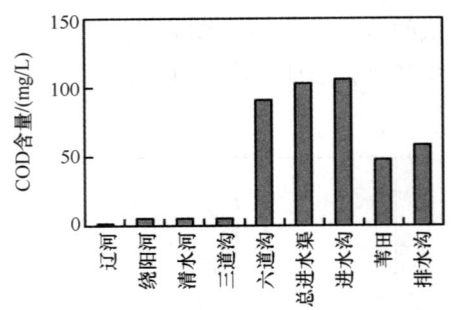

图 4.19　辽河口芦苇湿地水域 COD 含量

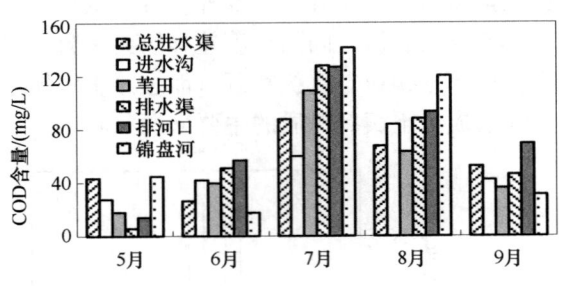

图 4.20　辽河口苇田水体 COD 含量的季节变化

(3) 苇田水体重金属的分布特征

辽河口芦苇湿地不同水域重金属含量在芦苇生长期的变化如图 4.21 所示。铬、铜和镉在各水域的含量水平相当；砷在六道沟、总进水渠和进水沟含量较高，其他水域含量水平相当；铅在辽河中含量明显高于其他水域；除了三道沟含量相对较高，其他各水域的锌含量水平相当。虽然不同水体中重金属含量呈现不同的变化规律，但是其含量都低于国家地表水水质标准限值。

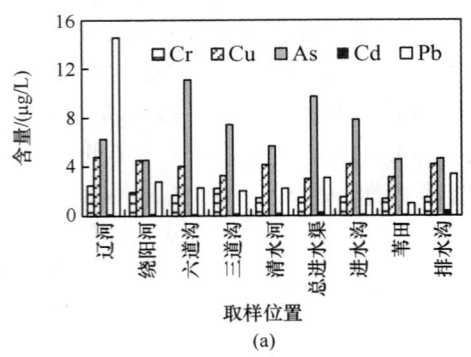
(a)

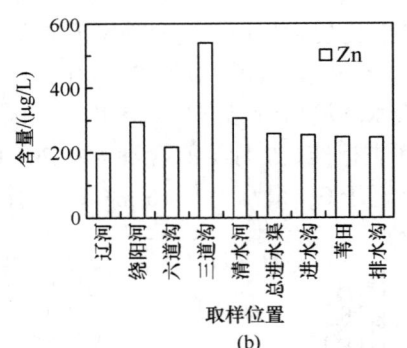
(b)

图 4.21　辽河口苇田水体重金属含量分布

(4) 苇田水体石油类的分布特征

辽河口芦苇湿地不同水域石油类含量如图 4.22 所示。苇田水体石油类含量相对较高，而总进水渠、进水沟和排水沟以及辽河（除六道沟）等水体中石油类含量略低，但不同水域中石油类含量均低于国家地表水水质 IV 类标准限值。

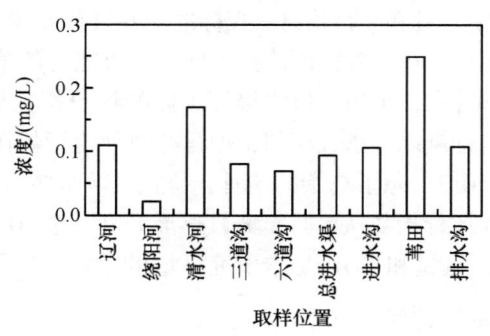

图 4.22　辽河口苇田水体石油类含量分布

#### 4.2.1.3　苇田灌溉用水的污染状况分析

国家《地表水环境质量标准》（GB 3838—2002）部分指标的限值见表 4.2。对辽河干流和支流以及研究区水系总氮、氨氮、COD、重金属和石油类的质量状况分析表明，除辽河达到Ⅳ类标准限值外，绕阳河、清水河、三道沟和六道沟等各水域总氮均超Ⅳ类标准，其中清水河、三道沟和六道沟水域甚至超Ⅴ类标准。研究区域水系总进水渠超Ⅳ类标准，进水渠相当于Ⅳ类标准水平，其他苇田和排水渠均达到Ⅳ类标准。氨氮指标除清水河超Ⅱ类标准外，各水域均达到Ⅱ类水质标准，即氨氮指标均达到Ⅳ类标准。因此，从芦苇湿地整体状况来看，总氮是主要污染因素。COD 含量总体较低，评价结果显示，除六道沟 COD 超Ⅳ类外，其他各干流和支流均达到Ⅳ类标准。研究区域水系 COD 含量整体较高，均超Ⅳ类标准。因此，芦苇湿地中苇田水系 COD 是主要污染因素。石油类评价结果显示，各指标均达到Ⅳ类标准，评价指标均小于 0.5，并且处于相对清洁状态。重金属评价结果显示，各指标均达到Ⅳ类标准，评价指标均小于 0.3，并且处于相对清洁状态。通过辽河干流和支流以及研究区域水系水质整体评价可知，总氮和 COD 是主要污染因素。

表 4.2　地表水环境质量标准基本项目标准限值　　　　　　　　　　　　单位：mg/L

| 项目 | | Ⅰ类 | Ⅱ类 | Ⅲ类 | Ⅳ类 | Ⅴ类 |
|---|---|---|---|---|---|---|
| 化学需氧量（COD） | ≤ | 15 | 15 | 20 | 30 | 40 |
| 氨氮（$NH_3-N$） | ≤ | 0.15 | 0.5 | 1.0 | 1.5 | 2.0 |
| 总氮（湖、库以 N 计） | ≤ | 0.2 | 0.5 | 1.0 | 1.5 | 2.0 |
| 铜 | ≤ | 0.01 | 1.0 | 1.0 | 1.0 | 1.0 |
| 锌 | ≤ | 0.05 | 1.0 | 1.0 | 2.0 | 2.0 |
| 砷 | ≤ | 0.05 | 0.05 | 0.05 | 0.1 | 0.1 |
| 汞 | ≤ | 0.00005 | 0.00005 | 0.0001 | 0.001 | 0.001 |
| 镉 | ≤ | 0.001 | 0.005 | 0.005 | 0.005 | 0.01 |
| 铬（六价） | ≤ | 0.01 | 0.05 | 0.05 | 0.05 | 0.1 |
| 铅 | ≤ | 0.01 | 0.01 | 0.05 | 0.05 | 0.1 |
| 石油类 | ≤ | 0.05 | 0.05 | 0.05 | 0.5 | 1.0 |

芦苇生长期内研究区域苇田水系总氮、氨氮和 COD 的月际质量状况评价结果表明，5 月总氮严重超Ⅳ类标准，评价指数高达 2.58~4.68；6 月和 7 月亦为超标状态，超标程度较 5

显著降低，评价指数小于2；8月和9月均符合Ⅳ标准，并且总氮评价指数降低至小于0.5，尤其在8月，评价指数接近于0；10月总氮评价指数回升，可能与芦苇停止生长，通过降解向水体释放营养物质有关。总体看来，苇田、排水渠等水体的评价指数低于总进水渠和进水支渠。氨氮评价指数的变化规律与总氮评价指数相似，但是氨氮评价指数在芦苇整个生长过程中，不但未超Ⅳ标准，而且均小于0.3。除了初始的5月，研究区域水体COD在芦苇生长过程中呈现严重的超Ⅳ标准现象，COD评价指数从5月至8月逐渐升高，至10月逐渐降低。

综上所述，确定总氮、氨氮和COD是本研究区域的关键污染因子。

#### 4.2.1.4 苇田积水中藻类特征

以叶绿素a含量指征水体藻类生物量，辽河口芦苇湿地水体中叶绿素a的日变化如图4.23所示。尽管苇田水体叶绿素a含量的日变化较大，但是不同季节之间的差别更大。5月叶绿素a含量最低，个别时间段低至接近检出限；6月叶绿素a含量迅速升高，达到6.68~20.40 μg/L（平均为13.23 μg/L）；叶绿素a含量以9月最高，约是6月的2倍。

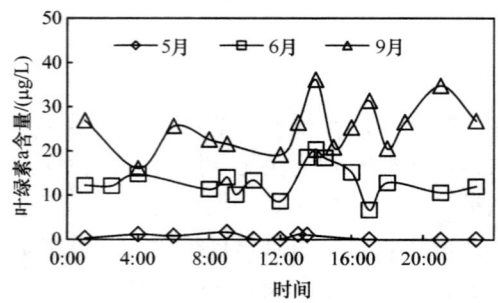

图4.23 辽河口苇田水体叶绿素a含量分布

结果表明，温度是苇田水体藻类生长的首要因素。盘锦6月和9月的气温相当，分别为16~29℃和9~29℃；6~8月是芦苇生长的旺盛季节，大量吸收营养盐，苇田水体营养盐迅速降低；9月芦苇已经成熟，不仅不需要吸收大量营养盐，还可能向水体中释放一定量的营养盐。推测6月苇田水体营养盐的迅速降低，主要由芦苇生长吸收所致；9月苇田水体营养盐的持续低值，主要由藻类吸收所致；6月芦苇迅速生长吸收大量营养盐，从一定程度上抑制了水体藻类的生长。

#### 4.2.1.5 芦苇湿地水体有机物降解动力学

芦苇苇田进水后，积水几乎不流动，视为静止水体，积水期间不存在混合和稀释过程，采用一级动力学模型描述污染物质的降解过程，其表达式如下（Kadlec and Wallace, 2008）：

$$C = C_0 \exp(-Kt) \quad (4.1)$$

式中：$C$ 和 $C_0$ 分别为污染物的出水浓度（mg/L）和进水浓度（mg/L）；$K$ 为降解速率常数（$d^{-1}$），表征污染物降解特征；$t$ 为水力停留时间（d）。

由式（4.1）可得：$\ln C = \ln C_0 - Kt$，进一步计算得出：

$$K = (\ln C_0 - \ln C)/t \quad (4.2)$$

根据式（4.2），可以由监测数据计算研究区域水体中氮和COD在不同时期内的降解速率常数，结果见表4.3。

表4.3 苇田水体中总氮和COD的降解速率常数

| 日期（月-日） | 总氮 | 氨氮 | COD |
| --- | --- | --- | --- |
| 05-11 至 06-13 | 0.023 | 0.026 | -0.007 |
| 07-16 至 08-15 | 0.085 | 0.019 | 0.007 |
| 08-15 至 09-08 | -0.019 | 0.047 | 0.034 |

7—8月研究区域水体中总氮的去除效果最好，其降解速率常数高达0.085，其次为5月和6月，9月则呈现负值，说明芦苇吸收水体中的总氮较少。氨氮的最佳降解季节为8月和9月，其次为5月和6月，7月和8月初较低。该降解速率常数是一个综合的结果，7月较低的降解速率常数也可能源自该季节较高的氨氮生产速率。

COD以在8月和9月的降解速率常数最高，6月和7月较低，5月则呈现负值。芦苇正常生长过程中不断向水体释放溶解性有机物（DOC），芦苇湿地中的微生物活动也扰动着水体环境的COD状况，因此芦苇生长过程伴随着体系COD和DOC含量的不断增加。7—9月正向的降解速率常数表明，芦苇湿地系统出现很强的降解有机物能力，对降低环境COD含量贡献显著。

### 4.2.2 微咸水利用的生态效应

通过受控模拟实验，研究芦苇发芽和生长的适宜水深和盐度；探讨咸水环境条件下，芦苇向水体输送有机质和氮磷营养盐的特征，以及有机质和氮磷营养盐在土壤环境中的积累特征。

#### 4.2.2.1 芦苇湿地的水环境特征

5—8月苇田积水温度逐渐升高，至8月时达到最大值（30.0℃），9月时水体温度有所降低，平均为21.0℃，这种变化规律主要受季节变化的影响；盐度的变化特征与温度相同，8月时达到最大（约为4.1），9月有所降低（约为3.2）；水体pH值的变化特征与温度和盐度不同，总体上随着时间的延长呈逐渐升高的趋势，9月时水体pH值最高，达到8.03。

#### 4.2.2.2 芦苇的生长动态

芦苇生长期间的高度和生物量变化如图4.24所示。芦苇生长初期株高增长较快，之后株高增长趋于平缓，到6月的生长季中期，株高变化较小，最大高度出现在8月中旬。芦苇生长过程中生物量增加较为平稳，大约在7月底8月初，芦苇生物量至最大，之后变化很小。

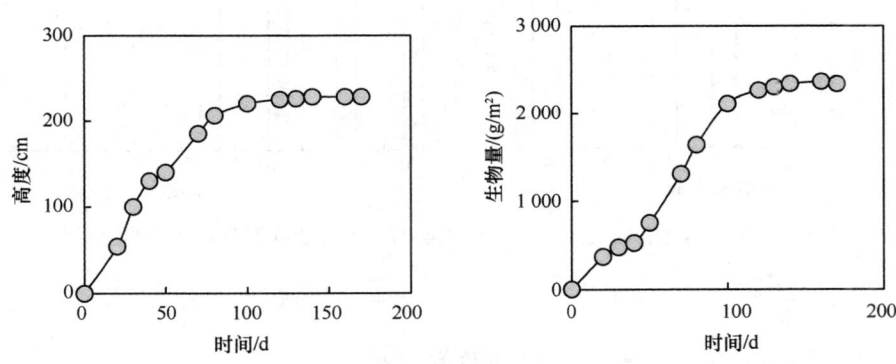

图4.24 研究区域芦苇高度和生物量变化

#### 4.2.2.3 灌溉水深对芦苇发芽的影响

根据图4.25，从2 cm水深开始至16 cm，芦苇种子在4~12 cm之间呈现较高的发芽率和萌发速率，发芽率为11%~34%，萌发速率为0.5%~3.5%；从芦苇的发芽率、萌发速率以及节水角度考虑，为 4 cm 深时最佳。

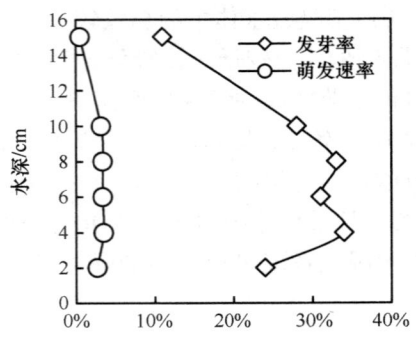

图 4.25 灌溉水深与芦苇发芽率和萌发速率的关系

#### 4.2.2.4 灌溉水深对芦苇生长的影响

灌溉水深与芦苇生长的关系如图 4.26 所示，随着水深逐渐增加芦苇植株高度明显提高。当水深达到 15 cm 后，直到 30 cm，芦苇株高变化较小。因此，在水深 15~30 cm 时芦苇株高处于较高水平。当水深为 25 cm 时，芦苇株高最高。虽然水深高于 30 cm 时，芦苇仍可能长势良好，但是从节水、节能角度考虑，更大的灌溉水深无益。因此，芦苇生长的适宜灌溉水深为 15~30 cm，最适水深为 25 cm。

#### 4.2.2.5 盐度对芦苇发芽的影响

不同盐度条件下芦苇发芽率如图 4.27 所示。盐度 0~20‰时芦苇种子的发芽率达到 80%以上，萌发速率为 5%~8%；当盐度为 5‰时，芦苇种子的发芽率最高，萌发速率最高。当盐度达到 25‰时，芦苇种子发芽率和萌发速率显著降低。

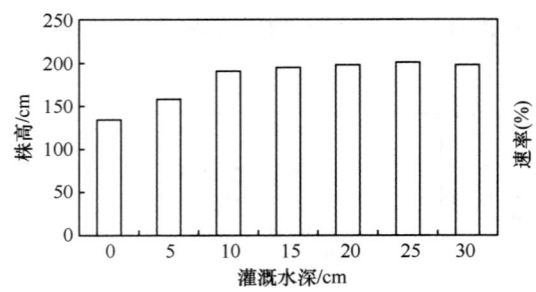

图 4.26 灌溉水深与芦苇株高的关系

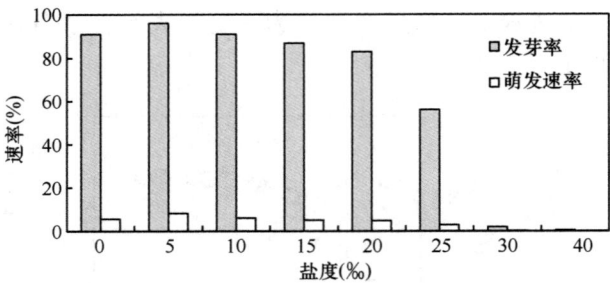

图 4.27 不同盐度下芦苇种子的发芽率和萌发速率

#### 4.2.2.6 微咸水条件下芦苇湿地的物质积累特征

氮、磷和有机质在环境中的积累特征可以通过其垂直分布规律来表征。研究区域苇田积水盐度变化范围为 0.5‰~4.2‰。0~5 cm 表层土壤总氮含量最高（0.67%），表层至 5~10 cm 次表层总氮含量降低最快，10 cm 以下变化较小；其中 40~50 cm 土层总氮含量最低为 0.045%，其总氮含量与表层相差约 13.8 倍。天然湿地土壤中的氮素主要来源于动植物残体和生物固氮，少量来源于降水，其最终来源是大气中的氮。而大气中的氮素必须通过湿地土壤中固氮细菌和蓝绿藻的活动才能进入生物体，所以氮素主要分布于生物活动区，尤其是植物根系分布区。土壤对氮素的吸附主要发生在表层，越往下吸附能力越弱，所以土壤表层氮素含量要显著高于下层土壤。整体上土壤总氮含量随着土壤深度的增加呈逐渐降低的趋势。

土壤中总磷的垂直分布与总氮相似，总体上仍呈现从表层到底层逐渐减少的趋势。磷素主要集中在 0~15 cm 土层，表层土壤总磷含量最高（0.088%），表层至 5~10 cm 次表层磷含量降低最快，10 cm 以下变化较小，但是在不同层次出现的小幅度波动；其中 50~60 cm 土层总磷含量最低（0.034%），其总磷含量与表层相差约 1.6 倍。自然土壤中的磷素一方面与氮素的来源相同，即动植物残体归还，另一方面来源于成土母质，其含量主要受土壤类型和气候条件的影响。同时，难溶态磷酸盐主要累积在土壤表层，可溶态磷酸盐易被土壤胶体所吸附，向下淋失量很小，因此湿地表层土壤中全磷质量分数显著高于下层土壤。辽河芦苇湿地中的磷亦被吸附在表层，呈现表层显著高于下层的分布规律。

土壤中有机碳的垂直分布直接受植物根系分布的影响。一方面大量死根的腐解归还为土壤提供了丰富的碳源；另一方面大量的地表枯落物也是表层土壤有机碳重要的碳源物质；表层以下植物根系的分布较少，土壤中有机碳含量开始明显降低。表层有机碳含量为 6.5%，表层至 5~10 cm 次表层迅速降低至 2.4%，再至 10~15 cm 层为 1.4%，表层有机碳分别约是次表层和下层的 2.7 倍和 4.7 倍，呈现显著降低的趋势；整体上土壤有机碳含量随着土壤深度的增加呈逐渐降低的趋势。比较土壤中总氮的含量可知，有机碳和总氮的垂直变化特征相似，具有很好的相关性（$r=0.9980$）。

土壤中石油类的垂直分布没有明显的变化规律。一般情况下，土壤中石油类含量由表及里呈逐渐降低的趋势，本研究土壤中石油类含量在底层有较大值出现，可能是经过常年的积累，石油类在湿地土壤中发生了迁移的结果。芦苇的根茎能使土壤中形成发达的垂直型与水平型根孔系统，这些根孔相连接构成了庞大的地下根孔导流系统，形成物质传输的优先通道，对土壤中石油类的迁移具有重要的作用。

#### 4.2.2.7 微咸水灌溉对土壤水初始入渗率和水稳性团粒结构的影响

研究区域盐度变化为 0.6‰~4.0‰，监测土壤水初始入渗率和水稳性团粒结构如图 4.28 所示。在研究区域，土壤水初始入渗率和水稳性团粒结构未出现显著变化，可能与微咸水利用时间较短，或者每年苇田积水的排放与输入，降低了盐在土壤中的含量有关。但是长期的微咸水灌溉能降低土壤水初始入渗率，增加水稳性团粒结构，改变土壤的全盐量和化学组成。微咸水灌溉的长期效应，有待长时间序列的研究。

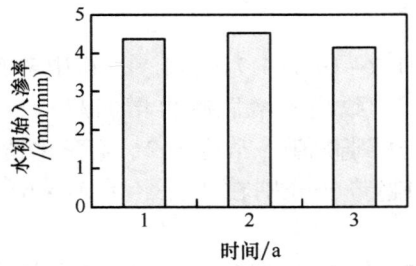 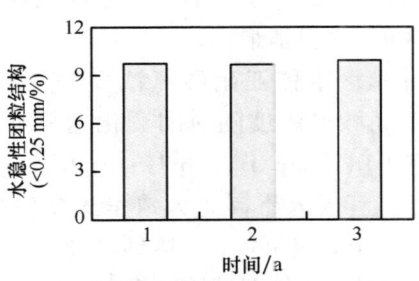

图 4.28 微咸水环境下土壤水初始入渗率和水稳性团粒结构

### 4.2.3 苇田河蟹养殖过程的生态学效应

#### 4.2.3.1 研究区域和实验方案

选取苇田面积分别约为 20.00 hm² (采样点 1)、40 hm² (采样点 2)、66.67 hm² (采样点 3) 和 166.67 hm² (采样点 4) 的 4 个苇田河蟹养殖区作为采样点 (图 4.29),河蟹放养规格分别为 4 g/只、4 g/只、5 g/只和 5 g/只,放养密度分别为 208 只/亩、292 只/亩、220 只/亩和 120 只/亩。为了保证样品代表性,根据苇田面积大小,分别在采样点 1~4 设置采样站位为 2 个、3 个、4 个和 5 个。分别于 2014 年 4 月 25 日、6 月 11 日、7 月 15 日、7 月 31 日、8 月 19 日和 9 月 25 日完成了 6 次采样调查,调查项目包括水体中的 TN、TP、氨氮、硝酸盐氮、亚硝酸盐氮、磷酸盐和 COD。

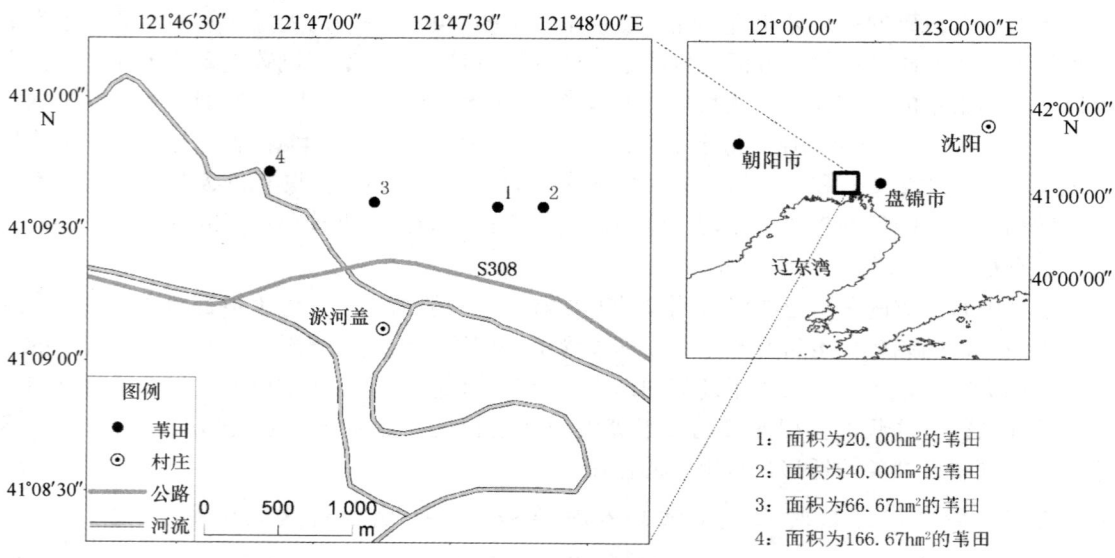

图 4.29 苇田河蟹养殖过程的生态效应研究调查采样点

#### 4.2.3.2 水体中营养盐、总氮和总磷的变化

在研究区域中,芦苇河蟹养殖区氨氮浓度总体变化范围为 0.04~1.25 mg/L,在 7 月底达到最大值,9 月值最小。

各养殖区水体亚硝酸氮浓度均较低 (0.0017~0.0147 mg/L),其中养殖区 1、3 水体亚硝酸氮浓度随时间变化趋势基本一致,大致呈先增后减再增的趋势,分别在 9 月 (0.0147 mg/L)、6 月 (0.0064 mg/L) 达到高值;养殖区 2、4 变化情况与养殖区 1、3 有很大不同,大致呈先减后增再减的趋势,分别在 4 月 (0.0106 mg/L)、7 月底 (0.0094 mg/L) 达到高值。

4 个养殖区水体亚硝酸氮浓度均在 8 月最小 (0.0017~0.0025 mg/L)。4 个养殖区的水体硝酸氮浓度在各调查时间均低于 0.1 mg/L,且 4 个养殖区呈现相同的变化情况,均为先降低后在一定范围内波动的趋势,整体的变化范围为 0.0015~0.0636 mg/L,但极值出现的时间不同。4 个养殖区水体磷酸盐浓度随时间变化趋势基本一致,大致呈先增后减趋势,整体变化范围为 0.002 4~0.066 0 mg/L，浓度在各调查时间均较低。总氮浓度变化范围为 0.65~6.88 mg/L，变幅较大，在 6 月或 7 月值最大，4 月值最小。

总磷浓度变化范围为 0.05~0.31 mg/L，7 月中旬值最大，7 月底值最小；COD 变化范围为 1.54~4.68 mg/L，7 月中旬值最大，6 月值较小。

水体中营养盐、总氮、总磷的变化归因于很多因素的综合作用，这些因素包括河蟹养殖活动中的投饵、河蟹代谢产物及残饵的分解、芦苇的生长吸收、温度等环境因子。各养殖区水质指标的差异，可能是因为养殖模式（苇田面积、养殖密度、投饵方式、饵料结构等）不同导致的。

#### 4.2.3.3 底泥中总氮、总磷的变化

4 个养殖区底泥中总氮的时空变化如图 4.30 所示，总氮的变化范围为 1.282~7.048 mg/g，变幅较大，总体呈现先增后减再增的变化趋势。且 4 个养殖区底泥中总氮的浓度均在 6 月最大，最小值出现的时间略有不同，养殖区 1、2、4 均在 8 月最小，而养殖区 3 在 4 月最小。

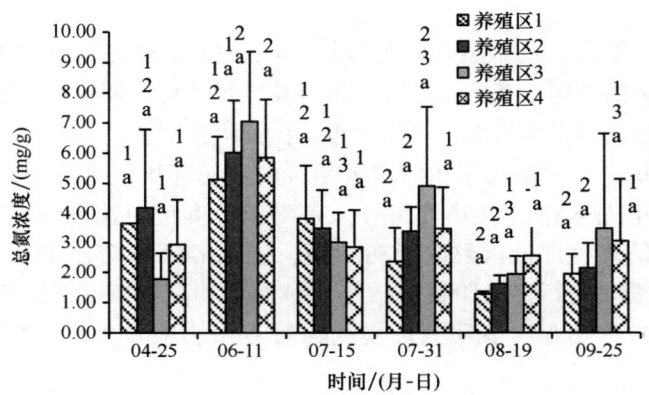

图 4.30 辽河口湿地苇田河蟹养殖区底泥中总氮的时空变化

根据图 4.31，4 个养殖区底泥中总磷浓度随时间的变化趋势基本一致，大致呈先减后增再减再增的趋势，在 7 月中旬和 8 月有两个低值（0.726~0.947 mg/g），4 月、7 月底和 9 月为高值（0.780~1.638 mg/g）。养殖区底泥中总氮、总磷的含量与物理、化学、生物等因素有重要的关系。

#### 4.2.3.4 水质状况评价

采用综合水质标识指数法对辽河口苇田河蟹养殖区水质状况进行评价，结果表明，苇田河蟹养殖区 7 月底水质状况最差，均为Ⅲ类水质或Ⅳ类水质；其次为 6 月，养殖区 3 为Ⅳ类水质；4 月各养殖区间水质状况不同，从Ⅱ类水质到Ⅳ类水质变化；其他月份水质状况均为Ⅲ类水质或Ⅱ类水质。4 月和 7 月中旬主要污染因子均为总氮和总磷；7 月底主要污染因子为氨氮和总氮；6 月、8 月和 9 月主要污染因子为总氮。

采用潜在性富营养化评价法对苇田河蟹养殖区水质状况进行评价。结果表明，各苇田河蟹养殖区的水质状况在 6 月最差，4 个养殖区均为富营养水平。其次为 7 月底，营养级别为富营养或潜在性富营养。4 月和 9 月的水质状况最好，总体上水质状况均为贫营养水平。

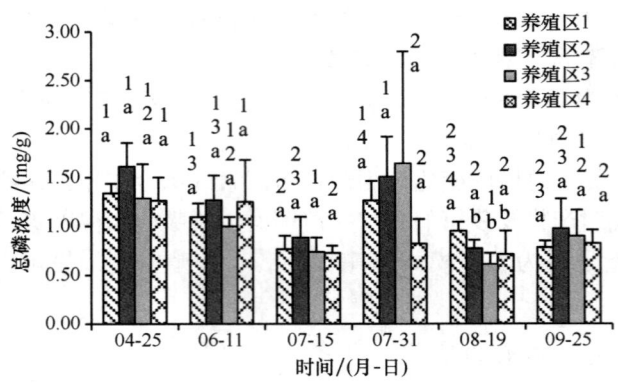

字母代表相同时间不同养殖区间的比较，有相同字母表示差异不显著（$P>0.05$），反之差异显著（$P<0.05$）；数字代表相同养殖区不同时间的比较，有相同数字表示差异不显著（$P>0.05$），反之则差异显著（$P<0.05$），后同

图 4.31 辽河口湿地苇田河蟹养殖区泥样中总磷的时空变化

以苇田水体中的氨氮、亚硝酸盐、硝酸盐、TN、COD 和底泥中的 TN 作为对苇田养殖环境氮富营养化评价的指标，基于主成分分析对其进行评价。评价结果表明养殖区 3 水体中的氨氮和总氮对水域环境影响较大，可作为重点污染阻控对象。

采用主成分分析—熵权法对苇田河蟹养殖区的生态环境评价的结果为：苇田湿地的环境评价指数总体上呈先下降后上升的趋势，表明苇田湿地对河蟹养殖污染起到了净化作用，然而养殖末期的环境评价指数低于初始值，说明养蟹所带来的污染量已超出了苇田湿地的净化能力，需要进行污染阻控。较小水域面积和高养殖密度的养殖区 1 和 2 的评价结果较差，且波动较为明显，表明其环境受河蟹养殖影响较大，应降低上述 2 个养殖区的河蟹养殖量。

#### 4.2.3.5 成蟹产量的影响因子分析

通过对苇田养殖各项指标进行比较，发现饵料结构、蟹苗投放密度、苇田结构和面积是影响成蟹产量的主要因子。首先，本研究中发现饵料存在投喂过剩现象，剩余的饵料的氮、磷会以其他形式进入到养殖水体中，从而改变水体中的营养盐含量，对河蟹生长发育产生影响；其次，投喂饵料的蛋白含量过低，影响了蟹的生长和发育；最后，16.50 kg/hm² 为较为适宜的蟹苗投放密度。此外，面积较大的苇田由于其具有相对较广的水域面积，利于河蟹的生长和发育。

#### 4.2.3.6 氮磷收支特征

氮、磷的输出结构同时受饵料结构、养殖密度、苇田面积、河蟹数量等因素的影响。首先，较高的河蟹及数量可以促进水体中有机氮、有机磷转化为无机氮、无机磷，进而利于提高芦苇的净化效率。其次，研究发现饵料投喂存在相对过量，需要进一步优化饵料结构，减少饵料中氮的输入对水体的影响。此外，苇田水体体积较大，生物容纳量相对较大，也可以促进水体中有机氮、有机磷转化为无机氮、无机磷，进而利于提高芦苇的净化效率（图 4.32）。

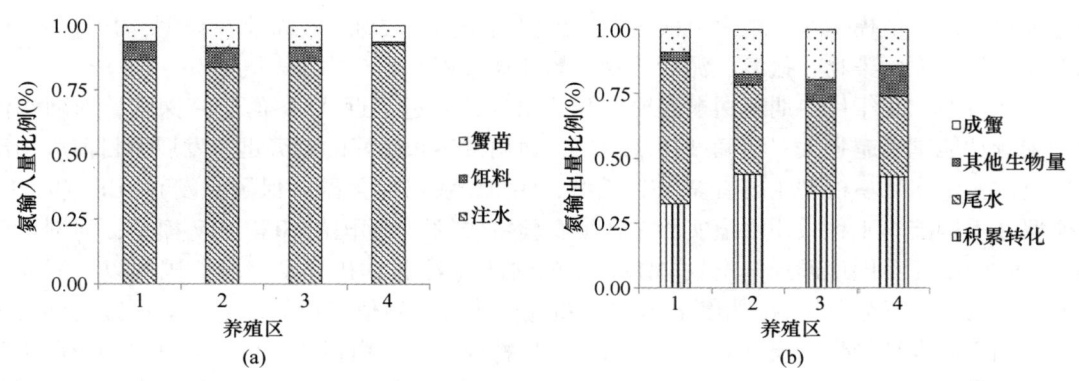

图 4.32 养殖区氮输入与输出

## 4.3 水利工程影响下的苇田用水配置方案与调控技术

水资源优化配置是指在流域或特定的区域范围内，遵循公平、高效和可持续利用的原则，通过各种工程与非工程措施和合理抑制需求、有效增加供水、积极保护生态环境等措施，对多种可利用水资源进行合理调配，实现有限水资源的经济、社会和生态环境综合效益最大化。

20世纪60年代水资源优化配置需求逐渐出现，自20世纪70年代以来，以数学理论为基础的数值模拟迅速发展并且广泛应用在水资源领域，使得水资源优化配置的研究成果日益丰富。20世纪90年代后，由于经济发展带来的水污染问题和水资源短缺问题，以经济利益最大化为目的的水资源优化配置方式已暴露出弊端，为此，在国际上在水资源优化配置研究中，开始更加注重水质健康、环境效益以及水资源的可持续利用。在国内，水资源优化配置方面起步虽晚，但经过近些年的发展，也取得了颇为丰富的研究成果。如万新宇等（2012）通过江苏沿海围垦区域水资源优化配置与联合调度研究，在为研究区水资源保障提供技术支持的同时，进一步丰富了我国水资源合理配置的研究案例，为我国沿海地区的水资源可持续利用积累经验和提供示范。李新攀（2012）针对石羊河流域水资源存在的问题，建立多目标的石羊河流域水资源优化配置模型，分别用多种算法求解，综合分析方案后，选出不同的优化配置方案。

为缓解河口区苇田生态用水量与水质性缺水之间日益突出的矛盾，保证芦苇的健康生长，考虑到目前当地仍采用人工抽取河水的方式进行灌溉，以辽河口芦苇湿地羊圈子苇场为研究区，结合辽河口湿地苇田灌溉用水供需现状，研究苇田进水、出水水流的运动特征和水质变化规律，利用苇田二维水动力和对流扩散调控模型，模拟分析涵洞等水利工程对芦苇湿地水量和水质的影响程度，建立满足苇田用水的水资源合理利用调控方案，为保证苇田生态用水量和保护苇田生态功能提供水量保障。

### 4.3.1 水利工程影响下湿地河网水质动态变化

由于河口地区复杂的水系结构、地貌特征和水动力特性，针对感潮河网的数值模拟充满了困难和挑战，属于河口研究的难点、热点问题。近年来，不断发展和完善的河口海岸动力理论使得河网数值模型从一维水流模型发展到河网及河口二维、三维水流模型,并且能够模拟在潮流作用下污染物、盐度、泥沙等物质的迁移过程。

从20世纪20年代中期河网水流模型开始出现,经过了近90年的研究探索,河网水流模型朝着功能越来越强大、精确度越来越高、通用性越来越好的趋势迅速发展。目前应用比较广泛的一维水环境模型主要有WASP模型、QUAL系列(美国环保署研发),CE-QUAL-R模型(美国陆军工程兵团水道实验站环境实验室研发),德国的SIMUCIV模型,河网温度模型SNTEMP(美国地调局开发),MIKE系列软件(丹麦DHI开发)等。国内以河海大学开发的Hwqnow模型为开端,相继出现了一批用于水环境数值模拟的模型。众多国内外专家学者利用不同类型的数值模型对河口的水量水质特征进行了模拟和分析,并且成功应用于实际工程建设中。Vuksanovic等(1996)建立了WASP水质模型,并将其应用于分析多氯联苯有机污染物在欧洲斯海尔德河口的迁移转化规律和影响因素。Simons等(1996)建立了IQQM模型,将水量和水质进行耦合模拟,并成功将模型应用于澳大利亚西南威尔士地区的水资源规划管理。

国内在河网水动力模型和水质模型的研究开始较晚,但发展至今成果也颇为丰富。徐祖信和卢士强(2003)对上海市平原感潮河网进行合理概化后,根据一维圣维南方程、汊点连续方程等构建了河网水动力模型。严文武和邹长国(2007)在对平原感潮河网的水力特性研究基础上,构建了水动力数学混合模型并进行了验证,表明该模型可以应用于平原河网的水力计算。卢士强和徐祖信(2003)比较了平原河网水动力模型的几种方法,指出了河网数值模拟的主要发展方向,并且利用河网非恒定流水动力模型的控制方程组和汊点衔接条件,建立了水动力—节点河道模型。袁雄燕(2008)则建立了荆江—洞庭湖河网数学模型,成功模拟了荆江分洪区假定分洪的情景。邵卫云和钟力云(2006)在已有的邻接矩阵和邻接表概念的基础之上,提出了新的拓扑结构,利用虚设河段法实现了基于GIS平台的城市河网非恒定流一维数值模拟,并对模型模拟城市河网的洪水过程进行验证。戴文鸿和张云(2010)建立了一维河网水流模型应用于赣江尾闾段,根据输出结果制定了主要站点的洪水警戒水位。王浩(2006)建立了河段双向波水位预测模型,并将模型分别应用于长江和曹娥江河段上,均得到了较好的效果。

当模拟水域横向空间尺度存在较大差距时,一维水流模型无法计算河流细部变化,因此仅使用一维水流模型无法得出准确的结论。二维模型解决了一维模型的缺点和不足,并逐步成熟,得到了广泛的应用。郑国栋等(2010)在一维河网数学模型基础上,嵌套平面二维数学模型,研究了珠三角河网区下游的虎门大桥工程河段的水动力环境。张士奇(1990)利用一维、二维连接的数学模型对黄河口冲淤状况进行了研究,分析了入海水沙与风吹流、潮流相互作用对黄河口冲淤规律及絮凝的影响,并在此基础上设计了几种河口规划方案以供有关部门参考。龙江和李适宇(2007)设计了珠江河网一维、河口二维水动力联解模型,实现了一维大型河网整体求解的构想,有效地解决了模拟不同形态流场水流的问题,取得了理想的成果。Yassuda等(2000)建立了二维水动力—水质耦合模型——WQMAP,该模型能精确分析各点源水体溶解氧随水温、河水流动的变化,并成功应用于美国加利福尼亚州海岸的查尔斯顿港河口区,该研究表明监测方案结合数值模拟可用来对污染负荷进行定量评估。

另外,MIKE21是一款应用较为广泛的商业模型,它是由丹麦水力学研究所(DHI)开发的平面二维数学模型,几乎可应用于各种水环境、生态环境的数值模拟,可以为海岸规划等各类工程应用提供准确有效的参数和设计条件。梁云等（2013）根据洪泽湖的地形和水文条件，建立并验证了MIKE21水动力学模型，并且成功地模拟了洪泽湖的水位变化过程。焦璀玲等（2008）采用了MIKE21水动力模型对山东平阴人工湿地进行了二维流场模拟，为了实现示范区污水净化这一目的，确定了有利于污水净化的最优方案。郭鹏程等（2014）采用MIKE21水动力水质耦合模型模拟了北川河生态湖在不同方案下的流场及水体交换情景，并经过综合分析后得出了最优的调水设计方案。王哲等（2008）对金仓湖提出了7种不同调水设计方案，应用MIKE21软件模型分别模拟计算了各方案下的湖泊流场，同时对金仓湖的水质变化规律进行分析和预测，最终确定了合理的设计方案，为有效地设计和管理金仓湖提供理论支持。

三维模型可更加精准地反映出真实的水流特性，模拟许多一维、二维模型不能模拟的环境。但所需的实测资料非常多，计算量大且过程异常复杂，对计算机的要求较高。因此，二维、三维耦合水流模型研究成果并不丰富，且都应用于特定的水流环境计算中。黄玉新和张宁川（2013）基于非结构网格有限体积法构建了二维和三维耦合水动力模型并验证了模型的精确度、可靠性和实用性，表明该模型可在实现较高的计算精度条件下，同时提高工作效率。尹则高（2005）对输水工程复杂边界条件下的二维、三维水流的几个算例进行了数值模拟，得到了各水力参数的分布状况和分布规律，其结果可为同类型的复杂边界条件下的输水工程提供相应的技术参考和指导。

本研究将在MIKE21模型基础上，以实测数据为基础构建辽河口芦苇湿地水动力和水质模型，模拟分析涵洞等水利工程对芦苇湿地水量和水质的影响程度，建立满足研究区苇田用水的水资源合理利用调控方案。

#### 4.3.1.1 水动力模型的建立

本研究将构建MIKE21 Flow Model FM水动力模型，主要包括剖分地形网格、创建边界条件，率定敏感参数和验证模型结果等。其中，地形网格文件（*.mesh）、时间序列文件（*.dfs0）、结果文件（*.dfsu）和控制文件（*.m21fm）都是构建模型必不可少的文件。

网格剖分首先需要确定模型的模拟区域以及地形网格的分辨率，之后在定义完陆地边界和开边界后进行网格剖分，最后利用已有的高程数据进行地形插值。

本次研究区域范围为41°09′—41°10′N，121°45′—121°48′E，如图4.33所示，采用UTM（Universal Transverse Mercator）投影。

根据研究区域的地形特点，即环沟及进水渠高程低于苇田部分高程以及苇田中水流的运动状况，通过多边形控制将环沟和进水口等部分区域进行了加密处理，并且将进水渠的网格类型设置为四边形网格，其余为三角网格，以提高模拟的精度。最后生成含有7 028个节点、11 496个网格单元的非结构网格，如图4.34所示。从地形插值图（图4.35）上可以看出，环沟部分的高程基本维持在1.5~2 m，部分区域高程超过3 m。

#### 4.3.1.2 初始条件和边界条件

水动力模型的初始条件包括模型初始时刻的水面高程和水平及垂直方向上的流速。由于本模型模拟的是苇田的进水时段，因此表面高程的初始值以及水平和垂直方向上的流速值均设置为零。MIKE21水动力模块一共包括无滑动陆地边界、通量边界、流量边界、速度边界和水位边界6种边界条件。图4.36中箭头所指的5个进水口（自右向左分别为进水口1~5）处的流量和水位会发生明显的变化，因此将这个5个进水口处的边界条件设置为流量边界，

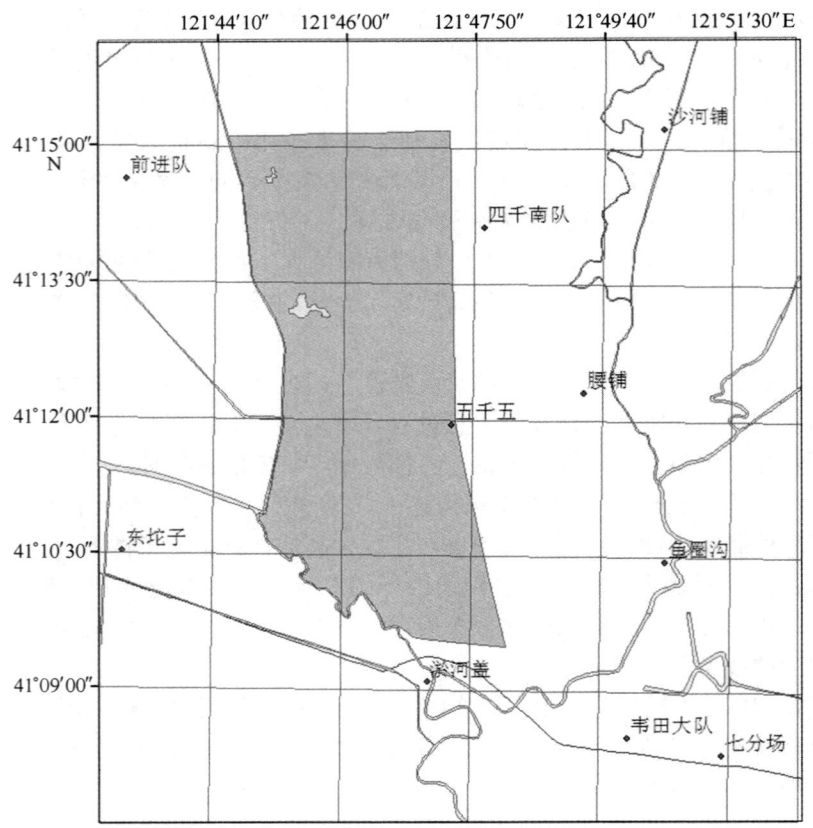

图 4.33 研究区域地理位置图（阴影部分）

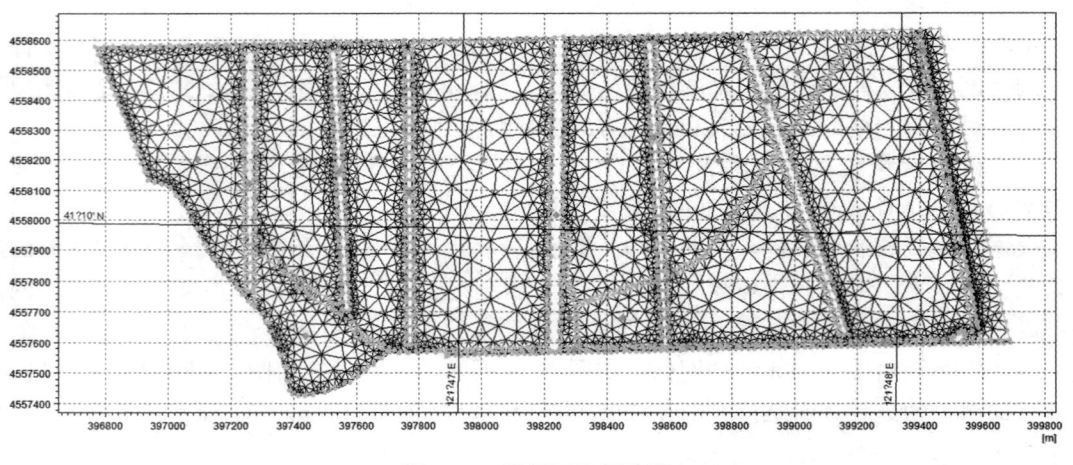

图 4.34 局部网格剖分图

其余的边界设置为无滑动的陆地边界。

### 4.3.1.3 影响因素

水动力模型中的影响因素包括求解格式（solution technique）、干湿边界（flood and

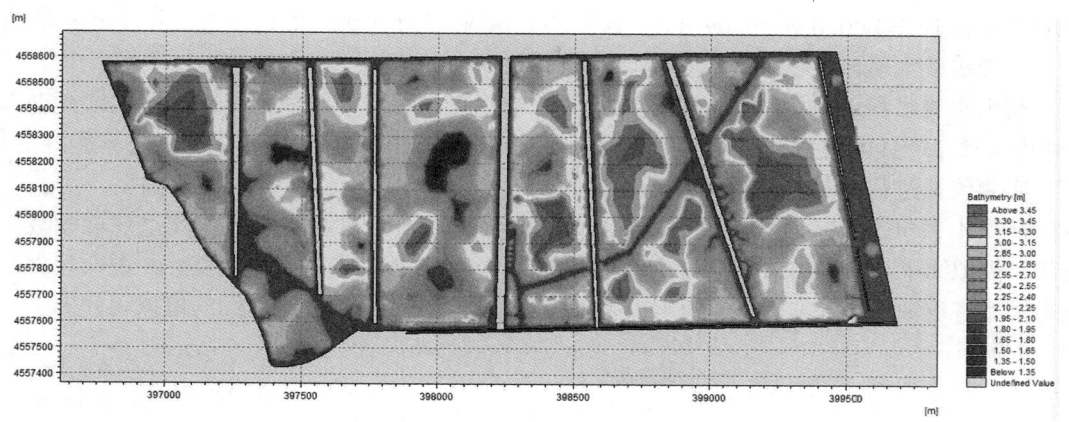

图 4.35　局部地形插值图

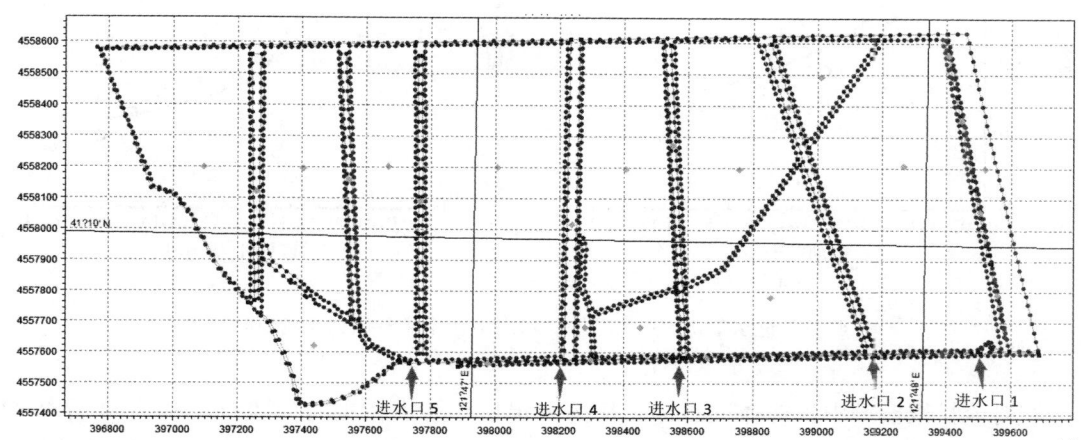

图 4.36　开边界设置示意图

dry)、水体密度(density)、涡黏系数(eddy viscosity)、床底糙率(bed resistance)、科氏力(coriolis force)、风场作用(wind forcing)、冰盖厚度(ice coverage)、引潮势(tidal potential)、降水蒸发(precipitation-evaporation)、波浪辐射应力(wave radiation)、源(汇)项(sources)和水工构筑物(structures)。由于本研究模拟的是苇田进水条件下的水动力场，水流在其中并非静止，而是保持一定的流速，风速值相比于流速值来说小很多，因此风场对水动力场的影响较小，可忽略不计。本研究模拟的时间为 4—5 月，属春季，盘锦市气温远高于 0℃，苇田并不存在结冰的情况，因此冰盖厚度一项在模型中也不予考虑。引潮势是由于地球与月球等其他天体之间的万有引力所形成的一种外力，而波浪辐射是由于波浪运动产生的剩余动量流。研究区域是内陆地区的湿地苇田渠系，因此引潮势和波浪辐射两项影响也不予考虑。

在模型中，水源是由泵站提取。在苇田灌水期间，流量视为恒定不变，因此不需要考虑动量方程，可设置为简单源。根据泵站所在位置，将简单源项设置在图 4.36 最右下角进水口 1 处，根据实测资料计算，将源强设定为 2 $m^3/s$。

利用 2014 年 4 月在羊圈子苇场渠系采集的水样进行了室内静态衰减实验，计算得到

COD 的衰减速率为 0.038~0.09 $d^{-1}$，氨氮的衰减速率为 0.02~0.11 $d^{-1}$，为苇田渠系的一维、二维水流水质调控模型提供了初始水质参数。

利用实测水深地形资料建立示范区苇田一维、二维水流水质耦合调控模型，选择进水口 1 和进水口 2 （具体位置见图 4.36）做率定，输出其在 2014 年 4 月 8—18 日的流速日变化，并与实测流速进行比较，对模型进行验证。

从图 4.37 可看出，模拟流速值曲线与实测流速值变化规律保持一致，均呈现逐渐减小的趋势。模拟结果与实测结果误差均在允许范围内，可以表明二者吻合情况良好。说明建立的水动力模型有重现性，基本能够模拟苇田中水流的运动情况，可以进行后续的模拟和分析。

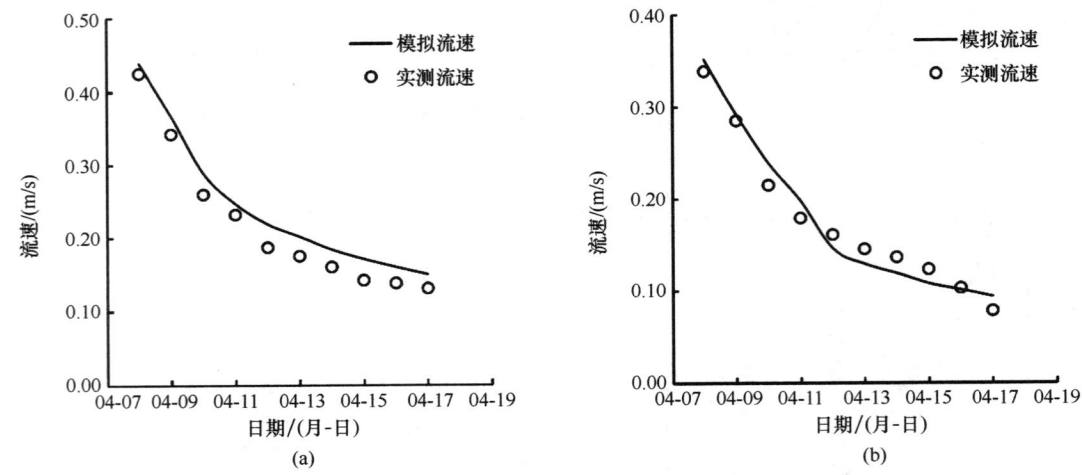

图 4.37 进水口 1（a）和进水口 2（b）流速模拟和实测值测值

在对流扩散模型中，选择进水口 2 作为率定口，输出模拟时间段（2014 年 4 月 8—18 日）内 COD 和氨氮的浓度值的日变化，与 4 月 12 日和 4 月 14 日的实测 COD 值和氨氮值进行比较，结果见表 4.4。

表 4.4 COD、氨氮浓度实测结果与模拟结果比较

| 时间（月-日） | 进水口 | 实测结果/(mg/L) | 模拟结果/(mg/L) | 相对误差 |
| --- | --- | --- | --- | --- |
| 04-12 | COD | 37 | 38.7 | 4.6% |
| | 氨氮 | 0.5 | 0.52 | 4% |
| 04-14 | COD | 35 | 37.8 | 8% |
| | 氨氮 | 0.4 | 0.41 | 2.5% |

从表 4.4 中可以看出，COD 浓度值的模拟结果与实测结果的误差较氨氮的略大，但也仍处于合理的误差范围内，表明在对流扩散模块中设置的水平扩散系数以及衰减系数较为合理。

为定量分析单一水闸的调度对下游 COD 浓度衰减的影响，采用 2014 年 4 月 8—18 日在进水渠第一进水闸上下游进行的实地监测数据。衰减系数的识别结果是，COD 的衰减速率为 $2.315 \times 10^{-6}$ $s^{-1}$，氨氮的衰减速率为 $3 \times 10^{-7}$ $s^{-1}$，模型率定结果和室内静水衰减实验差别较大，主要是由于底泥的吸附与释放作用以及水流流态引起的。

根据本研究结果，5—7 月水中 COD 和氨氮含量较高，且 COD 浓度呈现逐渐增加的趋

势。后期（7—9月）时，湿地COD浓度呈现逐渐降低的趋势。因此衰减系数的设置随月份的不同而不同。根据灵敏度分析的结果，逐步调整污染物的衰减系数，最终COD衰减系数依次设置为：$-4\times10^{-7}\,\mathrm{s}^{-1}$（5—6月）、$-3.5\times10^{-7}\,\mathrm{s}^{-1}$（6—7月）、$1.68\times10^{-7}\,\mathrm{s}^{-1}$（7—8月）、$1.7\times10^{-7}\,\mathrm{s}^{-1}$（8—9月）。氨氮的衰减系数依次设置为：$4\times10^{-7}\,\mathrm{s}^{-1}$（5—6月）、$3\times10^{-7}\,\mathrm{s}^{-1}$（6—7月）、$2.3\times10^{-7}\,\mathrm{s}^{-1}$（7—8月）、$-2.3\times10^{-7}\,\mathrm{s}^{-1}$（8—9月）。COD和氨氮实测值与模拟值对比结果如图4.38所示，可以看出，模拟结果与实测结果均有较好的吻合度，表明此系列的衰减系数比较符合实际情况。

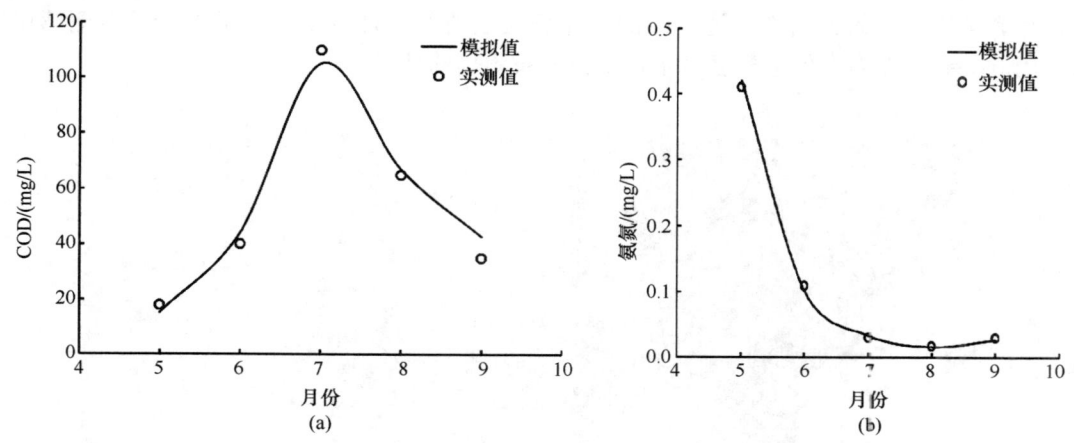

图4.38 COD（a）和氨氮（b）浓度实测值与模拟值对比图

## 4.3.2 水利工程影响下的苇田用水调控技术

为方便分析，根据苇田现有的堤坝，将整个苇田研究区域分成6块小苇田（图4.39），主要分析研究区域的水位分布和进水时间。

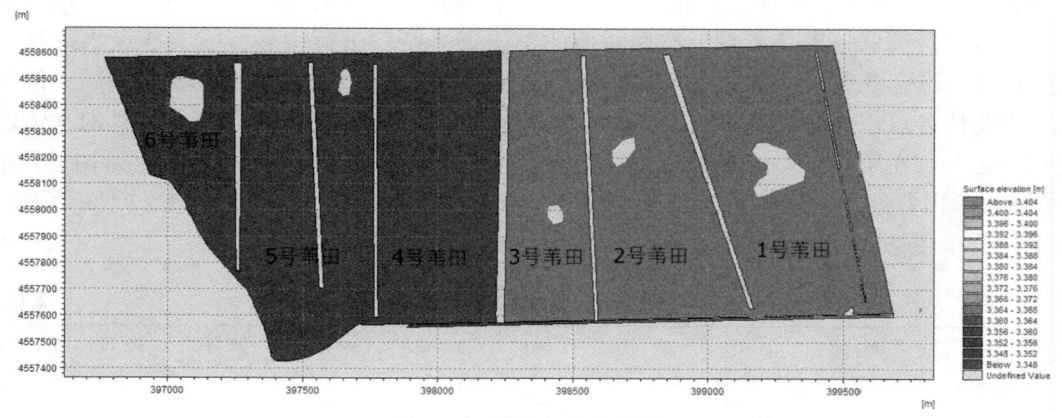

图4.39 最终水位分布图

在1号进水口设置涵洞后，进水10日后，1号苇田进水情况良好，不存在未进水区域，2~6号苇田进水情况相比无涵洞条件下并无明显改善。1号苇田进水状况有所改善，整块苇田均被水淹没，说明在1号进水口处设置涵洞，对调节邻近涵洞的1号苇田的进水情况是有利的。水位达3.15 m时的耗时较无涵洞的情况下缩短3 h 20 min，表明涵洞对调控水流、节约水资源有一定作用。

在 2 号进水口设置涵洞，进水 10 d 后，研究区右侧 1~3 号苇田全部被水覆盖，但相比无涵洞的情况，左侧的 4 号、5 号、6 号苇田进水情况却不乐观，存在较大面积的水位为 0 的区域（图 4.40）。从具体点位的水位数据来看，进水 10 d 后，苇田右侧水位达到 3.55~3.60 m，但左侧的平均水位却只有 3.15 m 左右，左右两部分苇田水位相差较大，说明水流分布极不均匀。分析原因认为，2 号进水口位于右侧苇田区域的中间，在此设置涵洞后，能够较好地调控右侧苇田区域水流运动，使水能迅速进入苇田，但对于左侧苇田区域来说，由于距离和苇田环沟的连通性问题，涵洞的作用无法波及，且由于水大量进入了右侧苇田区域，因此导致了左右两侧苇田区域水量水位分布不均的情况。

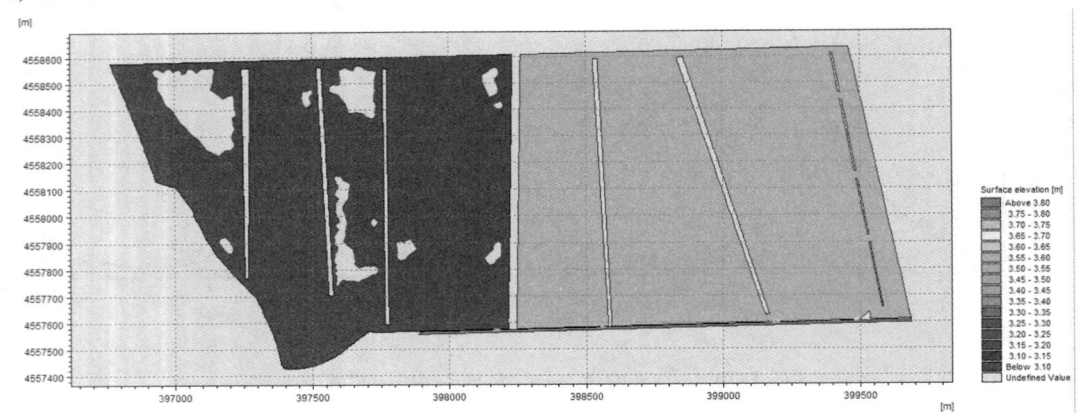

图 4.40 水位分布图

在 2 号、4 号和 5 号进水口处都设置涵洞后，进水时段后期，水流能在整个研究区苇田范围内均匀稳定地流动，最终水位分布非常均匀，且水位达到满足芦苇正常生长所需水位所用时长最短，9 d 进水完成后，苇田内各地方水位均达到了 3.15 m 以上。在 1~6 号苇田内，在同一经度各选取一点控制点，按照对应的苇田编号顺序进行编号，输出各点水位日变化（表 4.5），结合各点水位变化，可以看出，虽然各点出现水位数据的时间各不相同，但在进水后期阶段各点水位增长规律相似，进水后期水位数据也基本保持一致，说明那时水流已经达到稳定并且在苇田内均匀地流动。另外，分析数据可知苇田整体水位达 3.1 m 时，用时 7 d 14 h，苇田各处水位都达到 3.15 m 用时 8 d 9 h。综上所述，无论是从进水时间快慢、最终水位分布还是从节约水资源的角度来看，此方案均为最佳。

表 4.5　各点水位值日变化　　　　　　　　　　　　　　　　　　　　　单位：m

| 日期（月-日） | 04-08 | 04-09 | 04-10 | 04-11 | 04-12 | 04-13 | 04-14 | 04-15 | 04-16 |
| --- | --- | --- | --- | --- | --- | --- | --- | --- | --- |
| 控制点 1 | — | — | — | — | — | — | — | — | — |
| 控制点 2 | — | — | — | — | — | — | — | 3.090 | 3.152 |
| 控制点 3 | — | — | — | — | — | — | 3.026 | 3.090 | 3.152 |
| 控制点 4 | — | — | — | 2.515 | 2.853 | 2.952 | 3.026 | 3.090 | 3.152 |
| 控制点 5 | — | 2.458 | 2.653 | 2.773 | 2.853 | 2.952 | 3.026 | 3.090 | 3.152 |
| 控制点 6 | — | — | 2.653 | 2.773 | 2.853 | 2.952 | 3.026 | 3.090 | 3.152 |

注："—"表示没有水位数据。

### 4.3.3 苇田用水配置方案优化

#### 4.3.3.1 不同水平年供水分析

每年4月中旬为芦苇发芽期（约10 d），这一生长阶段需要进水泡田，一般水位高出苇根15 cm即可满足芦苇生长所需，越快达到进水水位要求越有利于提高芦苇年产量。研究区地势高程基本在3 m以下，因而苇田内水位的最低限值为3.15 m。

通过分析研究区1955—2013年的年降水量可知，盘锦地区降水量在900 mm以上为丰水年，600 mm左右为平水年，500 mm以下为枯水年。模型中选择1972年为枯水年、1994年为丰水年、2008年为平水年进行典型年分析计算。

目前胜利塘泵站的最大抽水量为21.6 m³/s。根据芦苇生长的特性和泵水站实际运行情况，第一次灌溉的抽水时间应不少于8 d，抽水日期为4月8—4月18日。另外由于河道蓄水量有限，所以在方案中胜利塘泵水站根据河道潮汐水位（以一般水深1 m为界）决定泵站的开启。模拟结果表明（表4.6），枯水年胜利塘泵站提取量为18 m³/s 时，可利用的水资源量为$1589×10^4$ m³，其中可利用的微咸水量为$264×10^4$ m³；丰水年胜利塘泵站提取量为20 m³/s 时，可利用的水资源量为$1720×10^4$ m³，其中可利用的微咸水量为$234×10^4$ m³；平水年胜利塘泵站提取量为20 m³/s 时，可利用的水资源量为$1679×10^4$ m³，其中可利用的微咸水量为$247×10^4$ m³。

表4.6 不同用水配置方案运行结果

| 方案 | 水平年 | 泵站 | 泵站流量/（m³/s） | 可利用水量/（$×10^4$ m³） | 微咸水量/（$×10^4$ m³） |
| --- | --- | --- | --- | --- | --- |
| 1 | 枯水年 | 胜利塘 | 18 | 1589 | 264 |
| 2 | 丰水年 | 胜利塘 | 20 | 1720 | 234 |
| 3 | 平水年 | 胜利塘 | 20 | 1679 | 247 |

#### 4.3.3.2 不同水平年配置方案

根据不同水平年胜利塘泵站的抽水量，设置闸门的开启高度分别为60 cm和80 cm，开启次序为先北后南，涵洞的内径分别为60 cm和80 cm。分析整个研究区苇田水位和盐度变化，确定最终不同水平年苇田用水配置方案。

（1）丰水年的最优方案：泵站提取量为21 m³/s，闸门开启高度80 cm，涵洞内径60 cm，水闸开启的起始水位大于4 m，闸门自北向南依次开启，整个示范区全部进水时间约需时8 d 5 h，平均水深22 cm（图4.41a），满足芦苇生长所需的最佳水深，盐度值基本在2.7‰~3.6‰之间。

（2）枯水年的最优方案：泵站提取量为18 m³/s，闸门开启高度80 cm，涵洞内径60 cm，水闸开启的起始水位大于4 m，闸门自北向南依次开启，整个示范区全部进水时间约需时10 d 3 h，平均水深12 cm（图4.41b），基本满足芦苇生长所需的最佳水深，盐度值基本在2.7‰~3.6‰之间。

（3）平水年的最优方案：泵站提取量为18 m³/s，闸门开启高度80 cm，涵洞内径

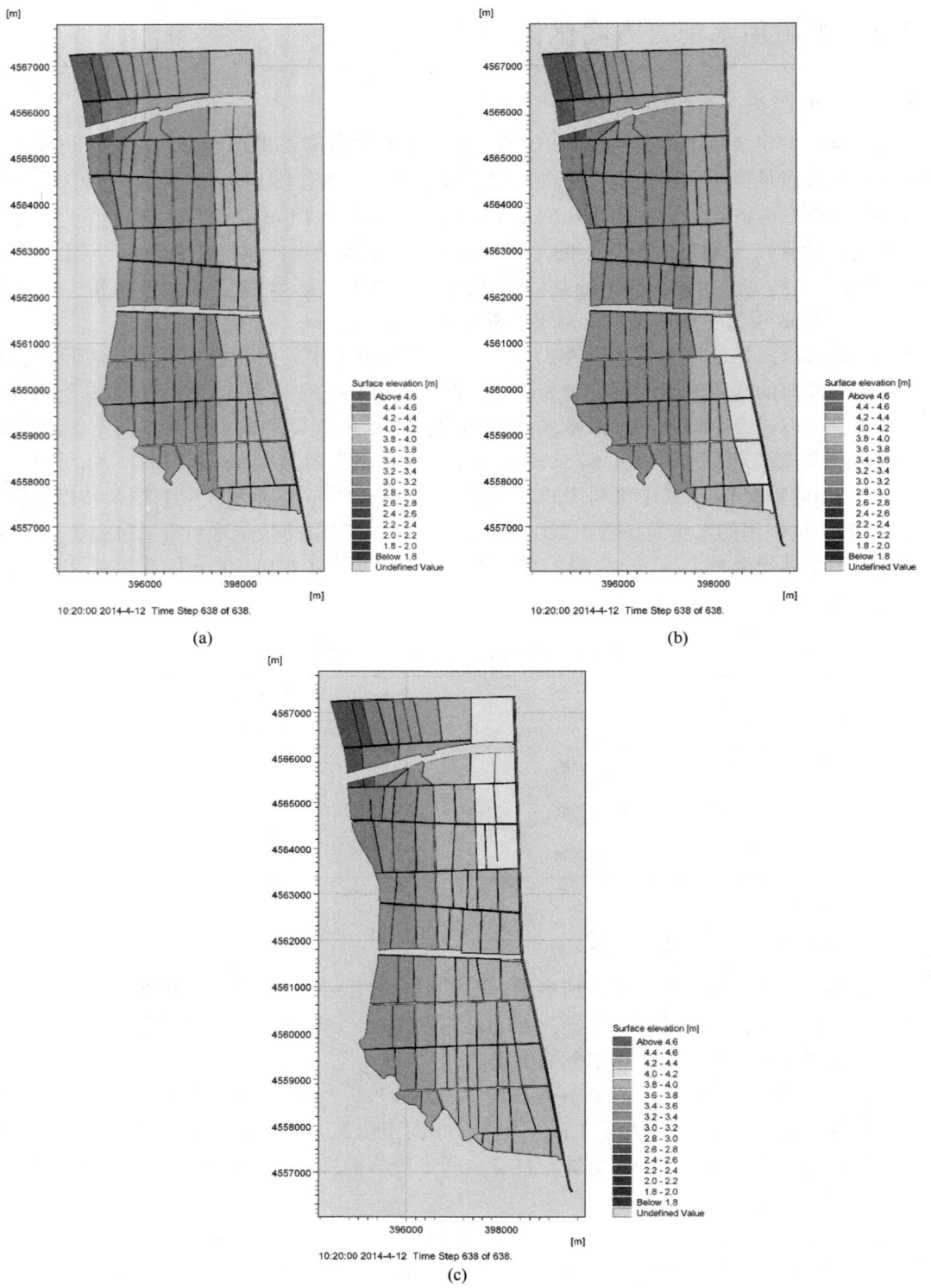

图 4.41 丰水年（a）、枯水年（b）和平水年（c）苇田春灌结束水位分布

60 cm，水闸开启的起始水位大于 4 m，闸门自北向南依次开启，整个示范区全部进水时间约需时 9 d 1 h，平均水深 15 cm（图 4.41c），基本满足芦苇生长所需的最佳水深。盐度值基本在 2.5‰~3.1‰之间。

#### 4.3.3.3 苇田循环水净化方案

研究区内选取边长 100 m×100 m 近似方形的苇田，网格剖分及地形插值如图 4.42 所示。区域的四周是环沟，宽度为 3~4 m。中间的区域是苇田，水进入环沟后，由于环沟的高程低于苇田的高程，所以水流必然会先沿着环沟流动（图 4.43），而不经过苇田降解，这样不利于污染物的去除。在实际工程中，可以在进水环沟处设置一块挡板，将水流截住，待环沟整体水位被抬高后溢过挡板，再流经苇田，以达到更好地去除污染物的目的。

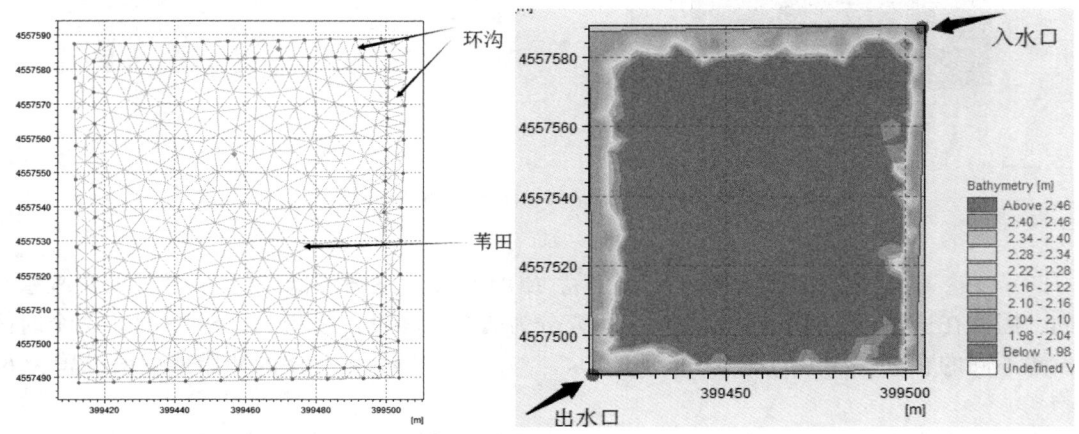

图 4.42 模型概化示意图

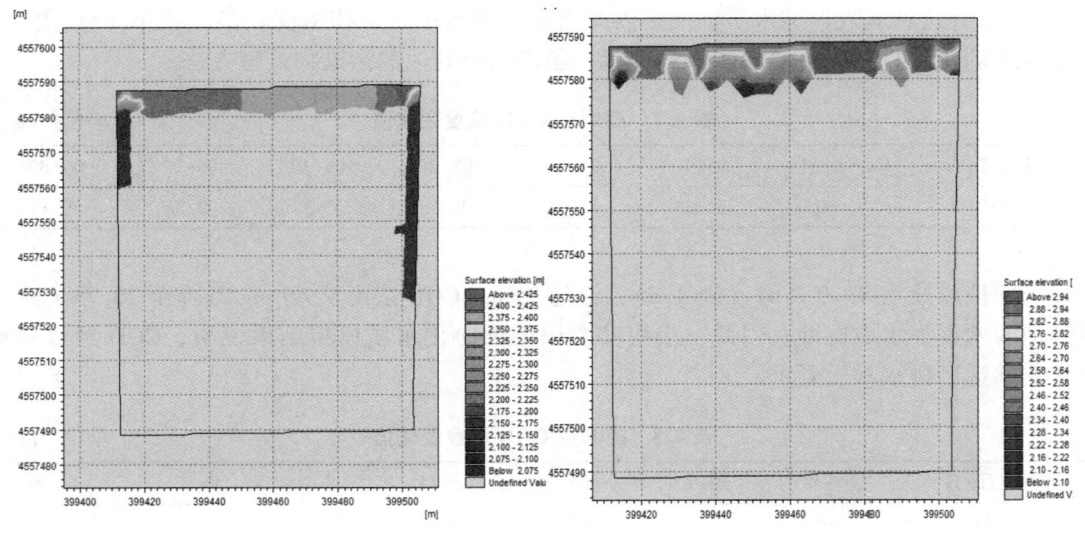

图 4.43 设置堰前、后的水流示意图

以模拟 5—6 月的进水为例，图 4.44 为模型运行 1 个月的最终的水位分布图和流场分布图。从流场分布图看，进水环沟的流速较大；堰的作用在图中也能明显看出，整体水流朝南均匀地向苇田流动；此外整个实验田的水流均朝西南角的出水口处汇集，也表明了源汇对设置的正确性。

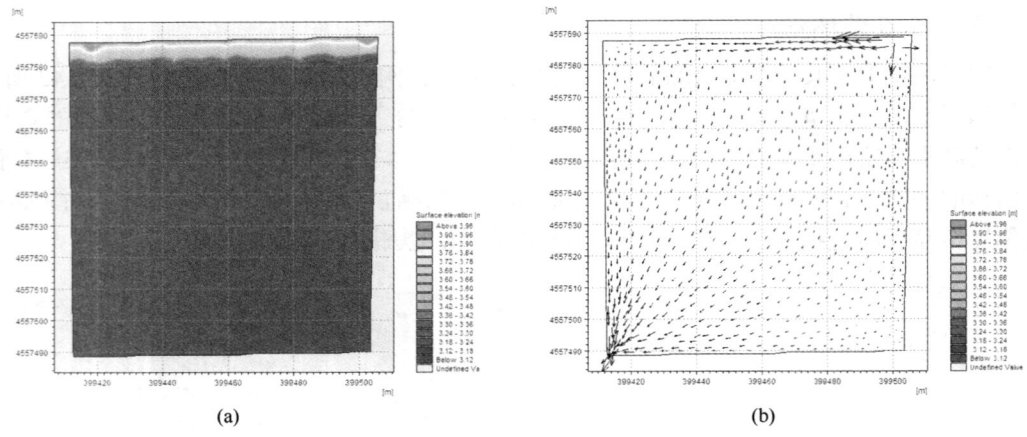

图 4.44 水位（a）和流场（b）分布图

5—7月，COD浓度逐渐升高，7月之后，COD浓度才逐渐降低，但7—9月的衰减系数不同，因此在这里将COD去除效果模拟研究分为两个时间段：7—8月、8—9月。两个时间段设置不同的衰减系数，分别为$1.68\times10^{-7}\ s^{-1}$、$1.7\times10^{-7}\ s^{-1}$。COD的初始浓度值设置为60 mg/L。

模拟时段为5—6月，模型模拟1个月后，选取苇田中控制点，以5 d为单位，输出其COD浓度值（表4.7）。可见，经过30 d的降解后，COD浓度从60 mg/L降至48.98 mg/L，去除率为18.4%，不能满足总体的排放目标；经过60 d的降解后，COD浓度为39.43 mg/L，仍然没有达到地表Ⅳ类水质标准。因此当苇田积水中污染物浓度较高，或苇田处于降解效率较差的时间段时，要使水质参数达标，还需结合其他的污染物处理方法。

表 4.7 控制点COD浓度变化值　　　　　　　　　　　　　　单位：mg/L

| 日期（月-日） | 05-01 | 05-10 | 05-20 | 05-30 | 06-10 | 06-20 | 06-30 |
| --- | --- | --- | --- | --- | --- | --- | --- |
| COD | 60 | 56.33 | 52.53 | 48.98 | 45.35 | 42.28 | 39.43 |

当模拟时段为8—9月时（表4.8），经过25 d，COD浓度从60 mg/L降至26.73 mg/L，达到地表水Ⅳ类水质标准。因此，小块实验田循环净化水质模拟结果说明，COD经过苇田净化能够达到排水水质要求。

表 4.8 控制点COD浓度变化值　　　　　　　　　　　　　　单位：mg/L

| 日期（月-日） | 08-01 | 08-05 | 08-10 | 08-15 | 08-20 | 08-25 | 08-30 |
| --- | --- | --- | --- | --- | --- | --- | --- |
| COD | 60 | 52.43 | 44.30 | 37.43 | 31.63 | 26.73 | 22.58 |

## 4.4 河口区苇田养殖水体污染阻控技术

通过分析河蟹的生物学特征及生态学特性发现，辽河口芦苇湿地非常适合河蟹的生长。苇田可为河蟹提供栖息场所，完成摄食、生长，芦苇湿地中的枯落物及底栖生物、浮游生物等又能为河蟹提供天然的饵料，河蟹养殖过程中的残饵及河蟹的代谢产物可以为芦苇生长提供肥料，实现两个系统的互惠共生。这两个系统的有机结合同时也符合经济学原理，营养物质循环也提高了利用效率。苇田河蟹养殖模式为我国芦苇湿地的开发利用提供了新的思路，从而丰富了生态苇田的技术理论，提高了芦苇湿地的经济效益、社会效益和生态效益（王德林，2008）。自1997年以来，为了提高芦苇湿地的综合利用率，部分苇场开始了苇田养殖活动，芦苇湿地河蟹养殖业已成为各苇场重要的经济增长点（于长斌，2008）。苇田河蟹养殖提高了芦苇湿地的经济效益，但随着苇田河蟹养殖业的发展，养殖规模不断扩大，养殖密度不断提高，生态问题越来越突出，养殖水体污染逐年加剧，养殖水入海已给近海水质造成了影响。此外，有机质的逐年沉积也使芦苇湿地底泥富营养化，对芦苇生长不利，进一步制约了苇田河蟹养殖业的健康发展。因此，应加大对苇田河蟹养殖污染问题的研究，合理控制养殖密度，规范投饵总量，从而保证苇田河蟹养殖业的可持续发展。

养殖水体水质的好坏直接关系着水产养殖业的效益，对养殖生物有非常重要的影响（马从国和赵德安，2011）。营养盐是重要的水环境因子，氮、磷等营养盐是浮游植物生存的物质基础，通过浮游植物的繁殖生长被消耗，而通过有机质的分解又会释放到水体（Riley and Prepas，1985）。营养盐主要指氨氮、亚硝酸氮、硝酸氮和磷酸盐等，氮、磷含量是评价水质状况的重要指标。COD值综合反映了水环境中有机物的含量，因此COD也是重要的水质指标。

水质方面的研究内容主要包括养殖活动对水环境的影响、水质状况的评价、水质指标的变化及养殖过程中对水质因子的调控。陈在新和王文一（2009）探讨了影响鱼类生长发育的主要水质因子，并指出水质状况变差极易引起鱼类发病，甚至死亡；申玉春等（2006）对凡纳滨对虾高位池养殖系统水质状况进行了研究，结果显示养殖中后期水体处于严重富营养化状态；韦蔓新和童万平（2001）用营养状况质量指数（NQI）评价了钦州湾内湾贝类养殖区的水环境状况，并评价了该水域的污染状况。

底泥作为养殖环境的重要组成部分，对于调节水体中营养物质具有重要意义。沉积环境会积累大量的有机物、重金属，吸附氮磷营养盐，反之，富集在底泥中的营养盐又会在一定条件下释放到水体中。沉积物在一定程度上可起到调节和防止水质突变的作用，但过厚的底泥又会对养殖环境带来不利影响，会导致水质变差，引起养殖生物的疾病，降低养殖品种的品质（王象设，1997）。

根据作用机理，养殖废水处理的方法可以分为物理、化学和生物3类技术。常用的物理处理方法有过滤法、吸附法、曝气吹脱法、泡沫分离法等。机械过滤法一般需要额外提供动力，因而增加了水体净化的费用支出，限制了其应用范围。Qin等（2005）在夏威夷州椰子岛的一项中试研究中，利用风力反渗透膜系统对养殖废水中氮的去除及循环再用进行了研究，结果显示，氮的去除效率可达90%~97%，并能够实现228~366 L/h的水量循环，大大降低了运行成本。Nora Aini等（2005）研究了应用超低压非对称聚醚砜膜（PES膜）处理从砂滤池排出的养殖废水的效果。数据显示，总氨和总磷的去除率分别达到85.70%和

96.49%。但总的来说,膜过滤法在水量大、规模大的养殖废水处理应用中还存在一定局限,运行费用以及膜污染问题都是其广泛应用的障碍。

化学净化技术是指养殖废水中的污染物质与投加化学试剂发生反应,生成无害物质或絮凝沉降到底部,达到改善水质的目的。处理对象主要是无机的或有机的溶解物质或胶体物质。目前,针对养殖废水处理的化学净化技术有强氧化法、絮凝沉降和电化学法等。有研究表明,在循环水养殖系统中每投加 1 kg 饲料,加入 3~25 g 臭氧能够净化水质并能提高鱼的生长速率。Tango 和 Gagnon(2003)在用臭氧氧化法处理海水养殖废水的研究表明,TOC 的量减少了 15%。此外,臭氧还具有分解成氧气的特性,使水体中的溶解氧含量较为充足。因此,臭氧在养殖废水的处理中可以消毒灭菌、分解有机物、补充氧气,具有见效快、无二次污染等优点,但是臭氧氧化技术的大规模使用成本较高,且水体中剩余的臭氧对鱼蟹等有较大毒害作用。

水生动植物和微生物可以利用水体中的营养物质以及水产动物的代谢物、残骸作为营养物质,经过吸收、转化、代谢等将污染物质从水体中除去。Marinho-Soriano 等(2011)应用大型藻类江蓠和卤虫对养殖废水进行处理,研究发现,大型藻类江蓠和卤虫混合使用时对养殖废水的净化效果最明显,氨氮、亚硝氮、硝氮以及总氮去除率分别达到 29.8%、100%、72.4%和 44.5%。魏海峰等(2008)将动物、植物、微生物联合使用,选择合适的动物、植物、微生物组成复合生物过滤器,对养殖废水进行处理,对水体中的氨氮和无机磷具有明显的去除效果。彭建华等(2004)利用综合生物塘处理养殖废水,在塘中种植金鱼藻、灯心草、眼子菜等 5 种水生植物,放养圆田螺、无齿蚌和细鳞斜颌鲴。15 d 后,氨氮、硝氮、COD 和总磷去除率分别达到 70.5%、47.2%、53.0%和 47.4%。Ghaly 等(2005)研究了紫花苜蓿、白三叶草、燕麦、冬黑麦、大麦 5 种植物对水产养殖废水的净化能力。结果显示冬黑麦、大麦、燕麦能够较快地生长且对真菌病表现出较好的耐受性,对水体中的 COD、硝氮、亚硝氮、磷酸盐均具有很好的去除效果。

辽河口芦苇湿地河蟹养殖业快速发展,养殖规模不断扩大,对芦苇湿地水体及沉积环境的影响越来越明显。因此,极有必要深入分析河蟹养殖活动对辽河口芦苇湿地的影响,并选择适合的养殖水体污染阻控技术。

## 4.4.1 养殖水体污染控制生物填料的制备与优化

### 4.4.1.1 多孔介质生物填料制备

以辽宁省盘锦市常用的、分别来自内蒙古元宝山、辽宁清河门和辽宁南票的燃煤的煤渣为研究对象。将 3 种煤渣分别放入 105℃条件下烘干 24 h,研磨至 20 目,备用。其化学成分见表 4.9。

表 4.9  3 种煤渣化学成分(%)

| 组成 | $SiO_2$ | $Al_2O_3$ | TFe | $TiO_2$ | CaO | MgO | CaF | $MnO_2$ |
|---|---|---|---|---|---|---|---|---|
| 南票煤渣 | 65.17 | 19.68 | 5.97 | 0.61 | 1.24 | 2.15 | 0.39 | 0.74 |
| 元宝山煤渣 | 60.77 | 18.15 | 4.88 | 0.33 | 1.05 | 1.85 | 0.28 | 0.73 |
| 清河门煤渣 | 62.25 | 20.72 | 5.75 | 0.59 | 1.33 | 2.05 | 0.35 | 0.85 |

3种煤渣滤液中有害金属的含量见图4.45。经过5种不同的预处理方法后，其所含不同金属的含量表现出不同的变化特征。在3种煤渣经过5种处理方法后，其渗滤液中Cu、Cd和Cr的含量变化与渗滤液中As的含量变化相似，在不同浓度的HCl浸泡处理后，渗滤液中Cu、Cd和Cr的含量会出现不同程度的下降。而经添加0.05 mol/L和0.1 mol/L的$H_2O_2$的第4种和第5种的处理方法浸泡处理后，3种煤渣的渗滤液中Cu、Cd和Cr的含量却出现了一定程度的增加。金属Al在3种煤渣中的含量最高，经过4 mol/L、6 mol/L和7.2 mol/L的HCl浸泡处理后，其渗滤液中Al的含量明显减少。同时，从图中可知，HCl浓度的增加

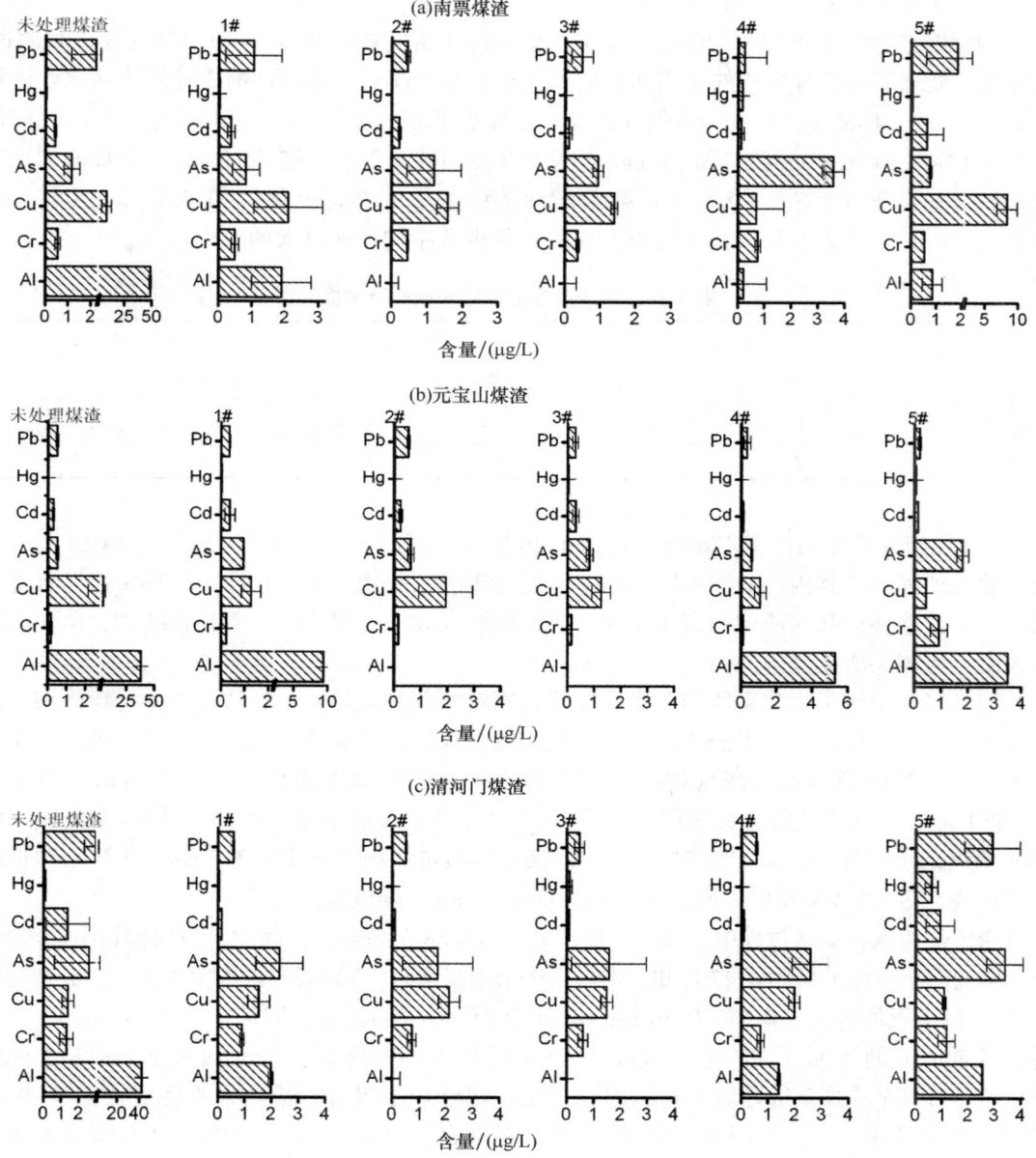

1# 4 mol/L HCl, 2# 6 mol/L HCl, 3# 7.2 mol/L HCl, 4# 6 mol/L HCl 和 0.05 mol/L $H_2O_2$, 5# 6 mol/L HCl 和 0.1 mol/L $H_2O_2$

图4.45 3种煤渣经改性后浸出液中有害金属的含量

有利于去除煤渣中的 Al，经过 6 mol/L 和 7.2 mol/L 的 HCl 浸泡处理后，煤渣浸出液中 Al 的含量低于检出限。而在第 4 种和第 5 种处理方法中，由于添加了 $H_2O_2$，煤渣渗滤液中 Al 的含量同样出现了一定程度的增加。

可见，经过 4 mol/L、6 mol/L 和 7.2 mol/L 的 HCl 浸泡处理煤渣，煤渣中有害金属的含量明显降低，同时随着 HCl 的浓度的增加，渗滤液中金属的含量降低。同时，经过 6 mol/L 和 7.2 mol/L HCl 处理过的 3 种煤渣中有害金属的含量相近，皆未超过危险废物鉴别标准——《浸出毒性鉴别标准》（GB 5085.3—2007）。为减少物质浪费，提高煤渣的改性效果，本实验选用 6 mol/L HCl 对煤渣进行浸泡改性处理。

3 种煤渣改性前和改性后的比表面积（BET）和密度数据见表 4.10。经过 6 mol/L HCl 浸泡改性处理后的 3 种煤渣的比表面积明显大于未改性煤渣，未改性前 3 种煤渣的比表面积为 13.51~26.14 $m^2/g$，而改性后的 3 种煤渣的比表面积为 22.14~37.74 $m^2/g$，是未改前煤渣的 1.13~1.64 倍。可见，采用 6 mol/L 的 HCl 浸泡处理煤渣，能够明显地增加煤渣的比表面积，这主要是由于 6 mol/L HCl 能够溶解煤渣中大量的有害金属（如 Pb、Hg、Cd、As、Cu、Cr 和 Al），从而在煤渣内部能够产生大量的微孔结构形成巨大的表面积。

表 4.10　煤渣改性前后比表面积及密度

| 参数 | 南票煤渣 | | 元宝山煤渣 | | 清河门煤渣 | |
| --- | --- | --- | --- | --- | --- | --- |
| | 改性前 | 改性后 | 改性前 | 改性后 | 改性前 | 改性后 |
| 表面积/（$m^2/g$） | 13.51 | 22.14 | 24.20 | 27.25 | 26.14 | 37.74 |
| 密度/（$g/cm^3$） | 1.89 | 0.94 | 1.54 | 0.77 | 1.85 | 0.93 |

3 种煤渣改性前后扫描电镜图片如图 4.46 所示。可以看出，经过 6 mol/L 的 HCl 浸泡处理后的 3 种煤渣，其内部的空隙明显增多，近一步表明选用 6 mol/L 的 HCl 对 3 种煤渣进行预处理不仅能够去除煤渣中的有害金属，同时能够大大增加煤渣的内部孔隙结构，从而在一定程度上增加煤渣的吸附能力。

为了将煤渣作为生物载体用于水质净化，需要将其制成球体。方法为：①将煤渣用盐酸溶液进行浸泡处理，再将煤渣用水进行清洗，直至煤渣清洗液的 pH 值为 6.97，然后将煤渣风干；②将黏合剂聚乙烯醇（PVA）加入到水中，在沸水中加热至完全溶解后，冷却至 80~85℃后，加入丁二醇，在密闭条件下搅拌均匀后冷却至室温，得到改性 PVA 胶，其中 PVA 最终的质量体积百分比为 7%，丁二醇最终的质量体积百分比为 1.25%；③将处理过的煤渣和改性过的 PVA 胶放入成球盘，制成直径 6~8 cm 煤渣球。

由于煤渣球在制备过程中，使用了聚乙烯醇（PVA）黏合剂，因此，需要探讨 PVA 在煤渣球中的溶出特性。从图 4.47 可知，在去离子水中浸泡时，3 种煤渣球在第 1 天时，其水溶液中 PVA 的含量均最高（南票：0.36 mg/L，元宝山：0.42 mg/L，清河门：0.24 mg/L），且随着浸泡时间的增加，煤渣球浸泡液中 PVA 的浓度不断降低，浸泡到第 7 天时，3 种煤渣浸泡液中 PVA 的含量皆低于检出限。可见，煤渣球中仅有少量的未改性成功的 PVA 能够溶解到水体中，而改性后成功的 PVA 拥有较强的耐水性，不会给待净化水体引入新的物质。

经过改性处理后的煤渣制备成的煤渣球的密度（0.77~0.94 $g/cm^3$）明显地低于未改性煤渣制备的煤渣球密度（1.54~1.89 $g/cm^3$），其中南票的煤渣处理后的密度是 0.94 $g/cm^3$

图 4.46 南票煤渣、元宝山煤渣、清河门煤渣改性前（A1-C1）及改性后（A2-C2）电镜扫描

约是未处理前的 0.5 倍。同样，元宝山、清河门的煤渣，处理后的密度分别为 0.77 g/cm³ 和 0.93 g/cm³，约为其未处理前的一半左右，这主要是由于采用 6 mol/L 的 HCl 浸泡处理后煤渣中的大量的金属元素溶出，煤渣的结构变得更加疏松多孔，紧密度下降，这与电子扫描电镜观察结果一致。

3 种煤渣球的含水率随时间的变化如图 4.48 所示。由图 4.48 可知，3 种不同产地煤渣经处理后制备的煤渣球在 0 时的含水率分别为 27%、35% 和 40%，明显地高于未经处理的煤渣球的含水率。经过处理后煤渣的亲水性能力增强，可能是由于经过 HCl 浸泡处理后，煤渣中金属溶出，煤渣的表层变得更加粗糙，因而亲水性得到了明显的增加，从而此种煤渣球将更适于在水体中的应用。在风干的过程中，经过 HCl 浸泡处理的煤渣球的风干速率比未经处理的风干速率要快，主要是由于酸的浸泡使煤渣球中的空隙变多，促进吸收的水分的风干过程。同时，制备而成的煤渣球对水的亲水能力与未成球的煤渣的亲水性相比，并未出现降低，反而出现一定程度的升高，这表明，PVA 的使用没有阻碍煤渣的亲水性能，而经 6 mol/L 的 HCl 改性处理后的煤渣，其内部微孔结构增多，增强了煤渣的亲水能力。

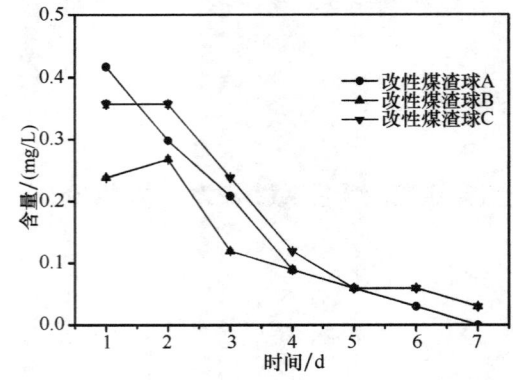
A. 南票煤渣；B. 元宝山煤渣；C. 清河门煤渣
图 4.47 改性煤渣球浸泡液中聚乙烯醇的浓度变化

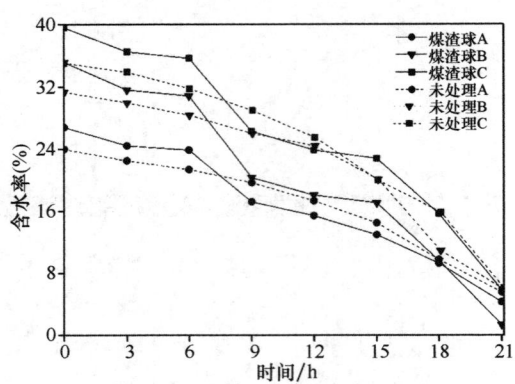
A. 南票煤渣；B. 元宝山煤渣；C. 清河门煤渣
图 4.48 煤渣球的含水率随时间的变化

#### 4.4.1.2 煤渣球的生物挂膜实验研究

分别取 3 种煤渣球（南票、元宝山、清河门）各 10 个，分别放入 4 L 取自辽河的水样中，每隔 7 d 测试水体中 $COD_{Cr}$ 和 $NH_4^+$-N 的浓度。结果如图 4.49 所示，第一个 7 d 内，3 种水样中 $COD_{Cr}$ 的浓度皆下降最快，放入清河门煤渣球的水样由 60 mg/L 下降到 45 mg/L，放入元宝山煤渣球的水样从 60 mg/L 下降到 50 mg/L，放入南票煤渣球的水样由 60 mg/L 下降到 48 mg/L。主要是由于在这个阶段中，煤渣球对水体中的 $COD_{Cr}$ 具有吸附作用，因而在初始阶段水样中 $COD_{Cr}$ 下降较快，而待煤渣球吸附达到饱和时，水样中 $COD_{Cr}$ 的下降速度变慢。

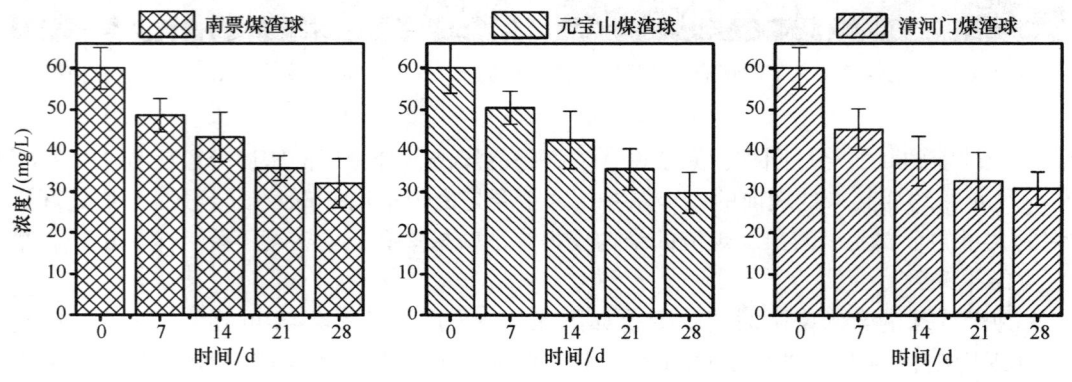
图 4.49 煤渣球对辽河水体中 $COD_{Cr}$ 的净化效果

从第 2 个 7 d 开始，水样中的 $COD_{Cr}$ 下降变慢，而此时煤渣球已经吸附饱和。可见，此

时水样中 $COD_{Cr}$ 浓度的下降主要是由于水体中微生物的作用，水体中的微生物可以在多孔材料煤渣球的表层附着、繁殖形成生物膜。微生物在其生命过程中通过吸收 $COD_{Cr}$ 维持生命活动，进而可以降低水体中 $COD_{Cr}$ 的含量。在第 28 天时，放入南票、元宝山和清河门 3 种煤渣球的水样中的 $COD_{Cr}$ 分别下降到 32 mg/L、30 mg/L 和 30.9 mg/L，此时水样中的 $COD_{Cr}$ 下降至最低水平，主要是由于此时生物膜中的微生物的数量达到最大化，标志着生物膜的成熟。

水样中氨氮的浓度变化如图 4.50 所示，辽河水样中氨氮的浓度为 0.68 mg/L，在第一个 7 d 内，放入清河门煤渣球的水样中氨氮的浓度由 0.68 mg/L 迅速下降为 0.4 mg/L。而投放元宝山和南票煤渣球的水体中氨氮的浓度却分别降至 0.6 mg/L 和 0.52 mg/L，下降并不迅速的原因可能是水样中的氨氮浓度较低引起的，这与早期的研究发现一致，即水样中污染物质的浓度越高，吸附剂的吸附能力越强。从第 7 天开始，水样中氨氮的浓度不断下降，在第 28 天时，水样中的氨氮下降到最低值，分别为 0.27 mg/L（南票煤渣球）、0.2 mg/L（元宝山煤渣球）和 0.3 mg/L（清河门煤渣球），这与 $COD_{Cr}$ 浓度的变化情况相似。可见在第 28 天时，煤渣球表层的生物膜成熟，此时水样中 $COD_{Cr}$ 和氨氮的浓度均出现最低值。

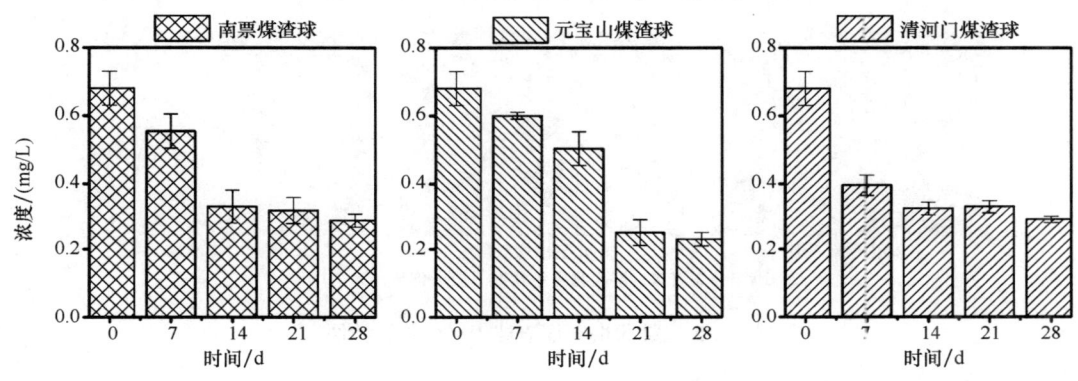

图 4.50　煤渣球对辽河水体中 $NH_4^+$-N 的净化效果

将煤渣球放入取自辽河的水样中，定期观察煤渣球表层的微生物变化，如图 4.51 所示，在第 15 天时，发现煤渣球表层上已附着生长微生物。煤渣球的表层呈淡绿色，在 400 倍镜检时，发现煤渣球的表层附着的藻类较多，主要是新月藻类和丝藻，而菌类较少。第 20 天时，煤渣球表面出现絮状黏附物，煤渣球的表层略微呈黄绿色，在 1 000 倍镜检时，发现煤渣球表层的菌类开始增加，并开始以菌胶团的形式存在。第 23 天时，煤渣球表层的絮状黏附物增厚，在 400 倍镜检时，发现煤渣球表层的藻类的数量开始减少，而种类有所增加，后生动物也开始出现，如鞭毛虫等。第 28 天时，煤渣球表层的动物种类和数量继续增加，镜检时发现优势动物种类有钟虫、喇叭虫等，标志着生物膜的成熟。

由于水样中可被微生物利用的营养物质浓度较低，因而发挥净化作用的微生物主要为好氧性的贫营养菌、藻类及原生动物和一些后生动物，其中去除有机污染物质的主要是异养细菌。异养细菌可以摄取水样中的有机污染物质，作为碳源和氮源，维持生命活动，同时降解水样中的有机污染物质。

图 4.52 表明，在 3 种煤渣球生物挂膜成功后，其表层分布的细菌主要为杆状菌和球状菌，经细菌学检验表明煤渣球表层生物膜上的异养菌主要有芽孢杆菌、假单胞菌和布兰汉球

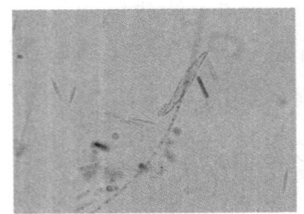
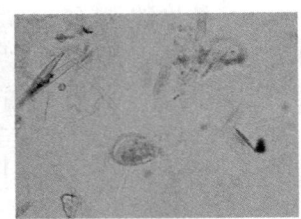

(a)南票煤渣球　　　　　(b)元宝山煤渣球　　　　　(c)清河门煤渣球

15 d 后3种煤渣球表层生物富集状况（放大倍数10×40）

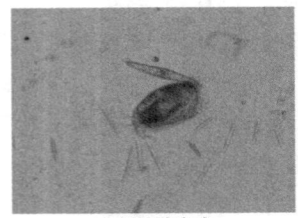
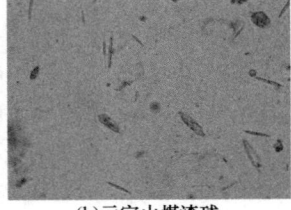
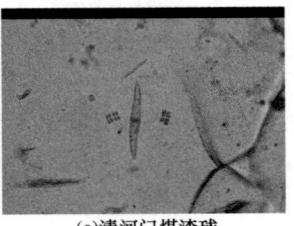

(a)南票煤渣球　　　　　(b)元宝山煤渣球　　　　　(c)清河门煤渣球

23 d 后3种煤渣球表层生物富集状况（放大倍数10×40）

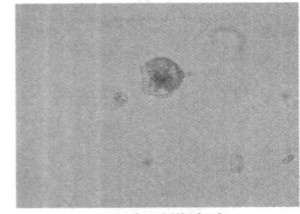
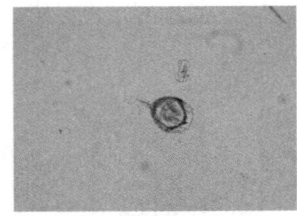
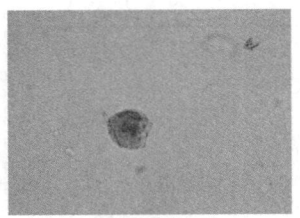

(a)南票煤渣球　　　　　(b)元宝山煤渣球　　　　　(c)清河门煤渣球

28 d 后3种煤渣球表层生物富集状况（放大倍数10×40）

图 4.51　挂膜期间煤渣球表层生物镜检图

菌等。由于在水样中有机物质含量非常有限，因而这些菌类往往借助丝状体或者簇拥生长在一起来增加细胞的比表面积，尽可能多地吸收水样中的营养物质。在生物膜中，细菌借助自身的生命过程，吸收水体中营养物质，降解水中的有机物污染。

同时，镜检发现，在生物膜表层附着大量的藻类，主要有舟型藻、微囊藻、环形藻和栅藻等。这些藻类可以利用太阳光进行光合作用时，吸收水体中的氮、磷等营养物质，从而降低了水体中的营养物质浓度。生物膜上附着的原生动物和后生动物主要是吞噬水体中的碎屑营养物质。因而生物膜能够有效地降解水体中的污染物质与菌类、藻类及原生动物和后生动物的作用是密不可分的。

### 4.4.1.3　煤渣—沸石复合多孔介质材料的制备

本研究在制备多孔介质材料时，考虑将对氨氮有较好吸附能力的沸石以一定比例添加到煤渣中，制备煤渣—沸石复合多孔介质材料，以强化其对氨氮的去除能力。

实验所用沸石是天然沸石。天然沸石是一种铝硅酸盐类矿物，外观多数呈白色，少量呈砖红色，属弱酸性阳离子交换剂，经人工加工活化后，具有新的吸附性能或离子交换能力，而且总的吸附容量也相应增大。在废水处理中，可用于除去水中的磷和铅以及六价铬等。失效后的沸石可用于浓盐水逆流再生后重复使用。通过沸石的浸出实验可以看出沸石中重金属

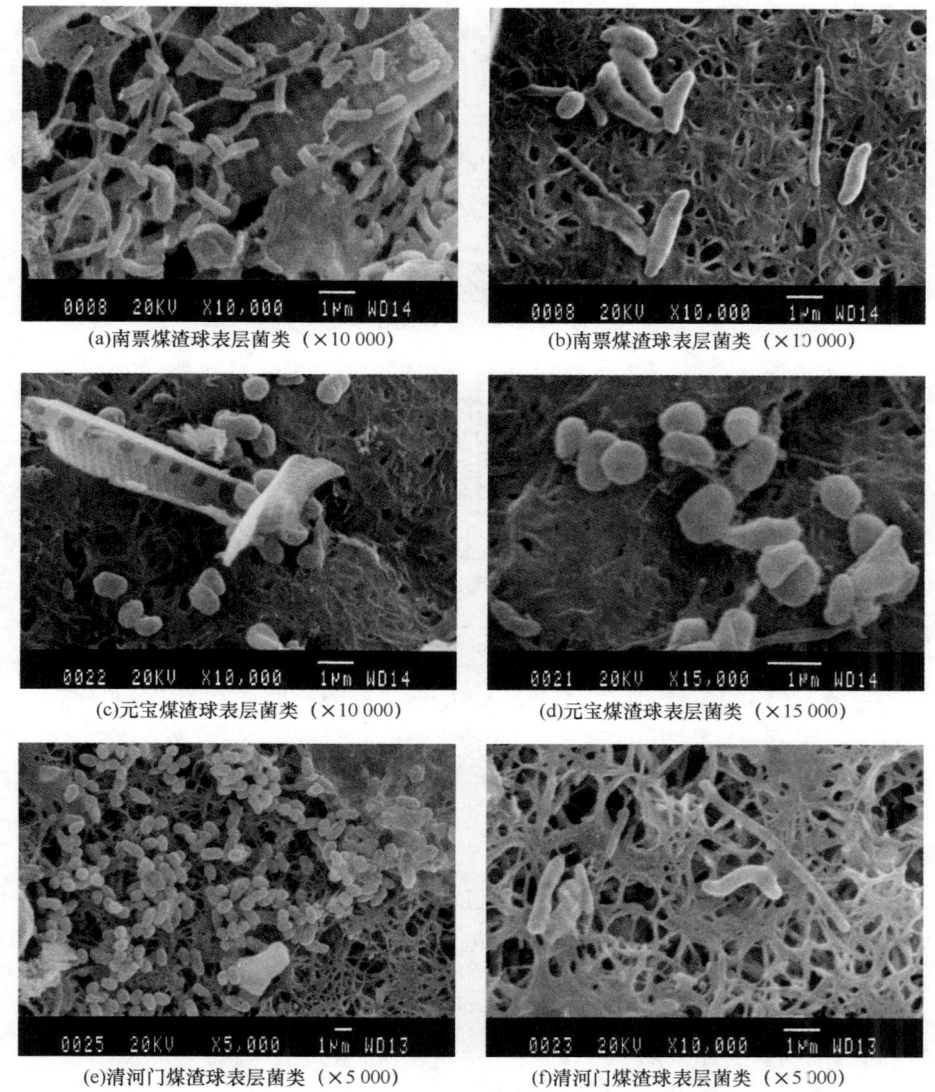

图 4.52 28 d 后 3 种煤渣球表层生物富集状况扫描电镜图

的融出量非常低，不会对水体造成二次污染。

通过制备单一煤渣球、单一沸石球、煤渣和沸石 2∶1、1∶1、1∶2 不同配比复合球对氨氮、有机质的静态吸附实验以获得净化效果最佳的多孔介质材料。将 5 种球（直径约 4 cm）各 4 枚分别放入 700 mL 水中，室温条件下放入振荡器，转速设置为 80 r/min。以分析其对氨氮和 $COD_{Cr}$ 的去除效果。5 种材料对氨氮去除效果如图 4.53 所示。

经过 10 h 的实验，水中氨氮浓度总体上都呈现下降的趋势，单一煤渣球对氨氮的吸附效率可以达到 30%，而其他 4 种球对氨氮的去除效果相似，去除效率都能在 60% 左右，其中煤渣沸石 2∶1 配比的混合球在 120 min 时的去除率就能达到 50.1%，使氨氮浓度降为 0.66 mg/L。其他 4 种球要达到相同的去除效果需要的时间稍长。单一煤渣球的去除效果波动较大，可能是由于取水样时水质不够均匀造成的，在第 300 min 时氨氮浓度也降到 1.0 mg/L 以下，并逐步下降。

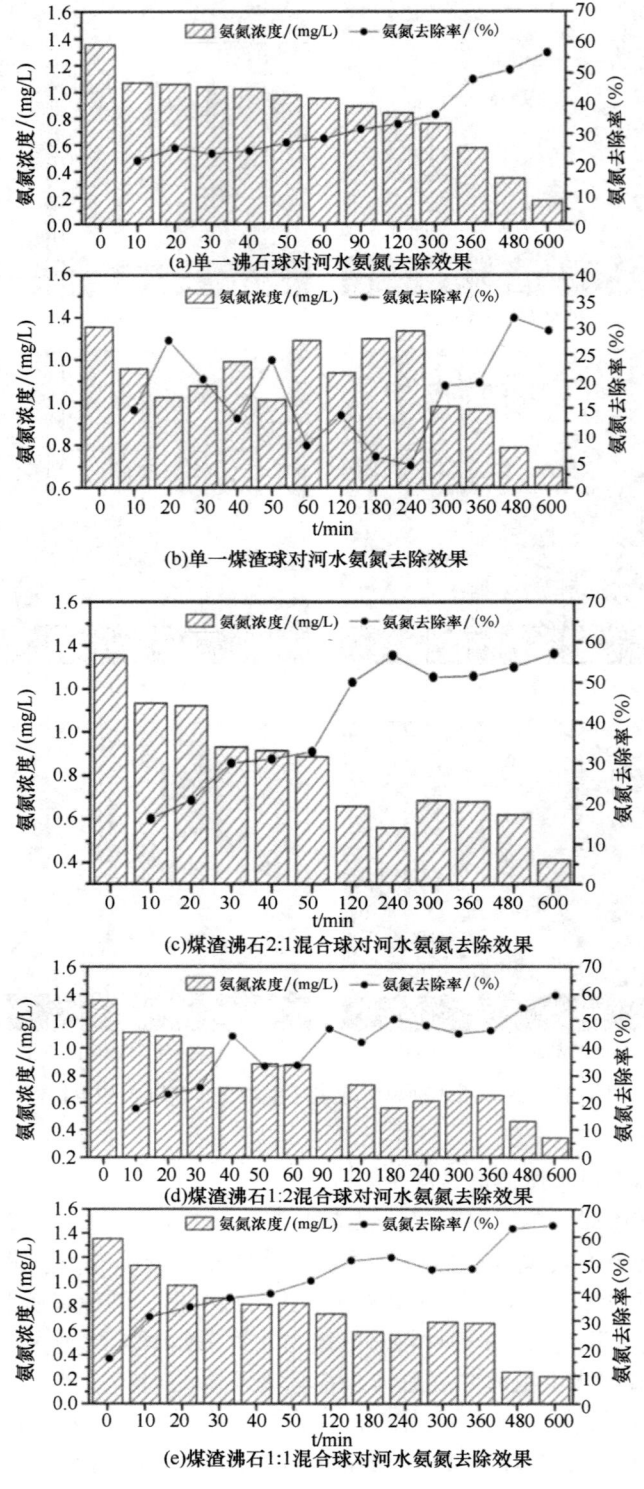

图 4.53 5种材料对氨氮去除效果

5种材料对河水COD去除效果如图4.54所示。水中COD浓度整体上也都呈现出下降的趋势，其中放入单一煤渣球的水样在120 min时COD浓度就降到了19.2 mg/L，而要达到同样的去除效果，放入其他4种球的水样所需的时间要稍长一些。其他4种球的最大去除率也能达到45%左右，其中煤渣沸石2∶1配比的球对有机质的去除效果是最好的，在放入300 min时COD去除率就达到了49.3%，COD浓度降为18.7 mg/L，最高去除效率可高达55.4%。

综合5种球对氨氮和$COD_{Cr}$的去除效果可知，由煤渣和沸石2∶1配比的制备的复合球是可用于苇田养殖水体净化的最佳的多孔介质吸附材料。

#### 4.4.1.4 多孔介质吸附材料的再生性分析

将实验用过的5种多孔介质材料在70℃烘箱中烘干，在与之前实验相同条件下重复实验，研究烘干后的多孔介质球对氨氮和COD的去除效果。5种材料再生后对氨氮去除效果如图4.55所示。

烘干后的5种多孔介质球对河水氨氮依然有着一定的去除效果，单一煤渣球对氨氮的去除效果较差，但仍可使氨氮浓度降到1.0 mg/L以下，最大去除率可在放入第360 min时达到13.3%。而其他4种球对氨氮的最大去除率均可达到40%左右，氨氮浓度可降到0.5 mg/L以下。其中，单一沸石球和1∶2混合球对氨氮的最大去除率可达到46.5%和45.5%。

5种材料再生后对河水COD去除效果图4.56所示。烘干后的5种多孔介质材料对COD也依然具有一定的去除效果，但与第一次使用的效果有所差异。经过8 h的实验，COD去除效果最好的依然是单一煤渣球，但其他4种球也能使COD降低到30 m/L以下，最大去除率也能达到40%左右。

### 4.4.2 芦苇湿地生物—多孔介质联合阻控技术

利用芦苇对营养物质的吸收以及多孔介质的大比表面积和高吸附性，强化微生物在介质表面的"附着效应"和介质微孔隙捕捉有机物的"吸附效应"，以净化养殖水体中的有机污染物。

实验在两个正方形芦苇湿地模拟装置中进行（长80 cm、宽80 cm、高50 cm），实验模拟装置如图4.57所示。实验模拟装置被分为两个区，芦苇湿地区（长60cm、宽60cm、高40cm；芦苇种植数量均约70株，长势良好）和多孔介质材料净化区（三面环沟，环沟宽20cm）。芦苇湿地与多孔介质材料区通过铁丝网隔开，水流通过芦苇湿地后可均匀地流入多孔介质材料净化区。多孔介质材料填充区高6 cm处设有出水口，净化后的水可均匀流出。

结合辽河口苇田水体水质指标，严格控制进水中各污染物指标浓度在小范围内波动，氨氮浓度为1.6 mg/L左右、COD浓度为50 mg/L左右，氨氮表面负荷率0.002 2 mg/cm$^2$、COD表面负荷率0.056 mg/cm$^2$，通过计算分析联合净化氨氮和COD所需的煤渣—沸石复合多孔介质材料的个数分别为282个和277个。因此，实验过程中在水槽的多孔介质填充区放入300个已经挂膜成功的煤渣—沸石复合多孔介质材料。设置流量为10 L/h、20 L/h、40 L/h、80 L/h，对应的芦苇湿地的水力负荷分别为0.48 m$^3$/（m$^2$·d）、0.96 m$^3$/（m$^2$·d）、1.92 m$^3$/（m$^2$·d）、2.88 m$^3$/（m$^2$·d）。实验在同一个模拟装置中进行，每个流量连续运行48 h，间隔24 h后调节到下个流量，探究该联合净化系统在各流量条件下对污染物质的去除效果。

由图4.58可知，进水中氨氮浓度基本相近，均为1.6 mg/L左右，各流量条件下的出水氨氮浓度均可趋于稳定，去除效果也得到了较明显的改善。流量为10 L/h时，填料段出水

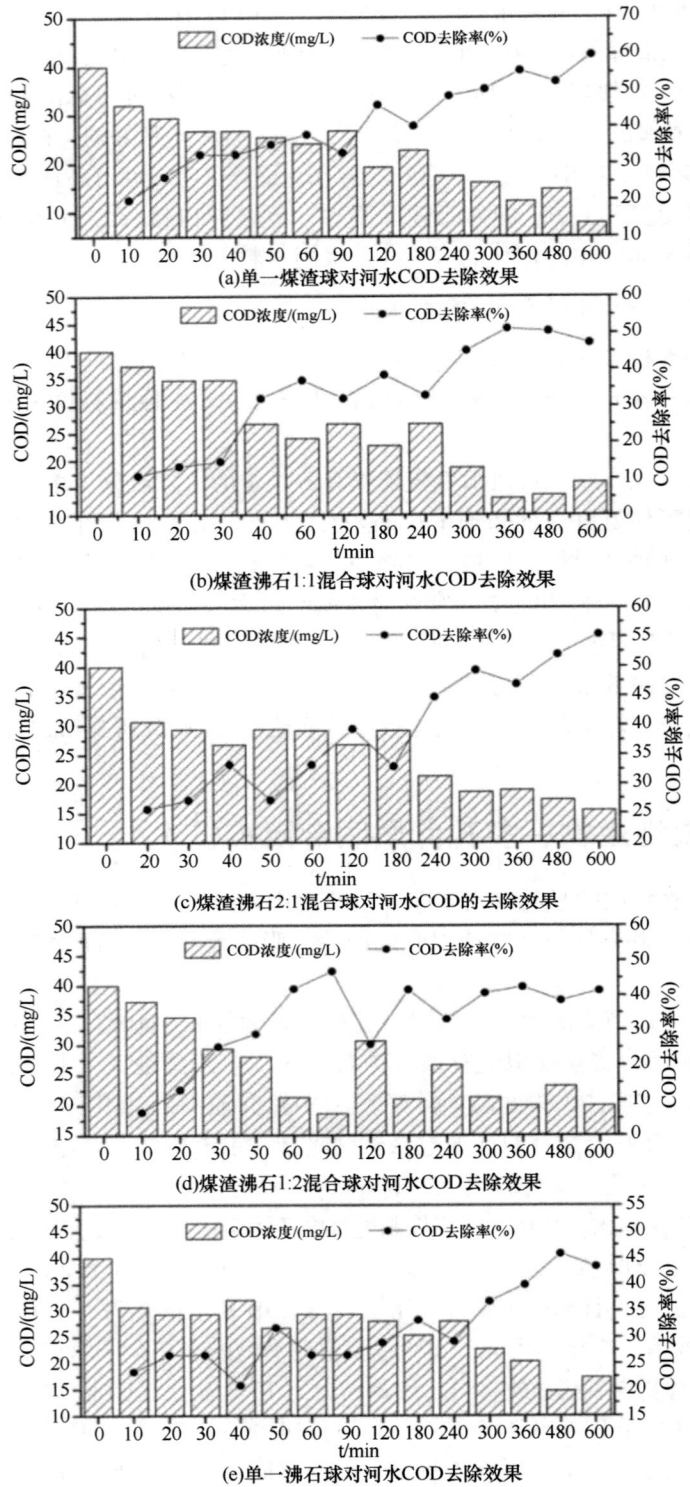

图 4.54 5 种材料对河水 COD 去除效果

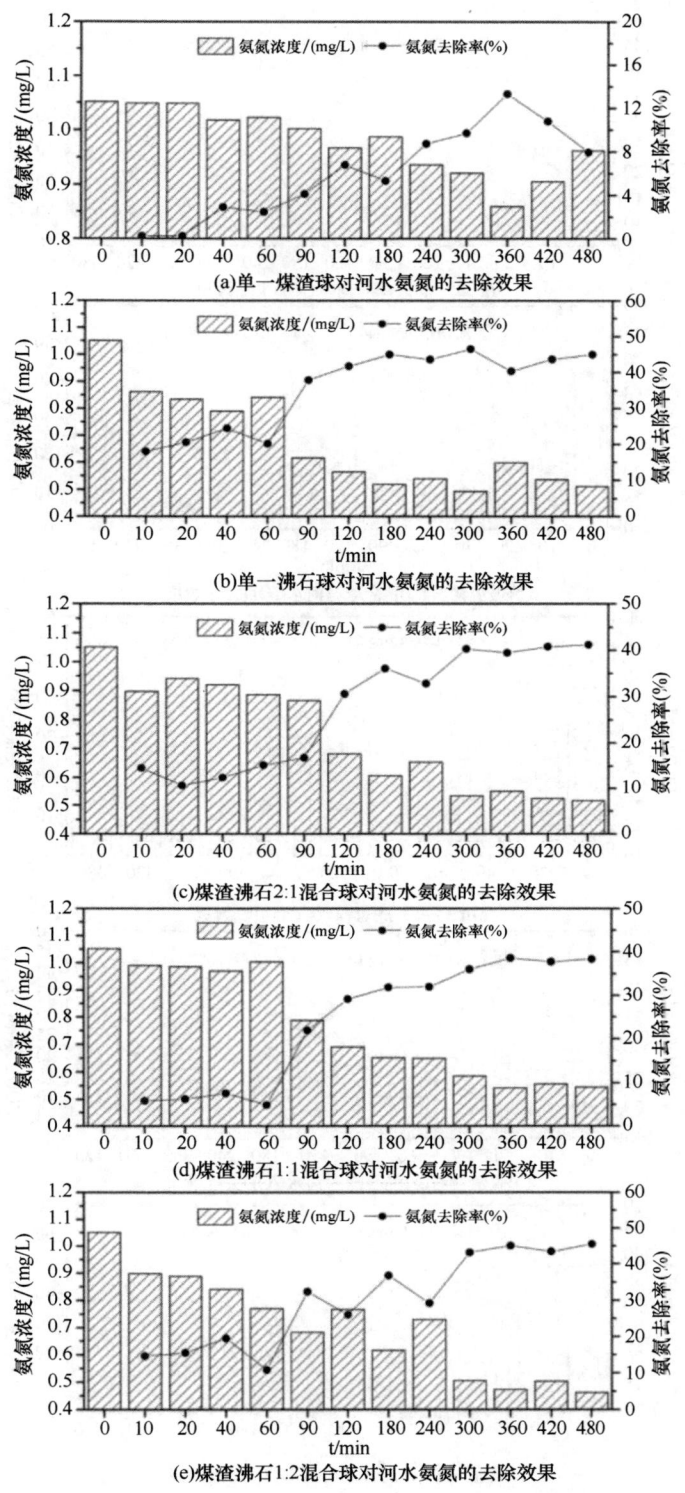

图4.55 5种材料烘干后对河水氨氮的去除效果

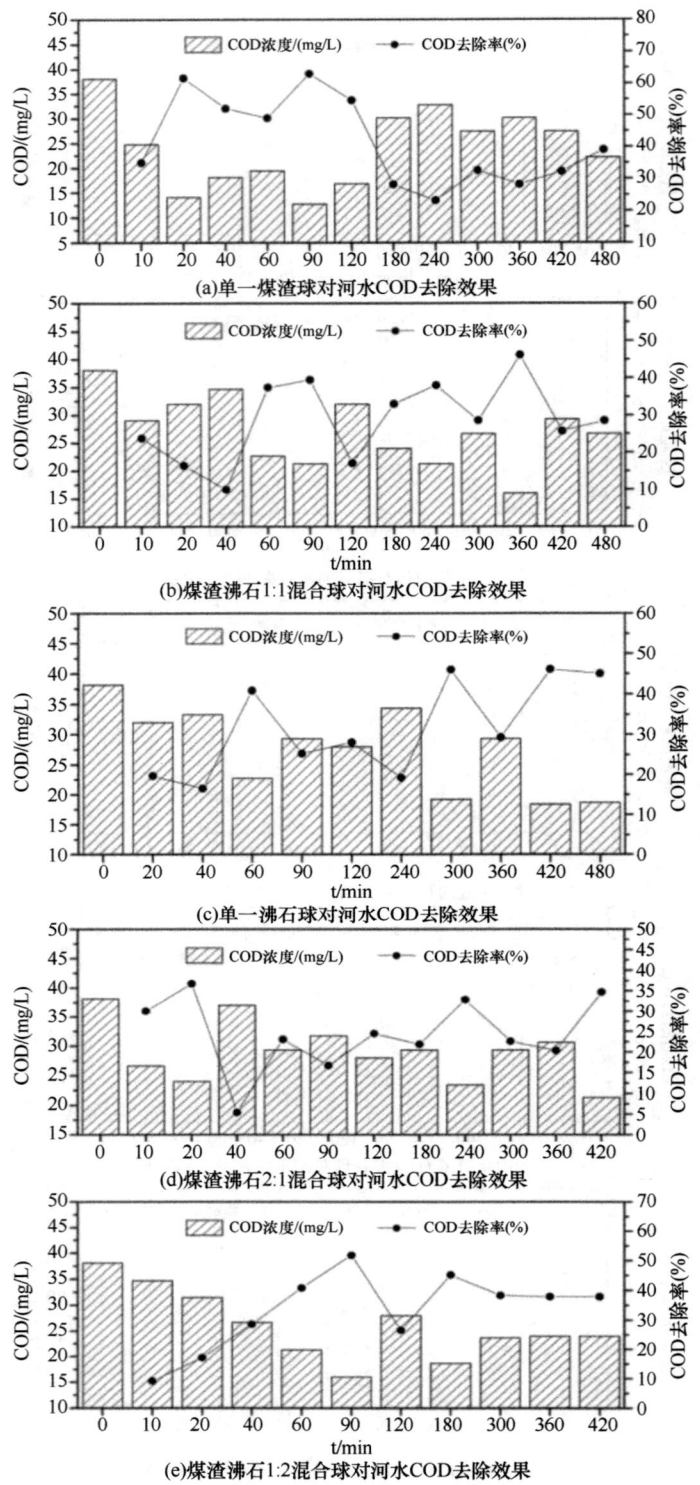

图 4.56 5 种材料烘干后对河水 COD 去除效果

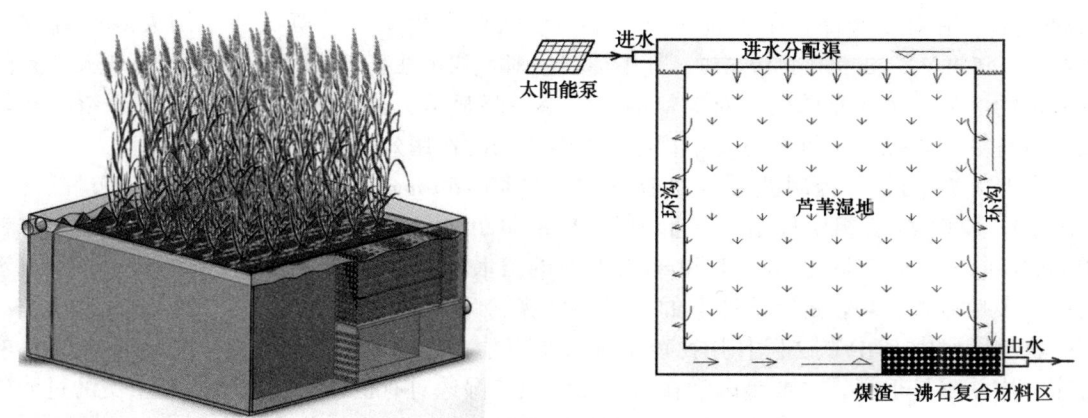

图 4.57 模拟实验装置

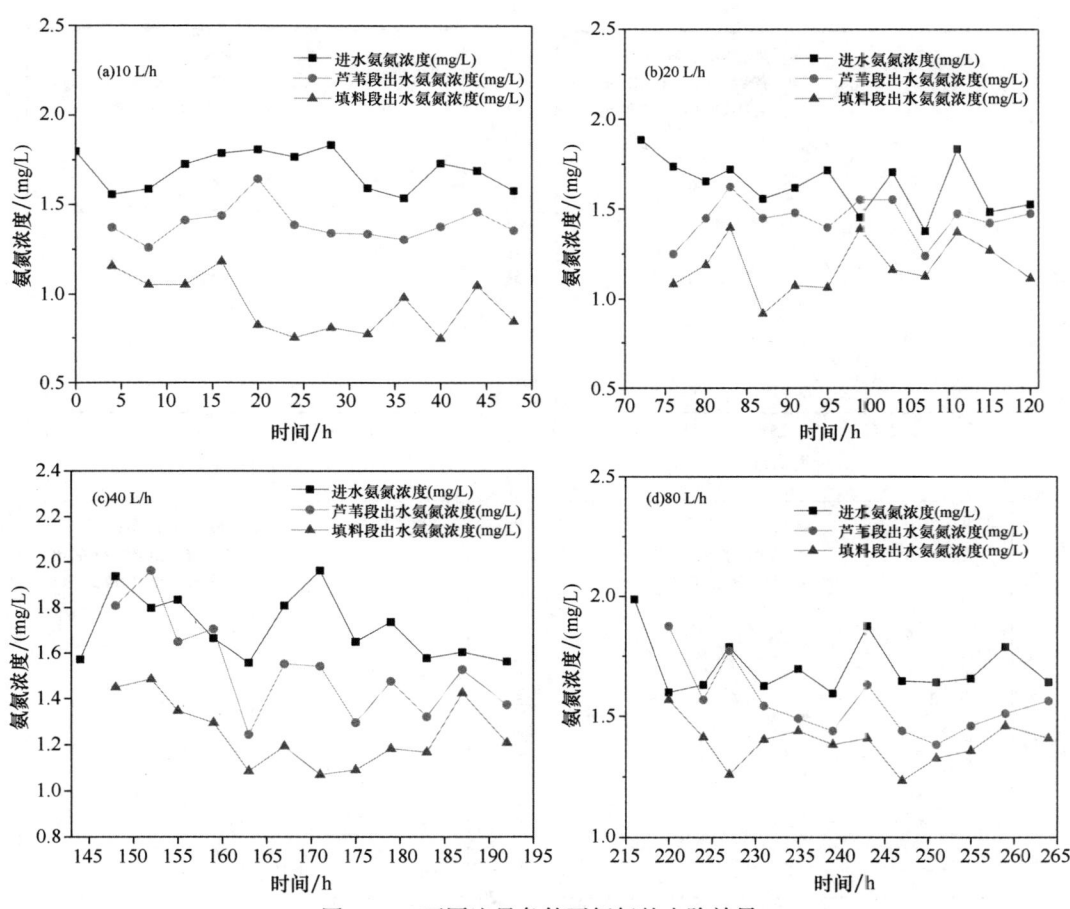

图 4.58 不同流量条件下氨氮的去除效果

的氨氮浓度趋于稳定时,可在 1.0 mg/L 以下,随着流量的增加,填料段出水氨氮浓度有所增加,尤其是在 80 L/h 流量时,填料段的出水氨氮浓度在 1.3 mg/L 以上。此外,芦苇湿地对氨氮的截留作用受进水流量大小的影响也较大,10 L/h 时,芦苇湿地出水的氨氮浓度可稳定在 1.3 mg/L,与 20 L/h 时相应的浓度相差不大,而当流量增大 8 倍时,芦苇湿地对氨氮的去除作用明显降低。在各流量条件下，该联合净化系统对氨氮的平均去除率分别为50.4%、45.1%、28.9%和19.4%，其中填料段对氨氮的去除贡献率均比芦苇湿地大。且随着流量的增大，多孔介质填料对氨氮的去除率下降显著，这是因为流速大时，停留时间较短，填料主要靠吸附截留作用去除氨氮，而微生物的作用效果较小。

由图4.59可知，控制进水中COD的浓度在40~60 mg/L内小范围波动，各流量条件下的出水中COD浓度相对稳定。流量为10 L/h和20 L/h时的出水浓度相近，均可稳定在30 mg/L以下，而流量为40 L/h和80 L/h时的出水浓度要稍高些。COD的去除效率受进水流量的影响显著，4个流量条件下的平均去除率分别为44.3%、38.7%、27.3%和20.5%，其中填料段对中COD的去除作用比芦苇湿地要明显，但多孔介质填料和芦苇湿地对COD的去除率均并不是很高，主要是因为在短时间内芦苇湿地对有机物去除主要依靠土壤的过滤作用，去除效率有限，而多孔介质填料表面的生物膜较薄，且微生物降解有机物受到水力停留时间的影响，发挥的作用也不明显。

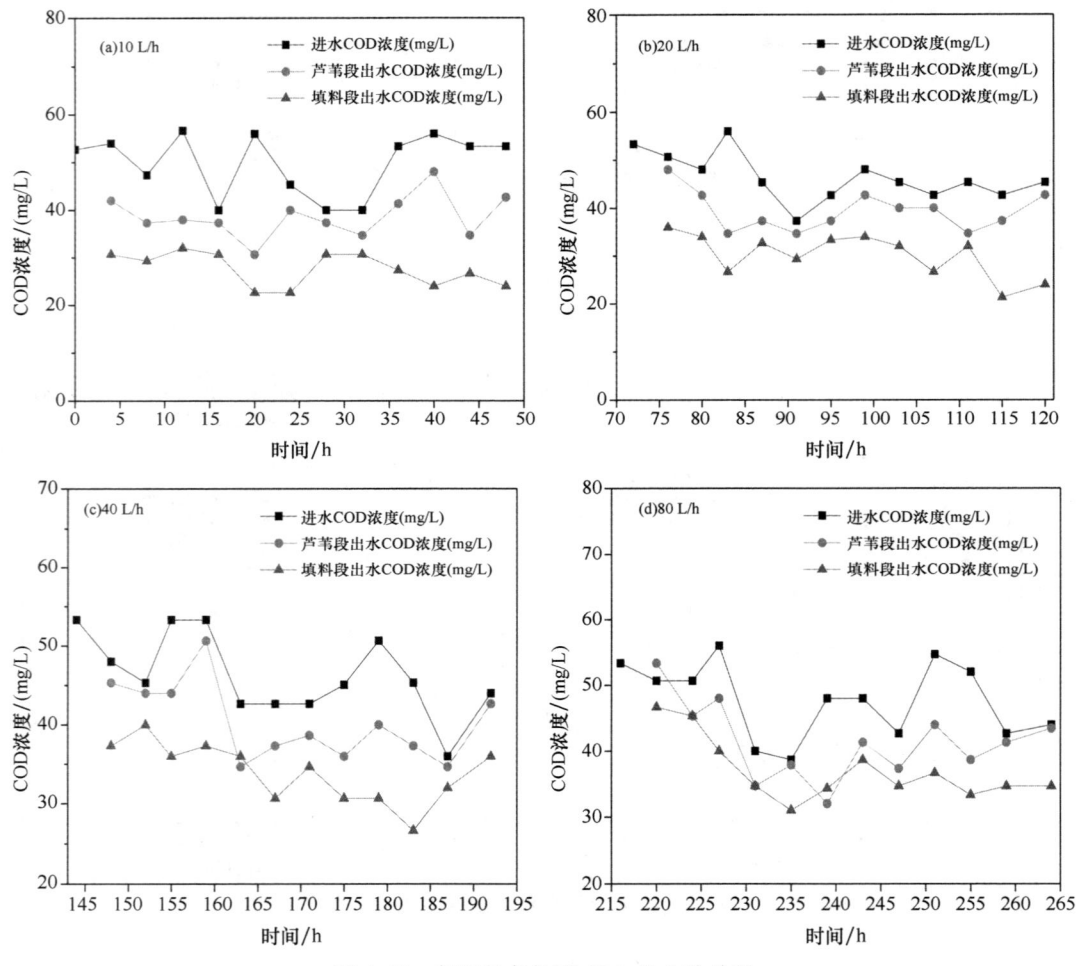

图4.59 各流量条件下COD的去除效果

综上所述，应用芦苇湿地生物—多孔介质联合阻控技术对辽河口苇田养殖水体进行处理时，10 L/h是能实现水质优化的最佳水力参数。

# 第 5 章　油田作业区湿地净化功能的修复

湿地是自然界生产力最高和最具价值的自然生态系统，在调节气候、涵养水源、分散洪水、净化环境和保护生物多样性等方面起重要作用。油田资源开发经常发生在敏感的湿地环境，油田开发中的井喷事故、输油管和贮油罐的泄露对湿地生态安全造成了严重威胁，已引起研究者和公众的极大关注。目前对辽河河口区芦苇湿地资源产生严重威胁的两种开发行业为石油开采和农业开垦。

辽河油田从 20 世纪 70 年代起开采至今，已发展至相当规模。该区油井分布比较分散，许多油井分布在自然湿地中。石油开发的各种地面工程，包括井场建设及配套设施修建、场地清理、地面挖掘、材料堆放等造成了严重的湿地景观破碎化现象，使湿地系统处于分割状态，破坏了湿地的原有生境和对污染物的净化功能，造成湿地生态系统退化和苇田减产，并且石油生产中各环节的污染排放也对苇田生态系统健康造成威胁。

辽河油田中炼油厂钻井作业会产生由稠油及其代谢物混合的含油废物，对辽河口湿地生态系统造成严重损害。这些原油不仅会使土壤的理化性质发生变化，而且会被由降雨形成的地表径流带入湿地地表水体，如沼泽、河流等，使湿地水质状况恶化，生态功能降低，进而影响芦苇产量、质量和其他动植物的生存，也使整个沼泽湿地的生态环境受到污染。在水源充足又没有石油污染的区域，芦苇产量可达 650 $t/km^2$；而在水源不足且石油污染严重的情况下，芦苇产量只有 500 $t/km^2$ 左右。在辽河口某些污染严重的区域，石油污染远高于国家农业标准临界值 500 mg/kg。因此修复因油田开发造成的退化湿地生态系统，增强其生态功能已是一项刻不容缓的任务。

基于此，本章主要针对河口区油田开采造成的湿地结构破坏、种群退化及净化功能丧失等问题，提出破碎化湿地净化功能恢复方案，实施科学灌排和水资源时空调配；通过湿地养分调配及优化，提高对烃类污染物净化能力；结合潮汐流湿地水量调配、养分调控，形成湿地水环境功能仿真系统。

## 5.1　湿地系统水资源时空调配技术

水是决定湿地类型和维持湿地发育过程的首要因子。因此，人类活动所造成的水资源的任何变化，都会反映在湿地生态系统的结构和功能上，进而对区域生态环境产生影响。本部分研究选取河口油田开采区湿地具有代表性的区域为研究对象，通过现场调查分析及实验室小试、现场中试实验，探讨研究区域生态需水量和最佳的水资源配置方案，开发不同程度破坏湿地的恢复及水资源配置技术，促进破坏性湿地净化功能的恢复，提高湿地系统对有机物的降解能力。

## 5.1.1 湿地有机污染净化系统水资源调配技术小试研究

### 5.1.1.1 春季和夏季水深调查

本研究在研究区内设定不同的样点，测量水深。具体的方法为将钢钎垂直放入水中，进行标记，然后取出钢钎进行测量以获得水深数据。然后，利用 ArcGIS 空间插值功能，获得研究区的水深分布信息。根据退化湿地的分布计算获得所需水量。

2013 年 6 月和 8 月分别调查了研究区域内春季和夏季的水深，数据见表 5.1 和表 5.2。从数据结果来看，研究区夏季水深平均值 45.65 cm，春季的水资源不如夏季充沛。相同的地点，夏季的水量要大于春季。

表 5.1　春季水深调查数据表

| 样点号 | 纬度（N） | 经度（E） | 水深/cm |
| --- | --- | --- | --- |
| 1 | 41°09′23.08″ | 121°48′25.39″ | 42 |
| 2 | 41°09′20.34″ | 121°48′28.29″ | 18 |
| 3 | 41°09′17.26″ | 121°48′27.22″ | 35 |
| 4 | 41°09′14.62″ | 121°48′27.95″ | 24 |
| 5 | 41°09′18.13″ | 121°48′29.45″ | 18 |
| 6 | 41°09′19.61″ | 121°48′31.32″ | 24 |
| 7 | 41°09′20.77″ | 121°48′33.92″ | 17 |
| 8 | 41°09′25.45″ | 121°48′40.11″ | 38 |
| 9 | 41°09′19.70″ | 121°48′39.25″ | 34 |
| 10 | 41°09′14.44″ | 121°48′37.86″ | 24 |
| 11 | 41°09′15.99″ | 121°48′40.65″ | 19 |
| 12 | 41°09′20.24″ | 121°48′41.68″ | 21 |
| 13 | 41°09′23.93″ | 121°48′42.30″ | 16 |
| 14 | 41°09′18.87″ | 121°48′47.99″ | 32 |
| 15 | 41°09′17.33″ | 121°48′49.75″ | 22 |
| 16 | 41°09′18.10″ | 121°48′52.22″ | 26 |
| 17 | 41°09′23.39″ | 121°48′56.18″ | 25 |
| 平均 | | | 25.59 |

表5.2 夏季水深数据调查表

| 样点号 | 纬度（N） | 经度（E） | 水深/cm |
|---|---|---|---|
| 1 | 41°09′23.08″ | 121°48′25.39″ | 62 |
| 2 | 41°09′20.34″ | 121°48′28.29″ | 48 |
| 3 | 41°09′17.26″ | 121°48′27.22″ | 53 |
| 4 | 41°09′14.62″ | 121°48′27.95″ | 46 |
| 5 | 41°09′18.13″ | 121°48′29.45″ | 30 |
| 6 | 41°09′19.61″ | 121°48′31.32″ | 45 |
| 7 | 41°09′20.77″ | 121°48′33.92″ | 27 |
| 8 | 41°09′25.45″ | 121°48′40.11″ | 60 |
| 9 | 41°09′19.70″ | 121°48′39.25″ | 56 |
| 10 | 41°09′14.44″ | 121°48′37.86″ | 45 |
| 11 | 41°09′15.99″ | 121°48′40.65″ | 38 |
| 12 | 41°09′20.24″ | 121°48′41.68″ | 33 |
| 13 | 41°09′23.93″ | 121°48′42.30″ | 34 |
| 14 | 41°09′18.87″ | 121°48′47.99″ | 58 |
| 15 | 41°09′17.33″ | 121°48′49.75″ | 42 |
| 16 | 41°09′18.10″ | 121°48′52.22″ | 41 |
| 17 | 41°09′23.39″ | 121°48′56.18″ | 58 |
| 平均 | | | 45.65 |

#### 5.1.1.2 芦苇生长状况与水深的关系

芦苇的生长跟地表淹水程度有密切的关系，芦苇萌芽期生长缓慢，展叶期以后生长发育加快，抽穗以后生长变慢。根据芦苇的生育特点，芦苇的幼苗适合在较浅的淹水中成长，芦苇萌芽期至展叶期阶段应保持浅水层，以20 cm水深为宜。随着幼苗的成长，芦苇的耐水性能将提高。芦苇旺盛生长期对水分需求量大，同时蒸发蒸腾量大，这时，芦苇对水分的需要量要占总水量的80%以上，所以必须有充足的水分供应，部分淹水有助于芦苇的生长，水深以50 cm左右为宜（表5.3）。

表5.3 水深与芦苇生长状况关系

| 水深/cm | 0 | 5 | 30 | 55 | 80 |
|---|---|---|---|---|---|
| 秸秆长度/cm | 7.1 | 11.9 | 15.1 | 15.6 | 14.2 |
| 秸秆直径/cm | 0.36 | 0.41 | 0.54 | 0.59 | 0.52 |

芦苇虽然喜水耐淹，但不宜长期淹水，更不能长期在深水条件下生长。长期淹水，会导致芦苇根腐病的发生，同时长期淹水土壤氧气不足，满足不了芦苇生长所需的氧气。好氧微生物活动受阻，厌氧微生物活动旺盛，土壤养分释放缓慢，并会产生有毒物质，影响芦苇的生长。当淹水高度超过80 cm时，芦苇的生物量开始减少。芦苇较适宜的水深度为45 cm，在水深为55 cm时芦苇的茎秆最高，最深水深不能超过70 cm。

芦苇抽穗以后，茎秆高度不再增加，量的生长基本停止，芦苇需水不断减少，但此时正是雨季后期，一般苇田往往积水较多，容易引起茎秆贪青。为了控制养分向穗部输送，促使茎秆成熟老化，提高纤维含量，同时也有利于秋芽的形成及发育，故在苇穗成熟期，需加强排水晒田的管理措施。

在辽河口湿地，每年4月中旬芦苇结束休眠状态开始生长，在萌芽期芦苇需水量不大，展叶期是芦苇生长旺期，需水量最大；到7月中旬（大暑以前），芦苇的高度一般可达全株最终高度的70%~80%；8月上旬到中旬（立秋以前）抽穗，9月上旬（白露）开花，高度不再增加；10月中旬（寒露）进入腊熟期，10月下旬（霜降）以后即可开始收割。

根据芦苇生长要求，从4月中旬到5月下旬，维持平均水深在20 cm左右；从6月上旬到8月上中旬，维持平均水深在50 cm左右；8月中旬到10月中旬，维持平均水深30 cm左右；10月下旬收割芦苇前，要排干水，以保证来年芦苇的生长。

### 5.1.1.3 湿地水量与净化功能的关系小试研究

为研究湿地净化能力与水量的关系，为湿地合理的水量设计提供基础，本研究结合现有的1:1万高分辨率地形图和现场测量获得的高程数据进行插值，建立研究区域的数字高程模型（DEM），根据插值后的高程网格图选择5个连续的湿地生态单元（表5.4），利用闸门控制湿地生态单元水位，根据其水文地貌现状，采用修建沟渠等人工措施控制系统内水量，并在湿地生态系统末端设置总出水渠。

表5.4 各湿地生态单元的基本情况

| 指标 | 1#单元 | 2#单元 | 3#单元 | 4#单元 | 5#单元 |
| --- | --- | --- | --- | --- | --- |
| 高程分布/m | 2.8~3.0 | 2.6~2.8 | 2.4~2.6 | 2.2~2.4 | 2.4~2.8 |
| 优势种 | 芦苇 | 芦苇 | 芦苇 | 芦苇 | 芦苇 |
| 优势种盖度（%） | 85 | 90 | 95 | 30 | 90 |

（1）生态净化单元对污染物的净化作用

生态净化系统内植物长势茂盛，采样测试分析结果表明，湿地生态净化系统对进入湿地的污染净化效果明显，5个湿地生态净化单元净化效果见表5.5。

表5.5 湿地系统中各监测点水质　　　　　　　　　　　　　　　单位：mg/L

| 分析项目 | 进水（平均） | 出水 | | | | |
| --- | --- | --- | --- | --- | --- | --- |
| | | 1#单元 | 2#单元 | 3#单元 | 4#单元 | 5#单元 |
| CODcr浓度 | 85 | 64.7 | 64.3 | 58.2 | 63.4 | 56.5 |
| $BOD_5$浓度 | 23 | 18.0 | 16.4 | 12.2 | 14.8 | 12.6 |
| 石油类浓度 | 28 | 8.4 | 8.2 | 5.6 | 7.4 | 5.3 |

各湿地单元对污水有不同程度的净化作用。3#单元与5#单元对污染物的净化能力较强，这是由于这两个单元植被生物量丰富，优势种覆盖度强，芦苇覆盖率都在90%以上，植株密度47~65株/$m^2$。这一结果表明，各个单元的净化效果与生物量直接相关，植被盖度越高，生物量越大，吸收的污染物质越多，对水体的净化作用就越强。各个子单元中，对石油类的净化效率最高，净化效率在70%以上，这是因为污水中石油类重质组分较高，主要通

过基质过滤、沉降吸附、芦苇吸附等物化作用去除。

（2）湿地系统对污染物净化量估算

估算湿地生态净化系统污染物净化总量，主要根据湿地生态净化系统 DEM 信息确定的有效净化面积与水质变化来考虑。采用式（5.1）对生态净化系统污染物净化量进行估算：

$$P = K \times Diag[Diag(H \times S) \times T] \quad (5.1)$$

式中：湿地生态系统对污染物净化量为不同类型净化单元污染物净化量之和，式中各变量以矩阵单元形式表示。$P$ 为湿地对污染物的净化量（g/d）；$K = [k_1 k_2 \cdots k_n]$，$k_i$ 表示 $i$ 生态类型单元对某种污染物的净化负荷（g/m³·d）；$H = [h_1 h_2 \cdots h_n]$，$h_i$ 表示 $i$ 生态单元类型与 DEM 信息相关的系统水深（m）；$S = [s_1 s_2 \cdots s_n]$，$s_i$ 表示 $i$ 生态单元类型面积（m²）；$T = [t_1 t_2 \cdots t_n]$，$t_i$ 表示 $i$ 生态净化类型的实际水力停留时间（d）。

以 COD 为计算参数估算湿地生态系统的污染物净化量，本湿地生态系统各单元详细参数见表 5.6。

表 5.6 湿地净化单元详细参数

| 系统参数 | 1#单元 | 2#单元 | 3#单元 | 4#单元 | 5#单元 |
| --- | --- | --- | --- | --- | --- |
| 湿地有效面积/m² | 14 960 | 11 400 | 22 250 | 7 000 | 10 800 |
| 有效水深/m | 0.10 | 0.15 | 0.25 | 0.50 | 0.25 |
| 水力停留时间/d | 1 | 2 | 3 | 4 | 2 |
| 平均负荷/（m³/d） | 1200 | 1300 | 2500 | 1600 | 1400 |

净化负荷 $K$ 表示不同生态净化类型净化能力的差异。各生态净化类型高程差异决定湿地单元系统水深不同，不同深度生态净化类型的净化负荷有较大差异。表 5.7 为本研究生态净化单元的净化负荷参数。

表 5.7 不同生态净化系统类型净化负荷参数

| 设计参数 | 湿地 | | | 氧化塘 |
| --- | --- | --- | --- | --- |
| | 类型 1 | 类型 2 | 类型 3 | 类型 1 |
| 有效水深/m | 0.05~0.15 | 0.2~0.3 | 0.35~0.45 | 0.5~0.1 |
| 净化负荷/[g/（m³·d）] | 10.3 | 4.74 | 2.4 | 1.3 |

根据湿地内地表水体的污染物浓度及上述参数，代入式（5.1）可以估算出研究区域湿地系统在芦苇生长期内 COD 净化量为 188.9 kg/d，净化负荷量为 2.84 g/（m²·d），总净化效率为 27.8%。用研究区域养分平衡的方法对本研究推荐公式的估算结果进行验证，估算公式：

$$P = Q_{in}C_{in} - Q_{out}C_{out} \quad (5.2)$$

式中：$Q_{in}$ 和 $Q_{out}$ 分别代表进水与出水流量，$C_{in}$ 和 $C_{out}$ 分别代表进水与出水 COD 浓度。

经过计算，研究区湿地系统 COD 净化量为 201.5 kg/d，与式（5.1）估算结果相比，相对误差为 6%。因此，用式（5.1）对生态净化系统的污染物净化量进行估算是可行的。

（3）净化系统生态设计

为提高生态净化系统的净化能力，以本区域为对象，根据生态学原理，充分利用原有的自然生态，包括水体、植物、地形地势等因素进行生态设计。在进行生态设计时，重点是对不同湿地单元进行处理或重新构造。通过一定的人工设计和自然因素，提高生态系统的净化水平。

①设计方案1：增加系统深度，提高污染物削减负荷。维持自然生态净化湿地为漫流系统，水流首先流经4号廊道单元，然后向其他单元漫流，湿地生态净化系统末端设置总出水渠。为保证污水流经各湿地单元，增加污水在湿地系统的水力停留时间和湿地有效面积；在湿地排水口采用流量控制，通过闸门控制湿地内水位，闸门宽4.3 m，高2.3 m。由于各单元高程差异，生态净化系统内因水深而形成不同生态净化系统类型。当系统水位升高10 cm，参考表5.7中不同生态净化类型净化负荷，由式（5.1）估算，湿地生态净化系统对COD的净化量为244.9 kg/d，净化负荷为3.69 g/（m²·d），总净化效率为36%（表5.8）。

表5.8 方案1-1：湿地生态净化系统净化量

| 系统参数 | 1#单元 | 2#单元 | 3#单元 | 4#单元 | 5#单元 |
| --- | --- | --- | --- | --- | --- |
| 湿地有效面积/m² | 14 960 | 11 400 | 22 250 | 7 000 | 10 800 |
| 有效水深/m | 0.20 | 0.25 | 0.35 | 0.60 | 0.35 |
| 水力停留时间/d | 2 | 4 | 5 | 6 | 4 |
| 总去除量/（kg/d） | 244.9 | | | | |

当系统水位升高15 cm时，生态净化系统整个面积的80%左右水深在0.35 m左右，参考表5.7中不同生态净化类型净化负荷，由式（5.1）估算，生态净化系统对COD的净化量为313.3 kg/d，净化负荷达到了4.72 g/（m²·d），总净化效率为46.1%（表5.9）。

表5.9 方案1-2：湿地生态净化系统净化量

| 系统参数 | 1#单元 | 2#单元 | 3#单元 | 4#单元 | 5#单元 |
| --- | --- | --- | --- | --- | --- |
| 湿地有效面积/m² | 14 960 | 11 400 | 22 250 | 7 000 | 10 800 |
| 有效水深/m | 0.30 | 0.35 | 0.45 | 0.70 | 0.45 |
| 水力停留时间/d | 2.5 | 4 | 6 | 8 | 5 |
| 总去除量/（kg/d） | 313.3 | | | | |

美国水污染控制委员会（WPCF）要求，表面流湿地的水深控制在50 cm以内。本研究按照WPCF的推荐值，保证表面流湿地系统水深不超过50 cm，系统水深超过50 cm即视为氧化塘净化系统。通过计算发现，系统平均水深在0.35 m时，净化系统对COD的去除效率更高。

②设计方案2：对湿地生态净化单元重新构造，改变现有的湿地进水方式，在湿地内人工修建灌溉廊道，在植被盖度、生物量基本相似的情况下，根据研究区域各单元湿地的高程差，对本研究5个生态净化系统单元单独布水，控制表面流湿地水深30~50 cm，参考表5.7中不同生态净化类型净化负荷，由式（5.1）估算，生态净化系统对COD的净化量为216.6 kg/d，净化负荷为3.25 g/m² d，总净化效率为31.8%（表5.10）。

表 5.10　方案 2：湿地生态净化系统净化量

| 系统参数 | 1#单元 | 2#单元 | 3#单元 | 4#单元 | 5#单元 |
| --- | --- | --- | --- | --- | --- |
| 湿地有效面积/m² | 14 960 | 11 400 | 22 250 | 7 000 | 10 800 |
| 有效水深/m | 0.30 | 0.35 | 0.45 | 0.50 | 0.45 |
| 水力停留时间/d | 4 | 3 | 4 | 3 | 3 |
| 总去除量/（kg/d） | 216.6 | | | | |

设计方案 2 使湿地内水流速增加，停留时间缩短，总水质净化效率提高较小，而且需要进行人工修建隔流渠等工程性改造，故将其作为湿地生态净化系统的预案设计。在目前湿地进水量没有较大变化的情况下，按照最有利于发挥湿地净化功能的原则，生态设计方案 1 控制净化系统水位能大幅度提高湿地净化效率，且投资低，容易管理，是最为经济合理的设计方案。

本研究基于研究区域高程信息，给出了湿地生态系统的总设计思路和方案。设计后的生态净化系统净化量估算表明，通过控制系统水深调节水力负荷的方案能够使系统 COD 净化能力提高近 20%。说明基于 DEM 信息的湿地净化系统生态设计是提高其净化能力的有效手段，对合理利用自然湿地及辽河口末端污染治理有重要的指导意义。

### 5.1.2　净化系统水资源调配技术中试研究

小试研究发现水深是影响芦苇生物量的主要因素，进而影响湿地的净化功能。正确认识湿地与水深的关系，确保湿地水力循环的畅通，保证湿地生态系统的正常运转，积极寻求解决湿地生态环境需水量计算和合理配置的新方法、新途径，已经成为湿地生态系统恢复与重建的迫切需求。

#### 5.1.2.1　研究区域湿地生态需水量计算

湿地生态需水量分为湿地植被需水量、湿地土壤需水量、野生生物栖息地需水量、补给地下水需水量、净化污染物需水量等（王铁良等，2007）。按照湿地生态系统的组成结构，将其各组分划分成 5 个等级：最大需水量、最优需水量、优等需水量、中等需水量和最小需水量。最大需水量是系统可能承受的最大水量，超过这一水量，系统便会产生突变；最优需水量是系统存在所需的最佳水量，此时系统处于最理想状态；最小需水量是系统维持自身发展所需的最低水量，低于这一水量，系统便会很快萎缩、退化甚至消失。在三者之间的优等需水量和中等需水量属过度级需水量，不同的管理方式以及环境条件，会使两种类型的需水量向两极发展，这种发展是否有利于湿地的生存需要引起足够的重视。

（1）湿地植被需水量

湿地植被需水量指湿地植被正常生长所需要的水分，主要包括蒸腾水和土壤蒸发水，可近表述为植被需水量：

$$dWp/dt = A(t)ETm(t) \tag{5.3}$$

式中：$dWp$ 为植被需水量（m³）；$A(t)$ 为湿地植被面积（m²）；$ETm(t)$ 为蒸散发量（mm）；$t$ 为时间（a）。

湿地植物年需水量级别划分见表 5.11。

表 5.11 湿地植物年需水量级别划分

| 项目级别 | 盖度（%） | 高度/m | 芦苇级别 | 蒸散发量*/mm | 需水量/（m³/hm²） |
|---|---|---|---|---|---|
| 最小 | 40~50 | 0.5~1.5 | Ⅳ | 600~800 | (0.8~1) 10⁴ |
| 中等 | 50~60 | 1.5~2.5 | Ⅲ | 800~1000 | (1.0~1.2) 10⁴ |
| 优 | 60~80 | 2.5~3.5 | Ⅱ | 1000~1200 | (1.2~1.4) 10⁴ |
| 最优 | 80 | 3.5~4.0 | Ⅰ | 1200~1400 | (1.4~1.6) 10⁴ |
| 最大 | 100 | | Ⅰ | 1400~1600 | (1.6~1.9) 10⁴ |

注：*表示潜在蒸散发量，根据芦苇的质量级别和生长状态而定。

在年需水量级别的划分中，各种需水量类型是相互对应的，即湿地淹水面积是按照理想状态下占湿地面积的 10%、15%、25%、45%、65%、90%、100% 进行的。在湿地需水量级别划分中，淹水面积被认为是棵间水面，故植物需水仍按湿地面积计算。同样道理，在下面的土壤需水量级别划分中，也是按湿地面积划分的。

（2）湿地土壤需水量

湿地土壤需水量是指土壤中与植被生长密切相关的水量，湿地土壤需水量与土壤性质、土壤田间持水量、饱和持水量等有关，其计算公式为：

$$Q_t = \alpha H_t A_t \tag{5.4}$$

式中：$Q_t$ 为土壤需水量（m³）；$\alpha$ 为田间持水量或饱和持水量百分比（据土壤类型而定）；$H_t$ 为土壤厚度（m）；$A_t$ 为湿地土壤面积（m²）。

在计算土壤需水量时，常用到以下 2 个水分常数：一是田间持水量，是指在地下水位比较深时，土层能保持的最大含水量，对于湿地土壤而言，上部土层的田间持水量与土壤孔隙、结构、有机质、腐殖质含量有关，其体积含水的百分比在 31%~36% 之间，下部土层通常都少于上部；二是饱和持水量，饱和持水量是土壤孔隙能容纳的最大水量，因此，它的体积百分比不能超过总孔隙度。对于沼泽土而言，沼泽土吸水力强，加之有季节性积水或常年积水，土壤水分常处于饱和状态。容重越低，孔隙度越高，持水量则越大。以田间持水量、饱和持水量和土壤蓄水能力为依据，划定沼泽土壤的需水量级别。湿地土壤年需水量级别划分见表 5.12。

表 5.12 湿地土壤年需水量级别划分

| 项目级别 | 依据的持水量类型 | 体积含水百分数（%） | 土壤厚度/cm | 需水量/（m³/hm²） |
|---|---|---|---|---|
| 最小 | 田间持水量 | 20~30 | 150 | (0.2~0.3) 150 |
| 中等 | 田间持水量 | 30~40 | 150 | (0.3~0.4) 150 |
| 优 | 饱和持水量 | 40~50 | 150 | (0.4~0.5) 150 |
| 最优 | 饱和持水量 | 50~60 | 150 | (0.5~0.6) 150 |
| 最大 | 饱和蓄水能力 | 80 | 150 | 0.8 150 |

（3）野生生物栖息地需水量

野生生物栖息地需水量是指鱼类、鸟类等栖息繁殖需要的基本水量。在计算大区域的湿地野生生物栖息地需水量时，需要根据栖息地水面面积百分比和水深进行计算。为避免与湿地土壤需水量重复，只计算地表以上低洼地蓄水量：

$$dWq/dt = A(t) B H(t) \tag{5.5}$$

式中：$dWq$ 为生物栖息地需水量（$m^3$）；$A(t)$ 为湿地面积（$m^2$）；$B$ 为水面面积百分比（%）；$H(t)$ 为水深（m）；$t$ 为时间（a）。

生物栖息地需水量级别划分见表 5.13。

表 5.13 生物栖息地需水量级别划分

| 项目级别 | 水面面积百分比（%） | 水深 /m | 需水量 /（$m^3/hm^2$） |
|---|---|---|---|
| 最小 | 10~15 | 0.3~0.5 | (0.1~0.15)(0.3~0.5)$10^4$ |
| 中等 | 15~25 | 0.5~0.7 | (0.15~0.25)(0.5~0.7)$10^4$ |
| 优 | 25~45 | 0.7~1.0 | (0.25~0.45)(0.7~1.0)$10^4$ |
| 最优 | 45~65 | 1.0~1.5 | (0.45~0.65)(1.0~1.5)$10^4$ |
| 最大 | 90~100 | 2.0 | (0.9~1.0)2.0$10^4$ |

(4) 湿地补给地下水需水量

湿地具有补给地下水的功能，实现这一功能是通过渗漏途径完成的。补给地下水需水量指湿地通过自然渗漏补给地下水的水量。其计算公式为：

$$Wb = K I A T \tag{5.6}$$

式中：$Wb$ 为补水量（$m^3$）；$K$ 为渗透系数（m/d）；$I$ 为水力坡度；$A$ 为渗流剖面面积（$m^2$）；$T$ 为计算时段长度（d）。

湿地补给地下水需水量等级划分见表 5.14。

表 5.14 湿地补给地下水需水量等级划分

| 项目级别 | 水面面积百分比（%） | 渗透系数* /（m/d） | 补给时间** /d | 需水量 /（$m^3/hm^2$） |
|---|---|---|---|---|
| 最小 | 10~15 | 0.005 | 150 | (0.1~0.15)0.9$10^4$ |
| 中等 | 15~25 | 0.005 | 150 | (0.15~0.25)0.9$10^4$ |
| 优 | 25~45 | 0.005 | 150 | (0.25~0.45)0.9$10^4$ |
| 最优 | 45~65 | 0.005 | 150 | (0.45~0.65)0.9$10^4$ |
| 最大 | 90~100 | 0.005 | 150 | (0.9~1.0)0.9$10^4$ |

注：*指黏质土壤渗透系数；**表示考虑到辽河地区来水的季节性，以150 d计算。

(5) 稀释净化污染物需水量

湿地稀释净化污染物需水量级别的划分依据达标水质级别来确定。按照地表水 Ⅰ~Ⅴ 类使用功能划分相应等级。污染物主要考虑 $COD_{cr}$ 和石油烃，相应容许浓度按照最新执行的地表水环境质量标准进行。污染物排放浓度认为是达标排放，按照国家污水综合排放标准进行，排入 Ⅳ、Ⅴ 类水域中的污水执行二级标准。本研究只取湿地受纳总排放污水的 30% 来计。另外，需要指出的是，由于湿地具备净化污染的特性，水对污染物的稀释只占净化过程的一部分，还有其他的物理沉淀、化学反应和生物过程等，稀释仅占10%。因此，前面计算出的需水量还需要乘以该系数（表5.15）。

表5.15 净化污染物需水量等级划分

| 项目级别 | 达标水质级别 | 相应允许浓度/（mg/L） | | 污染物达标排放浓度/（mg/L） | | 稀释倍数 | | 需水量/m³ | |
| --- | --- | --- | --- | --- | --- | --- | --- | --- | --- |
| | | $COD_{cr}$ | 石油烃 | $COD_{cr}$ | 石油烃 | $COD_{cr}$ | 石油烃 | $COD_{cr}$ | 石油烃 |
| 最小 | V | 30~40 | 0.5~1.0 | 80~150 | 0.1~1.3 | 5~7 | 3~5 | 0.03（5~7） | 0.03（3~5） |
| 中等 | Ⅳ | 20~30 | 0.05~0.5 | 80~200 | 0.1~1.3 | 7~10 | 5~15 | 0.03（7~10） | 0.03（5~15） |
| 优 | Ⅲ | 15~20 | 0.05 | 80~200 | 0.1~1.3 | 10~15 | 15 | 0.03（10~15） | 0.0315 |
| 最优 | Ⅱ | 15 | 0.05 | 80~200 | 0.1~1.3 | 15 | 15 | 0.03 | 0.03 |
| 最大 | Ⅰ | <15 | <0.05 | 80~200 | 0.1~1.3 | >15 | >15 | >0.03 | >0.03 |

#### 5.1.2.2 湿地水资源的优化配置研究

在研究区，选择4个典型的研究单元（图5.1），各单元的结构特征见表5.16。从4个研究单元芦苇、水塘及井场面积所占比例来看，各研究单元内芦苇湿地所占的比例较大，井场面积所占比例由大至小顺序依次为单元3、单元1、单元2、单元4。另外各单元的水深也存在较大差异。

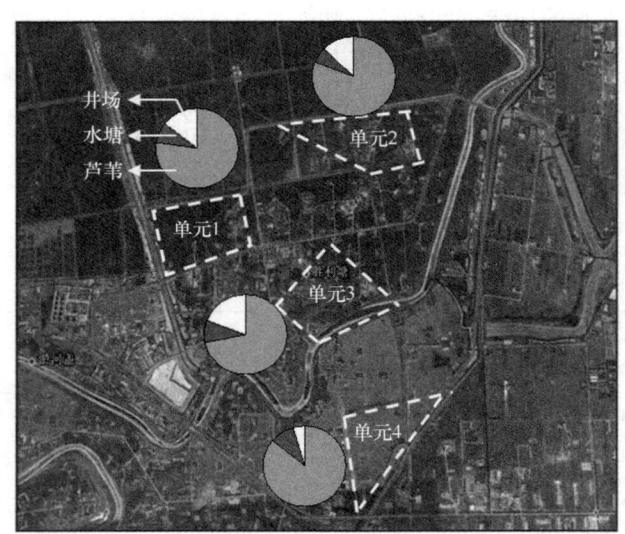

图5.1 研究单元位置图

表5.16 各研究单元结构特征

| 补水单元 | 单元1 | 单元2 | 单元3 | 单元4 |
| --- | --- | --- | --- | --- |
| 总面积/m² | 213 850 | 416 100 | 419 960 | 427 370 |
| 芦苇面积/m² | 165 230 | 335 850 | 300 860 | 366 510 |
| 水塘面积/m² | 17 680 | 26 750 | 38 800 | 41 860 |
| 井场面积/m² | 30 940 | 53 500 | 80 300 | 19 000 |
| 水深范围/cm | -15~62 | -20~45 | -10~83 | -10~150 |
| 平均水深/cm | 25.59 | 35.62 | 47.12 | 64.23 |

辽河湿地年平均蒸发量为 1 669.6 mm,年平均降水量为 611.6 mm,由芦苇生长状况与水深的相关性分析可知,芦苇较适宜的水深是 50 cm。应用上述需要量等级公式,对 4 个研究单元各等级年需水量进行计算,计算的需水量包括湿地植被需水量、湿地土壤需水量、野生生物栖息地需水量、湿地补给地下水需水量和净化石油烃污染物需水量(表 5.17~表 5.21)。各湿地单元的年总需水量见表 5.22,从表中可以看出各湿地单元总生态需水量存在较大差别,除与湿地总面积有关外,还与各湿地单元芦苇、水塘及井场的面积有关。因此,在对芦苇湿地进行恢复时,需要充分考虑芦苇湿地的空间差异,对湿地水量进行空间调配。

表 5.17 各研究单元湿地植被需水量　　　　　　　　　　　　　　　单位：×10⁵ m³

| 单元 | 最小 | 中等 | 优 | 最优 | 最大 |
|---|---|---|---|---|---|
| 单元 1 | 0.99~1.32 | 1.32~1.65 | 1.65~1.98 | 1.98~2.31 | 2.31~2.64 |
| 单元 2 | 2.02~2.69 | 2.69~3.36 | 3.36~4.03 | 4.03~4.70 | 4.70~5.37 |
| 单元 3 | 1.81~2.41 | 2.41~3.01 | 3.01~3.61 | 3.61~4.21 | 4.21~4.81 |
| 单元 4 | 2.20~2.93 | 2.93~3.67 | 3.67~4.40 | 4.40~5.13 | 5.13~5.86 |

表 5.18 各研究单元湿度土壤需水量　　　　　　　　　　　　　　　单位：×10⁵ m³

| 单元 | 最小 | 中等 | 优 | 最优 | 最大 |
|---|---|---|---|---|---|
| 单元 1 | 0.64~0.96 | 0.96~1.28 | 1.28~1.60 | 1.60~1.92 | 2.57 |
| 单元 2 | 1.25~1.87 | 1.87~2.50 | 2.50~3.12 | 3.12~3.74 | 4.99 |
| 单元 3 | 1.26~1.89 | 1.89~2.52 | 2.52~3.15 | 3.15~3.78 | 5.04 |
| 单元 4 | 1.28~1.92 | 1.92~2.56 | 2.56~3.21 | 3.21~3.85 | 5.13 |

表 5.19 各研究单元湿地野生生物栖息地需水量　　　　　　　　　　　单位：×10⁵ m³

| 单元 | 最小 | 中等 | 优 | 最优 | 最大 |
|---|---|---|---|---|---|
| 单元 1 | 0.05~0.16 | 0.16~0.32 | 0.32~0.82 | 0.82~1.79 | 3.30~3.66 |
| 单元 2 | 0.11~0.27 | 0.27~0.64 | 0.64~1.63 | 1.63~3.54 | 6.52~7.26 |
| 单元 3 | 0.10~0.26 | 0.26~0.60 | 0.60~1.53 | 1.53~3.32 | 6.12~6.80 |
| 单元 4 | 0.12~0.31 | 0.31~0.71 | 0.71~1.84 | 1.84~3.98 | 7.36~8.16 |

表 5.20 各研究单元湿地补给地下水需水量　　　　　　　　　　　　　单位：×10⁵ m³

| 单元 | 最小 | 中等 | 优 | 最优 | 最大 |
|---|---|---|---|---|---|
| 单元 1 | 0.19~0.29 | 0.29~0.48 | 0.48~0.87 | 0.87~1.25 | 1.73~1.92 |
| 单元 2 | 0.37~0.56 | 0.56~0.94 | 0.94~1.69 | 1.69~2.43 | 3.37~3.74 |
| 单元 3 | 0.38~0.57 | 0.57~0.94 | 0.94~1.70 | 1.70~2.45 | 3.40~3.78 |
| 单元 4 | 0.38~0.58 | 0.58~0.96 | 0.96~1.73 | 1.73~2.50 | 3.46~3.85 |

表 5.21 各研究单元污染物净化需水量　　　　　　　　　　　　单位：×10⁵ m³

| 单元 | 最小 | 中等 | 优 | 最优 | 最大 |
| --- | --- | --- | --- | --- | --- |
| 单元1 | 0.04~0.07 | 0.07~0.21 | 0.21 | 0.21 | >0.21 |
| 单元2 | 0.08~0.14 | 0.14~0.41 | 0.41 | 0.41 | >0.41 |
| 单元3 | 0.08~0.13 | 0.13~0.38 | 0.38 | 0.38 | >0.38 |
| 单元4 | 0.09~0.15 | 0.15~0.46 | 0.46 | 0.46 | >0.46 |

表 5.22 各研究单元总生态需水量　　　　　　　　　　　　单位：×10⁵ m³

| 单元 | 最小 | 中等 | 优 | 最优 | 最大 |
| --- | --- | --- | --- | --- | --- |
| 单元1 | 1.91~2.80 | 2.80~3.94 | 3.94~5.48 | 5.48~7.48 | >10.12~11.00 |
| 单元2 | 3.83~5.53 | 5.53~7.85 | 7.85~10.88 | 10.88~14.82 | >19.99~21.77 |
| 单元3 | 3.63~5.26 | 5.26~7.45 | 7.45~10.37 | 10.37~14.15 | >19.15~20.81 |
| 单元4 | 4.07~5.89 | 5.89~8.36 | 8.36~11.64 | 11.64~15.92 | >21.54~23.46 |

该地区目前每年湿地灌溉及自然降水量为 $1.44\times10^6$ m³/km²。根据各研究单元月平均降雨量及灌溉量，计算出各研究单元的总补水量及不同季节的补水量，结果如图5.2所示。由图5.2中可以看出，各单元水量和生态需水量时间和空间上具有较大差异。从时间上来看，各单元夏季生态需水量较大，从空间上来看单元3总补水量的需求最大。因此，在进行芦苇湿地恢复时，要充分考虑大水量调配的时间和点位。

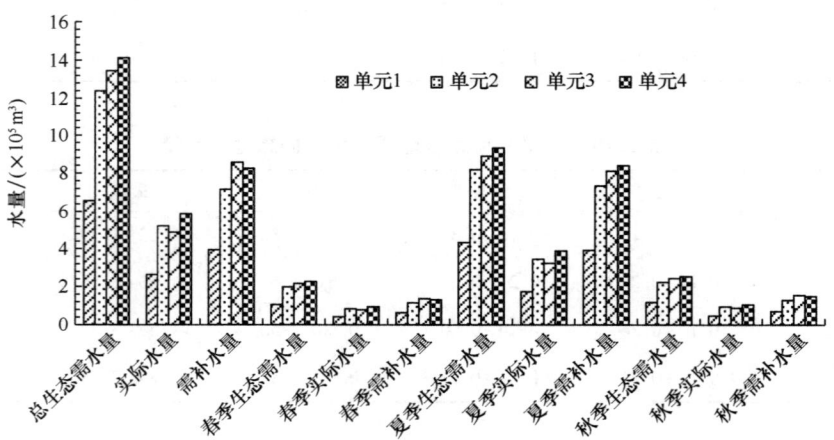

图 5.2 研究单元不同季节水量及补水量

## 5.1.3 水资源配置建议

由于油田区湿地退化比较严重，通过适当的人为干扰配水工作，能够改善植被的生长状态，提升物种多样性，使群落正向演替的速度加快。可以采取集中灌溉补水方式，如分芽前灌溉和生育期灌溉。

从研究结果来看，枯水季节正是植被萌发季节，目前采用的6月一次性补水导致了春季水资源的严重不足，并已经影响了植被的萌发和生长，因此，在以往一次性补水的基础上，采取三灌三排的方式，春季适当补水可以有效缓解淡水资源对植被生长的制约。

根据现有研究区域芦苇生长情况，实施不同的补水策略，演替初期适当增加水量，演替中后期减少水量。地势差会造成水量不均，所以在进行配水时建立一些拦水坝，使水能够在地势较高的区域蓄存，进而使生态恢复效果更均匀。

## 5.2 湿地系统养分调控工艺优化

### 5.2.1 湿地净化系统养分调控技术小试研究

#### 5.2.1.1 芦苇湿地对氮、磷的净化能力计算

苇田氮、磷的来源包括进水、降水和人工添加等，去向包括排水、土壤吸收、向大气排放、人工削减。氮、磷被截留量，以输入量和输出量之差计算，包括转化后向大气排放、芦苇收割和河蟹收获等。土壤的吸收和释放均发生在芦苇湿地系统内部，包括在被苇田截留的量中。

湿地的净化能力按下式计算：

$$W = (Q_{进} - Q_{出}) / Q_{进} \times 100\% \tag{5.7}$$

式中：$W$ 表示湿地系统对总氮和总磷的净化能力，以百分比表示；$Q_{进}$ 和 $Q_{出}$ 分别表示单位面积总氮和总磷的输入量和输出量（mg/m²）。

$Q_{进}$ 表示污染物的来源，计算如下：

$$Q_{进} = Q_{进水} + Q_{降水} \tag{5.8}$$

式中：$Q_{进水}$ 为苇田进水输入总氮和总磷的量，由进水中总氮和总磷含量与进水量的乘积计算而得；苇田进水两次，分别在5月初和7月底，每次进水量约为 0.3 m³/m²。$Q_{降水}$ 表示总氮和总磷通过降雨量输入量，由雨水中总氮和总磷含量与降雨量累积计算获得，2013年盘锦地区降雨量为 611.6 mm。$Q_{出}$ 为总氮和总磷的输出量，通过下式计算：

$$Q_{出} = V_{出} \times C_{出} \tag{5.9}$$

式中：$C_{出}$ 表示苇田排水中总氮和总磷的平均含量，为实际监测数据；$V_{出}$ 表示苇田单位面积的排水量，由于在芦苇生长过程中不进行排水，因此认为苇田剩余水量即为排水量，按下式计算：

$$V_{出} = V_{in} + V_r - V_e - V_s \tag{5.10}$$

式中：$V_{in}$ 表示苇田进水量或前期剩余水量；$V_{in}$ 表示降水量，计算方法同 $Q_{降水}$ 中降水量；$V_e$ 表示蒸发损失量，盘锦当地气象部门发布年平均蒸发量为 1 669.6 mm；$V_s$ 表示被苇田土壤所吸收水分，本研究值取 80 mm，并且认为第一次进水数日内即达到饱和状态。

#### 5.2.1.2 养分调控与水质净化技术小试研究

（1）芦苇湿地对氮、磷的净化能力

实验区域面积为 1 300 m²，实验在2013年完成，2013年各月份进水量、降水量、蒸发量和苇田积水量如表5.23。

表 5.23 研究区域进水量、降水量、蒸发量和积水量

| 采样时间 | 时间（月-日） | 进水量/（m³/m²） | 降水量/mm | 蒸发量/mm | 积水量/mm |
|---|---|---|---|---|---|
| 进水 1 | 5 月初 | 0.3 | | | 150.4 |
| 05-25 | 05-10 至 05-25 | | 50.2 | -90.3 | 93.2 |
| 06-25 | 05-26 至 06-25 | | 78.3 | -152.1 | 25.3 |
| 进水 2 | 7 月底 | 0.3 | | | 243 |
| 08-05 | 07-20 至 08-05 | | 167.3 | -185.2 | 242.3 |
| 08-26 | 08-06 至 08-26 | | 152.6 | -154.6 | 253.1 |
| 09-26 | 08-26 至 09-26 | | 86.4 | -80.4 | 212.0 |

根据监测结果计算芦苇湿地进水和芦苇生长期内苇田积水中总氮、总磷含量见表 5.24。研究区域降水中总氮、总磷含量以及计算各月份通过降水向芦苇湿地输送的总氮、总磷结果见表 5.25。根据上述结果，按公式计算芦苇湿地对总氮、总磷的净化能力，其计算过程和结果见表 5.26 和表 5.27。

表 5.24 芦苇湿地进水和积水的总氮、总磷含量

| 状态 | 时间（月-日） | 总氮含量/（mg/m²） | 总磷含量/（mg/m²） |
|---|---|---|---|
| 进水 | 5 月初 | 1465 | 32.47 |
| | 7 月底 | 631 | 74.13 |
| 苇田积水 | 05-10 至 05-25 | 588.2 | 10.23 |
| | 05-26 至 06-25 | 65.3 | 1.26 |
| | 07-20 至 08-05 | 569.4 | 44.3 |
| | 08-06 至 08-26 | 46.2 | 21.5 |
| | 08-26 至 09-26 | 65.8 | 23.6 |

表 5.25 降水向湿地输入总氮、总磷含量的月变化

| 时间（月-日） | 降水量/mm | 总氮含量/（mg/m²） | 总磷含量/（mg/m²） |
|---|---|---|---|
| 05-10 至 05-25 | 45.2 | 17.45 | 3.47 |
| 05-26 至 06-25 | 75.3 | 32.6 | 6.23 |
| 07-20 至 08-05 | 165.4 | 58.9 | 13.5 |
| 08-06 至 08-26 | 152.6 | 57.6 | 12.5 |
| 08-26 至 09-26 | 54.6 | 21.5 | 5.64 |

表 5.26 芦苇湿地总氮、总磷输入量　　　　　　　　　　　　　　　单位：mg/m²

| 时间（月-日） | Q进水 | | Q出水（前月出水） | | Q降水 | |
|---|---|---|---|---|---|---|
| | 总氮 | 总磷 | 总氮 | 总磷 | 总氮 | 总磷 |
| 05-10 至 05-25 | 1465 | 32.47 | | | 17.45 | 3.47 |
| 05-26 至 06-25 | | | 588.2 | 10.23 | 32.6 | 6.23 |
| 07-20 至 08-05 | 631 | 74.13 | 65.3 | 1.26 | 58.9 | 13.5 |
| 08-06 至 08-26 | | | 569.4 | 44.3 | 57.6 | 12.5 |
| 08-26 至 09-26 | | | 46.2 | 21.5 | 21.5 | 5.64 |

表 5.27 芦苇湿地总氮、总磷输入总量、输出量和净化能力

| 时间（月-日） | Q进/(mg/m²) | | Q出/(mg/m²) | | 去除量/(mg/m²) | | 去除率（%） | |
|---|---|---|---|---|---|---|---|---|
| | 总氮 | 总磷 | 总氮 | 总磷 | 总氮 | 总磷 | 总氮 | 总磷 |
| 05-10 至 05-25 | 1480.64 | 35.72 | 588.2 | 10.23 | 892.4 | 25.5 | 60.3 | 71.4 |
| 05-26 至 06-25 | 612.35 | 20.46 | 65.3 | 1.26 | 547.1 | 19.2 | 89.3 | 93.8 |
| 07-20 至 08-05 | 761.36 | 100.7 | 569.4 | 44.3 | 192 | 56.4 | 25.2 | 56 |
| 08-06 至 08-26 | 633.76 | 70.58 | 46.2 | 21.5 | 587.6 | 49.1 | 92.7 | 69.5 |
| 08-26 至 09-26 | 75.51 | 34.58 | 65.8 | 23.6 | 9.7 | 11 | 12.9 | 31.8 |
| 平均 | | | | | 445.8 | 32.2 | 56.1 | 64.5 |
| 合计 | 3 563.6 | 262 | 1 334.9 | 100.9 | 2 228.8 | 161.2 | | |

研究区月平均对总氮和总磷的去除能力分别为 445.8 mg/m² 和 32.2 mg/m²，换算成去除率分别为 56.1% 和 64.5%。说明湿地系统对氮、磷具有较高的净化能力。

（2）芦苇湿地对石油类的净化能力

湿地对石油类去除能力的估算方法同氮、磷，根据监测结果计算芦苇湿地进水和芦苇生长期内苇田积水中石油类含量见表 5.28。计算湿地对石油类的净化能力，其计算过程和结果见表 5.29 和表 5.30。

表 5.28 芦苇湿地苇田进水和积水中石油类含量　　　　　　　　　单位：mg/m²

| | 时间（月-日） | 石油类 |
|---|---|---|
| 进水 | 5月初 | 453.2 |
| | 7月底 | 486.7 |
| 苇田积水 | 05-10 至 05-25 | 123.4 |
| | 05-26 至 06-25 | 87.63 |
| | 07-20 至 08-05 | 130.4 |
| | 08-06 至 08-26 | 75.9 |
| | 08-26 至 09-26 | 76.8 |

表 5.29 芦苇湿地石油类输入量　　　　　　　　　　　　　　　　　　　　　　单位：mg/m²

| 时间（月-日） | Q进水 | Q出水(前月出水) | 合计 |
|---|---|---|---|
| 05-10 至 05-25 | 453.2 | | 453.2 |
| 05-26 至 06-25 | | 123.4 | 123.4 |
| 07-20 至 08-05 | 486.7 | 87.63 | 574.3 |
| 08-06 至 08-26 | | 85.9 | 85.9 |
| 08-26 至 09-26 | | 76.8 | 76.8 |

表 5.30 芦苇湿地石油类输入总量、输出量和净化能力

| 时间（月-日） | Q进 /（mg/m²） | Q出 /（mg/m²） | 去除量 /（mg/m²） | 去除率 (%) |
|---|---|---|---|---|
| 05-10 至 05-25 | 453.2 | 123.4 | 329.8 | 72.8 |
| 05-26 至 06-25 | 123.4 | 87.63 | 35.8 | 29.0 |
| 07-20 至 08-05 | 574.3 | 130.4 | 443.9 | 77.3 |
| 08-06 至 08-26 | 85.9 | 75.9 | 10.0 | 11.6 |
| 08-26 至 09-26 | 76.8 | 75.9 | 0.9 | 1.2 |
| 平均 | | | | |

研究区内月平均对石油类的去除能力为 164.1 mg/m²，去除率为 38.4%，说明辽河芦苇湿地对石油烃具有较好的去除能力。

（3）芦苇对湿地净化污染物能力的贡献

芦苇各器官在不同时期内总氮的含量如图 5.3 所示。7—9 月，芦苇根的含氮量一直大于地下茎，除 7 月时两者含氮量相差较大以外（含氮量相差约 0.7%），其他月份两者含氮量相差不大。芦苇地上茎含量在 6—8 月时含氮量变化不大，其含氮量在 0.1%～0.3% 之间；9 月时地上茎的含氮量最大，突然升高至 2.1%，10 月时其含氮量又突然下降至 0.5%。芦苇叶的含氮量在 6—8 月时一直较高，含氮量在 1.5% 左右，9 月时叶的含氮量开始下降，至 10 月时降低至 0.6%。8 月时芦苇开始长穗，此时穗的含氮量为 2.1%，9 月时穗的含氮量达到最高值，为 2.4%；10 月时芦苇种子成熟并脱落，穗的含氮量降低至 0.1%。

芦苇各器官在不同时期内总磷的含量如图 5.4 所示。与氮相似，7—9 月芦苇根的含磷量和地下茎的含磷量相差不大，根和地下茎的含磷量在这 3 个月的平均值分别为 2.4% 和 2.0%，总体上根的含磷量大于地下茎的含磷量。芦苇地上茎的含磷量 6 月时最高，值为 0.17%，之后

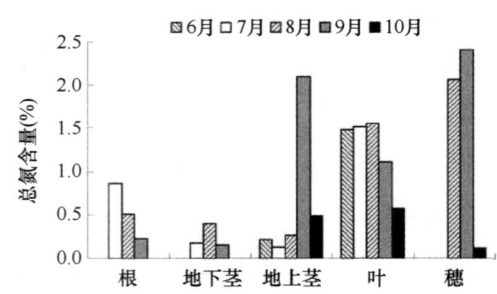

图 5.3 芦苇各器官在不同时期的总氮含量

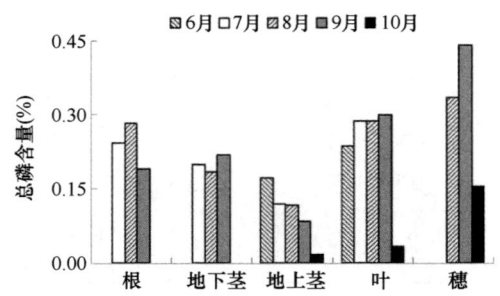

图 5.4 芦苇各器官在不同时期内的总磷含量

逐渐下降,10月时含磷量下降至0.02%;其中9—10月地上茎的含磷量下降最快,由0.084%下降至0.02%,下降幅度达76%。6—9月,芦苇叶的含磷量逐渐升高,但变化幅度不大,9月时含磷量达到0.30%,10月时叶的含磷量突然降低至0.032%,降低幅度达89%。与氮相同,穗的含磷量在9月时最高(值为0.44%),10月时最低(值为0.16%)。

由以上研究可知,在芦苇生长期内,各器官含氮量总体上要大于含磷量,这说明芦苇对氮素的吸收要强于对磷素的吸收。芦苇各器官氮、磷含量随时间的变化特征也不同,这说明芦苇对氮、磷的吸收机制不同。7—9月,芦苇根的氮、磷含量总体上大于地下茎,这可能与两者在芦苇生长中所起的作用有关。根是芦苇对营养物质的吸收器官,地下茎与根相连,是营养物质的输送器官,根吸收的营养物质通过地下茎向地上部分传输,因此根的含氮量一般要大于地下茎的含氮量。6—9月,叶的氮、磷含量一直维持在一个较高的水平,这可能是由于叶是芦苇进行光合作用和蒸腾作用的器官,对营养物质的需求量较大,对芦苇的生长具有重要的决定作用,叶片氮、磷含量的多少直接关系着芦苇生长的好坏。9月时,芦苇地上茎和穗的含氮量均较上一个月有所提高,而叶的含氮量却有所下降,这可能是与氮素在各器官中的迁移有关。芦苇穗的孕育需要更多的营养,9月时叶的生长出现萎缩,其中的氮素与地下的营养物质一起通过地上茎向穗传输。与氮素不同,9月时穗的含磷量虽然有所升高,但叶的含磷量却没有降低。这可能由于穗的生长对磷的需求量较少以及芦苇对磷素的供应机制不同。10月时,芦苇地上部分各器官氮、磷含量均大幅减少,此时种子已经成熟并脱落,芦苇也开始枯萎,芦苇地上部分的氮、磷可能向地下部分发生了迁移,为来年新生芦苇的生长储存养分。

芦苇可以吸收水体中的氮、磷供其生长从而净化水质,通过收割地上部分芦苇可以从湿地中一次性移除一部分氮、磷。芦苇收割对湿地去除营养物质的贡献用通过芦苇收割带走的氮、磷与湿地对氮、磷总的去除量的比值表示。

本研究区域芦苇长成后于10月收割,此时芦苇总氮、总磷及其生物量见表5.31,芦苇收割从系统中迁出的总氮和总磷分别为2.14 mg/m$^2$和0.11 mg/m$^2$。通过计算可知,芦苇生长期间湿地系统净化总氮、总磷的量分别为2 365 mg/m$^2$和126.4 mg/m$^2$。因此,芦苇生长期间湿地系统净化是氮、磷去除的主要方式。

表5.31 芦苇生物量及其总氮、总磷含量

| 湿重(地上)/(kg/m$^2$) | 氮含量(%) | 磷含量(%) | 总氮/(mg/m$^2$) | 总磷/(mg/m$^2$) |
| --- | --- | --- | --- | --- |
| 1.17 | 0.2 | 0.009 | 2.14 | 0.11 |

通过对湿地内氮、磷及石油烃输入和输出量分析,研究了芦苇湿地对氮、磷和石油烃的净化能力,评估湿地系统对上述污染物质的去除能力,为湿地系统养分调控工艺优化与水质净化提供数据支持,对恢复湿地资源具有重要的意义。

## 5.2.2 湿地净化系统养分调控与水质净化技术中试研究

根据湿地中井场分布情况,2014年在辽河油田油井周边湿地选择5个处理单元,用于探讨湿地净化系统养分调控与水质净化技术的中试研究,研究区范围以及处理单位位置如图5.5所示。

图 5.5 研究区范围（封闭实线框）及处理单元（虚线框）示意图

通过监测比较不同处理单元内生态需水量及石油烃、氮、磷含量（表 5.32），确定不同单元的补水量及氮、磷补加量（表 5.33），跟踪监测各处理单元石油烃的去除率（图 5.6）。通过比较发现，通过对研究单元水量调配及营养物质的优化，各处理单元芦苇湿地的净化能力提高，石油烃去除率较对照高 30% 以上。

表 5.32 各处理水中石油烃、氮和磷浓度

| 研究区 | 芦苇面积 /（×10⁵ m²） | 石油烃浓度 /（mg/L） | 氮含量 /（mg/L） | 磷含量 /（mg/L） |
| --- | --- | --- | --- | --- |
| 单元 1 | 5.9 | 3.93~4.65 | 0.17 | 0.85 |
| 单元 2 | 5.5 | 2.89~3.78 | 0.56 | 0.79 |
| 单元 3 | 6.9 | 2.12~3.51 | 1.78 | 0.64 |
| 单元 4 | 4.0 | 2.68~4.21 | 0.35 | 0.95 |
| 单元 5（对照） | 4.5 | 0 | 0 | 0 |

表 5.33 各处理单元补水量、补磷量及补氮量

| 研究区 | 补水量 /（×10⁶ m³） | 补氮量 /kg | 补磷量 /kg |
| --- | --- | --- | --- |
| 单元 1 | 1.9 | 85.2 | 0 |
| 单元 2 | 2.6 | 35.3 | 0 |
| 单元 3 | 5.9 | 0 | 12.6 |
| 单元 4 | 3.1 | 42.4 | 0 |
| 单元 5（对照） | 0 | 0 | 0 |

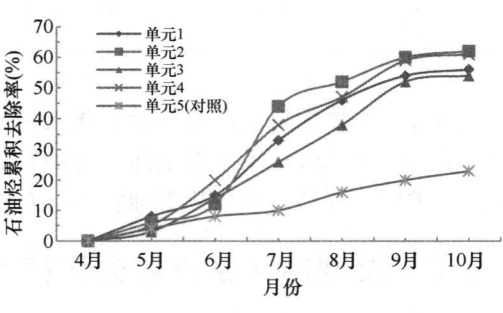

图 5.6 不同处理单元石油烃去除率比较

## 5.3 湿地净化能力优化与仿真设计

### 5.3.1 研究区湿地净化能力评估

#### 5.3.1.1 研究区湿地特征

研究区位于辽河油田曙光地区，地理坐标为 41°08′50.01″—41°10′0.49″N，121°48′37.84″—121°50′23.06″E，面积为 12 km²，年降水量为约 600 mm，年积温约为 1874℃。

湿地对石油烃的净化能力与水量、营养密切相关。2010—2016 年期间，通过野外实地考察，结合卫片解析与影像纠正，系统调查了研究区的水分分布、地貌特征、沟渠构筑物、湿地结构及氮、磷等营养状况，从而划分不同湿地单元区，共划分为 3 个大区，13 个小区。并查明了单元区芦苇面积、水塘面积、水塘深度、芦苇水深及氮、磷营养等影响湿地净化能力的指标，各区域位置如图 5.7 所示，详细情况见表 5.34。

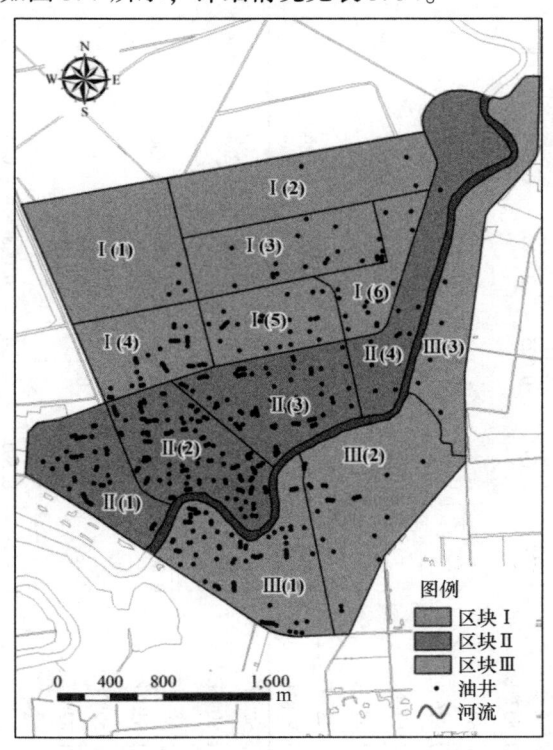

图 5.7 研究区湿地分区及油井分布图

湿地石油烃污染的主要来源为油田开发与集输作业，油井密度直接影响湿地污染程度。研究区域内共有 475 口井位，油井密度约为 47 口/km²，主要集中分布在区块 Ⅱ（2）、Ⅱ（3）上，密度最大达 164 口/km²。

表 5.34 研究区的划分及概况

| 编号 | | 位置 | 总面积 /km² | 芦苇面积 /km² | 水塘面积 /km² | 沟渠面积 /km² | 非场面积 /km² | 水塘平均水深/cm | 芦苇平均水深/cm | 芦苇覆盖率 (%) | 总氮 /(mg/L) | 总磷 /(mg/L) |
|---|---|---|---|---|---|---|---|---|---|---|---|---|
| Ⅰ | Ⅰ(1) | 41.163°—41.172°N 121.801°—121.815°E | 1.043 | 0.971 | 0.029 | 0.035 | 0.008 | 98.6 | 43.5 | 93.10 | 1.11 | 0.51 |
| | Ⅰ(2) | 41.168°—41.172°N 121.814°—121.838°E | 0.933 | 0.877 | 0.018 | 0.032 | 0.006 | 120.8 | 45.2 | 94.00 | 1.09 | 0.46 |
| | Ⅰ(3) | 41.163°—41.168°N 121.815°—121.833°E | 0.734 | 0.642 | 0.025 | 0.023 | 0.044 | 82.3 | 36.6 | 87.47 | 0.98 | 0.42 |
| | Ⅰ(4) | 41.157°—41.163°N 121.803°—121.816°E | 0.552 | 0.372 | 0.103 | 0.009 | 0.068 | 116.9 | 32.6 | 67.39 | 0.92 | 0.37 |
| | Ⅰ(5) | 41.158°—41.164°N 121.815°—121.828°E | 0.544 | 0.242 | 0.096 | 0.011 | 0.195 | 108.7 | 33.8 | 44.49 | 0.91 | 0.34 |
| | Ⅰ(6) | 41.159°—41.168°N 121.826°—121.838°E | 0.401 | 0.172 | 0.084 | 0.056 | 0.089 | 85.6 | 34.5 | 42.89 | 0.87 | 0.32 |
| Ⅱ | Ⅱ(1) | 41.147°—41.157°N 121.797°—121.809°E | 0.621 | 0.294 | 0.023 | 0.020 | 0.284 | 146.3 | 62.0 | 47.34 | 0.97 | 0.53 |
| | Ⅱ(2) | 41.150°—41.158°N 121.805°—121.819°E | 0.803 | 0.259 | 0.123 | 0.065 | 0.356 | 147.2 | 58.5 | 32.25 | 1.02 | 0.63 |
| | Ⅱ(3) | 41.151°—41.159°N 121.811°—121.828°E | 0.787 | 0.248 | 0.128 | 0.075 | 0.336 | 94.3 | 45.3 | 31.51 | 0.99 | 0.60 |
| | Ⅱ(4) | 41.153°—41.174°N 121.828°—121.844°E | 0.839 | 0.591 | 0.156 | 0.068 | 0.024 | 87.5 | 26.9 | 70.44 | 1.21 | 0.67 |
| Ⅲ | Ⅲ(1) | 41.139°—41.152°N 121.807°—121.822°E | 0.924 | 0.338 | 0.086 | 0.071 | 0.429 | 154.2 | 42.5 | 36.58 | 1.03 | 0.47 |
| | Ⅲ(2) | 41.139°—41.154°N 121.822°—121.837°E | 1.153 | 0.863 | 0.194 | 0.054 | 0.042 | 128.6 | 26.8 | 74.85 | 1.13 | 0.54 |
| | Ⅲ(3) | 41.150°—41.175°N 121.833°—121.850°E | 0.811 | 0.572 | 0.143 | 0.086 | 0.010 | 110.9 | 28.6 | 70.53 | 0.96 | 0.48 |

#### 5.3.1.2 样品采集

对研究区内 13 个小区，分别在进水口和出水口设置采样点。样品为 24 h 混合样，连续采集 3 d。其中，进水口石油烃浓度为初始值，出水口石油烃浓度为湿地净化后处理值。

于 2015 年 7 月进行第 1 次样品采集，结果用于调控处理以及典型区块的调控仿真实验；2016 年 7 月进行第 2 次样品采集，结果用于研究区调控方案处理和仿真验证。

#### 5.3.1.3 仿真方法

湿地净化能力取决于湿地结构（如芦苇、水塘）及其内在特征（如氮、磷组成），是动态变化过程，其净化能力值与变化趋势具有不确定性。因此，需要采用动态仿真方法，模拟不同情景条件或调控方案，以此预测不同因子的调控结果。

单个区块湿地作为 1 个系统单元，其净化能力仿真计算需要确定系统的情景主体和关键事件。在本节中系统情景的主体是根据分区结果划定的湿地区块单元，而影响湿地对石油烃净化能力的关键事件是水量和营养因子。因此，湿地净化能力（$R$）与水量因子（$W$）和营养因子（$Nu$）之间的定量关系如下：

$$R = K_W \times R_W + K_{Nu} \times R_{Nu} \tag{5.11}$$

式中：$R$ 是单个湿地的净化能力，即石油烃的去除率（%）；$R_W$ 是湿地水量因子特定条件下的净化能力（%）；$R_{Nu}$ 是湿地营养因子特定条件下的净化能力（%）；$K_W$ 是水量因子的净化能力系数，无量纲；$K_{Nu}$ 是营养因子的净化能力系数，无量纲。

水量因子的净化能力（$R_W$）主要受湿地中芦苇面积比例（$B$）、水塘面积比例（$Po$）、沟渠面积比例（$D$）、水塘平均水深（$H_P$）、芦苇湿地平均水深（$H_B$）等因素的影响，定量关系如下：

$$R_W = K_B \times B + K_{Po} \times Po + K_D \times D + K_{HP} \times H_P + K_{HB} \times H_B \tag{5.12}$$

式中：$R_W$ 是湿地水量因子特定条件下的净化能力（%）；$B$ 是湿地中芦苇面积比例（%）；$Po$ 是湿地中水塘面积比例（%）；$D$ 是湿地中沟渠面积比例（%）；$H_P$ 是水塘平均水深（m）；$H_B$ 是芦苇湿地平均水深（m）；$K_B$、$K_{Po}$、$K_D$、$K_{HP}$、$K_{HB}$ 是芦苇面积比例、水塘面积比例、水塘平均水深、水塘平均水深和芦苇湿地平均水深所影响的湿地净化能力系数，均为无量纲。

营养因子的净化能力（$R_{Nu}$）主要受水体中氮含量（$N$）、磷含量（$P$）等因素影响，定量关系如下：

$$R_{Nu} = K_N \times N + K_P \times P \tag{5.13}$$

式中：$R_{Nu}$ 是湿地营养因子特定条件下的净化能力（%）；$N$ 是湿地水体中氮含量（mg/L）；$P$ 是湿地水体中磷含量（mg/L）；$K_N$、$K_P$ 分别是氮、磷所影响的湿地净化能力系数，均为无量纲。

自然湿地作为一个系统，空间上包括多个湿地单元，因此，研究区内湿地系统对石油烃的净化能力是 $n$ 个湿地单元净化能力的累加，具体可表达为：

$$R_S = \sum_{i=1}^{n} \frac{R_i \times S_i}{S} \tag{5.14}$$

式中：$R_S$ 是湿地系统的总体的净化能力（%）；$R_i$ 是第 $i$ 个湿地单元的净化能力（%）；$S$ 是湿地系统的总面积（m$^2$）；$S_i$ 是第 $i$ 个湿地单元的面积（m$^2$）。

根据式（5.11）~式（5.14）的推导，研究区湿地系统对石油烃的净化能力的定量计算可表达为：

$$R_s = \sum_{i=1}^{n} \frac{S_i}{S} \times \begin{pmatrix} \begin{pmatrix} K_{B_i} \\ K_{Po_i} \\ K_{D_i} \\ K_{HP_i} \\ K_{HB_i} \end{pmatrix} \times \begin{pmatrix} B_i \\ Po_i \\ D_i \\ H_{P\,i} \\ H_{B_i} \end{pmatrix} \begin{pmatrix} K_{N_i} \\ K_{P_i} \end{pmatrix} \times \begin{pmatrix} N_i \\ P_i \end{pmatrix} \end{pmatrix} \times \begin{pmatrix} K_{W_i} \\ K_{Nu_i} \end{pmatrix} \quad (5.15)$$

式中，各参数参考式（5.10）~式（5.13）。

从 2010 年开始，对辽河口湿地水体中有机污染物净化过程进行了系统研究，积累了大量的数据。基于 Meta 法综合分析，得到式（5.14）中系数 $K$ 的参数值，详见表 5.35。

表 5.35 湿地净化能力仿真计算中系数 $K$ 的参数值

| | 水量因子（$K_W$） | | | 营养因子（$K_{Nu}$） | |
|---|---|---|---|---|---|
| $K_B$ | 1.2 | $K_{HP}$ | 0.25 | $K_N$ | 0.6 |
| $K_{Po}$ | 0.6 | $K_{HB}$ | 0.12 | $K_P$ | 0.4 |
| $K_D$ | 0.05 | $K_W$ | 0.55 | $K_{Nu}$ | 0.45 |

### 5.3.1.4 湿地典型区块净化能力分析

根据 2015 年研究区调查数据，石油烃浓度在各区块存在明显差异（图 5.8）。区块 Ⅱ（2）、Ⅱ（3）、Ⅲ（1）石油烃浓度较高，绝对浓度大于 2.3 mg/L，是标准的 1.0 mg/L（GB 3838—2002）的 2.3 倍；区块 Ⅰ（1）、Ⅰ（2）、Ⅲ（3）石油烃浓度相对较低，显著低于水体标准限值；而多数区块石油烃浓度集中在 1.25~1.93 mg/L。这主要是与研究区油井密度分布不均关系密切，油井越密集，石油烃浓度越高，两者呈显著的线性相关（$y = 0.012x + 0.973$，$R^2 = 0.778$，$x$ 是区块油井密度，单位：口/km$^2$；$y$ 是水中石油烃浓度，单位：mg/L）。由于油井密集区石油开采作业、管网集输送也相对密集，则散落的石油烃中一些轻组分和有较强水溶性的组分在挥发作用和地表径流的作用下不断扩散迁移，造成高密度油井区石油污染相对较重。

研究区湿地对石油烃的自然净化能力约为 5.40%，各区块也存在一定差异（图 5.9），这与各区块的自然条件有关。根据研究区 1∶10 000 地形图数字化结果，区域内微地貌 DEM 存在空间差异，导致区块 Ⅰ（1）、Ⅰ（2）中芦苇面积比例较大，对石油烃净化能力相对较强，而该类湿地结构的形成与水量密切相关。在区块 Ⅰ（4）、Ⅰ（5）、Ⅰ（6）、Ⅲ（2）、Ⅲ（3）等芦苇面积比例相近，但由于氮、磷等营养物质不同，区块 Ⅲ（2）的净化能力要显著高于其他相似区块。

针对研究区湿地石油烃污染程度与净化能力现状，从水量因子与营养因子两方面进行调控，前者可改变区块内湿地结构，增加有利于石油烃净化的芦苇面积；后者可改变区块湿地的内在特征，以氮、磷等营养物质补加的方式促进石油烃生物降解，在未对水体造成二次污染的前提下，达到提高湿地对石油烃的净化能力。

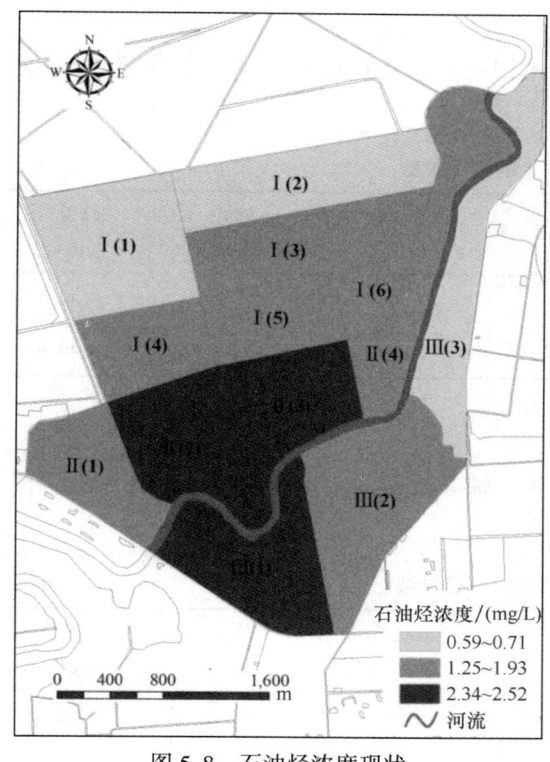
图 5.8 石油烃浓度现状

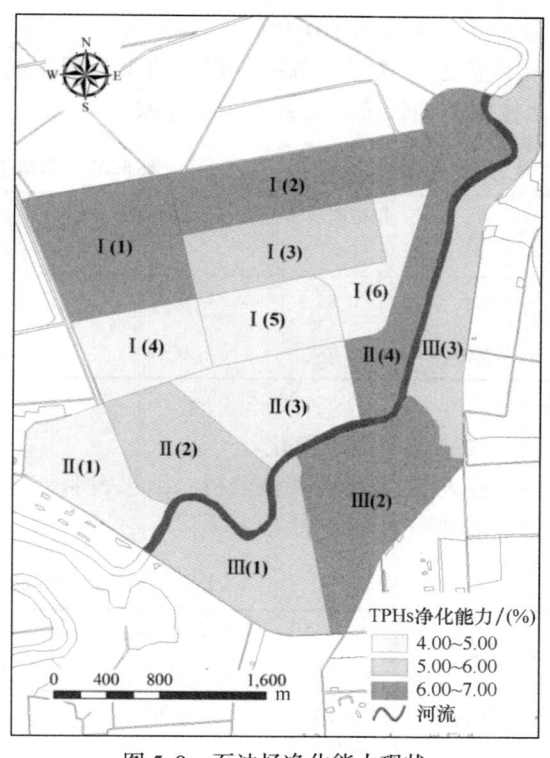
图 5.9 石油烃净化能力现状

## 5.3.2 研究区湿地单元净化能力调控与仿真

依据湿地各区块数字高程模型（DEM）信息和营养状况，以湿地能流、物流等自然循环为前提，调控并提升湿地净化能力。本研究利用闸门控制湿地生态水位进行水量调控；通过人工补加增加湿地氮、磷含量进行营养调控；统筹考虑水量与营养的影响，进行双因子调控。

### 5.3.2.1 区块 I

区块 I 共有 6 块小区域，总面积为 5.63 km²，其中苇田面积为 4.667 km²，水塘面积为 0.395 km²。该区域总水量为 $8.11 \times 10^6$ m³，每一小区域平均水量为 $1.35 \times 10^6$ m³，平均水深 1.02 m。区域总氮平均含量为 0.98 mg/kg，总磷平均含量为 0.40 mg/kg，石油烃含量平均值为 2.34 mg/kg，目标值为 1.87 mg/kg。详细信息见表 5.36。

表 5.36 区块 I 信息

| 总面积<br>/km² | 苇田面积<br>/km² | 水塘面积<br>/km² | 水深<br>/m | 平均水量<br>/（×10⁶ m³） | 总氮<br>/（mg/kg） | 总磷<br>/（mg/kg） |
| --- | --- | --- | --- | --- | --- | --- |
| 5.63 | 4.667 | 0.395 | 1.02 | 1.35 | 0.98 | 0.40 |

根据上述湿地净化能力仿真方法，结合区块湿地的苇田、水塘面积、水深、水量、营养浓度，从而优化水量因子与营养因子，从而计算湿地对石油烃（TPHs）的净化能力。

(1) 水量因子优化

按表5.37进行调控分析,结果表明,调控苇田面积、水塘面积和水深等水量参数后,水体中石油烃总量削减率为7.96%。

表5.37 仿真方案1的调控参数

| 仿真 | 苇田面积比(%) | 水塘面积比(%) | 水深/m | 水量/(×10⁶m³) | 总氮/(mg/kg) | 总磷/(mg/kg) |
|---|---|---|---|---|---|---|
| 初始值 | 0.83 | 0.07 | 1.02 | 1.35 | 0.98 | 0.40 |
| 调控值 | 0.78 | 0.12 | 1.07 | 1.85 | 0.98 | 0.40 |

(2) 营养因子优化

按表5.38进行调控分析,结果表明,调控氮、磷等营养物浓度参数后,水体中石油烃总量削减率为17.77%。

表5.38 仿真方案2的调控参数

| 仿真 | 苇田面积比(%) | 水塘面积比(%) | 水深/m | 水量/(×10⁶m³) | 总氮/(mg/kg) | 总磷/(mg/kg) |
|---|---|---|---|---|---|---|
| 初始值 | 0.83 | 0.07 | 1.02 | 1.35 | 0.98 | 0.40 |
| 调控值 | 0.83 | 0.07 | 1.02 | 1.35 | 5.88 | 2.40 |

(3) 双因子调控

按表5.39进行调控分析,结果表明,调控苇田面积、水塘面积和水深等水量参数以及氮、磷等营养物浓度参数后,水体中石油烃总量削减率为21.36%。该区域需要同时调节水量与营养物质,调控后削减率达到21.36%,达到目标要求。

表5.39 仿真方案3的调控参数

| 仿真 | 苇田面积比(%) | 水塘面积比(%) | 水深/m | 水量/(×10⁶m³) | 总氮/(mg/kg) | 总磷/(mg/kg) |
|---|---|---|---|---|---|---|
| 初始值 | 0.83 | 0.07 | 1.02 | 1.35 | 0.98 | 0.40 |
| 调控值 | 0.78 | 0.12 | 1.07 | 1.85 | 5.88 | 2.40 |

### 5.3.2.2 区块Ⅱ

区块Ⅱ共有4块小区域,总面积为3.98 km²,其中苇田面积为1.553 km²,水塘面积为1.127 km²。该区域总水量为5.73×10⁶m³,每一小区域平均水量为1.43×10⁶m³,平均水深1.19 m。区域总氮平均含量为1.05 mg/kg,总磷平均含量为0.61 mg/kg,石油烃含量平均值为2.04 mg/kg,目标值为1.63 mg/kg。基本信息见表5.40。

表 5.40 区块 Ⅱ 信息

| 区块编号 | 总面积 /km² | 苇田面积 /km² | 水塘面积 /km² | 水深 /m | 平均水量 /(×10⁶ m³) | 总氮 /(mg/kg) | 总磷 /(mg/kg) |
|---|---|---|---|---|---|---|---|
| Ⅱ | 3.98 | 1.553 | 1.127 | 1.19 | 1.43 | 1.05 | 0.61 |

根据上述湿地净化能力仿真方法，结合区块湿地的苇田、水塘面积、水深、水量、营养浓度，进行优化水量因子与营养因子，从而计算湿地对石油烃（TPHs）的净化能力。

（1）水量因子优化

按表 5.41 进行调控分析，结果表明，调控苇田面积、水塘面积和水深等水量参数后，水体中石油烃总量削减率为 7.37%。

表 5.41 仿真方案 1 的调控参数

| 仿真 | 苇田面积比 (%) | 水塘面积比 (%) | 水深 /m | 水量 /(×10⁶m³) | 总氮 /(mg/kg) | 总磷 /(mg/kg) |
|---|---|---|---|---|---|---|
| 初始值 | 0.39 | 0.28 | 1.19 | 1.43 | 1.05 | 0.61 |
| 调控值 | 0.34 | 0.33 | 1.24 | 1.93 | 1.05 | 0.61 |

（2）营养因子优化

按表 5.42 进行调控分析，结果表明，调控氮、磷等营养物浓度参数后，水体中石油烃总量削减率为 18.03%。

表 5.42 仿真方案 2 的调控参数

| 仿真 | 苇田面积比 (%) | 水塘面积比 (%) | 水深 /m | 水量 /(×10⁶m³) | 总氮 /(mg/kg) | 总磷 /(mg/kg) |
|---|---|---|---|---|---|---|
| 初始值 | 0.39 | 0.28 | 1.19 | 1.43 | 1.05 | 0.61 |
| 调控值 | 0.39 | 0.28 | 1.19 | 1.43 | 5.78 | 3.36 |

（3）双因子调控

按表 5.43 进行调控分析，结果表明，调控苇田面积、水塘面积和水深等水量参数以及氮、磷等营养物浓度参数后，水体中石油烃总量削减率为 21.67%。该区域需要同时调节水量与营养物质，调控后，石油烃总量削减率达到目标要求。

表 5.43 仿真方案 3 的调控参数

| 数值 | 苇田面积比 (%) | 水塘面积比 (%) | 水深 /m | 水量 /(×10⁶m³) | 总氮 /(mg/kg) | 总磷 /(mg/kg) |
|---|---|---|---|---|---|---|
| 初始值 | 0.39 | 0.28 | 1.19 | 1.43 | 1.05 | 0.61 |
| 调控值 | 0.34 | 0.33 | 1.24 | 1.93 | 5.78 | 3.36 |

### 5.3.2.3 区块 Ⅲ

区块 Ⅲ 共有 3 块小区域，总面积为 3.588 km²，其中苇田面积为 1.359 km²，水塘面积为

1.537 km²。该区域总水量为 5.17×10⁶ m³，每一小区域平均水量为 1.72×10⁶ m³，平均水深 1.31 m。区域总氮平均含量为 1.04 mg/kg，总磷平均含量为 0.50 mg/kg，石油烃含量平均值为 1.82 mg/kg，目标值为 1.46 mg/kg。基本信息见表 5.44。

表 5.44 区块Ⅲ信息

| 区块编号 | 总面积 /km² | 苇田面积 /km² | 水塘面积 /km² | 水深 /m | 平均水量 /(×10⁶ m³) | 总氮 /(mg/kg) | 总磷 /(mg/kg) |
| --- | --- | --- | --- | --- | --- | --- | --- |
| Ⅲ | 3.588 | 1.359 | 1.537 | 1.31 | 1.72 | 1.04 | 0.50 |

根据上述湿地净化能力仿真方法，结合区块湿地的苇田、水塘面积、水深、水量、营养浓度，进行优化水量因子与营养因子，从而计算湿地对石油烃（TPHs）的净化能力。

（1）水量因子优化

按表 5.45 进行调控分析，结果表明，调控苇田面积、水塘面积和水深等水量参数后，水体中石油烃总量削减率为 7.84%。

表 5.45 仿真方案 1 的调控参数

| 仿真 | 苇田面积比 （%） | 水塘面积比 （%） | 水深 /m | 水量 /(×10⁶ m³) | 总氮 /(mg/kg) | 总磷 /(mg/kg) |
| --- | --- | --- | --- | --- | --- | --- |
| 初始值 | 0.38 | 0.43 | 1.31 | 1.72 | 1.04 | 0.50 |
| 调控值 | 0.33 | 0.48 | 1.36 | 2.22 | 1.04 | 0.50 |

（2）营养因子优化

按表 5.46 进行调控分析，结果表明，调控氮、磷等营养物浓度参数后，水体中石油烃总量削减率为 17.70%。

表 5.46 仿真方案 2 的调控参数

| 仿真 | 苇田面积比 （%） | 水塘面积比 （%） | 水深 /m | 水量 /(×10⁶ m³) | 总氮 /(mg/kg) | 总磷 /(mg/kg) |
| --- | --- | --- | --- | --- | --- | --- |
| 初始值 | 0.38 | 0.43 | 1.31 | 1.72 | 1.04 | 0.50 |
| 调控值 | 0.38 | 0.43 | 1.31 | 1.72 | 5.72 | 2.75 |

（3）双因子调控

按表 5.47 进行调控分析，结果表明，调控苇田面积、水塘面积和水深等水量参数以及氮、磷等营养物浓度参数后，水体中石油烃总量削减率为 21.28%。该区域需要同时调节水量与营养物质，调控后，石油烃总量削减率达到 21.28%，满足目标要求。

表 5.47 仿真方案 3 的调控参数

| 仿真 | 苇田面积比 （%） | 水塘面积比 （%） | 水深 /m | 水量 /(×10⁶ m³) | 总氮 /(mg/kg) | 总磷 /(mg/kg) |
| --- | --- | --- | --- | --- | --- | --- |
| 初始值 | 0.38 | 0.43 | 1.31 | 1.72 | 1.04 | 0.50 |
| 调控值 | 0.33 | 0.48 | 1.36 | 2.22 | 5.72 | 2.75 |

### 5.3.3 年际间湿地净化能力预测

由上述研究可以发现，小单元内营养调控可以促进湿地的净化能力，但在大尺度范围内，最直接有效的湿地净化能力调控方案取决于水量因子。由于水量因子中各参数变化主要受到降水量和生态补水量的双重影响，那么通过预测降水量，结合区域湿地净化能力参数，调控生态补水量，并局部补充营养物质，从而提升湿地对 TPHs 的净化能力。

根据盘锦市大洼县观测站 30 年（1980—2009）的逐日降水观测资料，通过年际间降水量变化预测示范区内未来时间段的降水量，并据此进行生态补水量调控，辅以营养物质补充。设置多个情景模式，估算示范区内各区块的 TPHs 去除率，并与实测值进行比较，从而对仿真模型参数进行系统校正。表 5.48 分别对 3 个区块进行调控，方案一为水量因子优化，方案二为营养因子优化，方案三是双因子调控。

表 5.48 湿地净化能力调控方案

| 区块 | 方案 | 苇田面积比（%） | 水塘面积比（%） | 苇田水深/m | 水塘水深/m | 总氮/(mg/kg) | 总磷/(mg/kg) |
| --- | --- | --- | --- | --- | --- | --- | --- |
| Ⅰ | 方案一 | 0.78 | 0.12 | 1.07 | 1.85 | 0.98 | 0.40 |
| Ⅰ | 方案二 | 0.83 | 0.07 | 1.02 | 1.35 | 5.88 | 2.40 |
| Ⅰ | 方案三 | 0.78 | 0.12 | 1.07 | 1.85 | 5.88 | 2.40 |
| Ⅱ | 方案一 | 0.34 | 0.33 | 1.24 | 1.93 | 1.05 | 0.61 |
| Ⅱ | 方案二 | 0.39 | 0.28 | 1.19 | 1.43 | 5.78 | 3.36 |
| Ⅱ | 方案三 | 0.34 | 0.33 | 1.24 | 1.93 | 5.78 | 3.36 |
| Ⅲ | 方案一 | 0.33 | 0.48 | 1.36 | 2.22 | 1.04 | 0.50 |
| Ⅲ | 方案二 | 0.38 | 0.43 | 1.31 | 1.72 | 5.72 | 2.75 |
| Ⅲ | 方案三 | 0.33 | 0.48 | 1.36 | 2.22 | 5.72 | 2.75 |

由于盘锦地区降水量多少取决于夏季（7月、8月），因此，以夏季时间段数据为参考，进行湿地净化能力仿真结果数据验证，验证结果见图 5.10。可以看出，仿真结果基本满足年际间预测需求。

表 5.49 分别对 13 个小区块进行调控，方案一为水量因子优化，方案二为营养因子优化，方案三是双因子调控。由于研究区的采油区对湿地中石油烃的贡献最大，因此，综合考虑湿地与采油区的重叠区域以及微地形空间差异构成的湿地单元，通过上述湿地净化能力仿真模型，调控水量和营养双因子，从而模拟研究区湿地系统净化能力（图 5.11），并进行数据验证（图 5.12）。同样可以看出，仿真结果基本满足年际间预测需求，其结果精度不仅取决于仿真模型参数，也取决于该地区降水量预测模型结果。

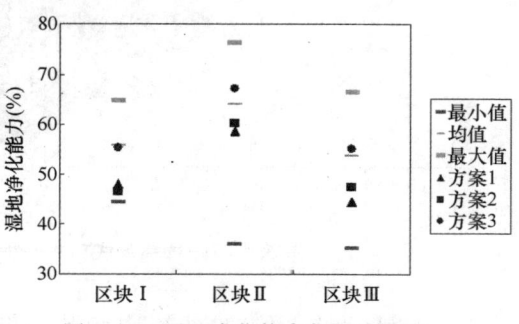

图 5.10 湿地净化能力年际间预测

表 5.49 研究区湿地净化能力调控方案

| 编号 | 芦苇面积比 | 水塘面积比 | 沟渠面积比 | 水塘平均水深/m | 芦苇平均水深/m | 营养氮 /(mg/L) | 营养磷 /(mg/L) |
|---|---|---|---|---|---|---|---|
| Ⅰ(1) | 0.90 | 0.07 | 0.03 | 1.04 | 0.54 | 5.55 | 2.55 |
| Ⅰ(2) | 0.90 | 0.06 | 0.04 | 1.26 | 0.55 | 5.45 | 2.30 |
| Ⅰ(3) | 0.85 | 0.08 | 0.04 | 0.87 | 0.47 | 5.88 | 2.52 |
| Ⅰ(4) | 0.69 | 0.22 | 0.03 | 1.22 | 0.43 | 5.52 | 2.22 |
| Ⅰ(5) | 0.65 | 0.08 | 0.04 | 1.58 | 0.44 | 6.37 | 2.38 |
| Ⅰ(6) | 0.58 | 0.19 | 0.08 | 0.91 | 0.45 | 6.53 | 2.40 |
| Ⅱ(1) | 0.05 | 0.52 | 0.06 | 1.51 | 0.73 | 6.31 | 3.45 |
| Ⅱ(2) | 0.31 | 0.29 | 0.04 | 1.52 | 0.69 | 5.61 | 3.47 |
| Ⅱ(3) | 0.29 | 0.30 | 0.07 | 0.99 | 0.53 | 5.94 | 3.60 |
| Ⅱ(4) | 0.73 | 0.19 | 0.03 | 0.93 | 0.37 | 5.45 | 3.02 |
| Ⅲ(1) | 0.29 | 0.26 | 0.05 | 1.59 | 0.53 | 6.18 | 2.82 |
| Ⅲ(2) | 0.29 | 0.64 | 0.04 | 1.34 | 0.37 | 5.65 | 2.70 |
| Ⅲ(3) | 0.43 | 0.48 | 0.03 | 1.16 | 0.39 | 5.76 | 2.88 |

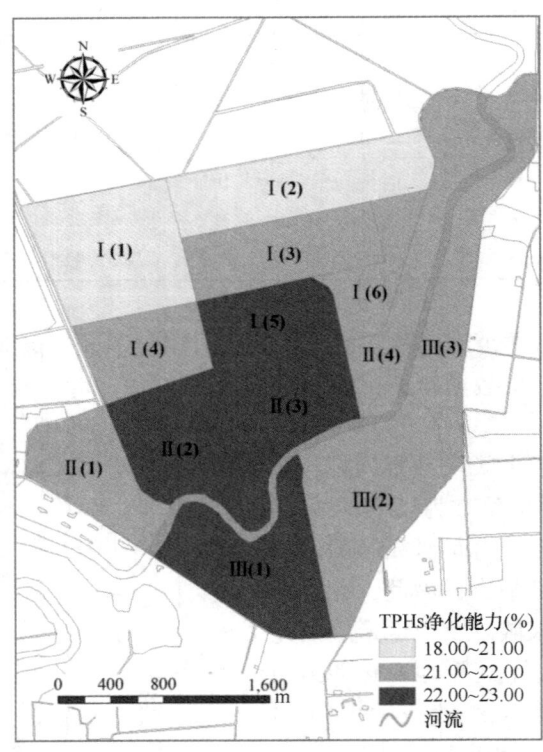

图 5.11 模拟调控后研究区湿地净化能力

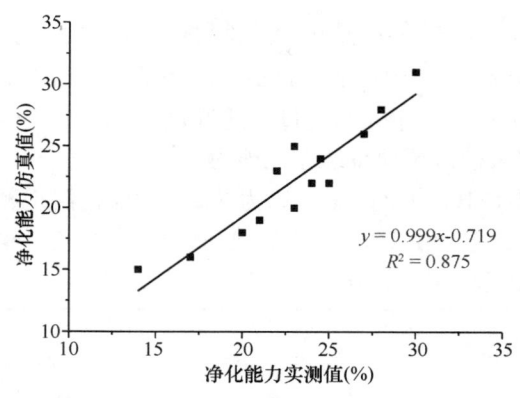

图 5.12 实测值与仿真值的对比

## 5.3.4 辽河口采油区湿地系统净化能力仿真

### 5.3.4.1 辽河口采油区湿地空间分布特征

辽河口湿地位于辽河下游入海口，地貌上属冲洪积、海积三角洲。区域内大面积的芦苇沼泽湿地与井场交错分布。近年来，随着大规模开发，使原有湿地面貌发生很大变化，表现为自然湿地面积逐渐减少，人工湿地面积逐渐增加的趋势。土地利用方式详见图5.13。

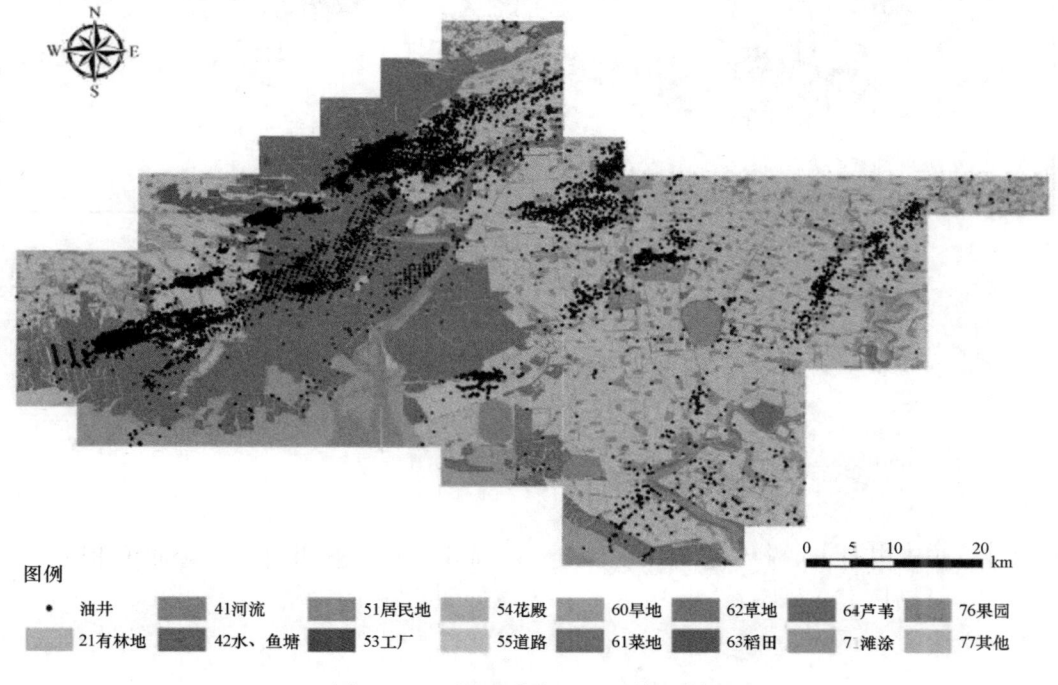

图 5.13 辽河口采油区土地利用现状

辽河口湿地海拔高度为 1.3~4.0 m，坡降为 1/20 000 到 1/25 000。辽河口采油区湿地总体较为平坦，但局部池塘苇田较多，自然分割为多个湿地单元。

### 5.3.4.2 辽河口采油区湿地系统净化能力仿真

由于辽河口采油区对湿地中 TPHs 的贡献最大，因此，综合考虑湿地与采油区的重叠区域以及 DEM 空间差异构成的湿地单元，通过上述湿地净化能力仿真模型，调控水量和营养双因子，从而模拟辽河口采油区湿地系统净化能力。

辽河口采油区湿地对 TPHs 的净化能力约为 8%。若根据湿地特征，参照示范区区块水量与营养双因子调控方案，辽河口采油区湿地系统的净化能力均可达到 20% 以上（图 5.14），可大幅去除采油区湿地中 TPHs。

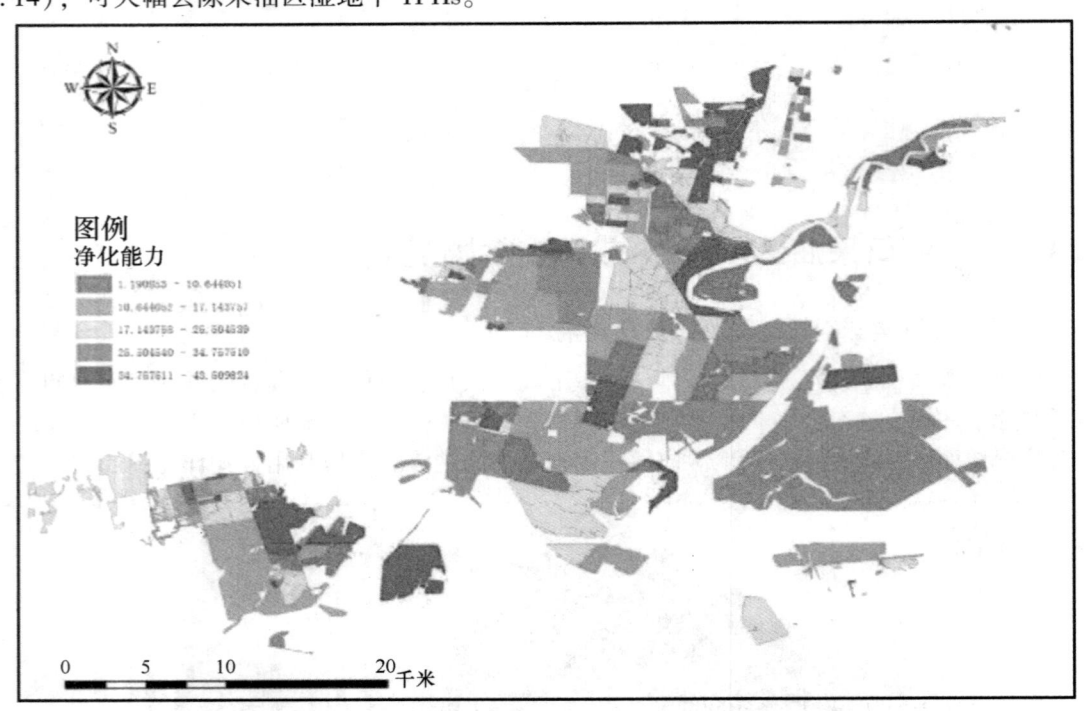

图 5.14　辽河口采油区湿地净化能力调控仿真图

# 第6章 河口湿地生境修复与效果评估

河口湿地生态系统是世界上生产力最大的生态系统之一。它不但能为鱼类和野生动物提供良好的生存环境，而且具有防洪、净化水质、提供休闲娱乐场所和景观美学等价值。湿地退化是自然生态系统退化的重要组成部分，主要是由于自然环境的变化，或人类对湿地自然资源过度以及不合理的利用而造成湿地生态系统结构破坏、功能衰退、生物多样性减少、生物生产力下降以及湿地生产潜力衰退、湿地资源逐渐丧失等一系列生态环境恶化的现象。河口地区是人类活动最为频繁、人口最为集中、经济最为活跃的地带，属于典型生态敏感区。人类不可持续的开发利用活动已导致河口湿地出现大范围的生态退化和环境污染，严重威胁到区域生态安全和人类健康，河口湿地已成为国际关注的重点区域（宋晓林和吕宪国，2009）。

基于此，本章将重点解析可能导致辽河河口区部分区域芦苇群落退化的驱动力；通过改善土壤生境条件，优化芦苇群落水盐环境，并结合植被修复工程，促进芦苇群落的正向演替；最后对修复后的芦苇湿地污染净化功能以及湿地对辽河口近岸水环境质量的影响进行了评估。

## 6.1 湿地生态修复技术现状

针对湿地修复的目标、策略不同，拟采用的关键技术也不同。湿地的生态修复过程是针对退化的湿地生态系统进行的，可概括为：湿地生境修复、湿地生物修复和湿地生态系统结构与功能修复三个部分。相应地，湿地的生态修复技术也可以划分为三大类，而湿地生境修复是生态修复的基础和关键。

### 6.1.1 湿地生境修复技术

湿地生境是湿地生物生存栖息的场所，可以为动植物提供生存所需的生存条件，生境的多样性是生物多样性的基础。因而，湿地生境修复是湿地生态修复的重要步骤之一，有助于滨海湿地生物多样性的恢复。湿地生境修复包括湿地基底修复、湿地水状况修复和湿地土壤修复等（刘春兰，2004）。湿地基底修复主要进行湿地的地形、地貌改造以维持其稳定性；湿地水状况修复通过恢复水文条件（筑坝、建渠）和改善水环境质量（污水处理、水体富营养化控制）来完成；湿地土壤修复包括土壤污染控制和土壤肥力恢复等。其中针对滨海湿地的溢油污染，现场燃烧被认为是一种很有效的修复措施，Lin等（2002）研究指出现场燃烧技术能够有效地防止溢油向周边地区扩散，但是对已经渗透到土壤里的溢油污染效果不明显，并且土壤表层水的深度是影响该技术的生态修复效果的重要因素。因石油污染而退化的湿地，土壤表层水达到足够深（10 cm），便适合现场燃烧技术的应用。

生态修复工程模式也是湿地生境修复技术的有效措施之一。王世岩（2004）研究发现不同退化程度的湿地土壤具有不同的物理性质，在对退化湿地土壤的各物理特征在空间距离上的退化过程进行模型模拟中发现，指数增加（或分解）模型能够较好地模拟出湿地土壤物理特征的空间退化过程。在云南洱海湖滨带的生态修复研究中，叶春（2004）基于物理基底设计、生态修复设计和景观结构设计等原则，采用生境和生物对策，提出了8种湖滨带生态修复工程模式，归纳了9项湖滨带生态修复技术。

肖笃宁（1994）在对辽河三角洲动植物资源调查的基础上，对主要动物的生境进行分类提取，绘制了辽河三角洲河口湿地主要水禽的空间分布图，以便于更好地保护这些水禽；孙立汉等（2005）以滦河口湿地为研究区探讨了滦河口湿地环境因子对黑嘴鸥繁殖条件的影响，认为要把滦河口湿地修复为黑嘴鸥的原繁殖地的生态环境，最重要的就是修复滦河口湿地植被群落特征，从而为修复滦河口湿地自然生态系统和黑嘴鸥原繁殖地的生态环境提供了一定的科学依据；高明（2003）详细调查了鸭绿江河口湿地鸟类的分布现状，指出生境被蚕食、湿地生态系统受破坏和干扰等问题，并提出了退耕还草、还湿，建造防护林带等几条生境修复措施。

梁士楚等（2004）对北仑河口红树植物群落进行了研究，指出北仑河口国家级自然保护区红树植物群落的演替动态与潮滩的生态演替进程和红树植物生物生态学性质密切相关，受土壤基质条件、养分状况、环境盐度、波浪和潮汐的冲击、潮淹程度等环境因子综合影响。随着群落土壤理化性质的改善，地表高度的逐渐抬升，红树植物群落具有向陆生植物群落方向演化的趋势；范航清和何斌源（2001）针对北仑河口湿地滩涂侵蚀、红树林生境破碎和土壤养分缺乏的现状，提出了一些生态修复原则，指出要应用工程的方法提高北仑河口湿地滩涂的高度，引入红树林新品种。

## 6.1.2 湿地生物修复技术

以恢复植被生物量为目的的生物修复是湿地生态修复的重要组成部分，其中提高植物的耐盐能力仍是提高河口湿地植物生物量的主要方式。耐盐植物能够增加盐碱土地表覆盖，减缓地面径流，调节微气候，减弱水分蒸发，抑制盐分上升，防止土壤返盐；植物的蒸腾作用可以降低地下水位，防止盐分向地表积累；植物根系生长可改善土壤物理性状，根系分泌的有机酸还能改良土壤碱化度（刘阳春等，2007）。De Villiers 等（1995）研究发现，耐盐植物地上部分氯化钠的含量为地下部分的18倍，地上部分氯化钠含量占干重的6.3%。碱蓬等耐盐植物对盐的吸收量比较大，而且能有效地减少土壤中盐的含量，在4个月的时间内，每公顷碱蓬等耐盐植物吸收的氯化钠达500 kg（Ravindran et al., 2007）。陈刚等（2008）研究表明，通过种植星星草，增强了盐碱土壤氮素的矿化作用和生物固氮强度，降低了氮素损失，促进了氮素沉积。

在我国，盐渍土面积为$3.47×10^7$ $hm^2$，而滨海盐土总面积可达$5×10^6$ $hm^2$，遍布于滨海地带和岛屿沿岸（徐恒刚和刘书润，2004）。滨海盐碱地区为海潮可以侵袭的地区，土壤含盐量较高，可达2.0%~6.0%，土地生产力低，难以形成有效植被，严重影响这些地区生态环境的质量。因此，当务之急就是尽快通过引种、驯化、培育等技术措施筛选出一批适合在滨海盐碱地生长的绿化植物。这将为丰富滨海盐碱地的景观及生物多样性，改善沿海发达地区的生态环境和生态稳定性，改良土地盐渍化，提高沿海防护林的防护功能，增加社会效益和经济效益提供重要的保障。

国外对耐盐植物的研究较早，20世纪60年代美国联邦农业部就成立了国家盐碱地实验室，建立了草本、蔬菜、粮食和果树等多种类的相对耐盐性数据库。近年来，国内在耐盐植物的筛选方面也做了较多的工作。康俊水等（2003）对滨海盐碱地区引种的57种地被植物进行耐盐性鉴定，筛选出八宝景天（Sedum spectabile）、蓍草（Achillea sibirca）、蓝蝴蝶鸢尾（Iris japonica）等36种适合滨海盐碱地区应用的地被植物。卢树昌和东卫国（2004）对不同盐碱条件下植物耐盐能力进行评价，筛选出能在土壤含盐量6 g/kg以上生长的耐盐植物24种。谢小丁等（2007）通过模拟大田实验和田间实验，界定了9种有代表性的耐盐植物在黄河三角洲滨海盐土上的耐盐能力。

微生物在修复受污染湿地上发挥了重要作用。Oudot等（1998）在对潮间带原油进行微生物降解实验中发现，总石油烃、烷烃、环烷烃和芳烃的降解率分别是40%、83%、49%和5%。同时许多学者认为添加营养物质可以提高生物修复的效果，降低修复时间。Shin等（2001）研究发现在利用生物修复原油污染的滨海湿地时，最佳的氮肥添加量为28.3~56.6 g/m$^2$。叶淑红等（2005）通过向受污染的湿地土样中添加菌株，发现混合菌能够充分发挥各菌种之间的协同作用，比单菌降解石油更为有效。适宜的表面活性剂对微生物繁殖、对石油降解具有促进作用，同时适量的$H_2O_2$有助于细菌分解油，提高油的降解率。庄铁诚等（2000）通过连续3年的实验表明，红树林土壤微生物对农药甲胺磷有较强的降解能力，其降解率是同潮带无红树林土壤微生物的2~3倍，并从中筛选得1株高效降解菌，其降解率可达70%以上。同时土壤中还存在着对柴油烃类的有效降解菌，柴油在红树林土壤中7 d后大部分被降解，14 d后80%被降解，其中微生物贡献率为65%，一个月后90%被降解，微生物贡献率达70%以上。

植物在湿地修复中同样发挥了重大作用。Lin和Mendelssohn（2009）在研究滨海湿地植物灯心草对柴油污染的降解时指出，土壤油污染浓度是影响植物修复效果的重要因素，高浓度油污染的土壤会影响该植物的发芽率、高度以及生物量等，该植物对柴油的耐受限度为160~320 mg/g。Salt等（1995）报道，印度芥菜在含重金属镉（Cd）浓度为0.9 mmol/kg和乙二胺四乙酸（EDTA）浓度为1 mmol/kg的土壤中生长4周后植物中的Cd含量为875 μg/g，而在不含EDTA的土壤中Cd含量只有164 μg/g。Blaylock等（1997）的实验表明，二乙基三胺五乙酸（DTPA）和EDTA在增加植物吸收重金属铅（Pb）方面最有效，而EDTA则对Cd最有效，效果最佳时螯合物的使用量为5 mmol/kg左右。

越来越多的学者开始关注植物—微生物联合修复技术。Mattina等（2006）将3种根际细菌应用于锌的超累积植物中，通过根际细菌的分泌转化使得重金属得到明显的活化，促进了植物对锌的吸收。而这种微生物活化比添加化学螯合物的活化要好得多，基本上不会造成土壤中的金属由于活化渗滤淋失带来的水污染。李春荣等（2007）研究了节细菌DX-9与玉米和向日葵对石油污染土壤的协同修复作用，发现150 d后节细菌的添加使玉米和向日葵对石油污染的降解率分别提高了72.8%和76.4%。

张帆等（2008）通过对黄河口湿地调查发现贝壳沉积引起了互花米草的死亡，从而为黄河口北部滨海湿地退化机制提供了最新证据，对退化湿地修复在理论和思路上带来了很大的启发；邢尚军等（2005）就黄河三角洲湿地的生态功能及生态修复进行了研究，并提出了几条生态修复措施，即保障水源补给，保护原生植被，进行人工辅助繁育更新，引种和选育耐盐植物，增加植被种类，提高植被覆盖率等。

### 6.1.3 生态系统结构与功能修复技术

该技术主要包括生态系统总体设计技术、生态系统构建与集成技术等。目前已有学者尝试对该修复技术进行研究。王克林（1998）提出了洞庭湖的湿地景观结构和生态工程模式，设计了浅水水体农业、过水洲滩和渍水低湖田等不同类型湿地的生态工程模式，建立了一个高效复合的生态系统。通过入湖河流上游的生态建设，减少入湖泥沙量，并通过生物物种的合理配置，减缓湖泊淤塞过程，稳定湿地面积，保障湖泊的调蓄功能。吕佳和李俊清（2008）在研究海南东寨红树林湿地生态修复模式时，提出该区域在禁伐和控污减排的同时，应该充分利用红树林资源发展可持续产业的模式。

我国河口湿地的生态修复起步较晚，主要存在的问题包括：①对河口湿地修复的研究还多处于理论阶段，人们对河口湿地的退化机制、退化程度的评价还认识得不够清楚，并且在湿地修复的过程中还存在许多技术难题；②缺乏对河口退化湿地生态系统修复的研究，较难考量河口地区物质和能量的交换，使河口湿地的生态系统达到和谐状态；③应加强河口湿地修复技术、工程及示范研究，通过借鉴国外的先进技术并结合我国的实际情况，提出科学合理的湿地修复措施和手段，并在实践中进行检验。

## 6.2 河口湿地芦苇群落退化驱动力研究

湿地生态系统退化研究是对湿地进行修复的前提和必要条件，在采取修复措施时，需要针对引起退化的原因，有目的、有步骤地进行，因此在进行河口退化湿地修复前期，亟须阐明可能导致退化的自然或人为因素。目前来看，导致河口湿地植被减少，湿地逐渐向旱地、光滩地转化的动因，可分为自然环境条件的变化（内因）和人类活动的影响（外因），而人类活动的影响在湿地退化过程中扮演着越来越重要的角色，已经成为最主要的驱动力。

### 6.2.1 导致湿地退化的原因分析

#### 6.2.1.1 自然环境条件的变化

作为自然干扰的重要因素，海平面上升对河口湿地的潜在影响较大。河口湿地是河口区土地中与人类经济活动较密切的部分，海平面稳定时，无论是海岸湿地生态系统还是河口湿地生态系统，各种湿地类型之间会发生自下而上、由低级向高级的演替；在海平面上升引起的河口湿地损失中，湿地面积减小和质量退化将是最严重的损失。辽河三角洲就因为受到降水减少、海平面上升等自然因素干扰，打破了原有的水盐平衡和水沙平衡，使得湿地面积减少，生物栖息地环境发生变化，生物多样性减少。

台风、暴潮对河口湿地带来影响，特别是台风、暴潮带来的大量盐水沉积物以及部分有机物进入河口湿地将给湿地植被群落带来影响，进而会影响到鸟类食物的获取。辽河口湿地是风暴潮危害较严重的地区，应加强这方面的研究，做到及时预防，把灾害降到最低。

#### 6.2.1.2 人类开发活动的影响

研究表明，1978—2008 年 30 年间，河口区水田面积由 $14.18\times10^4$ hm$^2$ 增至 $17.36\times10^4$ hm$^2$，年均增加 1 000 hm$^2$。水田的开发，使河口区土地利用发生了巨大变化。如盘锦大洼县小三角洲水田开发区是辽河三角洲农业资源开发的先期工程，该区同时也是河口区农业开发区中水利工程较集中、开发后生态环境变化较大的地区。由于修筑的防潮堤、平原水库、防潮闸及渠系等水利工程，使从辽河口至二界沟口约 $2.67 \times 10^4$ hm² 的近海滩涂脱离海水直接冲洗，对滩涂生物的种类和数量产生了极大影响。

盘锦芦苇种植已经有130多年的历史。芦苇是改良盐土的急先锋，可促使土壤脱盐淡化，具有较强的生物富集作用，可以大量积累有机质，并能涵养水源，调节小气候。近年来，由于水田开发加剧，干旱年份增加，上游灌溉供水已严重不足，50%的苇田不能适时灌水；同时由于潮沟设闸拦水，苇田得不到潮水的补给，导致苇田湿地退化严重。芦苇湿地的人工化管理，使野生物种丰富的原始苇地景观破坏殆尽，并最终导致群落结构单一、系统功能退化、湿地系统脆弱。

研究表明，1978年河口区虾蟹田面积仅有 1 149 hm²，随着开发强度的不断加强，到2008年，虾蟹田面积已达 $1.58 \times 10^4$ hm²，增加了12倍。虾蟹养殖过程中排放的污染物不但对周围水域环境产生极大的影响，而且还会污染近海、浅海水环境。

辽河油田从20世纪70年代开始在盘锦市进行建设。到1985年保护区成立时，采油作业已成规模。到2000年为止，仅在辽河口自然保护区范围内就分布油井800多口。主要分布于东郭的欢喜岭、赵圈河的海外河等地，在欢喜岭就有油井400多口，修筑地下管线的 1 000 km，筑路约200 km，占地 $1.12 \times 10^4$ hm²。至2010年河口区油田占地面积增加至 $1.28 \times 10^4$ hm²，增长速度迅猛。油田的开发使河口湿地岛屿化、破碎化，并最终导致湿地萎缩。此外，在钻井、试井、采油等作业中产生原油跑、冒、漏等均能造成湿地原油污染。

此外，过度砍伐、燃烧或啃食湿地植物、过度开发湿地内的水生生物资源、废弃物的堆积等人为干扰因素也会对河口湿地带来很大影响。例如，黄河口湿地耐盐性的柽柳等木本植物以及白草、蒿草和狗尾草等草本植物被砍伐后辟为农垦用地，被毁的耐盐植物也很难在短期内得以修复，而且土壤盐碱化日益严重。

## 6.2.2 芦苇群落退化的驱动力研究

针对辽河口芦苇湿地普遍出现的芦苇覆盖率减少、生物量降低等群落退化现象，采用现场调查、观测及方差分析、主成分分析等方法，开展引起芦苇群落退化的自然动因分析。

为揭示退化芦苇湿地的生境特征，于2013年8月13—18日，以盘锦东郭苇场植被退化区域为研究对象，对供水不足导致退化的情况进行调查。调查区域地理坐标范围为 41°05′55.36″~41°06′20.35″N，121°45′40.35″~121°46′07.93″E，根据研究区域内（5 hm²）生长的主要植物种类组成、优势植物物种、植物景观特征以及土壤特征，将整个退化区域分为芦苇群落、芦苇—碱蒿群落、芦苇—翅碱蓬群落、獐茅—翅碱蓬群落及翅碱蓬群落区。

以植物生态特征和土壤理化性质为调查内容，根据群落退化演替过程中土壤性质发生的改变，以判断土壤生境退化对芦苇生长的影响。

#### 6.2.2.1 退化芦苇群落生态特征

现场调查各个样地植被的特征见表6.1，在辽河口湿地不同的退化阶段中，群落有不同的植被类型。

表 6.1　辽河口湿地退化演替过程植被特征

| 退化阶段 | 主要植物种类 | 生物量/（kg/m²） | 盖度（%） | 平均高度/cm |
|---|---|---|---|---|
| 芦苇群落 | 芦苇 | 1.25 | 66 | 132 |
|  | 补血草 | 0.338 | 34 | 61 |
| 芦苇—碱蒿群落 | 芦苇 | 0.5 | 30 | 105 |
|  | 碱蒿 | 1.5 | 60 | 70 |
|  | 碱蓬 | 0.5 | 10 | 50 |
| 芦苇—翅碱蓬群落 | 芦苇 | 0.3 | 90 | 52 |
|  | 碱蓬 | 0.09 | 10 | 57 |
| 獐茅—翅碱蓬群落 | 獐茅 | 0.25 | 85 | 35 |
|  | 翅碱蓬 | 1.0 | 15 | 20 |
| 翅碱蓬群落 | 翅碱蓬 | 1.5 | 95 | 23 |

退化开始阶段，样地内芦苇为主要植被，生长较为密集，芦苇植株较高，生物量也比较高，间杂补血草和翅碱蓬，因地表水位降低、土壤表层变干以及土壤盐度的变化，较为耐盐的植被碱蒿入侵，芦苇变得稀疏，盖度下降、生物量降低、植株高度降低；在芦苇—翅碱蓬群落，芦苇变得矮化稀疏，植株较矮，仅为 52 cm，形成芦苇草甸生境；随土壤盐分增加，出现更加耐盐的獐茅、翅碱蓬群落，最终形成单一的翅碱蓬群落。在湿地退化过程中，从芦苇的生物量及平均高度可以看出，芦苇的生物量及均高呈逐渐下降趋势，说明植物群落的退化演替与土壤环境条件密切相关。

#### 6.2.2.2　退化植被群落土壤特征

土壤 pH 值是衡量土壤酸碱性的指标，自然条件下土壤的酸碱性主要取决于土壤盐基状况。由表 6.2 可知，所有植被群落下土壤 pH 值均在 7 以上，土壤呈碱性，且土壤 0~10 cm 土层 pH 值均低于 10~20 cm 土层，主要是因为土壤表层积聚了凋落物，它们在微生物作用下发生分解，释放的有机酸降低了表层土壤的 pH 值。

表 6.2　退化芦苇群落土壤养分状况

| 群落名称 | 采样深度/cm | pH 值 | 易溶盐（%） | 有机质（%） | 全氮/（g/kg） | 全磷/（g/kg） |
|---|---|---|---|---|---|---|
| 芦苇 | 0~10 | 8.08 | 0.12 | 0.51 | 0.45 | 0.32 |
|  | 10~20 | 8.28 | 0.14 | 0.17 | 0.19 | 0.30 |
| 芦苇—补血草 | 0~10 | 7.96 | 0.16 | 0.54 | 0.36 | 0.31 |
|  | 10~20 | 8.16 | 0.14 | 0.17 | 0.18 | 0.30 |
| 芦苇—碱蒿 | 0~10 | 8.01 | 0.12 | 0.78 | 0.77 | 0.36 |
|  | 10~20 | 8.16 | 0.18 | 0.21 | 0.24 | 0.33 |
| 芦苇—翅碱蓬 | 0~10 | 7.30 | 0.35 | 1.26 | 0.73 | 0.40 |
|  | 10~20 | 7.35 | 0.40 | 0.42 | 0.26 | 0.33 |
| 獐茅—翅碱蓬 | 0~10 | 7.60 | 0.23 | 0.78 | 0.50 | 0.32 |
|  | 10~20 | 7.42 | 0.26 | 0.18 | 0.17 | 0.31 |
| 翅碱蓬 | 0~10 | 7.70 | 1.06 | 0.88 | 0.57 | 0.33 |
|  | 10~20 | 7.57 | 0.84 | 0.23 | 0.16 | 0.29 |

土壤有机物的含量取决于有机物的输入量与输出量的相对大小。湿地土壤有机物主要来源于土壤原有机物的矿化和植物残体的分解，可以看出，各退化阶段表层土壤（0~10 cm）有机质的含量明显高于次表层（10~20 cm），不同群落之间存在差异，芦苇—翅碱蓬群落的土壤有机质含量最高，为1.26%，明显高于其他群落，这是由于从芦苇群落向翅碱蓬群落退化的过程中，归还土壤的凋落物较多，而芦苇群落因收割的缘故土壤有机质含量相对较低。

土壤中氮素主要来源于动植物残体和生物固氮，也有少量来源于大气降水；输出主要是土壤中有机质的分解以及反硝化脱氮作用，随着湿地退化程度的加剧，表层土壤全氮含量特征由大到小为芦苇—碱蒿群落、芦苇—翅碱蓬群落、翅碱蓬群落、獐茅—翅碱蓬群落、芦苇群落，最大值出现在芦苇—翅碱蓬群落内，最小值出现在芦苇群落样地内，这是由于芦苇多次收割，凋落物归还量较少所致。因受凋落物的数量影响，不同群落中的全氮含量特征由大到小为：芦苇—翅碱蓬群落、芦苇—碱蒿群落、獐茅—翅碱蓬群落、芦苇群落、翅碱蓬群落。

土壤表层（0~10 cm）易溶盐含量均高于次表层（10~20 cm），这是由于土壤地表水分蒸发使浅层地下水通过毛细作用上升，盐分表聚作用明显；伴随着退化过程，土壤含盐量呈增加的趋势，翅碱蓬群落易溶盐含量明显高于芦苇群落（$F=63.673$，$P<0.05$），最大值出现在翅碱蓬群落0~10 cm土层，为1.06%；最小值出现在芦苇—碱蒿群落0~10 cm土层，为0.12%。

随着芦苇群落→芦苇—碱蒿群落→芦苇—翅碱蓬群落→獐茅—翅碱蓬群落→翅碱蓬群落演替进程，芦苇的生物量及均高呈下降趋势，植被构成由芦苇为优势种的群落逐渐演化为以耐盐植物为优势种的群落。土壤易溶盐含量呈逐渐增加的趋势，从分布来看，未退化的芦苇群落往往位于道路两侧的沟渠边，而光滩区域往往位于中心地带，这说明随着供水的逐年减少，沟渠内的水逐渐无法淹没到中间地带，因蒸发作用，浅层地下水的盐分不断上升，导致表层土壤盐度不断增加，原来生长的芦苇不断矮化、生长受阻最终被更加耐盐的翅碱蓬群落替代。

综合分析可见，河口湿地芦苇群落退化的驱动力可能包含以下几种因素。

（1）灌溉用水减少、供水不足。因气候变暖和人类活动用水增加，在辽河供水量减少情况下，土体中的盐分不能被淡水下压，导致部分地区上层土壤盐度增加，芦苇逐渐被其他更加耐盐、耐旱植物所替代。

（2）在河口区局部地势不平，使得供水不够通畅，在供水不能到达的地方，浅层地下水盐度增加，土壤盐度增大，芦苇生长受限，高度降低，茎秆变细。

（3）由长期对芦苇连续收割，使苇田区土壤氮、磷等营养元素亏损，致芦苇群落生长受阻、植株矮小而出现其他植物入侵。

## 6.3 退化芦苇湿地的生境修复技术

针对退化芦苇湿地出现的基底不平、营养失衡、水量分配不均等问题，采用室内模拟和野外田间实验相结合的方式进行研究，探讨盐分在土体中的运移特征，对比了在不同基质改良条件下芦苇的生长状况，初步提出了土壤盐分运移模式。田间实验表明，采用表层浅翻水分调控技术和微生物改良技术，提高了芦苇的光合效率及叶绿素含量，可促进芦苇的生长。

## 6.3.1 退化湿地水盐运移规律研究

早期学者研究土壤水盐运移规律主要采用野外实地实验的方法，即在野外设定若干采样点，在灌溉过程中定期收集土样测定其盐分和组成，总结盐分变化规律。与之相比，室内模拟实验更容易控制实验变量，排除无关干扰，实验操作也较野外简便。

在我国盐渍化土壤分布广、淡水资源又紧缺的背景下，有些学者进行了室外咸水灌溉实验，以探讨盐分在土壤中的运移过程。唐奇志和刘兆普（2004）在莱州湾进行的海水灌溉实验表明较高浓度海水灌溉会导致土体总体盐分增加，发生严重的次生盐渍化；而海水与淡水混合后灌溉则能维持土体盐分总量较为恒定。胡育骄等（2009）研究表明使用海冰水连续长期灌溉，可使 1 m 深土层土壤脱盐率达到 50%，连续 2 年使用盐分浓度低的海冰水灌溉能洗脱盐渍土中大量的盐基离子。

室内土柱模拟实验多用于淡水与咸水、淋洗的水量、不同灌溉方式以及不同类型土壤对盐分运移的影响。尹建道等（2002）的土柱灌水脱盐模拟实验研究表明，随着灌水量的增加，土壤表层先于中、下层迅速脱盐，而后者等到盐峰过后才能进入脱盐阶段。剖面中盐峰的动态变化体现了盐分自上而下逐层传递的动态特征。不同阴阳离子淋洗顺序为阳离子中 $Mg^{2+}$ 最容易被淋洗，其次为 $Na^+$ 和 $K^+$；阴离子中 $Cl^-$ 最容易被淋洗，其次为 $SO_4^{2-}$。戴继航等（2011）研究发现，淋洗液矿化度都经历下降速度不断变缓最后稳定的过程，与淋洗液的初始矿化度几乎无关。淋洗过程中淋洗效率最高的是 $K^+$，其次为 $Na^+$ 和 $Mg^{2+}$。

盐渍化土壤的水盐运移过程受到灌水量、淹水时间、浇灌用水的矿化度、气温、淹—排次数等多个因素的影响。本研究选取辽河口芦苇湿地有代表性的土样，通过室内土柱淋洗实验的方法，研究了芦苇湿地土壤水盐运移规律，为芦苇湿地的修复和维护提供建议。

采样时间为 2014 年 5 月，采样地点位于高度退化芦苇区，其地理坐标为 41°15′27.27″—41°15′35.61″N，121°47′37.83″—121°48′06.43″E。采集两块柱状样，其中土块 A 体积 30 cm×20 cm×13 cm；土块 B 体积 28 cm×20 cm×17 cm。将完整土壤柱状样整体运到实验室，运送到实验室后，先将土块表面明显突出的部分削下，削下的碎土用于测定土壤粒径组成和理化性质。加工后的土块 A 为 28 cm×18 cm×12 cm 的长方体，土块 B 为 27 cm×18 cm×16cm 的长方体。将土块 A 按 4 cm 一层分为 3 层，将土块 B 按 4 cm 一层分为 4 层，用钢丝锯切下各层土体。每层土体打散后挑出树根、碎石等异物，搅拌均匀。按照原土层顺序依次将各土层土壤填至预先铺了 3 cm 石英砂塑料桶中。夯实土块至土体体积和原体积相同。在土体的一角插入一根 PVC 管作为出水口。取出管中土壤并塞入一块海绵用于初次过滤淋洗液，模拟实验如图 6.1 所示。

将用于测定土壤理化性质的土样风干、去除杂物、研磨后过 0.84 mm 分样筛，混合均匀后分为两份，一份用于测定 pH 值和全盐含量、速效氮、速效磷、速效钾以及土壤浸出液中 $K^+$、$Ca^{2+}$、$Na^+$、$Mg^{2+}$ 离子的含量；另一份研磨过 0.25 mm 分样筛用于测定有机质、全氮、全磷、全钾含量。

向土块 A 中加入 1.5 L 蒸馏水充分润湿土体，在容器内壁记录水面位置 $H_1$。加入蒸馏水 1 L，在容器内壁记录水面位置 $H_2$。在加水后的 0 min、5 min、10 min、15 min、30 min、60 min 以及 1 d 分别用土壤水分、温度、电导率传感器进行土壤不同深度土层的含水量、温度、电导率的监测。结束后开始排水使水面下降至 $H_1$。然后再次加入蒸馏水，重复以上淹水—排水过程共计 5 次。待淹水—排水过程完成后，将土体按每 4 cm 一段分成 3 段，测定

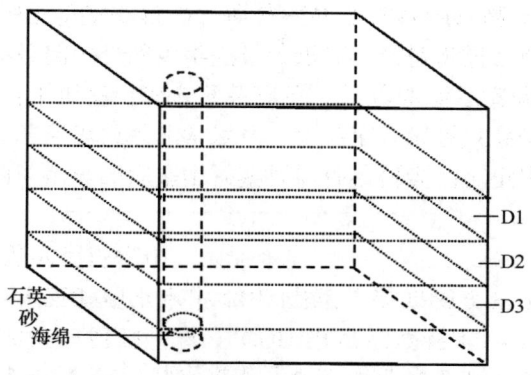

图 6.1 柱状实验示意图

每段土体含水量、温度和电导率。

与土柱 A 类似，土柱 B 每次加水 1 L，1 d 后开始排水使水面下降至 $H_1$。然后再次加入蒸馏水，重复以上过程共计 4 次。待淹水—排水过程完成后，将土体按每 4 cm 一段分成 4 段，测定每段土体含水量、温度和电导率。

在每次淹水测定结束后，取渗出的淋洗液过滤后测定矿化度，使用离子色谱仪测定主要盐基离子浓度。

#### 6.3.1.1 土壤基本理化性质

利用比重计法测定土壤的颗粒组成，土壤质地为黏土，其中粉粒和黏粒分别占 41.31% 和 58.69%。基本理化性质见表 6.3。

表 6.3 供试土样基本理化性质  单位：mg/kg

| pH 值 | 有机质（%） | 全氮 | 全磷 | 全钾 | $K^+$ | $Ca^{2+}$ | $Na^+$ | $Mg^{2+}$ | 易溶盐（%） |
|---|---|---|---|---|---|---|---|---|---|
| 7.57 | 0.71 | 425.51 | 179.09 | 1934 | 346.66 | 133.13 | 2347.91 | 255.35 | 0.37 |

#### 6.3.1.2 含水率对电导率的影响

根据图 6.2，含水量 20%~30% 是电导率随含水率改变最为显著的区间，从 90 mS/m 上升至 127 mS/m，且二者近似为线性关系。而含水率从 30% 升高到 40% 的过程中电导率只从 127 mS/m 升到了 129 mS/m，变化很小。在淹水过程中，各层土壤含水率均在 30% 以上，因此含水率对电导率的影响可以忽略。

#### 6.3.1.3 淹水条件下土壤含水量变化

根据表 6.4，土柱 A 初始润湿过程中，表层（0~4 cm）土壤含水率迅速升高，达到 45% 后基本稳定。而次表层（4~8 cm）和下层（8~12 cm）土壤含水率上升较缓慢，且达到的最大值也比表层小，可见入渗速度随时间是逐渐下降的。

土壤含水率存在一个最大值，即土壤饱和含水量，它主要是由土壤孔隙度决定的。当土壤孔隙全部被水填满后，达到饱和状态，含水量不再变化。而随着土层深度增加，土壤孔隙度逐渐下降，从而使得下层土壤饱和含水率低于表层土壤。

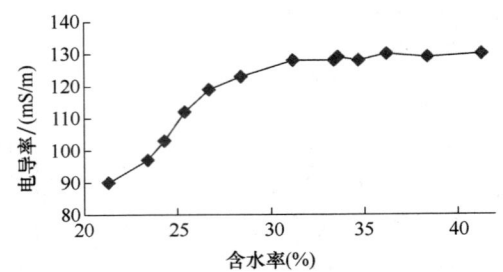

图 6.2 土壤含水率对电导率的影响

表 6.4 土柱 A 淹水实验初始润湿过程中含水率变化

| 时间 | 表层含水率（0~4 cm）（%） | 次表层含水率（4~8 cm）（%） | 下层含水率（8~12 cm）（%） |
| --- | --- | --- | --- |
| 0 min | 23.4 | —* | — |
| 5 min | 27.2 | — | — |
| 10 min | 31.1 | — | — |
| 15 min | 36.3 | 20.3 | — |
| 30 min | 39.3 | 21.7 | — |
| 60 min | 45.7 | 23.4 | 21.2 |
| 24 h | 44.3 | 35.9 | 32.8 |

注：*—表示含水率低于仪器检测线。

#### 6.3.1.4 淹水条件下土壤电导率变化

土柱 A、B 淹水过程中电导率变化如图 6.3 所示。可见，在初始条件下，2 个土柱各层中电导率随深度增加而增加，土柱 A 从 150 mS/m 提高到 630 mS/m，土柱 B 从 120 mS/m 提高到 320 mS/m。

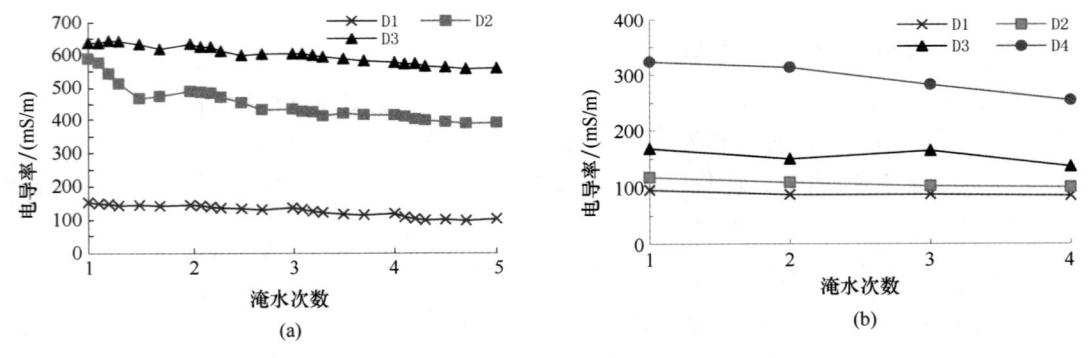

D1：0~4 cm，D2：4~8 cm，D3：8~12 cm，D4：12~16 cm

图 6.3 土柱 A（a）和土柱 B（b）在淹水条件下各土层电导率变化

土壤电导率随淹水—排水过程变化不大，其中土柱 A 表层土壤经过 5 次淹水—排水，电导率从 153 mS/m 降至 103 mS/m。由于土壤电导率和含盐量有良好的线性关系，因此说明当土壤含盐量下降到较低水平时，淹水—排水过程很难再从土体中将盐分洗掉。原因可能是当土壤颗粒中盐分含量较低时，盐分离子在土壤—水分配体系中较难从土壤颗粒中脱去。

在 A 柱中，D2 层和 D3 层虽然初始电导率水平相同，均为 600 mS/m 左右，但随淹水过程，D2 层比 D3 层电导率下降明显，D2 电导率下降了 200 mS/m，D3 电导率只下降了不到 100 mS/m。这可能是因为土层越深受到上层土体淋溶盐分的影响越大。盐分在土壤颗粒表面和土壤溶液之间分布是一个动态平衡过程，当淋溶液到达较深土层时溶液的盐分浓度较初始状态增加很多，对比各次淹水后电导率变化，可见随淋洗次数的增加电导率逐渐减小，这说明要实现土壤的盐度的大幅度下降，需要大量淡水的多次连续淋洗，并且与合理的水利工程相结合。

在 B 柱中，最底层 D4 土层的电导率下降最为明显，经 4 次淹水排水过程电导率下降了 21%，而 A 土块底层土壤只下降 12%。这是可能是 D4 层盐分含量较高且易洗脱，而 D3 层中电导率上下波动，也是因为蒸发返盐过程使 D4 层中盐分上升至 D3 层所引起的。

#### 6.3.1.5 淋洗液的矿化度变化

各次淋洗液矿化度见表 6.5。随着淋洗次数的增加，淋洗液矿化度呈逐步下降的趋势，土柱 A 淋洗液矿化度从首次的 20.3 g/L 下降到第 4 次的 14.6 g/L。土柱 B 淋洗液矿化度从首次的 18.0 g/L 下降到第 4 次的 11.4 g/L。淋洗液矿化度的下降速度随淋洗次数增加而逐步变缓。

表 6.5　淹水—排水中各次淋洗液矿化度　　　　　　　　　　　　　　　　单位：g/L

| 土柱 | 第 1 次淋洗 | 第 2 次淋洗 | 第 3 次淋洗 | 第 4 次淋洗 |
|---|---|---|---|---|
| A | 20.3 | 17.4 | 15.2 | 14.6 |
| B | 18.0 | 14.8 | 12.7 | 11.4 |

通过盐分平衡公式，计算出土柱 A 和 B 每次淋洗后剩余盐分占原土柱总盐分的百分比，结果如图 6.4 所示。前 3 次淹水—排水过程对盐分的淋洗效果明显，分别洗去了土壤中 25.1%、12.7%、8.5% 的盐分，而第 4 次淋洗只洗去了 5% 的盐分。因此，据目前土壤盐度状况，芦苇湿地生态恢复过程中进行至少 3 次淹水—排水措施，才能实现良好的排盐效果。

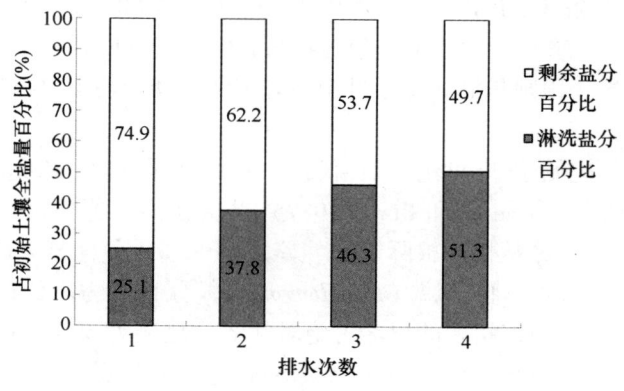

图 6.4　每次淋洗的脱盐效率

#### 6.3.1.6 淋洗过程中主要盐基离子浓度变化

对淋洗液中的各离子浓度进行测定，结果见表 6.6。$Na^+$、$Cl^-$、$K^+$ 离子浓度变化趋势总体上和淋出液矿化度变化趋势相同，而 $F^-$、$NH_4^+$ 则呈波动变化趋势，但由于 $Na^+$、$Cl^-$、$K^+$ 的浓度远高于 $F^-$、$NH_4^+$，故土壤淋洗液矿化度的总体变化趋势主要取决于 $Na^+$、$Cl^-$、$K^+$ 的浓度。

表 6.6　淋出液各主要盐分离子浓度（mg/L）

| 批次 | $F^-$ | $Cl^-$ | $NO_2^-$ | $Br^-$ | $NO_3^-$ | $SO_4^{2-}$ | $PO_4^-$ | $Li^+$ | $Na^+$ | $NH_4^+$ | $K^+$ | $Mg^{2+}$ | $Ca^{2+}$ |
|---|---|---|---|---|---|---|---|---|---|---|---|---|---|
| A_1 | 803 | 8372 | 63 | 18 | 352 | 389 | 9 | 2 | 5434 | 531 | 1705 | 135 | 245 |
| A_2 | 1634 | 7545 | 59 | 39 | 417 | 463 | 14 | 2 | 4529 | 890 | 1508 | 295 | 384 |
| A_3 | 613 | 5680 | 63 | 22 | 439 | 416 | 7 | 1 | 3425 | 619 | 1080 | 143 | 270 |
| A_4 | 408 | 4415 | 50 | 20 | 224 | 492 | 4 | 2 | 3078 | 508 | 469 | 212 | 187 |
| B_1 | 445 | 6552 | 58 | 1 | 151 | 480 | 3 | 0 | 3424 | 212 | 858 | 25 | 155 |
| B_2 | 361 | 5655 | 57 | 1 | 136 | 492 | 1 | 0 | 2990 | 307 | 621 | 18 | 121 |
| B_3 | 247 | 4451 | 54 | 1 | 104 | 446 | 4 | 0 | 2134 | 236 | 488 | 17 | 103 |
| B_4 | 234 | 3986 | 53 | 1 | 97 | 412 | 1 | 0 | 1785 | 201 | 432 | 2 | 98 |

根据初始土壤中 $K^+$、$Na^+$、$Ca^{2+}$、$Mg^{2+}$ 的含量，可以计算出这 4 种阳离子的淋洗效率。结果表明，$Na^+$ 经过 4 次淋洗后剩余含量为初始状态的 65%，$K^+$ 剩余含量为初始状态的 27%，$Mg^{2+}$ 剩余含量为初始状态的 85%，$Ca^{2+}$ 剩余含量为初始状态的 60%。可以发现淋洗由难至易顺序为 $K^+$、$Ca^{2+}$、$Na^+$、$Mg^{2+}$。

在淹水—排水过程中，土壤盐分的空间分布发生变化，各土层的电导率总体呈下降趋势，上层土比下层土下降快，下降到一定水平后趋于稳定。室内模拟实验表明，退化芦苇湿地需要进行至少 3 次淹水—排水过程才使土壤含盐量下降到一个较低水平。若按活跃芦苇根系分布于土壤深度 0~0.5 m，则每公顷需要 $1.5 \times 10^4$ $m^3$ 淡水的 3 次排灌过程，可明显降低土壤盐度。

### 6.3.2　土壤生境的微生物菌剂改良

针对辽河口退化芦苇湿地出现的营养失衡问题，通过应用研发的植物根际促生菌剂（PGPR）改良土壤营养条件。PGPR 的促生机制可分为直接和间接 2 个方面，直接促进是指 PGPR 将某些元素（氮、磷）转化成更利于植物吸收的形式，或者合成、分泌生长素等物质直接作用于植物；间接作用则是 PGPR 通过抑制有害菌或降低病害对植物的不利影响进而促进植物生长和产量的提高。

对根际促生菌的研究始于 20 世纪 30 年代初，主要是固氮菌（Azotobacter spp.）在生物固氮方面的作用。1978 年，Caesar 和 Burr（1987）首次在马铃薯种植过程中应用了 PGPR，经过 30 多年的研究和发展，从植物根际筛选、鉴定的 PGPR 菌株越来越多，最主要的包括芽孢杆菌属（Bacillus）和假单胞菌属（Pseudomonas），分布较为广泛的则是荧光假单胞菌（Pselutomonas），其含量在很多植物的根际占绝对优势（比例为 60%~90%）。此外，还包括肠杆菌属（Enterobacter）、农杆菌属（Agrobacterium）、节杆菌属（Arthrobacter）、固氮菌属（Azotobacter）、固氮螺杆菌属（Azospidllum）、黄杆菌属（Flavobacterium）、克雷伯氏菌属（Klebsiella）、巴斯德氏菌属（Pasteuria）、沙雷氏菌（Serratia）、埃文氏菌属（Eriwinia）等（戴梅等，2006），种类丰富、分布广泛。

李志新等（2005）的研究显示，PGPR 菌剂对油菜具有明显的促生作用，能显著改善油菜的农艺性状，尤其能明显增加油菜的单株有效角果数，从而提高油菜籽产量；此外，该菌剂的生防效果明显，能有效降低油菜菌核病的发病率。刘方春（2012）在研究 PGPR 对甜樱桃的作用时发现，根际土壤中细菌数量和微生物总量显著增加，有效钾和速效磷含量分别增加 17.21% 和 9.56%，根系活力平均增加 17% 以上。吴皓琼等（2011）用 PGPR 对大豆拌种后发现，大豆早熟 2~3 d，百粒重增加 0.2~0.8 g，产量提高 3.2%~12.7%，根瘤数增加 3.0~26.8 个/株。韩光等（2011）的研究表明，用 PGPR 处理后，种植紫花苜蓿的土壤有机质、全氮、全磷、全钾、有效磷和速效钾比不接种促生菌的，其含量分别增加 42.2%、58.8%、8%、12.6%、37.2% 和 40.2%。Nadeem 等（2014）在研究中指出，在恶劣的条件下对植物施加 PGPR 能很好地促进植物的生长，这种作用通常是通过调节营养和激素平衡、产生植物生长调节剂、溶解营养素和诱导产生对抗植物病原体的抗体等来实现的。

本研究即通过研发固氮、释磷混合菌剂（菌肥），提高土壤中氮、磷含量和可利用性，促进芦苇对氮、磷的吸收，改善失衡的营养环境。筛选 PGPR 所用的根际土壤来自辽河河口芦苇湿地中的芦苇根际土，采样时间为 2014 年 6 月 23 日，采样地点为辽宁省盘锦市羊圈子苇场（41°15′13.62″N，121°47′29.87″E），分别筛选固氮和解磷菌。通过实验，共筛选到 3 株固氮菌（N1~N3）和 3 株解磷菌（P1~P3）。固氮菌的固氮效果如图 6.5 所示。7 d 后，N1、N2、N3 菌液中氨氮的浓度分别达到 0.86 μg/mL、0.93 μg/mL、0.87 μg/mL。

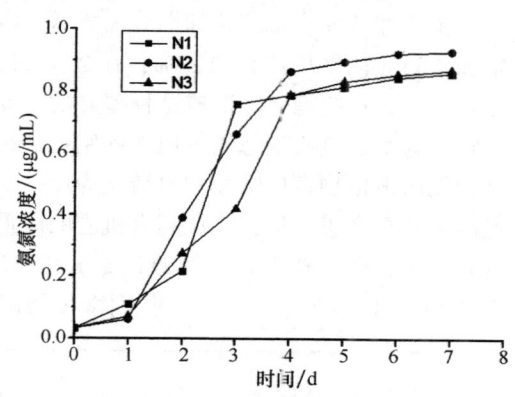

图 6.5 固氮菌菌液中氨氮的积累

将筛选到的 3 株解磷菌分别接种在蒙金娜有机磷培养基和 PKO 无机磷培养基中，连续测定菌液中可溶性磷含量的变化，考察各菌种对有机磷和难溶性无机磷的解析能力，结果如图 6.6 所示。

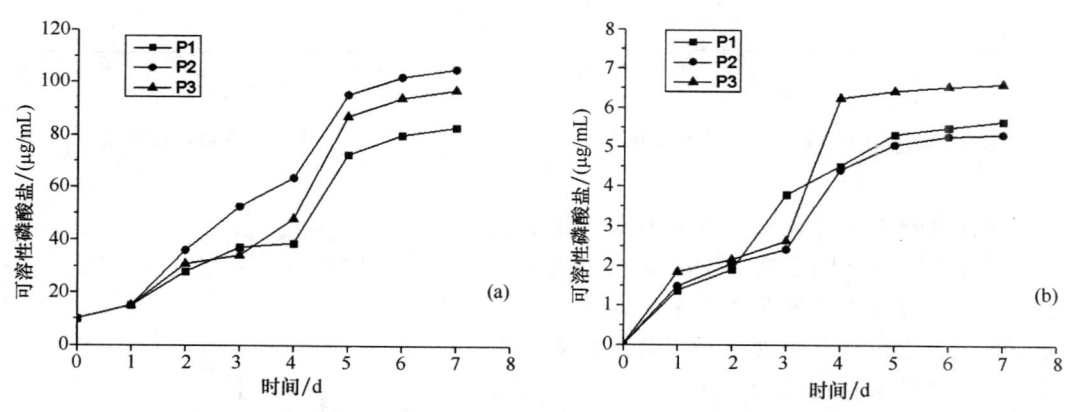

图 6.6 解磷菌以磷酸钙（a）和卵磷脂（b）为磷源时的解磷效果

当以磷酸钙为唯一磷源时，经过 7 d 的培养，菌液中可溶性磷酸盐的浓度分别为 83.0 μg/mL、105.4 μg/mL 和 97.2 μg/mL。3 株菌的解磷率分别为 20.75%、26.35% 和 24.30%，P2 对无机磷的解磷能力最强。当以卵磷脂为唯一磷源时，经过 7 d 的培养，菌液中可溶性磷酸盐的浓度分别为 5.67 μg/mL、5.33 μg/mL 和 6.61 μg/mL，3 株菌的解磷率分别为 63.0%、59.2% 和 73.4%，P3 对无机磷的解磷能力最强。

采用土培实验测试菌剂对芦苇生长和土壤性质的影响。在土培箱（尺寸：47 cm×34.5 cm×27.5 cm）中，加土高度为 20 cm，栽种苇根密度为 12~15 根/箱，待发芽后进行室内模拟栽种实验。设置实验组（施加菌液）和对照组（浇灌蒸馏水），每组设置 3 个平行。将菌落挑取在蒸馏水中，制成细胞悬液，用血球计数板计数并把菌数最终调整到约 $10^7$ 个/mL，将所有菌株的悬液混合施加到芦苇土壤表面，每箱施加 500 mL，对照组施加 500 mL 蒸馏水，每 7 d 施加 1 次。下次施加前测量芦苇株高，并取一定量的根际土壤样品做分析。40 d 后将芦苇收割，测定生物量。测试表明，通过施加微生物菌剂，能够显著促进芦苇生长，平均株高为对照的 1.5 倍以上（图 6.7）。

土壤速效氮含量变化如图 6.8 所示。由图 6.8 可以看出，施加菌液后土壤速效氮含量明显增加，35 d 内平均提高约 27%，在 21 d 时达到最大（61 mg/kg）；加蒸馏水的土壤速效氮含量呈现平稳下降的趋势。造成这种差异的主要原因：一是固氮菌通过生物固氮作用将空气中的氮气转化为氨态氮或硝态氮供植物利用；二是通过微生物代谢和一系列生化活动，将土壤全氮中部分无法被植物直接吸收的氮转化为速效氮。张景岚和宫玉芝（1979）在研究中指出，自生固氮菌接种在有机肥里，能提高有机肥的质量。经化验分析，接种自生固氮菌的有机肥比没接种的有机肥，每 100 克肥增加碱解氮 1.8~52.7 mg。每亩按施 200 kg 有机肥计算，折算每亩可增加硝酸铵 1~5 kg。因此，利用微生物菌肥部分替代传统化肥具有高效、经济的优势。

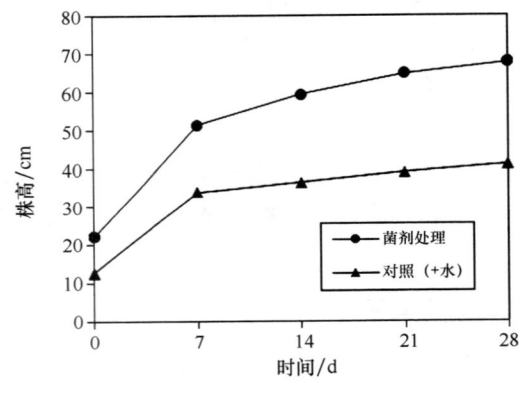

图 6.7 微生物菌剂对芦苇的促生作用

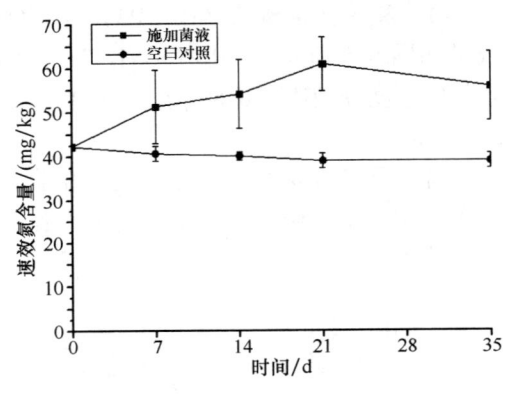

图 6.8 土壤速效氮含量变化

土壤有效磷含量变化如图 6.9 所示。施加菌液后土壤有效磷含量明显增加，35 d 内平均提高 60% 以上，在 21 d 时达到最大（4.6 mg/kg），接近初始值的 2 倍；对照呈现平稳下降的趋势。由此可见，菌剂对磷有很强的解析能力，能大幅提高土壤有效磷的含量。一些植物生长促进菌，特别是假单胞杆菌属（Psedudomonas）及杆菌属（Bacillus）和真菌的一些属，如青霉属（Penicillum）和曲霉属（Aspergillus）可分泌有机酸如甲酸、醋酸、丙酸、乙醇酸、延胡索酸、乳酸、丁二酸等，这些酸可降低 pH 值，使不溶性的

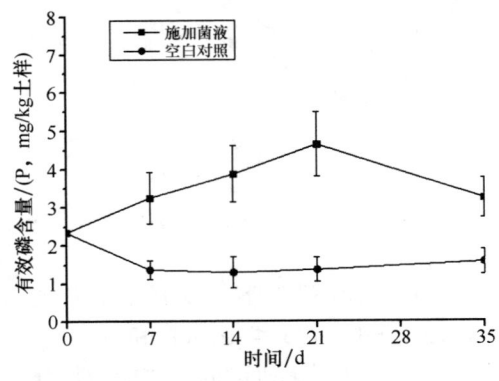

图 6.9 土壤有效磷含量变化

磷转变成可溶性的磷，供植物吸收和利用。一些羟酸可与钙、铁形成螯合物，使磷有效地溶解和被吸收。

通过施加微生物菌剂以提高土壤氮磷含量，使芦苇需要的氮、磷等营养元素处于动态平衡状态，保持其有效供应，具有较好的应用前景。

### 6.3.3 退化芦苇湿地基底结构设计与优化

本研究表明，导致芦苇湿地退化原因除了水盐失衡外，还包括两个方面原因，即长期的淤积过程导致土壤板结，土壤理化性质变差，不利于芦苇根系生长和微生物活动；芦苇长期采割，导致地力下降，芦苇生长缺乏必要养分，因此有必要进行土壤物理改良及养分调控实验研究。

以养分调控和土壤物理改良为主控因素，采用田间实验方式，通过连续2年实验，测定植物生长期的高度及生物量、叶绿素含量、呼吸系数、光合效率等植物生理指标，确定土壤翻耕、施肥和土壤微生物改良剂量的效果，提出较优的实施方案，以增加芦苇生物量。

实验区地理坐标为41°10′56.78″—41°12′2.33″N，121°49′42.45″—121°49′7.92″E，靠近水渠。采用双因素正交实验设计方案，设计因素为排灌设计、氮磷钾复合肥、土壤微生物改良剂。排灌设计靠近水渠，在生长期内实施4次排灌，氮磷钾复合肥水平设计为3种（N：P：K）：（120：80：40）、（90：60：30）和（120：80：40）kg/hm²；土壤微生物改良剂量为2个（微生物肥、土壤改良剂）。微生物肥选用实验研发的微生物菌肥，土壤改良剂为石膏粉。

实验小区布局见表6.7，每个实验小区为长方形（20 m×2.5 m），小区间用梯形小堤隔开。

**表6.7 田间实验设计**

| 编号 | 1 | 2 | 3 | 4 | 5 | 6 | 7 | 8 | 9 | 10 | 11 | 12 |
|---|---|---|---|---|---|---|---|---|---|---|---|---|
| 处理方式 | 灌溉 | N40 P30 K40 | N40 P60 K80 | N40 P90 K120 | N80 P30 K80 | N80 P60 K120 | N80 P90 K40 | N120 P30 K120 | N120 P60 K40 | N120 P90 K80 | # | 对照 |

注：#分为两部分：（1）微生物改良剂；（2）土壤改良剂+微生物改良剂。

2014年7月测定了叶绿素含量及光呼吸效率，2014年9月30日和2015年10月10日对实验区进行生物量测定，结果见表6.8。结果表明，叶绿素含量与氮素和磷素的用量呈正相关。施加氮肥、磷肥，加入微生物菌剂以及采用3次排灌等措施均能够增加研究区芦苇产量。与2014年比较，2015年施入微生物肥增产效果较为明显，这是因为土壤在缺肥的情况下，施入微生物菌肥能够提高氮、磷含量，改善土壤营养条件。针对辽河口退化芦苇湿地出现的基底不平、营养失衡、水量分配不均等问题，在考虑投入—产出比的基础上，可采用三灌三排水盐调控和土壤微生物改良相结合的措施，具有一定的应用和推广价值。

表 6.8  实验区生物量测定结果

| 处理 | 2014 年生物量 /（kg/m²） | 2015 年生物量 /（kg/m²） | 叶绿素含量 |
| --- | --- | --- | --- |
| 对照区 | 0.443 | 0.492 | 38.47 |
| 生物菌肥 | 0.463 | 0.520 | 38.16 |
| 土壤改良剂 | 0.442 | 0.530 | 37.54 |
| N120P90K80 | 0.520 | 0.516 | 39.99 |
| N120P60K40 | 0.529 | 0.590 | 41.38 |
| N120P30K120 | 0.547 | 0.671 | 41.54 |
| N80P90K40 | 0.424 | 0.517 | 40.06 |
| N80P60K120 | 0.466 | 0.524 | 38.19 |
| N80P30K80 | 0.477 | 0.596 | 40.8 |
| N40P90K120 | 0.416 | 0.492 | 41.22 |
| N40P60K80 | 0.498 | 0.547 | 41.14 |
| N40P30K40 | 0.399 | 0.437 | 39.04 |
| 灌排实验 | 0.597 | 0.639 | 39.44 |

## 6.4 芦苇水盐胁迫效应分析

针对辽河口区芦苇湿地因生态用水量不足、盐度较高的问题，探讨了芦苇对盐分的耐受规律，以期为芦苇植被修复提供指导。

### 6.4.1 芦苇生长的适宜盐分

通过盆栽控制环境，查明芦苇生长发育与环境条件的关系，为采取相应的保护措施提供理论基础。本研究探讨了不同盐浓度下的种子发芽实验，不同盐浓度下沙培和土培对芦苇生长的影响实验以及不同灌水盐分条件对芦苇生长的影响。

#### 6.4.1.1 不同盐浓度对种子发芽率及幼苗生长的影响

设计为 9 种处理，3 次重复。9 种处理为对照（自来水）、用自来水配制成盐度为 5‰、7.2‰、10‰、13.6‰、15.3‰、18‰、20.1‰、24‰的 NaCl 水溶液。在室温条件下，对照处理第 3 天发芽率达 58%，第 5 天达 100%；随处理盐浓度的增加，芦苇种子发芽速度迟缓，到第 15 天用盐分浓度 10‰以下处理的，发芽率均在 97.7%以上；当盐分浓度在 13.6‰以上各处理对芦苇种子发芽率影响较重，发芽率逐渐降低；当盐分浓度达到 20.1‰时发芽率只有 6%，达到 24.0‰后不能发芽（表 6.9）。

表6.9 不同盐分浓度对芦苇种子发芽率（%）的影响

| 盐分浓度（‰） | 对照 | 5.0 | 7.2 | 10.0 | 13.6 | 15.3 | 18.0 | 20.1 | 24.0 |
|---|---|---|---|---|---|---|---|---|---|
| 第3天 | 58.0 | 15.7 | 4.7 | 2.3 | 0.3 | 0.3 | 0 | 0 | 0 |
| 第5天 | 99.7 | 96.7 | 89.7 | 75.3 | 13.3 | 9.0 | 0.6 | 0.3 | 0 |
| 第7天 | 100 | 97.7 | 97.3 | 95.0 | 27.3 | 16.3 | 3.7 | 2.3 | 0 |
| 第9天 | 100 | 98.7 | 98.0 | 95.3 | 41.3 | 32.0 | 9.3 | 3.7 | 0 |
| 第11天 | 100 | 98.7 | 98.0 | 96.3 | 46.0 | 38.7 | 14.7 | 5.7 | 0 |
| 第13天 | 100 | 99.7 | 98.0 | 96.3 | 69.3 | 39.7 | 15.3 | 6.0 | 0 |
| 第15天 | 100 | 99.7 | 99.0 | 97.7 | 69.3 | 39.7 | 15.7 | 6.0 | 0 |

在盐分条件下，芦苇幼苗生长高度随盐分浓度的增加逐渐降低，当盐分浓度达到10‰时，幼苗高度降低61.1%；达到13.6‰时幼苗高度降低83.3%，达到18‰以上时幼苗高度降低94.6%（表6.10）。

表6.10 不同盐分浓度对芦苇种子幼苗生长的影响

| 盐分浓度（‰） | 对照 | 5.0 | 7.2 | 10.0 | 13.6 | 15.3 | 18.0 | 20.1 | 24.0 |
|---|---|---|---|---|---|---|---|---|---|
| 幼苗生长高度/cm | 1.8 | 1.2 | 0.9 | 0.7 | 0.3 | 0.2 | 0.1 | 0.1 | 0 |
| 与对照相比（%） | 100 | 66.7 | 50.0 | 38.9 | 16.7 | 11.1 | 5.6 | 5.6 | 0 |

#### 6.4.1.2 不同盐分浓度对芦苇生长的影响

设5种处理，3次重复。5种处理盐度分别为1.2‰、3.3‰、5.5‰、7.6‰、10.0‰的NaCl水溶液，分别浇入各实验盆中。生长期间补充自来水，并搭遮雨棚防止雨水浇灌影响实验效果。结果表明（表6.11），芦苇所有生长性状都随盐分浓度的增加而降低，其中盐分浓度超过5.5‰时，株高开始降低，降低25%~34%；盐分浓度超过5.5‰时株高降低明显，降低31%~43.2%。根系发育量也反映出同样规律，盐分浓度超过5.5‰时，根系重量降低明显，降低61.1%~68.3%；盐分浓度超过5.5‰时，产量降低49.6%~62.5%。因此从水培实验中表现为盐分浓度超过5.5‰时，对芦苇生长就构成严重威胁。

表6.11 水培条件下不同盐分对芦苇生长的影响

| 盐分浓度（‰） | 1.2（对照） | 3.3 | 5.5 | 7.6 | 10.6 |
|---|---|---|---|---|---|
| 株数/（株/盆） | 50 | 42.5 | 33 | 37.5 | 35 |
| 株高/cm | 73.1 | 66.1 | 67.5 | 50.7 | 41.5 |
| 茎粗/cm | 0.4 | 0.4 | 0.4 | 0.4 | 0.3 |
| 抽穗率（%） | 4 | 1.2 | 0 | 0 | 0 |

续表

| 盐分浓度（‰） | 1.2（对照） | 3.3 | 5.5 | 7.6 | 10.6 |
|---|---|---|---|---|---|
| 产量/（g/盆） | 84.0 | 60.5 | 56.5 | 42.3 | 31.5 |
| 较对照减产（%） | — | 28.0 | 32.7 | 49.6 | 62.5 |
| 根状茎长度/cm | 486.8 | 454.0 | 322.5 | 288.5 | 237.8 |
| 根状茎粗度/cm | 0.89 | 0.81 | 0.74 | 0.66 | 0.55 |
| 根状茎重量/（g/盆） | 46.5 | 38.0 | 31.0 | 17.0 | 16.5 |
| 须根量/（g/盆） | 65.5 | 51.0 | 42.5 | 26.5 | 19.0 |
| 根系重量/（g/盆） | 112.0 | 89.0 | 73.5 | 43.5 | 35.5 |

同时对实验处理植株叶片叶绿素含量进行了测定，结果显示（表6.12），随盐分浓度的增加，叶绿素含量有降低的趋势。这说明，盐分的增加将导致叶绿素含量降低，光合作用功能下降，对芦苇生长起到抑制作用。由于光合作用能力下降，输送到根系中的有机物含量也随着降低，尤其是当盐分达到10.5‰时，根状茎有机物储存量降低20%，由此导致芦苇生长受阻，产量降低。

表6.12　盐分对芦苇叶片叶绿素含量的影响

| 盐分浓度（‰） | 1.2 | 3.3 | 5.5 | 7.6 | 10.5 |
|---|---|---|---|---|---|
| 叶绿素含量/（mg/100 g，鲜重） | 4.73 | 4.57 | 4.57 | 4.62 | 4.39 |

在高盐生长环境下，芦苇植株提高了对$Cl^-$的吸收，并随盐分浓度的增加，吸收量增加，当盐分浓度达到5.5‰时，体内$Cl^-$含量增加65%；当盐分浓度达到10.5‰，芦苇植株体内$Cl^-$含量增加到286%。结果说明芦苇在同化和抵抗不良盐分环境下具有较高的抗盐能力。

#### 6.4.1.3　土培条件下盐度对芦苇生长的影响

设计为7种处理，分别为用NaCl配制成盐度为3‰、7‰、10‰、15‰、18‰、20‰的NaCl水溶液，以自来水为对照。实验结果表明，在不同盐分条件下，芦苇的生长受到较大影响，表现为随盐分浓度的增加，芦苇生育指标逐渐下降；盐分浓度在7‰以下时，芦苇减产在21.7%以下；当盐分浓度达到10‰时芦苇减产61.7%；当盐分浓度达到15‰时芦苇减产85%，超过18‰时绝产（表6.13）。

表 6.13 土培条件下不同盐分对芦苇生长的影响

| 盐分浓度<br>(‰) | 株数<br>/(株/缸) | 株高<br>/cm | 茎粗<br>/cm | 抽穗率<br>(%) | 产量<br>/(g/缸) | 较对照减产<br>(%) |
|---|---|---|---|---|---|---|
| 对照 | 80.5 | 82.9 | 0.33 | 42.9 | 300 | 100 |
| 3 | 89.5 | 93.7 | 0.33 | 17.3 | 275 | 8.3 |
| 7 | 76.0 | 75.5 | 0.30 | 4.6 | 235 | 21.7 |
| 10 | 67.0 | 50.9 | 0.25 | 1.5 | 115 | 61.7 |
| 15 | 33.0 | 41.7 | 0.26 | 0 | 45 | 85.0 |
| 18 | 0 | 0 | 0 | 0 | 0 | 100 |
| 20 | 0 | 0 | 0 | 0 | 0 | 100 |

综上所述，在辽河三角洲滨海芦苇湿地特定条件下，灌溉水盐分含量在7‰时，对芦苇生长有一定的抑制作用，盐分含量在10‰~13‰时出现明显抑制作用，盐分含量在15‰以上时抑制显著，盐分含量在18‰以上时抑制严重。同时，土培实验与沙培实验比较，土培实验有较强的缓冲能力，抗盐性要比沙培高。因此，为保证芦苇的生长和对芦苇湿地资源保护，灌溉水盐分应控制在7‰以下，最高不能超过10‰。

根据该研究成果，在目前辽河口湿地水资源缺乏的条件下，盐分在7‰以下淡咸水对芦苇湿地来说是重要的可利用水资源。在河口区，由于河海交汇，产生大量淡咸水，若能够掌握河口区淡咸水的分布规律，在"三灌两排"实施过程中，第二次灌水时应用盐度小于7‰微咸水，则可达到节约淡水、充分利用水资源的目的。

## 6.4.2 芦苇生长的适宜水分

芦苇是水生植物，水分是芦苇生长发育的重要因子之一，因此，良好的水分管理措施是提高芦苇产量的重要手段，也是芦苇湿地保护和退化湿地修复的重要措施。然而，若水量过大，浸泡时间过长，将使土壤出现还原环境，芦苇呼吸不畅，进而导致死亡。为此，这里分别探讨了不同水分条件对芦苇根状茎发芽和幼苗生长的影响、田间早春灌溉对芦苇发芽和生长的影响及选择不同灌水条件对芦苇生长的影响，研究了芦苇的需水习性，为苇田科学灌溉提供理论依据。

### 6.4.2.1 不同水分条件对芦苇根状茎发芽的影响

实验研究了不同的水分条件对芦苇发芽和芦苇芽生长的影响。结果表明，在湿润条件下才能保证芦苇发芽和幼芽生长。一是在通气良好，温度、水分适宜的湿润处理中，根状茎第6天发芽率就达到100%，而淹水处理的第6天发芽率只有20%，到第17天达到25%，因此泡水处理严重影响芦苇根状茎的发芽；二是在泡水情况下，室内处理在温度较高时10 d内苇芽全部腐烂，在室外温度稍低时腐烂60%；而湿润情况下，在室内10 d苇芽高2.8 cm，比处理前增加2.1 cm，在室外10 d苇芽高1.1 cm，比处理前增加0.4 cm。可见，在通气良好，温度、水分适宜的湿润环境中，苇芽生长较高；而在长期淹水时，苇芽生长受到抑制。

### 6.4.2.2 不同水分条件对根系和芦苇发育的影响

调查地点位于盘锦市羊圈子苇场，分别选择有代表性的3种苇田，每种苇田设3个调查点，每点面积1 m²。3种苇田具体现状为：常年干旱苇田，地势较高，常年不灌溉，只靠降雨维持芦苇生长，地表不积水；季节性积水苇田，苇田灌排水可控制，根据芦苇需水规律进行苇田灌溉，实行三灌二排；长期积水苇田，地点选择沼泽化苇田，排水困难，长期积水。

在不同的水分条件下，不同类型的苇田根系分布规律有较大的差别，同时在不同的土壤层次中，也有不同的分布（表6.14），主要有以下几个原因。

一是根系分布深度不同，在常年干旱的情况下，芦苇根系分布最深，最深可达120 cm。这是因为土壤水分少，根系向土壤深层发展。而长期积水苇田芦苇根系只分布于60 cm土层内，是因为长期积水，导致土壤氧气缺乏，致使根系上移；季节积水居中。

表6.14 3种类型苇田芦苇根系分布规律

| 苇田类型 | 土层/cm | 根状茎 重量/g | 根状茎 占总量（%） | 须根 重量/g | 须根 占总量（%） | 总量 重量/g | 总量 占总量（%） |
|---|---|---|---|---|---|---|---|
| 常年干旱 | 0~20 | 94 | 7 | 4 | 3 | 98 | 7 |
| | 20~40 | 120 | 9 | 5 | 4 | 125 | 9 |
| | 40~60 | 198 | 15 | 11 | 10 | 209 | 15 |
| | 60~80 | 264 | 21 | 15 | 13 | 279 | 20 |
| | 80~100 | 435 | 34 | 46 | 40 | 481 | 34 |
| | 100~120 | 183 | 14 | 34 | 30 | 217 | 15 |
| | 合计 | 1284 | 100 | 115 | 100 | 1409 | 100 |
| 季节积水 | 0~20 | 383 | 30 | 853 | 82 | 1236 | 54 |
| | 20~40 | 456 | 36 | 93 | 9 | 549 | 24 |
| | 40~60 | 329 | 26 | 58 | 6 | 389 | 17 |
| | 60~80 | 93 | 7 | 30 | 3 | 123 | 5 |
| | 合计 | 1261 | 100 | 1034 | 100 | 2295 | 100 |
| 长期积水 | 0~20 | 599 | 50 | 1296 | 88 | 1868 | 71 |
| | 20~40 | 343 | 29 | 105 | 7 | 448 | 17 |
| | 40~60 | 249 | 21 | 74 | 5 | 323 | 12 |
| | 合计 | 1191 | 100 | 1448 | 100 | 2639 | 100 |

二是根系分布层次不同，常年干旱苇田芦苇根系主要集中分布于60~80 cm土层内，分布量达到54%；季节积水苇田芦苇根系主要分布于0~40 cm土层内，分布量达78%；长期积水苇田芦苇根系主要分布于0~20 cm土层内，分布量达71%。

三是根状茎与须根系分布比例不同，常年干旱苇田芦苇根状茎与须根比例为11∶1，是因水分缺乏、氧气充足，以根状茎发育为主；季节积水苇田芦苇根状茎与须根比例为1.2∶1；长期积水苇田芦苇根状茎与须根比例为0.82∶1，是因长期积水，水分充足，氧气缺乏，在地表形成大量须根，以获得生长所需的氧气。

四是根系分布重量不同，常年干旱苇田芦苇根系量分布最少，季节积水苇田分布居中，长期积水苇田芦苇根系分布量最多，3种类型苇田分布比例为1∶1.62∶1.87，而根状茎分布量则以常年干旱苇田分布为最多，其次为季节积水苇田，最少为长期积水苇田，三者比例为1.08∶1.06∶1。

五是芦苇根状茎不同土壤层次分布量不同，常年干旱苇田主要分布于80~100 cm土层内，占根状茎总量的34%，季节积水苇田主要分布于20~40 cm土层内，占根状茎总量的36%，长期积水苇田主要分布于0~20 cm土层内，占根状茎总量的50%。

由于受水因素的制约，根系发育受到影响，同时也影响地上部芦苇的生长发育。在常年干旱的情况下，虽然通气状况良好，但是由于地下水位低，缺乏水源供应，即使芦苇根状茎发育较好，但由于发芽率低，形成地上植株少，芦苇产量也低。而在长期积水的情况下，虽然水分状况良好，但土壤缺乏氧气，水气矛盾加重，造成芦苇根系上移，聚集地表，茎秆细、矮、密、产量低。而在季节性灌溉条件下，既满足土壤氧气供给，又保证了水分供给，使芦苇生长良好，形成较高的产量（表6.15）。因此，在苇田管理中，应根据芦苇生长的需要，综合分析与合理调节，以满足芦苇生育对水、肥、气、热的综合需求，既达到较高的产量水平，又能实现芦苇湿地的保护与开发利用。

表6.15 3种类型苇田芦苇生育对比表

| 苇田类型 | 密度/（株/m²） | 株高/cm | 茎粗/cm | 产量/（kg/亩） |
|---|---|---|---|---|
| 常年干旱 | 21.5 | 180 | 0.64 | 195.6 |
| 季节积水 | 77.5 | 192.2 | 0.46 | 426.1 |
| 长期积水 | 376 | 157.8 | 0.39 | 357.1 |

由此可见，常年干旱缺水将导致芦苇群落退化，但长期积水、淹水条件也将使植株矮小，生物总量下降。只有间隔积水条件才能够使芦苇总生物量提升，这为我们进行退化芦苇湿地生态修复提供了有益指导。

通过上述研究，芦苇通过3次灌溉，并且存在季节性积水的条件可获得更高的生物量，而芦苇在7‰以下的盐度条件下，其生长发育几乎不受影响，故此，结合前期研究，可以在第2次灌溉时，应用淡咸水进行，这样可以节约大量淡水。

## 6.5 芦苇湿地生态修复对污染物净化功能的提升

目前国内对湿地生态修复效果评价的研究依然较为匮乏，大部分是针对水质、土壤、生物的单方面的评价研究。生态修复效果评价的实际应用案例比较少，孙涛和杨志峰（2004）对海河流域开展了生态系统修复的评估工作，使用的指标体系以河口湿地生态健康评价指标为基础建立，较为完整。

通过现场调查结合模拟实验，进行退化芦苇湿地修复研究，由于芦苇生物量的提高而对污染物的强化去除效果，结合河口水动力—水质耦合数学模型、污染源—水质响应关系模型，评估芦苇湿地群落修复对辽河口水质的影响和对河口水体污染物削减的贡献量。

## 6.5.1 实验条件与设计

依据辽河河口区芦苇湿地的实际特点，本研究的模拟人工湿地也采用表面流方式运行（图 6.10）。模拟装置位于温室中，近水源，能够控制温度和光照等环境因素，确保湿地系统正常运行。共设置 4 套系统装置，每个装置包括 2 个长方体水槽，水槽长 80 cm、宽 20 cm、高 40 cm，2 个水槽顶部分隔为 3 个水道，分别长 120 cm、宽 20 cm、高 10 cm，水道首尾相连，便于污水回流，两侧水槽装土壤，由取自辽河河口区芦苇湿地的土壤与本地土壤按照 1∶1 混合而成，土壤高度为 27 cm。采用 LED 灯对系统中植物的生长补充光照，光照总强度为 5 000~7 000 Lux；将加热器连接温控开关，控制温度在 18~30 ℃，以保证植物正常生长。

图 6.10　人工湿地模拟系统

本研究选取了辽河河口区湿地最典型的植物——芦苇作为研究对象。分别采用种子种植和根茎扦插栽植方式把芦苇种植于模拟系统中，采集的芦苇种子全部来源于辽河口芦苇湿地，在种植过程中平铺于水槽中的土壤表面，表面覆盖一薄层细土壤，加入自来水使土壤完全浸透；芦苇根状茎也全部来源于辽河口湿地，直径在 0.70~1.00 cm 之间、长度为 20~25 cm、白色或乳白色、拥有 2 个或以上生长点。采集时间在芦苇芽萌发以前，此时新芽刚萌发，耐贮运，不易被伤害，出芽率高。种植时以 60°倾角斜插入完全被自来水浸透的土壤中，扦插密度为 160 棵/$m^2$。利用温控仪控制温室温度在 18~30 ℃，湿度在 60%~80%；通过智能计时插座，设置从早上 7∶00 到下午 17∶00 进行光源补充，系统内光照强度为 5 000~7 000 Lux；设置风扇每隔 0.5 h 启动一次，增加温室中的空气流动，尽量模拟实际环境状况，促进芦苇的生长。待芦苇高度高于土壤层 50 cm 时开始后续实验。

由于该装置主要模拟辽河口芦苇湿地生态系统对污染物的去除规律，因此进水水质也参考辽河口湿地水体进行人工配制。杨继松等（2012）采用标准分析方法对辽河口芦苇湿地的水体质量进行了测定和综合评判，结果表明辽河口湿地采样点水质级别为Ⅴ类，系统水体质量较差（表 6.16）。因此，为了更快地体现湿地生态系统对污水的净化作用，本研究以劣Ⅴ类水作为参考，人工配制湿地进水。以乙酸钠（$CH_3COONa$）、氯化铵（$NH_4Cl$）、磷酸二氢钾（$KH_2PO_4$）作为进水中的 COD、氮、磷等污染物质来源，水质指标及其浓度见表 6.17。

表 6.16 河口湿地地表水取样点水质实测值

| 取样点 | COD /(mg/L) | TN /(mg/L) | $NH_3-N$ /(mg/L) | TP /(mg/L) | Zn /(mg/L) | Cd /(mg/L) | Pb /(mg/L) | Cu /(mg/L) |
|---|---|---|---|---|---|---|---|---|
| T1 | 43.20 | 1.87 | 1.12 | 0.06 | 2.80 | 10.02 | 3.55 | 6.85 |
| T2 | 40.30 | 1.68 | 0.65 | 0.19 | 0.47 | — | 2.09 | 6.41 |
| T3 | 41.60 | 2.15 | 0.78 | 0.05 | 3.85 | 5.48 | 3.63 | 6.31 |
| T4 | 73.60 | 2.11 | 0.78 | 0.09 | 1.20 | 0.63 | 1.07 | 0.71 |
| T5 | 34.50 | 4.40 | 0.79 | 0.04 | 0.57 | 1.31 | 1.77 | 2.93 |
| T6 | 46.10 | 1.39 | 0.40 | 0.05 | 0.70 | 2.85 | 0.32 | 2.41 |
| T7 | 36.20 | 3.12 | 0.46 | 0.07 | 0.93 | 0.61 | 0.53 | 2.97 |
| T8 | 28.80 | 2.70 | 0.33 | 0.04 | 1.09 | 0.85 | 1.53 | 11.82 |
| T9 | 29.20 | 2.36 | 0.56 | | 2.22 | — | 1.24 | 3.93 |
| T10 | 40.40 | 2.77 | 0.85 | 0.11 | 0.76 | 2.87 | 3.23 | 2.66 |
| T11 | 35.20 | 4.16 | 0.84 | 0.11 | 0.66 | — | 0.61 | 3.85 |
| T12 | 53.60 | 2.00 | 1.16 | 0.10 | 1.83 | 9.21 | 4.58 | 17.71 |
| T13 | 45.20 | 4.04 | 0.40 | 0.07 | 0.51 | — | 1.19 | 1.74 |
| T14 | 44.50 | 2.77 | 0.74 | 0.08 | 0.63 | — | 0.46 | 2.31 |
| T15 | 42.40 | 3.72 | 0.77 | 0.07 | 1.45 | 6.95 | 1.68 | 7.82 |
| T16 | 29.60 | 1.50 | 0.42 | 0.05 | 3.05 | 8.56 | — | — |
| T17 | 17.60 | 3.06 | 0.61 | 0.16 | 1.23 | — | 0.64 | 0.05 |

表 6.17 人工湿地污水处理系统进水水质指标

| 水质指标 | COD | 总氮 | 总磷 | 氨氮 |
|---|---|---|---|---|
| 初始浓度/(mg/L) | 150±5.00 | 5±0.50 | 0.5±0.05 | 2±0.20 |

#### 6.5.1.1 灌排水方式设计

有研究表明，灌排水方式对人工湿地的内部环境产生很大影响，最直观的表现是对水体中氧浓度的影响，并且氧作为湿地去除污染物的重要限制因素，直接影响系统内部微生物活性和硝化反硝化作用，进而影响湿地的脱氮除磷以及去除 COD 的效果 (Hu et al., 2012)。宋铁红等 (2005) 采用间歇流和连续流进水方式对人工湿地处理生活污水效率进行了研究，通过对比发现，间歇流进水方式能够缓解植物光合作用输送到根系的氧气不足的情况，提高湿地系统内的溶解氧含量，从而提高了污染物去除率。

根据辽河河口区芦苇湿地实际环境和地理特征以及前期研究结果，本研究主要采用连续灌排水（模拟湿地长期淹水条件）和间歇灌排水（模拟湿地三灌两排条件）两种运行方式。一方面探究芦苇对污染物质去除作用的影响，另一方面可以比较在不同的进水方式下湿地对污染物质的去除效果以及节水数量，从而为湿地系统的实际管理方式以及湿地生态系统保护提供参考。

（1）连续灌排水方式运行

本阶段系统进水一直处于连续状态，不间断，配制的污水水质基本维持在误差范围内，确保进水条件基本一致，在实验结束以后一次性排除所有水槽中的水。启用 3 个水槽装置，分别是 $A_0$、$A_1$、$A_2$。其中 $A_0$ 是空白对照组，即没有芦苇种植；$A_1$、$A_2$ 是平行实验组，都种植了相同的芦苇。利用水泵将人工配制的微污染水同时连续抽进 3 组实验装置，调节水泵流速为 3 L/h，控制水体在系统中的停留时间为 3 d，每 3 d 取一次出水水样，并测定水体中的 pH 值和溶解氧（DO）变化。连续运行 30 d，期间进水不间断，分别测定每次所取的样品中 COD、氮、磷等相关指标变化并进行对比分析。

（2）间歇灌排水方式运行

本阶段每个间歇周期内系统进水一次性加入水槽中，期间不再进水，在一个周期结束后完全排空污水，间隔 1 d，然后继续进行第 2 个周期，以此类推，实验初始条件基本保持一致。启用 2 个水槽装置，分别是 $B_0$、$B_1$。其中 $B_0$ 是空白对照组，即没有芦苇种植；$B_1$ 是种植了芦苇的实验组。将人工配制的微污染水直接加入到两组实验装置中，使液面高于土壤层 20 cm。每个周期时间为 3 d，每 12 h 取一次出水水样，并测定水体中的 pH 值和溶解氧（DO）变化。周期间隔为 1 d，做 4 个周期，分别测定每次所取的样品中 COD、氮、磷等相关指标变化并分析。

#### 6.5.1.2 溶解氧控制条件

在本阶段设置 5 组平行装置，全部种植芦苇，待芦苇长势相同时按批式方式，即周期运行方式处理微污染水。在之前周期实验的基础上，本阶段又增加了系统的内循环，改变系统中的水动力条件，改变水体中的溶解氧含量。采用自然跌水方式，通过回流泵将出口处污水回流至进水处，并且使水流自由落体进入系统，设置回流水泵的流速为 18 L/h，出水口距离水体表面的高度分别设置成 5 cm、8 cm、15 cm 和 20 cm，采用将溶氧仪直接插入水体中测定溶解氧的方法来确定跌水复氧效果，待水体中溶解氧含量保持相对稳定时开始实验。水流落入系统中产生气泡，大气中的氧气被带入水体，该过程一方面能够产生富氧作用，另一方面也对人工湿地系统中整个水体起到了推流的作用。

在 5 组平行实验中，1 组（$C_0$）不进行跌水复氧，水体中溶解氧含量为对照，即为复氧前溶氧含量，DO 浓度一般为 0.50~1.20 mg/L；另外 4 组（$C_1$~$C_4$），分别通过回流泵，以自然跌水方式使湿地系统内水体氧含量保持 2 mg/L、4 mg/L、6 mg/L、8 mg/L；5 组装置批式处理周期设计为 3 d，在处理过程中，分别按时间序列每 12 h 取一次水样，检测水质指标变化。于每个溶解氧浓度条件运行周期结束时，采集湿地表层土壤（0~5 cm），用于土壤微生物群落分析。

采集的土壤样品编号为 TE1、TE2、HJ3，其中 TE1 组 4 个样品包括 TE1.1、TE1.2、TE1.3 和 TE1.4，分别对应实验组溶解氧为 8 mg/L、6 mg/L、4 mg/L、2 mg/L 时的表层土壤；TE2 组 1 个样品对应未进行复氧的表层土壤；HJ3 组 1 个样品对应在展开实验之前刚填入模拟系统中的初始环境土壤。在测定之前放置于 −20 ℃ 保存。

### 6.5.2 芦苇修复与灌排水方式对湿地污染物去除效果的影响

#### 6.5.2.1 芦苇修复对污染物去除效果的促进作用

通过采用连续灌排水运行方式，分析芦苇种植前后湿地对微污染水体的净化效果，以探讨芦苇修复对污染物的去除规律和特征。

在相同的生长环境条件下，在人工湿地系统中分别利用种子萌发和根茎扦插方式种植芦苇，经过30 d的生长，种子萌发率较高，但是植株非常纤细，高度很低，生长缓慢，不能满足实验需求；经过根茎扦插生长的芦苇生长较迅速，植株挺拔，地上部分最大高度可达到40 cm，长势良好，虽有若干根茎出现未发芽现象，但总体满足实验需求。由于辽河口芦苇湿地面积较大，常年生长的芦苇根系非常发达，大多依靠根系发芽生长，并且生长旺盛。所以本研究后续实验用到的芦苇全部都是由根茎扦插种植得到的，也进一步模拟了辽河口芦苇湿地的实际情况。

(1) 芦苇对COD去除的促进作用

经过连续运行30 d，人工湿地出水中COD去除效果如图6.11所示。进水COD维持在150 mg/L，在没有芦苇种植的控制组$A_0$，COD出水浓度在80~90 mg/L，最大去除率为47.68%；有芦苇种植的$A_1$和$A_2$组，差别不大，去除效果趋向于一致，COD出水浓度在61~69 mg/L，最大去除率为59.67%。系统出水中COD浓度相对较为稳定，并且$A_1$组和$A_2$组COD浓度比$A_0$组低，说明芦苇对COD的去除有一定的作用，但是相差不大，对COD的去除率提高了25.15%。$A_0$组内没有芦苇，只有土壤和水体，土壤中也存在微生物群体，但是水体中的溶解氧有限，主要来自进水中携带的氧和大气复氧，但是作用较弱，微生物好氧分解有机物的作用降低，严格厌氧的微生物所需环境要求较高，作用也相对很弱，只有部分兼性菌对COD的去除产生了作用，而大部分COD的去除主要依靠于土壤本身的吸附沉淀等作用；$A_1$组和$A_2$组中由于光合作用产生了氧气，能够通过叶子传送到根部，在根部周围形成好氧区，对COD的去除有一定的作用，但是芦苇本身并不能直接吸收COD，所以去除效果差别不大。

(2) 芦苇对氮素污染物去除的促进作用

以水体中最典型的氮元素污染物——氨氮作为研究指标。如图6.12所示，在连续运行期间，进水水质保持相对稳定，对照组$A_0$中氨氮出水最低浓度为1.31 mg/L，最大去除率为39.39%；有芦苇的实验组$A_1$和$A_2$中氨氮最低浓度为0.89 mg/L，最大去除率为57.91%。芦苇修复对氨氮的去除率提高了47.02%，因此芦苇对氨氮的去除具有较强的促进作用。氨氮需要在有氧条件下被硝化细菌通过硝化作用转化为硝态氮，然后再进一步转化，所以芦苇修复在很大程度上对水体中的复氧作用产生了较大的促进效果。

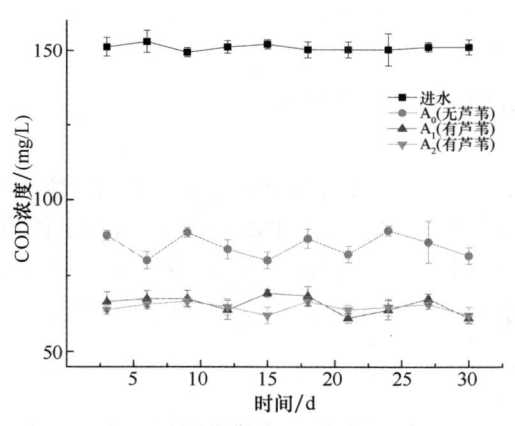

图6.11 连续运行期间COD的出水浓度随时间的变化

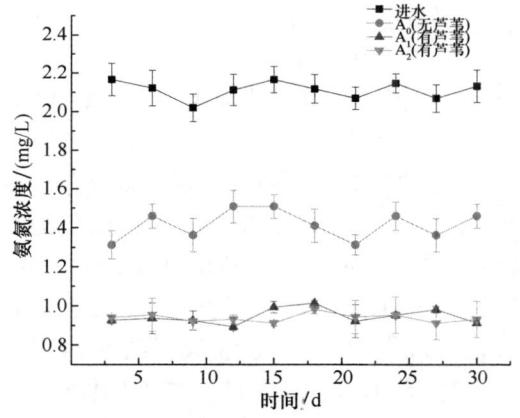

图6.12 连续运行期间氨氮的出水浓度随时间的变化

空白对照组只有大气复氧,并且效果很弱,溶解氧在水体中的分布不均匀,氨氮浓度出现了较大波动,但整体出水浓度较高,去除效果不好;而芦苇的光合作用复氧起到了关键的作用,氧气从水体表面和芦苇根部向整个水体区域扩散,在流动缓慢的水体中分布相对均匀,溶解氧浓度相对较高,更有利于氨氮的转化,因此实验组 $A_1$ 和 $A_2$ 出水氨氮浓度一直维持在较低水平。虽然无法从图中直接判断氮素污染物质是否被完全消除,但是氨氮被转化是去除氮污染物的首要任务,必须加快氨氮的转化才能实现后续的反应。

总氮(TN)也是衡量环境中氮素污染的重要指标之一,其表明水体受到氮素污染的总体情况。如图 6.13 所示,进水中 TN 浓度保持稳定,维持在 5 mg/L 左右,在连续运行期间,对照组 $A_0$ 中 TN 出水最低浓度为 4.08 mg/L,最大去除率为 19.47%,有芦苇的实验组 $A_1$ 和 $A_2$ 中 TN 最低浓度为 2.30 mg/L,最大去除率为 53.88%。与空白组相比较,芦苇对 TN 的去除率提高了 1.8 倍,可见芦苇植被修复对水体中 TN 去除的促进作用非常强。通过前边对氨氮去除效果的研究分析得出,芦苇能够大大促进氨氮的转化,但是由于水流缓慢,系统水体中溶解氧浓度仍然维持在较低水平,在某些区域,特别是远离芦苇根系的区域,容易产生缺氧环境,这也为反硝化作用提供了有利条件,促进了硝态氮的进一步转化,最终使 TN 浓度表现出下降趋势并维持稳定。从图中可以看出,空白对照组 TN 浓度明显高于实验组,说明只靠自然降解作用不能使 TN 去除率有明显提高,而芦苇植被修复以后效果明显,体现了湿地植物在氮素污染物去除过程中的重要作用。

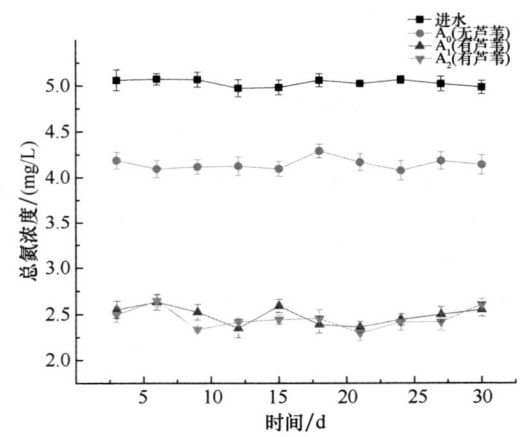

图 6.13 连续运行期间总氮的出水浓度随时间的变化

模拟装置中芦苇种植区域的面积为 80 cm×20 cm×2,在没有芦苇植被修复的对照组中,TN 的浓度下降了 1 mg/L,水槽中水的体积为 72 L,推广到实际,则湿地能够去除的 TN 的量为 2.25 kg/hm²;用同样的计算方法,在有芦苇植被修复的实验组中,TN 的浓度最大下降了 2.73 mg/L,水槽中水的体积为 72 L,推广到实际,则芦苇湿地能够去除的 TN 的量约为 6.16 kg/hm²,TN 去除量提高了约 1.74 倍。

(3)芦苇对总磷(TP)去除的促进作用

磷元素是环境中最常见的营养元素,植物的生长离不开磷元素,但其浓度过高容易引起水体的富营养化现象发生,因此需要控制水体中含磷污染物质的浓度,确保环境生态平衡不被破坏。由图 6.14 可见,在连续运行期间,进水总磷浓度保持相对稳定,维持在 0.50 mg/L

左右,对照组 $A_0$ 中总磷出水最低浓度为 0.31 mg/L,最大去除率为 39.82%;有芦苇的实验组 $A_1$ 和 $A_2$ 中总磷最低浓度为 0.17 mg/L,最大去除率为 66.34%,因此可以得出,芦苇对含磷污染物质的去除有较大的促进作用,最大提高了 66.60%。

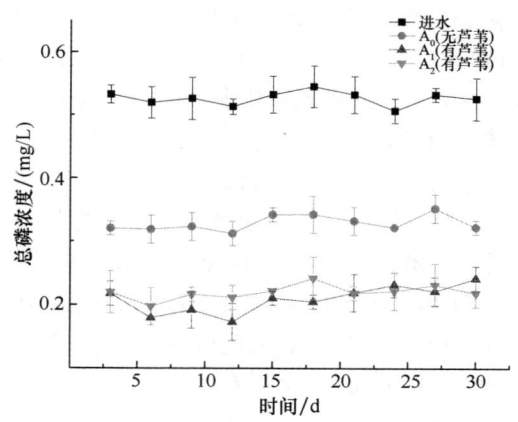

图 6.14　连续运行期间总磷的出水浓度随时间变化

芦苇可以直接吸收部分磷供给自身生长,但是吸收量有限,还要有微生物作用、土壤吸附以及氧化还原反应等过程的配合才能完全去除水体中的磷。对照组没有植被覆盖,仅仅依靠土壤吸附和部分微生物作用能够去除一部分磷化合物,通过宏观指标检测则表明 TP 浓度下降,但是土壤吸附的磷并不能完全被释放到水体外,仍存在于系统中,在某些条件下还可能会重新释放到水体中,经过较长时间才能被完全去除,因此无植被覆盖的水体对 TP 的去除效果不理想;而在实验组,芦苇能够为水体提供氧气,促进微生物对 TP 的吸收和转化,再加上植物本身对磷的吸收作用,能够去除大部分的含磷污染物质。根据辽河口芦苇湿地水体质量,本研究设置的初始进水中 TP 浓度也相对较低,因此去除率波动较明显,与人为测定等因素有关,但总体趋势符合正常的规律,具有一定的参考意义。

根据单位面积湿地对 TN 去除量的计算方法,在没有芦苇植被修复的对照组中,TP 的浓度最大下降了 0.21 mg/L,水槽中水的体积为 72 L,则 TP 的去除总量为 $1.51 \times 10^{-5}$ kg,则湿地能够去除的 TP 的量为 0.47 kg/hm²;在有芦苇植被修复的实验组中,TP 的浓度最大下降了 0.35 mg/L,则 TP 的去除总量约为 $2.52 \times 10^{-5}$ kg,则芦苇湿地能够去除的 TP 的量约为 0.79 kg/hm²,TP 去除量提高了约 68%,可见芦苇对 TP 的去除具有较大的促进作用。

#### 6.5.2.2　不同灌排水方式对湿地污染物去除效果的影响

主要探究连续灌排水与间歇灌排水两种方式对湿地净化微污染水体的效果影响,上述已经讨论了连续灌排水对湿地净化污水的影响,现将继续探究间歇灌排水方式对湿地系统净化污水的影响。进水和排水都是间歇的,每个周期结束相当于进行了一次灌排水。经过 4 个周期运行,每个周期运行结果相对稳定并保持基本一致,取平均结果进行对比分析。

（1）湿地对 COD 的去除效果

在间歇运行条件下,湿地对 COD 等有机物去除效果如图 6.15 所示。从图 6.15 中可以看出 COD 出水浓度呈现下降趋势,但是下降幅度较小,有无芦苇种植对 COD 去除效果差别微弱,并且效果很差。对照组 $B_0$ 中 COD 的出水浓度高于 110 mg/L,去除率为 27.32%,实

验组 $B_1$ 中 COD 的出水浓度为 97.17 mg/L，去除率为 36.89%。对比发现，芦苇对 COD 的去除效率最大提高了 35.03%，也说明了不管灌排水方式，芦苇对 COD 的去除都有一定的促进作用。

在周期运行过程中，水体中溶解氧含量急剧下降，在缺少进水复氧之后，$B_0$ 组对 COD 的去除效果比连续运行期间低。在 $B_1$ 组，芦苇对于 COD 的去除贡献率较小，只能通过光合作用提高芦苇植株周围水体溶解氧，并不能影响整个水体的溶解氧含量及其分布，因此整体 COD 去除效果较差。与连续运行阶段结果相比，采用间歇灌排水对 COD 的去除效果较差，主要原因在于 COD 不能被植物吸收，主要通过微生物的好氧代谢被降解，但是在周期运行期间水体不流动，容易产生无缺氧环境，溶解氧严重不足，即使是进水间歇能够提高大气复氧的效率，但是不能持续满足大量微生物的呼吸作用，微生物活性降低，COD 去除效率也降低。这也表明，植物对 COD 等有机物的去除有一定的促进作用，但是效果不明显，而水体中的溶解氧含量是关系到 COD 去除效果的关键因素，水体的灌排方式间接改变了水体中溶解氧的分布状态，从而影响了 COD 的去除效果。

（2）湿地对氮素的去除效果

在间歇运行条件下，湿地对氨氮的去除效果如图 6.16 所示。在周期运行期间，对照组 $B_0$ 中氨氮出水最低浓度为 1.69 mg/L，最大去除率为 20.66%；有芦苇的实验组 $B_1$ 中氨氮最低浓度为 1.11 mg/L，最大去除率为 47.89%，去除效果比连续运行差，但是有芦苇种植的实验组与连续运行期间的去除效果相差不大，降低了 10 个百分点。综合比较发现，芦苇对于氨氮的去除有较强的促进作用，最大能够提高 1.32 倍。

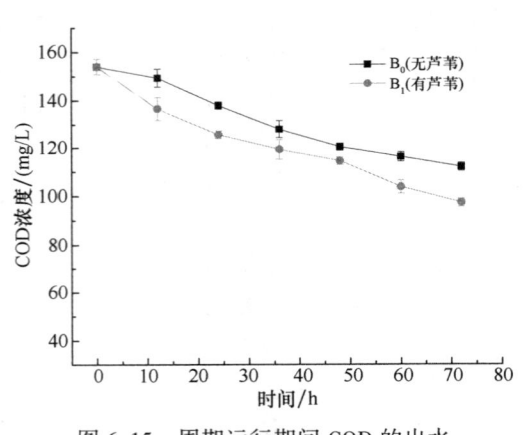

图 6.15　周期运行期间 COD 的出水浓度随时间的变化

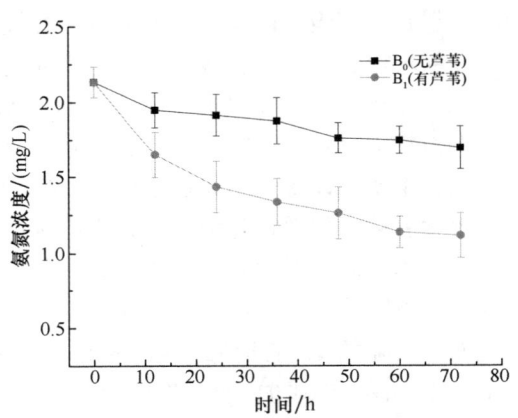

图 6.16　周期运行期间氨氮的去除情况

氧气是氨氮去除的关键因素之一，氨氮在溶解氧充足的条件下能够被硝化细菌利用，通过硝化作用转化为硝酸盐。芦苇光合作用产生的部分氧气传送到根尖进入水体，再加上水体表面的大气复氧，$B_1$ 组水体内氧含量明显比对照组高，更有利于氨氮的转化。由于模拟系统容量有限，规模较小，整个水体环境流通不畅，容易产生缺氧环境，即使是大气复氧和进水复氧同时存在也可能会产生氧气不足的现象。连续灌排水运行过程中进水也夹带着部分氧，这些氧随着水流的推进，能够与氨氮污染物质充分接触，大大提高了氨氮的转化效率。等到氧气被消耗殆尽，在氧气浓度低时，氨氮去除率显著降低，转化过程不通畅，无法进行下一步的反硝化等过程，不利于水体中氮素污染物质的去除。

如图 6.17 所示，在周期运行期间，对照组 $B_0$ 中 TN 出水最低浓度为 4.08 mg/L，最大去除率为 16.22%；有芦苇的实验组 $B_1$ 中 TN 最低浓度为 2.04 mg/L，最大去除率为 58.11%。$B_1$ 组比 $B_0$ 组去除率提高了约 2.60 倍，可见芦苇的作用非常明显。

TN 包括氨氮、硝氮、亚硝氮以及有机氮等，这些氮的化合物在一定温度、氧浓度以及微生物作用等条件下可以相互转化。溶解氧浓度较高时，硝化作用强，反硝化作用相应受到抑制，进水中的氨氮以及土壤本身含有的铵盐等被氧化为硝态氮，大量硝态氮在短时间内会出现一定的积累，从连续灌排水和间歇灌排水运行结果上可以看出，在溶解氧浓度相对较高的 $A_1$ 组、$A_2$ 组和 $B_1$ 组，前两次取样测定的 TN 浓度略有上升，主要是由于硝态氮的积累以及有机氮的转化等造成的。后期随着微生物活动加强，溶解氧供应不足，水体中在远离芦苇根系的区域出现了缺氧的环境，促进了硝态氮的进一步转化，TN 浓度呈现下降趋势。在 $A_0$ 组和 $B_0$ 组中出水 TN 浓度下降趋势不明显，主要还是由于氧含量的缺失使得氮素化合物之间转化不流畅，TN 不能被有效去除。

（3）湿地对磷的去除效果

由图 6.18 可以得出，在周期运行期间，对照组 $B_0$ 中总磷出水最低浓度为 0.42 mg/L，最大去除率为 17.65%；有芦苇的实验组 $B_1$ 中总磷最低浓度为 0.22 mg/L，最大去除率为 56.86%。

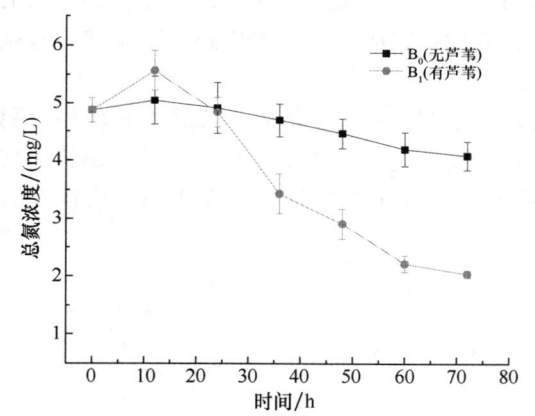

图 6.17 周期运行期间总氮的去除情况

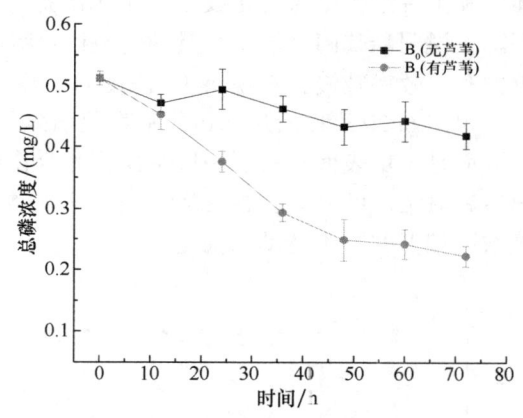

图 6.18 周期运行期间总磷的出水浓度随时间的变化

磷的去除是物理、化学和生物等多方面原因造成的。一方面磷本身属于营养物质，可以被芦苇直接吸收，因此在对比有无芦苇的湿地对 TP 去除率结果上可以看出，芦苇对 TP 的去除具有很强的促进作用；另一方面土壤也能吸附部分磷酸盐，但是并不能去除磷，虽然在测定水体中磷的变化上能够表现出磷的下降，但是磷依然存在于系统中，通过聚磷菌和释磷菌等微生物的作用又能把磷从土壤释放到水体中，因此从连续灌排水方式运行的结果图 6.14 中可以看出，TP 的浓度整体表现为 $A_1$ 组和 $A_2$ 组去除率最高，比 $A_0$ 组最大提高了 66.60%，但在测定过程中磷的浓度有小幅的上升趋势，主要原因就在于磷的重新释放。

$B_1$ 组 TP 去除效果明显优于 $B_0$ 组，主要原因是释磷菌在厌氧条件下释放磷，$B_1$ 组依靠芦苇的直接吸收，$B_0$ 组只能依靠土壤的吸附以及磷的很少部分转化。对比连续灌排水和间歇灌排水方式下 TP 的去除效果发现，连续运行效果较好，但是在芦苇修复的实验组差别不明显，两者去除效果都比较理想。

#### 6.5.2.3 系统中 DO 和 pH 值变化对污染物质去除的影响

(1) DO 变化对污染物质去除的影响

研究表明（Armstrong, 1978），有植被覆盖的湿地水体中，根系周围保持好氧状态，而无植被覆盖的水体中溶解氧含量出现急剧下降。湿地水体中的溶解氧浓度与湿地的灌排水方式、覆盖植物类型以及温度、光照强度等多方面因素有关。

由图 6.19 可知，进水中溶解氧浓度与自来水中的溶解氧浓度相当，在 8~9 mg/L 之间。DO 的变化整体呈现下降趋势，过程中先急剧下降，然后出现小幅上升。连续运行期间，$A_0$ 组和 $A_1$ 组、$A_2$ 组水槽内溶解氧在 6 d 之内出现了急剧下降，降至 2 mg/L 左右，说明刚开始微生物活动频繁，生长旺盛，呼吸作用消耗了大量的溶解氧。过程中由于溶解氧浓度下降，微生物活动相对减弱，消耗氧气的速率减小，大气复氧、光合作用输氧能够提高系统水体中的溶解氧含量，所以在后期出现溶解氧含量上升趋势，但是 $A_0$ 组缺少植物光合作用，因此溶解氧浓度低于 $A_1$ 组、$A_2$ 组。

耗氧和复氧过程在后期达到了相对稳定平衡的状态，DO 出现平稳趋势。在溶解氧急剧下降时，COD 浓度并没有出现剧烈的变化，说明微生物并没有对 COD 去除有太大影响；在 $A_1$ 组、$A_2$ 组 TN 浓度出现上升趋势，说明过程中硝化细菌生长旺盛消耗了大量氧气，将水体中和土壤中的氨氮转化成了大量硝酸盐，表现出 TN 的上升趋势；TP 浓度有一个剧烈的下降，说明释磷菌释放了大量的磷被植物吸收了，后期植物的生长基本成熟，对磷的吸收接近饱和，效率减慢，表现出 TP 浓度的小幅上升。

由图 6.20 可以看出，$B_1$ 组后期复氧效果明显，主要原因一方面是芦苇的光合作用，另一方面是土壤表面生长了一层水藻，光合作用加强，复氧速率大于微生物的好氧速率，表现出溶解氧浓度的升高；在 $B_0$ 组由于大气复氧效率低，耗氧速率与复氧速率相当，后期溶解氧浓度偏低并且维持动态稳定。

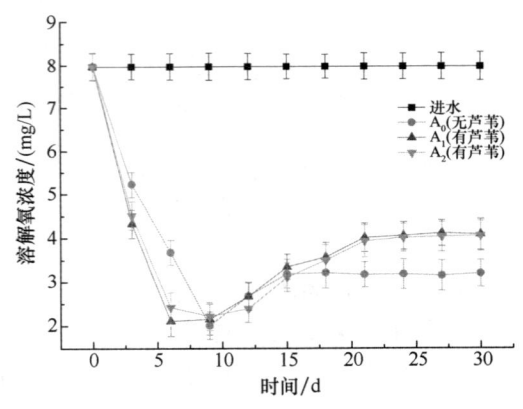

图 6.19 连续运行期间溶解氧随时间的变化

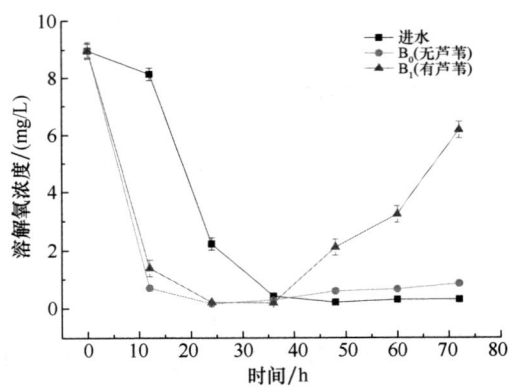

图 6.20 周期运行期间溶解氧随时间的变化

对比连续和周期两种运行方式溶解氧含量结果，发现在周期运行过程中，种植芦苇的水槽中溶解氧恢复情况良好，浓度水平比连续运行高，说明间歇进水夹杂的氧对水体的复氧作用明显；而无芦苇种植的水槽中，周期运行的溶解氧含量要比连续运行时低，说明进水复氧是空白对照组水体中溶解氧的主要来源。童宁和邓风（2014）曾对连续流和间歇流湿地进行对比研究，综合分析并指出以间歇进水方式控制的湿地复氧能力以及溶解氧含量比连续流人工湿地系统高。

（2）pH 值的变化对污染物质去除的影响

pH 值对微生物的硝化反应具有一定的影响，也可以限制磷的转化，使水体中磷特别是不溶性磷化合物沉积于水体底部的土壤中。王易超等（2012）指出，水体中的植物在生长过程中能分泌特有的有机酸等物质，从而使得水体 pH 值下降，但植物在充足的光照条件下能够通过光合作用消耗水中大量的二氧化碳（$CO_2$），光合作用大于呼吸作用时，水体 pH 值会有所增加，因此 pH 值会反复出现降低、升高的现象。

还有学者研究发现，在受到不同程度污染的水体中，不同的植物对系统 pH 值的响应表现不同，有些植物使水体 pH 值下降，比如四叶萍、满江红等，还有植物能使水体 pH 值升高，但是植物对污水净化具有较强的促进作用，pH 值变化不同体现了植物去除污染物的机制有所差异。pH 值也是影响湿地系统中氮循环的重要因素之一，有研究表明，氮素在湿地系统各个部分之间的循环转化几乎都与微生物有关，需要特殊菌群的辅助作用完成硝化反硝化过程，而反硝化所需要的最适 pH 值范围是 7.0~9.0，当 pH 值达到 9.5 以上时，会对硝化细菌产生毒害作用，从而减缓硝化反应速率，降低氨氮转化效率（凌辉，2012）。

由图 6.21 可知，在连续运行阶段，pH 值呈现上升趋势，维持在 7.5~8.4 之间，呈偏碱性。在前期出现了急剧下降的趋势，主要原因在于实验开始时，刚加入溶解氧含量较高的人工配水，使土壤微生物生长旺盛，呼吸作用强烈，所以消耗了大量氧气并产生大量二氧化碳，pH 值出现快速下降的趋势，这与实验阶段前期污染物质去除率较快等结果相吻合；但是随着芦苇的光合作用加强，二氧化碳溢出水体被吸收，随着氧浓度减少微生物活性也慢慢降低，呼吸作用相应减弱，再加上微生物代谢产物使水体水质不稳定，呈现一定碱性，pH 值升高。氨氮的去除也会使水体 pH 值升高，最终水体稳定在偏碱性的环境。

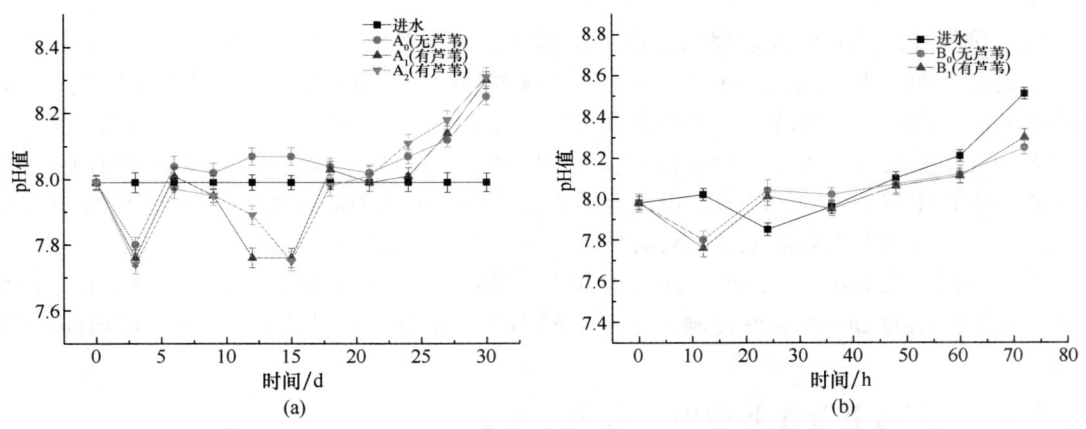

图 6.21　连续运行（a）和周期运行（b）期间 pH 值随时间的变化

在周期实验阶段，对加入实验装置后剩余的污水进行测定，结果发现，剩余的进水中 pH 值也表现出了剧烈波动，主要原因在于进水污染物质浓度较高，并且独立于系统之外，溶解氧含量相对较高，在适宜的温度条件下适合微生物的寄生，并发生降解，$CO_2$ 溢出，pH 值总体呈现上升趋势；在连续运行期间，进水不间断，进水水质能够得到不间断更新，因此 pH 值能够保持相对稳定。

#### 6.5.2.4 不同灌排水方式对湿地水资源利用的影响

使用连续灌排水和间歇灌排水两种方式分别进行进水实验，研究结果表明，连续灌排水方式对 COD、氨氮和 TP 的去除效果优于间歇灌排水方式，去除率分别能够提高 61.75%、20.92% 和 16.67%；连续运行对 TN 的去除效果比间歇运行结果差，去除率降低了 7.85%。从整体可以看出在足够的水力停留时间下，连续灌排水对污染物质的去除效果比间歇灌排水好，但是除了 COD 以外，其他污染物指标去除效率提高得不明显。

从水资源利用角度分析，以种植芦苇的一个水槽为基础，连续灌排水时控制进水流速为 1 L/h，确保水力停留时间为 3 d，则经过 3 d 运行后系统的需水量为 72 L，而在间歇灌排水时，为保证植物正常生长，水面高度控制在 10 cm 左右，每个周期为 3 d，则需水量约为 32 L。在相同的时间，污水净化效果达到较高水平，间歇灌排水方式需水量比连续灌排水方式低了 56%，而在实际的自然湿地管理过程中，进水量巨大，并且水力停留时间更长，间歇灌排水对于水资源的节省力度和优势将更加明显。

辽河口芦苇湿地面积非常大，所需要的水量也非常大，在污染物去除效率相近的情况下，从节约用水角度可以考虑采用间歇灌排水方式，即以周期运行的方式管理湿地。而且要提高污染物的去除效果，必须提高湿地系统水体中的溶解氧量。因为辽河口湿地面积广阔，进水过程相对漫长，整个进水过程也可以看作是连续灌排水运行方式，所以在实际的湿地管理方面，间歇和连续两种灌排水方式都存在，但从节约水资源的角度出发，应该主要采取定期进水、定期排水的方式，一方面满足芦苇各个生长发育时期的需水要求，并根据水源和水质条件变化规律，充分合理地利用水资源，调节土壤水分、养分、盐分和温度，为芦苇生长提供良好的生态条件；另一方面也能提高水的净化效果，节约辽河水资源。

### 6.5.3 溶解氧在微污染水净化过程中的作用

仓基俊等（2013）研究发现水流从一定高度自由下落跌入自然水体中，会因为携带了一定量的空气而产生气泡，这些气泡在水体迁移过程中可以看作是一种水体复氧的形式，也叫跌水复氧。因此，适当增加跌水的高度可以提升水流与空气的接触时间，落入水体中会产生更多的气泡，增氧效果更加明显和可靠。推广到辽河口自然湿地，可以利用湿地内天然的高程差或者在相对平坦的区域人为设置合适高度的跌水设施创造高程差，可人为增加水体中的氧含量，从而大大提高湿地系统对有机物、氨氮等污染物质的去除效果。

综合分析了之前对人工湿地不同进水方式的研究，本阶段采用周期运行方式，通过跌水方式对人工湿地的 DO 值进行控制，探究不同 DO 浓度条件下湿地对不同污染物质的去除效果。

#### 6.5.3.1 不同溶氧条件下 COD 的去除效果分析

由图 6.22 可以看出，在所有处理中，COD 浓度均随着时间呈现出明显的下降趋势。随着 DO 值的不断增大，系统出水中的 COD 浓度越来越低，说明更高的溶解氧含量能够促进 COD 的去除。经过测定，对照组 $C_0$ 的 COD 去除率为 27.61%，通过自然跌水后，DO 值分别达到 2 mg/L、4 mg/L、6 mg/L 和 8 mg/L 时，COD 的最大去除率分别为 31.23%、44.86%、69.32% 和 86.56%。即在相同初始条件下，当水体中 DO 值在 8 mg/L 时，系统出水中 COD 浓度最低，去除率提高了 2.14 倍，去除效果更好。

李锋民等（2010）以调整传统潜流湿地内部溶解氧分布状态，提高其对污水水质净化能力为目标，设计了不同形式和结构的好氧—厌氧多级串联潜流人工湿地，结果表明，好氧—厌氧—好氧多级串联强化曝气潜流人工湿地对COD的去除率达到90%，比普通湿地提高了19.8%，表明强化曝气对于COD去除具有显著作用，这也与本研究结果一致，虽然提高效果不如本研究得到的结果显著，但是已经证实了溶解氧含量越高，越有利于湿地水体中COD的去除。

#### 6.5.3.2 不同溶氧条件下氮的去除效果分析

人工湿地通过土壤和植物自身的吸附、沉淀以及氮化合物的自身挥发等物理过程以及微生物的硝化反硝化作用等对水中氮的各种化合物形态具有良好的去除效果（Schaafsma et al., 1999）。湿地植物在氮污染物的去除过程中起到了重要的作用，近年来对人工湿地脱氮效果的影响研究表明（Gagnon et al., 2010; Zhu et al., 2014），有植物生长的湿地脱氮效果比未种植植物的湿地提高了17%~65%，分析原因在于种植植物后土壤中细菌数量比未栽种的高1~2个数量级（Gagnon et al., 2007）。研究还表明，湿地系统中植物根系和填料表面附着的微生物联合作用能够去除系统中接近90%的氮元素污染物质（张迎颖等，2009）。

硝化和反硝化作用在脱氮过程中是最关键的步骤。由图6.23可以看出，当$DO=8$ mg/L时，氨氮最大去除率为94.70%，对照组的去除率为51.05%。在相同的时间段内，DO值越大，出水氨氮浓度越低，说明湿地系统在溶解氧含量较高时对氨氮有较好的去除效果。

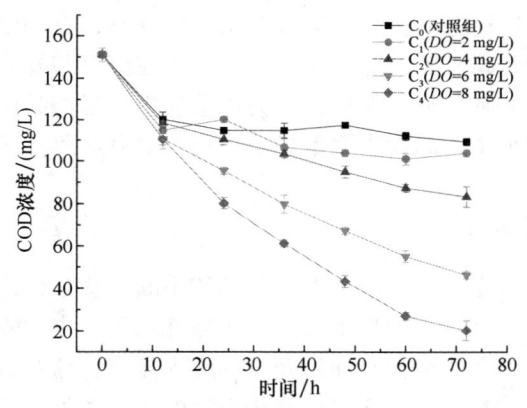

图6.22 不同氧浓度条件下COD的去除效果

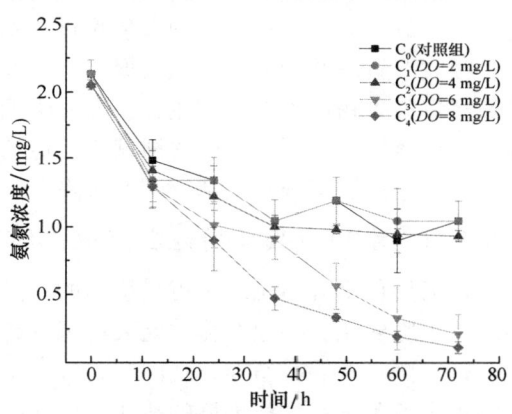

图6.23 不同氧浓度条件下氨氮的去除效果

由图6.24可以看出，DO值为2 mg/L和4 mg/L的实验组总氮去除率分别为8.32%和9.09%，差异较小且效果差。当DO值为6 mg//L和8 mg/L时，对应去除率分别为66.39%和91.00%，总氮浓度迅速降低，效果明显。在前期总氮浓度出现增加现象，主要是由于前期氧气浓度较高，硝化细菌生长旺盛，把水体中和土壤中的氨氮通过硝化作用转化生成了大量硝态氮，但是反硝化作用受到抑制，水体中积累了大量硝态氮，从而使得总氮含量表现出小幅上升趋势，随着微生物的大量繁殖，消耗大量溶解氧，形成局部的缺氧环境，反硝化作用加强，硝态氮进一步转化并被微生物利用，最终水体中大部分氮被有效去除。

#### 6.5.3.3 不同溶氧条件下磷的去除效果分析

由图6.25可以看出，溶解氧浓度不断提高的同时总磷去除率也越来越高。对照组总磷去除率为16.27%，实验组中$C_1$~$C_4$总磷去除率分别为47.16%、60.96%、68.48%、

80.13%。即当溶解氧浓度为 8 mg/L 时总磷去除效果最好，但是在前期溶解氧浓度较低时去除率迅速增大，后期氧气充足时去除率趋于平稳。

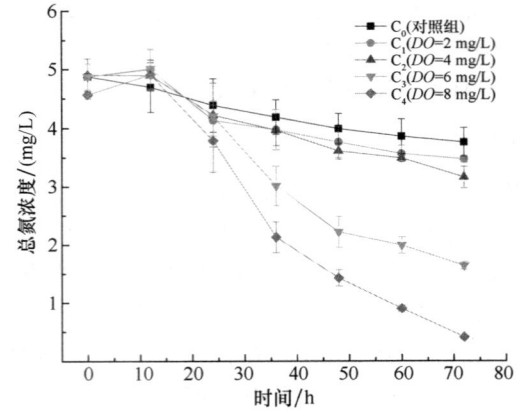

图 6.24　不同氧浓度条件下总氮的去除效果

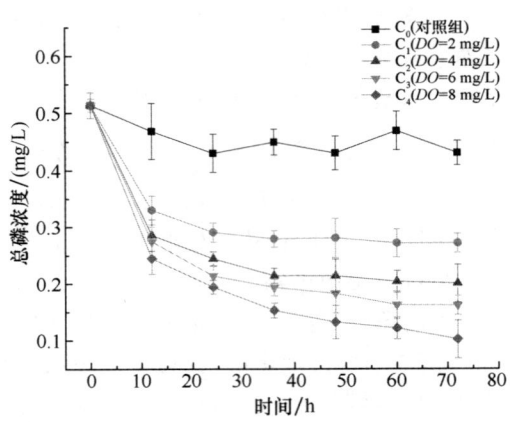

图 6.25　不同氧浓度条件下总磷去除效果

在前期低氧状态下，聚磷菌活性减弱，释放出聚磷酸盐并获取一定的能量满足自身代谢需求。释放出的磷酸盐被植物大量吸收，总磷浓度迅速减少。在氧气充足的条件下，聚磷菌大量吸收溶解态的磷酸盐，完成聚磷的过程，但是磷元素仍然存在于水体中，在厌氧和好氧区域经过微生物作用循环转化，一部分磷元素被分解，另一部分转化为芦苇的生长必需品储存在植株体内，后期磷浓度逐渐减小，达到动态平衡，总磷去除率趋于稳定。最后对芦苇进行收割，也能够实现对大部分磷的去除。

#### 6.5.3.4　水动力循环措施在湿地中的应用建议

辽河口芦苇湿地是辽宁省最重要的自然资源宝库。但是由于人类活动的不断干扰，生态系统严重脆弱化，湿地净化功能衰退现象越来越严重。人为将苇田划分区域并在苇田中饲养鱼、虾、蟹，发展养殖业，辽河上游以及湿地周边企业运行和油田开发的废水排放，这些行为加重了芦苇湿地生态环境的恶化。要保护湿地生态系统，除了控制污染源的排放以外，更重要的在于充分利用湿地自身的净化功能。因为目前湿地退化现象比较严重，自身净化作用已不能满足环境健康的需求，但专家学者经过研究表明增加水体中的氧浓度能够提高污染物的去除效果。

辽河口芦苇湿地面积巨大，人为管理相对较困难，要增加湿地水体中的溶解氧，可以通过自动循环装置加速内部水体循环，并且控制循环回流装置在一定的高度出水，以自然跌水曝气的方式提高水体中的溶解氧，达到净化污水的效果。

根据研究区实际情况，提出可行性建议：在河水灌入以后，划分区域，利用水泵将地势较低的区域中积聚的水回流输送至地势较高点，通过水力循环和流动，提高复氧效果；可采用太阳能板作为水泵的电力供应，湿地区域无高建筑物或山体阻挡，采光面积大，太阳能板能够得到充分有效的利用，也能避免发生危险；针对养殖水体，氮、磷、环境激素等污染物浓度相对较高，在不影响养殖业发展的前提下，应该将水体引入特定沟渠，并且投加特定的微生物菌剂，以强化对污染物的去除，避免污染物经河入海。

#### 6.5.3.5 不同氧浓度条件下湿地微生物群落特征分析

湿地系统环境复杂,物种极其丰富,其中丰富的微生物群落是湿地生态系统重要的组成部分,在物质循环、能量流动、生境修复等方面发挥着强大的作用。近年来,环境污染现象加重,人为过度干扰破坏了原有的环境条件,生物本身生存受到威胁,环境承载力下降,湿地退化以及水体污染现象明显加强,所以专家学者们开始研究湿地环境修复方法,其中植物—微生物生境修复成为一大研究热点。

微生物在污染物质去除过程中发挥了重要作用,其群落组成也能够随着外界环境的变化而发生相应的改变,保证个体能够在最适宜的条件下生存。我们的目的是通过控制外界条件使湿地系统能够产生对污染物去除最大化的效果,该条件下系统中的微生物群落也能够起到最大的促进作用。本研究主要通过增加水动力循环,改变水体中溶解氧的含量,探究不同溶解氧条件下湿地去除污染物的效果并确定合适的氧浓度,在该过程中探究微生物群落变化,一方面能够确定微生物的响应情况以及促进作用,另一方面能够为后期研发特定的脱氮除磷微生物菌剂提供参考,对大面积的湿地管理有较大的意义。

为了更具体地表明人工湿地系统在不同溶解氧浓度条件下的土壤和外部原始环境土壤中的微生物群落变化,本阶段研究在对 TE1.1、TE1.2、TE1.3、TE1.4、TE2 等样品分析的同时又增加了环境样品 HJ3,对这 6 个微生物样品进行高通量测序分析,样品 TE1.1~TE1.4 分别获得 95 156 条、97 291 条、95 817 条、82 607 条有效序列,空白对照组样品 TE2 获得了 87 418 条有效序列,外部初始环境样品 HJ3 获得了 80 417 条有效序列,覆盖度均达到 90% 以上。不同样品序列稀释曲线结果如图 6.26 所示。

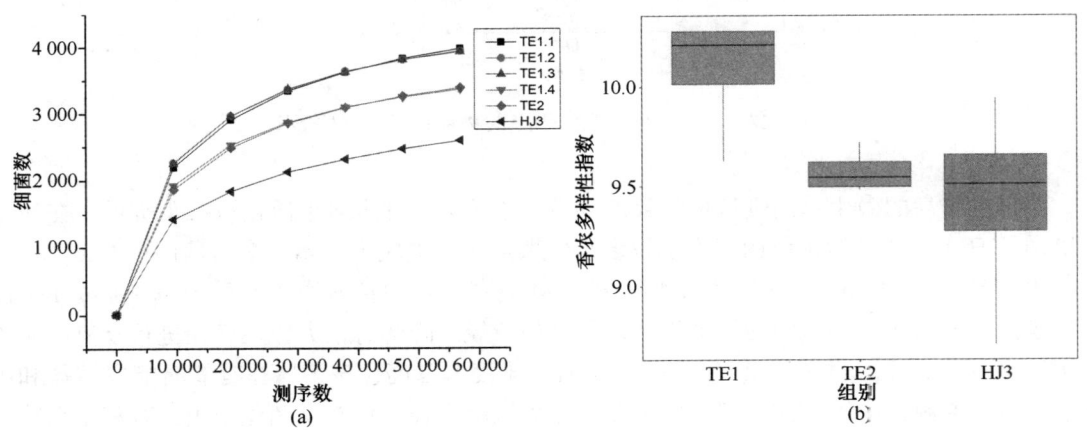

图 6.26 不同样品微生物群落高通量序列的稀释曲线(a)与香农多样性指数箱形图(b)

在溶解氧浓度较高的样品中微生物种类较高,对照组微生物种类普遍较低,在初始环境中的样品中微生物种类相对更低,受环境因素影响较大,说明人工湿地系统中芦苇的生长促进了不同微生物的生长,提高了系统中微生物的丰富度。相对于实验组,在溶解氧浓度为 2 mg/L 时微生物种类非常低。有研究表明,好氧环境中微生物种类和数量都非常丰富,厌氧或缺氧环境中微生物种类很低(Gao et al.,2014)。厌氧微生物生存环境条件要求非常严格,而且能够利用的碳源相对于好氧微生物来说比较少,所以在普通环境条件下做不到严格厌氧,厌氧微生物无法生存,种类下降;而好氧微生物能够更适应外部环境,利用大多数有机碳源促进自身生长，所以在大多数环境条件下好氧微生物种类更为丰富。在增加水循环改变溶解氧条件的实验组中微生物种类最高，其次是对照组，初始土壤中微生物种类相对最低，也同样说明人工湿地系统能够提高微生物种类，并且溶解氧条件对微生物生长有很大影响。

根据微生物群落香农多样性指数可以看出，经过自然跌水进行复氧的实验组微生物多样性最高，香农多样性指数为 10 左右，而对照组 TE2.1 和原始环境 HJ3.1 多样性指数在 9.5 左右。好氧条件下微生物群落繁殖快，生长旺盛，群落种类增多。相对于原始环境中的微生物群落状态，湿地系统也有利于微生物的繁殖，能够提高物种多样性。

由图 6.27 可以看出，所有样品中变形菌门（*Proteobacteria*）相对丰度最高，占 41.10%~53.70%，其次是放线菌门（*Actinobacteria*），占 12.00%~25.40%；酸杆菌门（*Acidobacteria*）占 6.80%~10.60%，拟杆菌门（*Bacteroidetes*）占 6.00%~7.20%，厚壁菌门（*Firmicutes*）占 5.40%~7.40%。这 5 个门类是所有样品微生物群落中占有绝对优势的类群。随着溶解氧浓度的提高，变形菌门、放线菌门、酸杆菌门的微生物种类有所下降，而拟杆菌门和厚壁菌门的微生物种类增多，表明水箱中的溶解氧含量对土壤中微生物群落结构有较大影响。

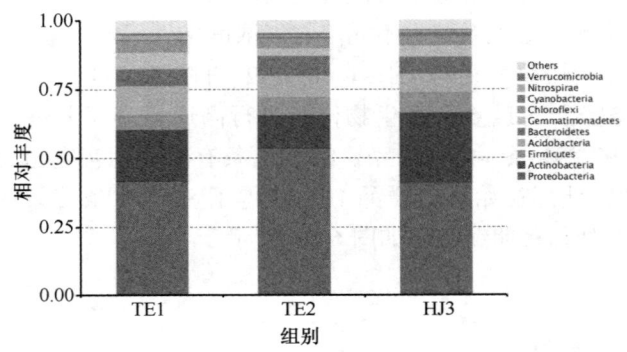

图 6.27 不同组别在门水平上的物种相对丰度柱形图

对丰度较高的微生物门进行更细致的划分，在属水平的聚类图如图 6.28 所示。在初始环境样品 HJ3 中，虽然优势菌属类别较多，但微生物种类较少。属于变形菌门（*Proteobacteria*）和厚壁菌门（*Firmicutes*）微生物属种丰度最高，其中鞘氨醇单胞菌属（*Aphingobium*）含量较高，该菌属对环境中的污染物特别是多环芳烃的降解有很大作用。在进行复氧的实验组 TE1 样品中，生丝微菌属（*Hyphomicrobium*）丰度非常高，该菌属在有氧时能以铵盐和硝酸盐为有效氮源，厌氧条件下则能以硝酸盐作为氮源生长，具有反硝化作用，有利于系统中氮的去除（陈一平等，1992）。

在对照组 TE2 样品中，假单胞菌属（*Pseudomonas*）丰度较高，该菌属中的荧光假单胞菌广泛分布于植物根际区域，是很常见的一类菌群，具有数量巨大、分布广、营养结构简单、繁殖能力强、有较强竞争力等特点，而且许多菌株能产生几种活性物质，抗多种植物病害（张伟琼等，2007）。不同的环境条件下微生物类群差异较大，且对环境污染治理作用较大，微生物利用最有利于自身生长的物质和条件，达到最优的效果。

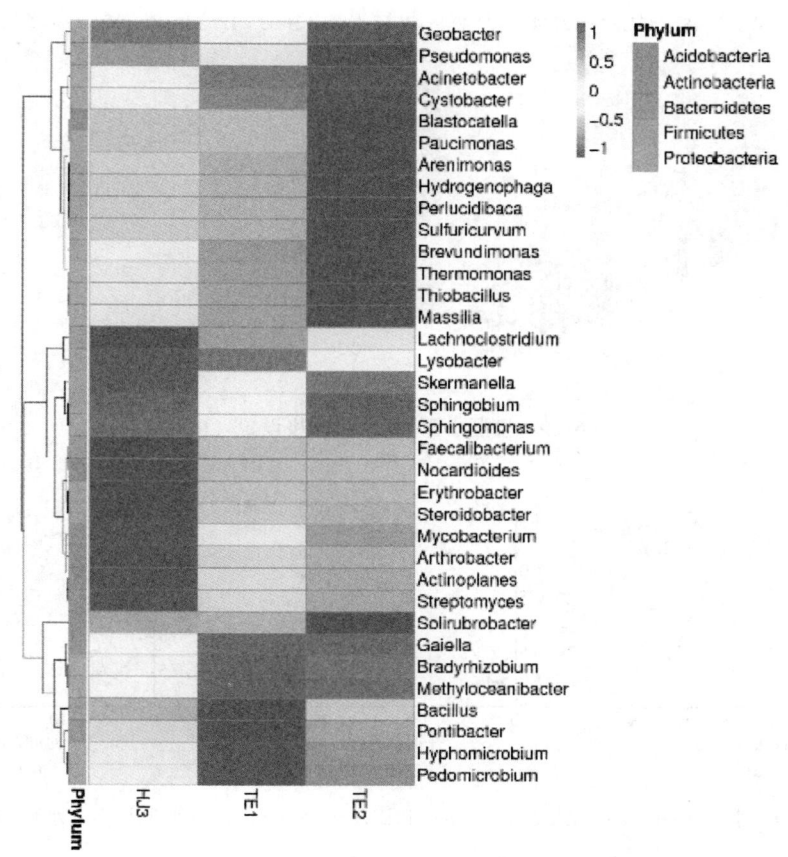

图 6.28 不同组别在属水平上物种丰度聚类图

## 6.5.4 辽河口湿地生态修复对河口水质的影响评价

### 6.5.4.1 河口水动力学数学模型研究

为了探讨芦苇群落恢复对辽河口水质的影响，首先基于 FVCOM 模型建立了辽河口水动力学数学模型，模型的水深及网格设置如图 6.29 所示。继而，结合湿地退水污染物入海通量核算结果，研究湿地退水的水量和水质与辽河口水质的响应关系。模型选取了 3 个站点进行水位验证，结果如图 6.30 所示。

由验证结果可知，该模型准确地模拟了潮高与高低潮时刻，呈现出较好的涨落潮过程。其中，小台子水位平均误差为 0.12 m，西大庙水位平均误差为 0.02 m，田庄台水位平均误差为 0.11 m，实测值与计算值基本吻合，较好地反映了辽河口的潮位变化情况。

潮流验证取大辽河口口门外 2 处测流站自 2011 年 9 月 10 日 8 时至 9 月 11 日 7 时的观测数据。其中，测流站位 C1（图 6.31）的流速计算值和实测值的平均绝对误差为 9.9 cm/s，流向的平均绝对误差为 26°；测流站位 C2（图 6.32）的流速计算值和实测值的平均绝对误差为 8.9 cm/s，流向的平均绝对误差为 18°。模型的计算结果与实测值吻合度良好，能够较好地反映辽河口的潮流变化情况。

潮汐调和分析显示半日分潮 $M_2$、$S_2$ 和全日分潮 $K_1$、$O_1$ 为辽河口最重要的 4 个分潮，数

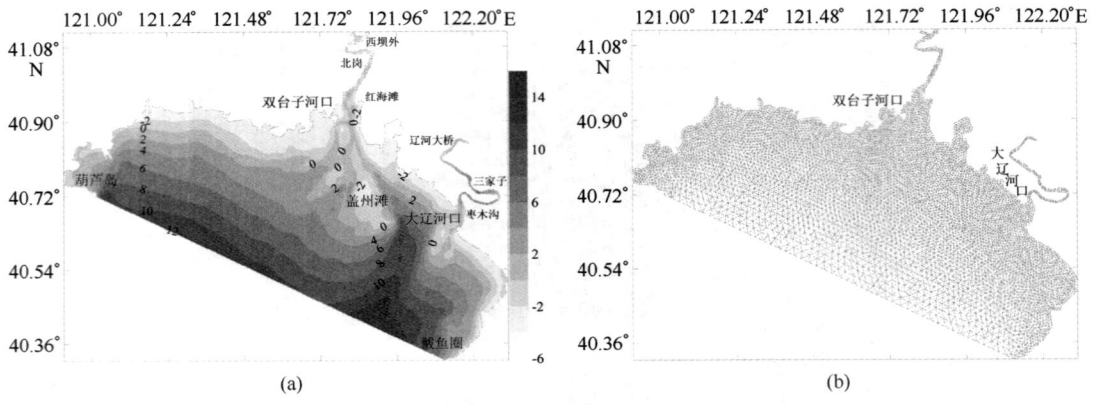

图 6.29 模型水深（a）和网格设置（b）

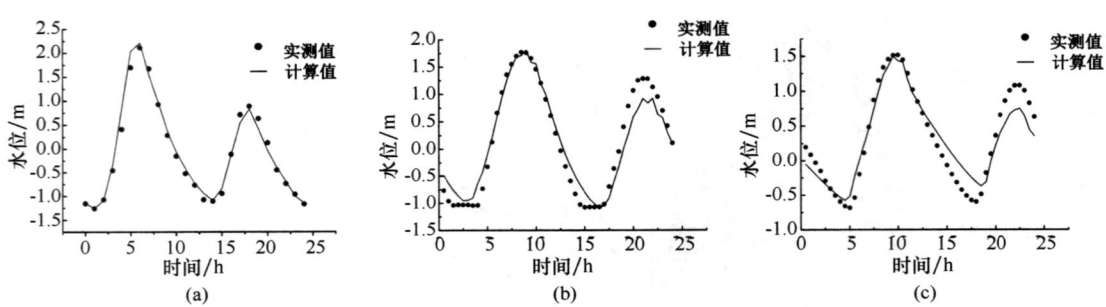

图 6.30 小台子站（a）、西大庙站（b）和田庄台站（c）计算水位与实测水位的比较

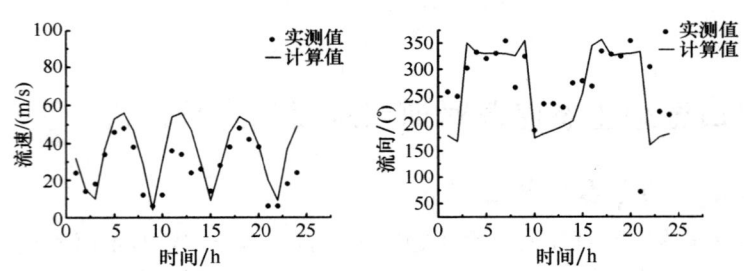

图 6.31 C1 点流速与流向计算值与实测值的比较

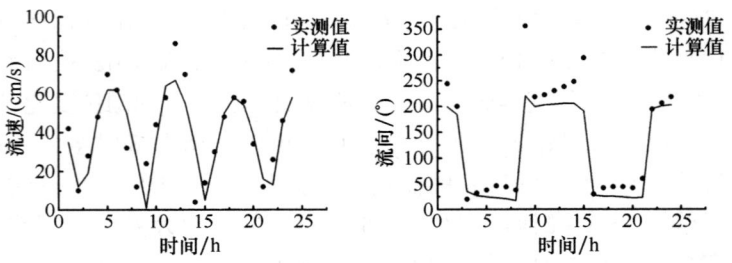

图 6.32 C2 点流速与流向计算值与实测值的比较

值模型 FVCOM 较为准确地模拟了辽河口外海区域的潮波，各分潮同潮图如图 6.33 所示。

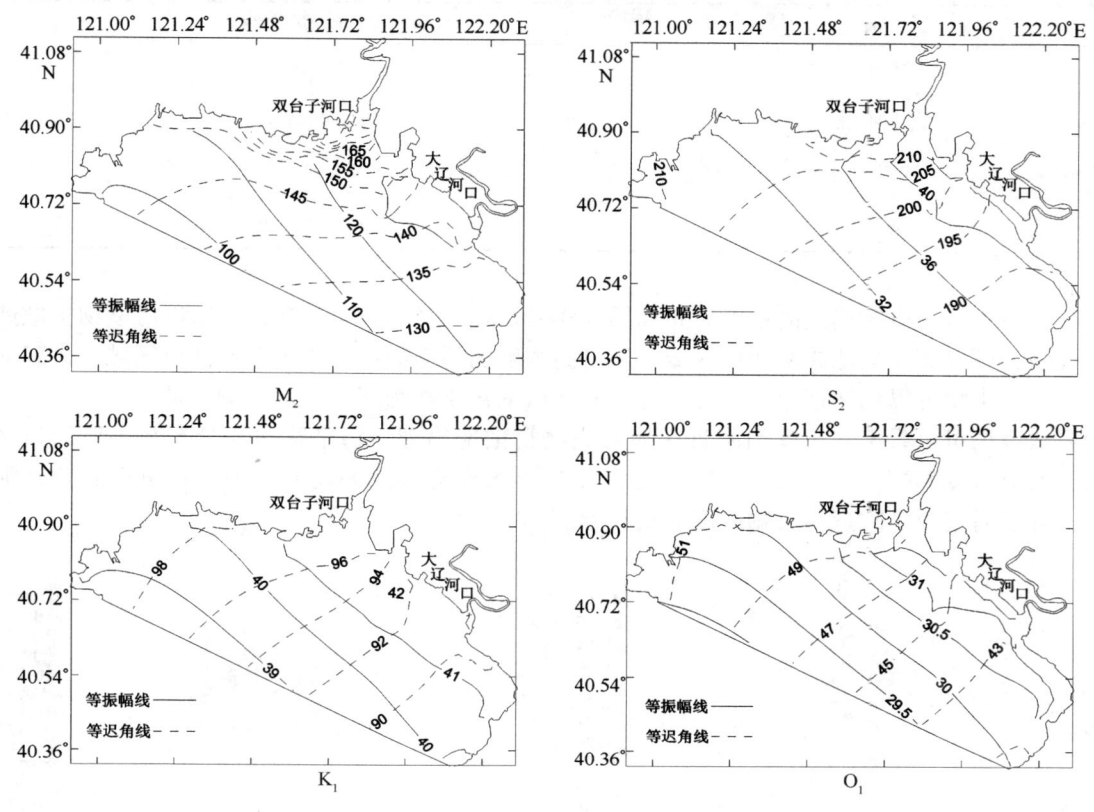

图 6.33　分潮同潮图

结果显示，$M_2$、$S_2$、$K_1$ 和 $O_1$ 分潮潮波均由外海由东南方向传入辽东湾顶，且呈逆时针方向传播。振幅由开边界处向辽东湾顶呈现逐渐增大的趋势，其等值线与湾顶岸线基本保持平行。比较各图可以看出，$M_2$、$S_2$、$K_1$、$O_1$ 分潮的同潮图变化与 $M_2$ 分潮类似，$M_2$ 分潮振幅最大值约为 1.38 m，$S_2$、$K_1$、$O_1$ 的振幅最大值较 $M_2$ 分潮要小很多，分别为 0.41 m、0.40 m 和 0.29 m，可见 $M_2$ 分潮在辽河口外海占的比重最大。$M_2$ 分潮作为最主要的分潮，其振幅最大值出现在辽河口口门外盖州滩东北一侧附近，这可能是由于盖州滩附近一带的水深较浅，潮波在传播过程中在此处会发生折射，波向线在盖州滩东北侧发生辐聚所致。$M_2$ 分潮的迟角自辽河口东南岸向西北岸有增大趋势，其中东南侧鲅鱼圈处的迟角约为 125°，西北岸葫芦岛附近迟角大概为 151°，经过比较可知，两者迟角差为 26°。辽河的弯曲程度小于大辽河口，河道槽宽深比大于大辽河，从而在辽河口附近受到的潮波影响要明显一些。$S_2$、$K_1$、$O_1$ 分潮迟角分布规律皆与 $M_2$ 分潮近似，即自东南向西北岸逆时针增大。经估算得出，$S_2$、$K_1$、$O_1$ 分潮在葫芦岛与鲅鱼圈附近的迟角差值分别为 22°、12° 和 13°。

#### 6.5.4.2　辽河口污染源—水质响应关系

影响辽东湾湾顶水质的河流主要有大辽河、辽河、大凌河和小凌河 4 条河流。为研究各条河流所携带的陆源污染物对河口水质的影响，首先利用水质数学模型模拟了河口单个污染源与水质的响应关系。以无机氮为例，4 条主要河流多年无机氮排放量见表 6.18。

表 6.18　辽东湾北部主要河流无机氮污染负荷

| 污染源 | 无机氮年排放量/（t/a） |
| --- | --- |
| 大辽河 | 17 344.00 |
| 大凌河 | 884.00 |
| 辽河 | 1761.00 |
| 小凌河 | 682.00 |

各条河流无机氮形成的浓度分布如图 6.34 所示。由图 6.34 可知，辽河口污染物扩散能力较强，可以到达其他 3 个河口区域，但是高浓度的污染物主要集中在本河口区域。大凌河排放的污染物可以到达河口，并且对这一区域的污染物浓度有一定影响。从小凌河无机氮响应浓度场可以看出，小凌河附近区域污染物扩散能力差，污染物主要分布在小凌河口区域，河口浓度偏高。大辽河口区域明显超过Ⅴ类水质标准，大辽河的污染物可以到达辽河口，并且对辽河口附近污染物浓度有所贡献。

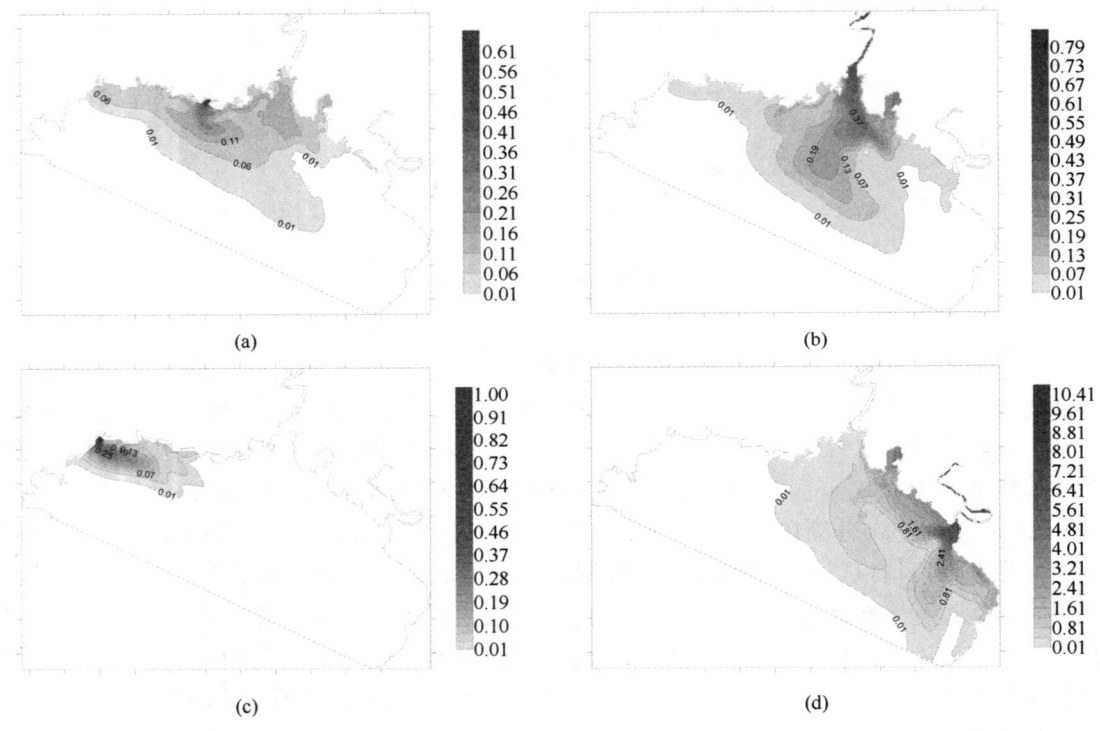

图 6.34　辽河（a）、大凌河（b）、小凌河（c）和大辽河（d）无机氮形成的浓度分布

### 6.5.4.3　辽河口湿地对河口水质改善的贡献

芦苇湿地具有强大的污染物去除能力，在辽河口，芦苇湿地截留大部分的污染物，然后通过芦苇植株的收割将污染物从水体中去除。因此，河口芦苇湿地是河口水体环境的最后一道屏障，为了定量表达芦苇湿地对污染物去除对河口水质的贡献，本研究在河口水环境数学

模型的基础上，建立水环境数学模型，采用情景模拟分析的方法进行定量评估。

主要研究方法和思路：根据芦苇对污染物去除能力，结合湿地的进水量统计每年被芦苇湿地截留的污染物总量，这部分污染物如果没有湿地的存在，污染物将全部进入河口，以湿地截留的污染物的总量作为源强，利用水质模型模拟被截留的污染物的量与河口水质的响应关系，得到河口污染物的浓度为增量浓度，以此增量浓度定量表达湿地净化能力对河口水质的贡献。

（1）河口湿地面积的变化情况统计

辽河口不同土地利用类型面积见表6.19。翅碱蓬和芦苇湿地的面积在1978—1988年间呈增加趋势，而芦苇湿地的增加主要是荒地逐渐被开发为苇田的结果。在1988—1998年间芦苇湿地的面积呈现减少趋势，主要是由于水稻田和建成区两种土地利用类型增加的结果。在1998—2008年间芦苇湿地的面积缩减比例最大，芦苇湿地受到水稻种植的威胁。

1998—2008年间，芦苇湿地仍然具有向水稻田、旱地和虾蟹池的演化趋势，但这一比例相对于1988—1998年间已经明显减小。

表6.19 辽河口主要湿地类型面积　　　　　　　　　　　　　　　　　　　　单位：$hm^2$

| 年份 | 翅碱蓬 | 水稻田 | 河流 | 库塘 | 苇田 | 虾蟹田 | 香蒲 |
|---|---|---|---|---|---|---|---|
| 1978 | 11 829.5 | 141 870.7 | 8 301.2 | 9 396.7 | 82 518.4 | 1 149.3 | 67.8 |
| 1988 | 53 304.1 | 157 576.7 | 11 193.6 | 5 594.3 | 92 581.1 | 5 667.9 | 330.8 |
| 1998 | 37 094.7 | 176 356.2 | 9 898.9 | 5 890.6 | 85 760.8 | 11 690.8 | 812.2 |
| 2008 | 1 567 | 180 419.6 | 14 391.3 | 6 573.9 | 69 269.9 | 15 789.8 | 1 132.4 |

（2）辽河口芦苇湿地年进水量及排水量

以2009年为例，盘锦市年均降水量535.8 mm，芦苇湿地年蒸散发量为885.7 mm，河口芦苇湿地面积为$6.76\times10^4$ $hm^2$。由此折算河口芦苇湿地年降雨输入量为$28\,976\times10^4$ $m^3$，年蒸散发量为$59\,873\times10^4$ $m^3$；另外，芦苇湿地通过上游来水的年灌水量为$27\,415\times10^4$ $m^3$。假定每年芦苇湿地沟渠及残留水量不变，据此估算芦苇湿地年排水量为$3\,762\times10^4$ $m^3$。表6.20为河口芦苇湿地水量平衡估算，由表可以看出，相对于进水量，排水量非常小。

表6.20 辽河口芦苇湿地水量平衡表

| 范围 | 面积 /$hm^2$ | 年灌水量 /（$\times10^4 m^3$） | 年降雨输入量 /（$\times10^4 m^3$） | 年蒸散发量 /（$\times10^4 m^3$） | 年排水量 /（$\times10^4 m^3$） |
|---|---|---|---|---|---|
| 东郭苇场 | 36 267 | 13 737 | 15 545 | 32 121 | 1 047 |
| 羊圈子苇场 | 17 533 | 7 439 | 7 515 | 15 529 | 1 304 |
| 赵圈河苇场 | 13 800 | 6 239 | 5 915 | 12 223 | 1 410 |
| 合计 | 67 600 | 27 415 | 28 976 | 59 873 | 3 762 |

（3）芦苇湿地对营养盐的去除

参考前期研究成果（赵阳国等，2016），芦苇湿地对营养盐和重金属等物质具有很大的去除能力，本研究将参考已有成果核算湿地对污染物的截留能力。

表6.21为辽河口湿地进水水质，表6.22为河口芦苇湿地污染物的输入量，表6.23为芦苇湿地的排放量，每年芦苇湿地对污染物的截留量（表6.24）为输入湿地的污染物通量减去自湿地的排出量。

表6.21 辽河口湿地进水水质　　　　　　　　　　　　　　单位：mg/L

| 所属范围 | COD | TN | $NH_4$ | TP |
|---|---|---|---|---|
| 东郭苇场 | 28.19 | 4.372 | 0.599 | 0.028 |
| 羊圈子苇场 | 20.75 | 5.431 | 1.028 | 0.092 |
| 赵圈河苇场 | 33.73 | 4.921 | 0.885 | 0.122 |

表6.22 河口湿地污染物输入量估算　　　　　　　　　　　　单位：t/a

| 所属范围 | COD | TN | $NH_4$ | TP | Cd | Pb | Cu | Zn |
|---|---|---|---|---|---|---|---|---|
| 东郭苇场 | 3 872 | 601 | 82 | 3.846 | 0.145 | 0.156 | 0.276 | 1.077 |
| 羊圈子苇场 | 1 544 | 404 | 76 | 6.844 | 0.025 | 0.501 | 0.116 | 0.333 |
| 赵圈河苇场 | 2 104 | 307 | 55 | 7.612 | 0.049 | 0.140 | 0.124 | 0.380 |
| 合计 | 7 520 | 1 312 | 213 | 18.302 | 0.219 | 0.797 | 0.516 | 1.790 |

表6.23 河口湿地污染物入海通量估算　　　　　　　　　　　单位：t/a

| 所属范围 | COD | TN | $NH_4$ | TP | Cd | Pb | Cu | Zn |
|---|---|---|---|---|---|---|---|---|
| 东郭苇场 | 693.1 | 49.02 | 7.03 | 1.10 | 0.004 | 0.049 | 0.042 | 0.081 |
| 羊圈子苇场 | 371.6 | 18.63 | 4.73 | 0.82 | 0.004 | 0.093 | 0.057 | 0.127 |
| 赵圈河苇场 | 659.9 | 34.71 | 7.61 | 1.99 | 0.007 | 0.123 | 0.057 | 0.155 |
| 合计 | 1 724.6 | 102.37 | 19.37 | 3.91 | 0.014 | 0.266 | 0.156 | 0.363 |

表6.24 河口湿地污染物截留量　　　　　　　　　　　　　　单位：t/a

| 所属范围 | COD | TN | $NH_4$ | TP | Cd | Pb | Cu | Zn |
|---|---|---|---|---|---|---|---|---|
| 东郭苇场 | 3 178.9 | 551.98 | 74.97 | 2.746 | 0.141 | 0.107 | 0.234 | 0.996 |
| 羊圈子苇场 | 1 172.4 | 385.37 | 71.27 | 6.024 | 0.021 | 0.408 | 0.059 | 0.206 |
| 赵圈河苇场 | 1 444.1 | 272.29 | 47.39 | 5.622 | 0.042 | 0.017 | 0.067 | 0.225 |
| 合计 | 5 795.4 | 1 209.63 | 193.63 | 14.392 | 0.205 | 0.531 | 0.36 | 1.427 |

河口湿地COD、氮、磷和重金属的年截留量分别为5 795.4 t、1 209.63 t、14.392 t和2.523 t。有60%~90%被湿地截留或净化去除，显示了芦苇湿地在污染物净化方面的巨大生态效益。

（4）芦苇湿地对营养盐的去除及对河口水质的贡献

辽河口芦苇湿地包括东郭苇场、羊圈子苇场和赵圈河苇场。东郭苇场的面积最大，假设芦苇湿地的退水通过鸳鸯沟附近潮沟集中入海，通过情景模拟，湿地完全退化的情况下，河口 COD、氨氮、总氮和总磷的浓度分布见图 6.35。在鸳鸯沟到大凌河沿岸海域 COD 浓度超过Ⅳ类海水水质标准，入河口处污染物的浓度达 9.2 mg/L，污染范围主要在河口的西岸，这与河口的环流和地形有关。

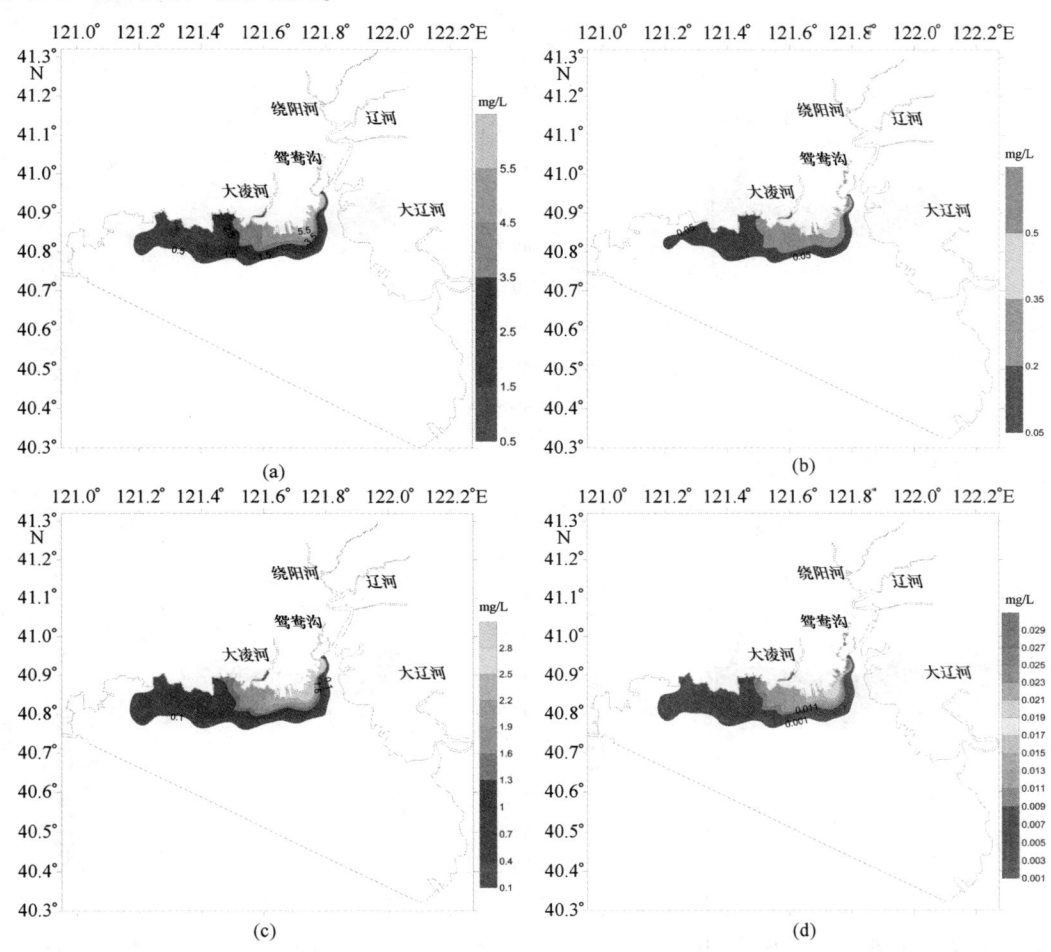

图 6.35　河口 COD（a）、氨氮（b）、总氮（c）和总磷（d）浓度与东郭苇场湿地截留量的响应

氮、磷的分布趋势和 COD 浓度分布类似，由于海水水质氮、磷的指标用无机氮和活性磷酸盐表示，在此用总氮浓度和总磷浓度分布作为参考。在鸳鸯沟到大凌河附近的沿岸区域，如果没有芦苇湿地对氮、磷的去除，河口将出现非常严重的富营养化，氮、磷的浓度将会超Ⅴ类海水水质标准，导致河口严重的污染，污染范围在鸳鸯沟到小凌河的沿岸海域。

赵圈河苇场湿地位于辽河东岸，通过情景模拟，湿地完全退化的情况下，假设该部分湿地的退水通过目前的潮沟小台子附近入海，模拟结果显示 COD 的高浓度区位于河口湿地进水潮沟附近，对河口的污染范围主要集中在河口的东岸，这主要是由河口的地形造成的，盖州滩东侧为潮流深槽，为潮流涨落流的主要通道，盖州滩和三道沟东侧存在浅滩落潮时浅滩干出，这种地形造成了东岸的污染物对河口西岸近岸污染较小，污染物在盖州滩南北两个浅滩中间向西输运。氮、磷的分布和COD浓度的分布类似，主要污染范围在湿地的进水潮汐汉道和潮沟内，相对东郭苇场湿地的退水，赵圈河湿地退水对河口的影响要小，但对海水水质影响仍然很大，也就是说，如果没有赵圈河湿地对污染物的截留，河口的东岸将出现较严重的富营养化（图6.36）。

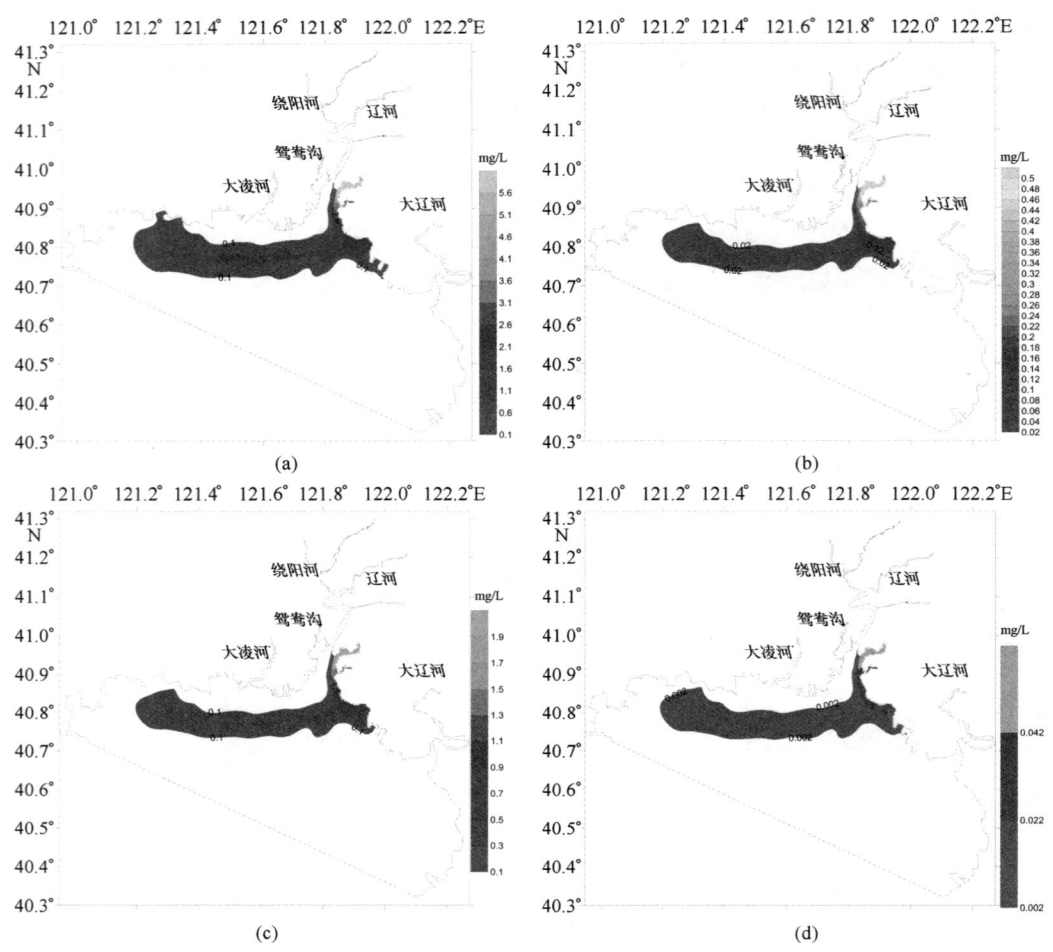

图6.36 河口COD（a）、氨氮（b）、总氮（c）和总磷（d）浓度与赵圈河苇场湿地截留量的响应

上游羊圈子苇场湿地的退水主要通过绕阳河进入辽河然后进入河口，情景模拟表明，绕阳河的水经过河道内的稀释扩散，污染物浓度大大降低，至鸳鸯沟附近，COD浓度稀释到0.5 mg/L左右，对河口的影响将大大降低。污染物的分布呈扇形分布在河口。污染物高浓度区在三道沟至盖州滩以北的喇叭形河口区（图6.37）。

将河口芦苇湿地的总的污染物截留量作为源强，得到河口污染物浓度的分布见图6.38。污染物的高浓度区位于河口近岸和潮汐汊道。如果湿地退化或消失，河口的近岸和潮汐汊道等区域将污染得更为严重。从综合模拟结果来看，辽河口湿地对污染物的截留对河口水质具有重要的保障作用，是河口生态的安全屏障，而湿地退化，则辽河口将会产生严重的污染。因此，从河口水质安全保障角度来看，对辽河口芦苇湿地的修复具有重大

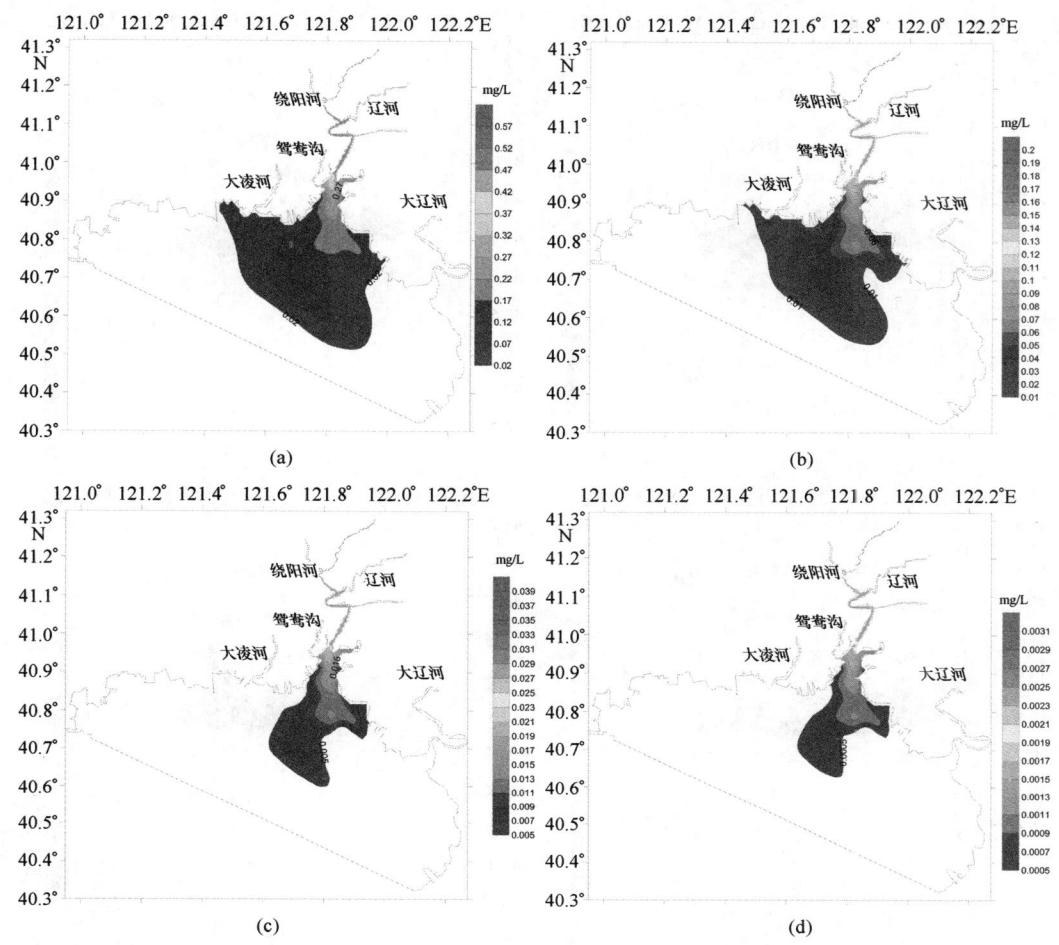

图 6.37 河口 COD（a）、氨氮（b）、总氮（c）和总磷（d）浓度与羊圈子苇场湿地截留量的响应

的生态效应。

当东郭苇场退化 22% 时，河口水质 COD 浓度增量接近 2 mg/L，水质满足Ⅰ类水质；当退化程度达到 55%，COD 浓度增量达到 5 mg/L，为Ⅳ类水质。苇场的退化将对河口氮、磷浓度产生较大的影响，当苇场退化 5% 时，无机氮的浓度增量接近Ⅰ类水质；当退化 12.5% 时，无机氮浓度为Ⅳ类水质。结果表明，东郭苇场对营养盐的截留对降低河口富营养化具有重要的影响。

当赵圈河苇场退化 29% 时，河口水质 COD 浓度增量接近 2 mg/L，水质满足Ⅰ类水质；当退化程度达到 71%，COD 浓度增量达到 5 mg/L，为Ⅳ类水质。苇场的退化将对河口氮、磷浓度产生较大的影响，当苇场退化 10%，无机氮的浓度增量接近Ⅰ类水质；当退化 25%，无机氮浓度为Ⅳ类水质。结果表明，赵圈河对营养盐的截留对降低河口富营养化具有重要的影响，但其影响小于东郭苇场。

羊圈子苇场位于辽河中上游，退水主要排向绕阳河，即使完全退化，其湿地退水到达三道沟附近时水质也接近Ⅰ类水质。

对比东郭苇场、赵圈河苇场和羊圈子苇场退化的模拟结果可知，芦苇湿地越靠近河口，

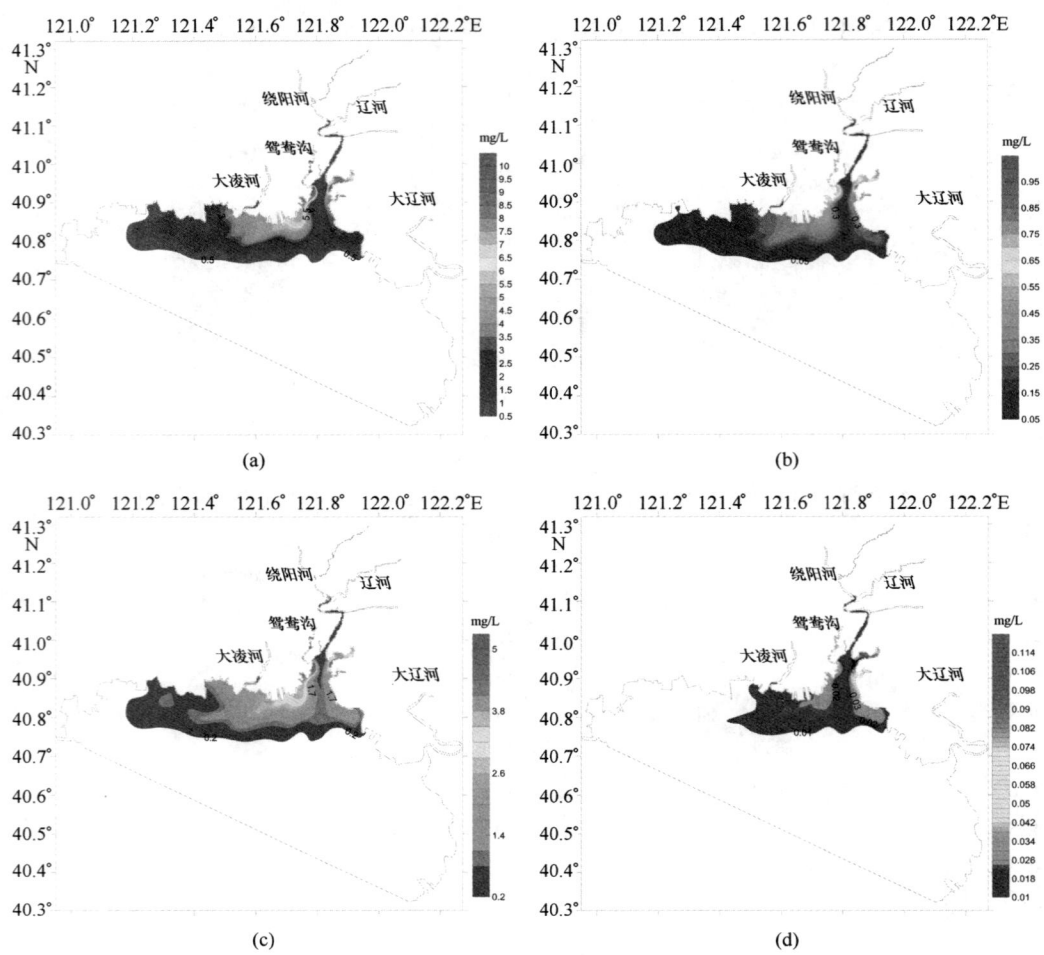

图 6.38 河口 COD（a）、氨氮（b）、总氮（c）和总磷（d）浓度与辽河河口湿地截留量的响应

其湿地截留量对河口水质改善的贡献越大，即东郭芦苇湿地对河口的水质改善贡献最大，其次为赵圈河芦苇湿地和羊圈子湿地。河口芦苇湿地对污染物的截留，特别是对营养盐的截留对改善河口水质具有重要的作用。

# 第7章 辽河口湿地生态安全因子识别与保护体系构建

生态安全是指生态系统健康和完整的情况，是人类在生产、生活和健康等方面不受生态破坏与环境污染等影响的保障程度。近年来，在中国经济加速增长、人类活动愈加频繁的背景下，生态环境发生了巨大的变化，生态安全问题频频发生。区域生态安全评价与预警是当前研究的热点，但其相关理论研究还不够成熟。开展辽河口流域湿地生态系统安全评价与预警研究，将为该流域生态环境的保护、水资源利用、工农业生产及人民生活提供科学依据，具有十分重要的意义。

研究基于压力—状态—响应模型（Pressure-State-Response Model，PSR 模型），选取评价指标，构建辽河口流域湿地生态安全评价指标体系。PSR 模型不仅评价环境的状态，还评价导致环境状态发生改变的原因以及人类对环境采取的补救措施引起的结果。通过指标筛选和权重赋值，采用层次分析法，把目标及问题分解成目标层、准则层、指标层等，逐层确定判断矩阵，计算各因素的权重。应用综合指数法对辽河口湿地生态安全进行评价，把单项指标进行综合，确定综合指数，最终得出综合安全值，用以评价辽河口湿地的生态安全状况。

## 7.1 河口湿地生态安全因子识别

### 7.1.1 自然胁迫因子的综合调查与分析

盘锦市自然胁迫因子调查与分析所需数据主要是通过年鉴查询、部门对接等方式获取的，运用近35年来盘锦市气温和降水状况重点分析气温和降水这两个自然胁迫因子对河口区生态系统的影响。

#### 7.1.1.1 盘锦市自然胁迫因子总体特征分析

对盘锦市近35年的气象资料进行整理和计算，得出盘锦市多年年平均气温为9.27℃，年均降雨总量为633.73 mm。年均温最大值出现在2004年，为10.4℃；年均温最小值出现在1985年，为8℃。年均降雨量极大值出现在2010年，为1081.7 mm；年均降雨量极小值出现在1980年，为361.4 mm。盘锦市各年份平均气温和年降雨量如图7.1所示。

#### 7.1.1.2 盘锦市气温对河口湿地生态系统的胁迫作用

根据盘锦市1978—2012年各年平均气温数据和多年平均气温数据，绘制盘锦市近35年来年均温距平图（图7.2）。

可以看出，盘锦市1978—1990年间的年均温大多低于多年平均值，而20世纪90年代

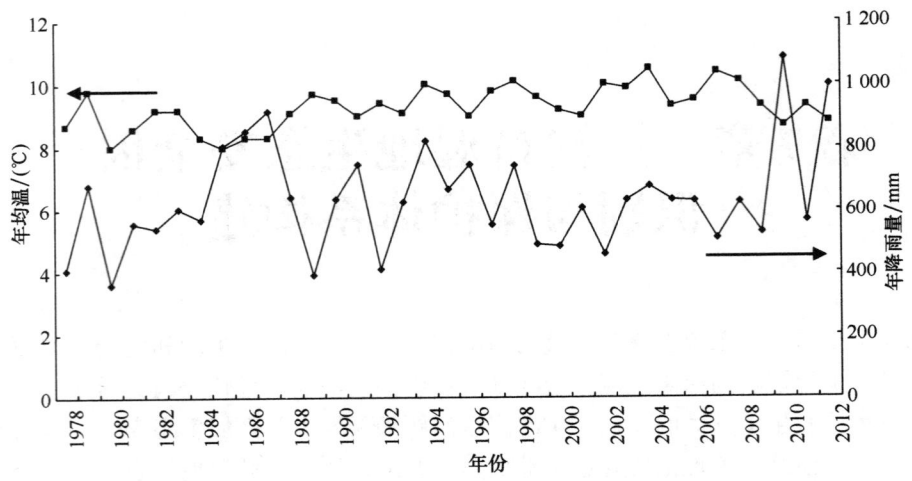

图 7.1　盘锦市 1978—2012 年年均温和年降雨量图

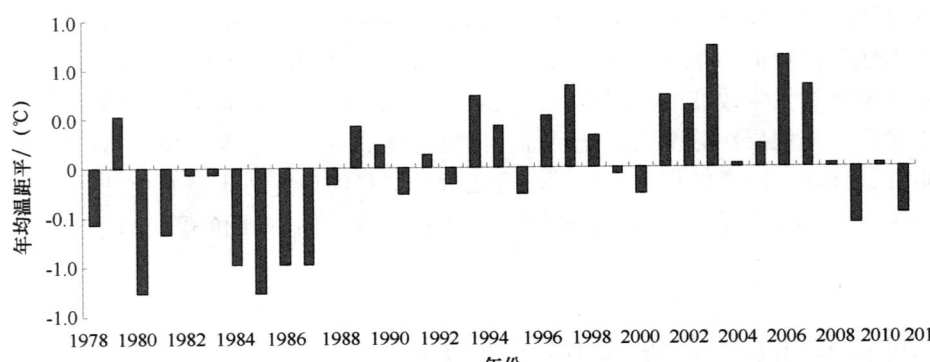

图 7.2　盘锦市 1978—2012 年年均温距平图

后,年均温总体上高于多年平均值,反映了盘锦市气候变暖的趋势。运用 SPSS 软件对盘锦市各年份年均温距平值进行回归分析,分析结果如图 7.3 所示。

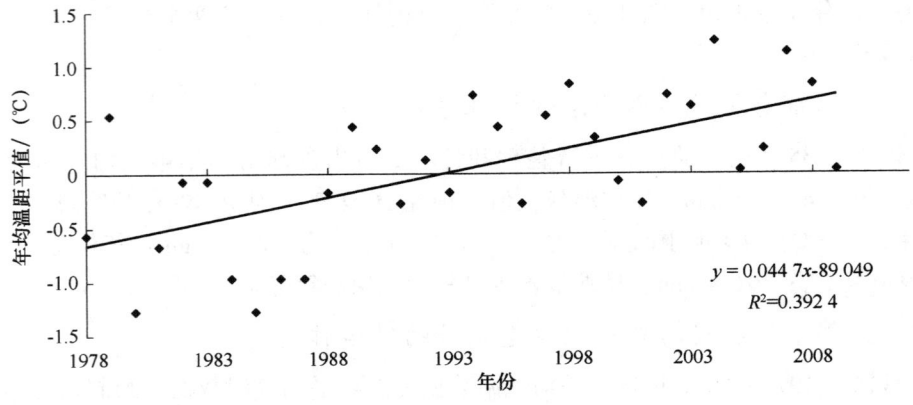

图 7.3　盘锦市近 35 年来年均温的变化趋势

可以明显地看出，盘锦市年均气温呈转暖的趋势，从2000年至2010年的10年间，平均气温约升高了0.447℃，按照这种发展趋势，预计到2020年盘锦市的年平均气温将达到10.51℃，这将进一步加快水分的蒸散速率，对盘锦市的湿地生态系统造成较大的影响。

#### 7.1.1.3 盘锦市年降雨量对河口湿地生态系统的胁迫作用

根据盘锦市1978—2012年年降雨量数据和多年平均降雨量数据，绘制出盘锦市近35年来年降雨量距平图（图7.4）。

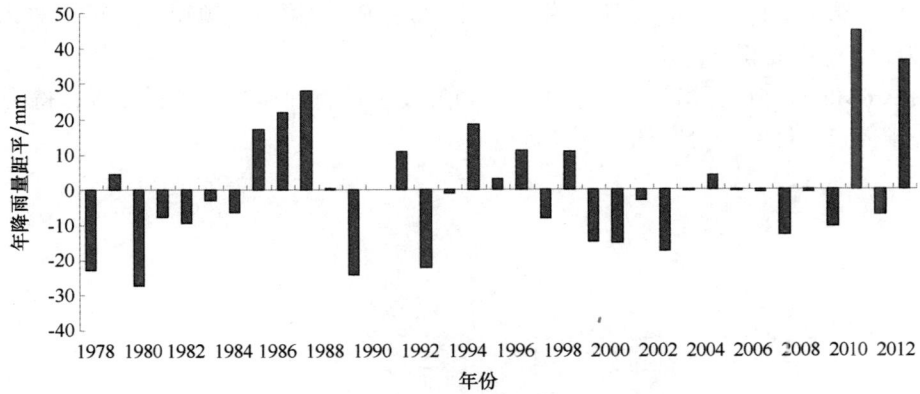

图7.4 盘锦市1978—2012年年降雨量距平图

可以看出，盘锦市1978—1990年间的年降雨量整体波动较大，没有明显的递增或递减规律。通过标准差计算公式计算出近35年来盘锦市年降雨量的标准差为163.44，体现出盘锦市年降雨量的波动幅度较大，在极端干旱或湿润的年份，对湿地生态系统影响较大。

### 7.1.2 人为胁迫因子的综合调查与分析

人为胁迫研究主要通过分析调查人类活动强度、经济建设活动、资源开发活动、农业生产等影响因子，结合野外调查，综合确定各因子选取的分析指标，如人口密度、交通网络建设、城镇发展、水电开发格局等，收集和分析人为胁迫因子对生态系统的影响。人类胁迫因子的评价指标如表7.1所示。

表7.1 生态系统人类胁迫评估指标体系

| 一级指标 | 二级指标 | 三级指标 |
| --- | --- | --- |
| 人类活动强度 | 社会经济活动强度 | 人口密度 |
|  |  | 城镇人口密度 |
|  |  | GDP密度 |
|  |  | 第一产业增加值密度 |
|  |  | 第二产业增加值密度 |
|  |  | 第三产业增加值密度 |
|  | 开发建设活动强度 | 建设用地强度 |
|  | 农业活动强度 | 单位面积化肥使用量 |

#### 7.1.2.1 人口密度

指单位面积年末总人口数量,在宏观层面评估人口因素给生态环境带来的压力及其时空演变。

计算方法:收集各镇历年年末总人口数量以及各镇国土面积,计算各镇历年人口密度:

$$PD_{i,t} = \frac{P_{i,t} \times 10\,000}{A_i} \tag{7.1}$$

式中:$PD_{i,t}$ 为第 $i$ 个镇第 $t$ 年人口密度(人/km²);$P_{i,t}$ 为第 $i$ 个镇第 $t$ 年年末总人口(万人);$A_i$ 为第 $i$ 个镇面积(km²)。

运用 ArcGIS 软件计算出盘锦市各镇的人口密度,并将计算结果进行分级,得到 2012 年盘锦市各镇人口密度空间分布图(图 7.5)。

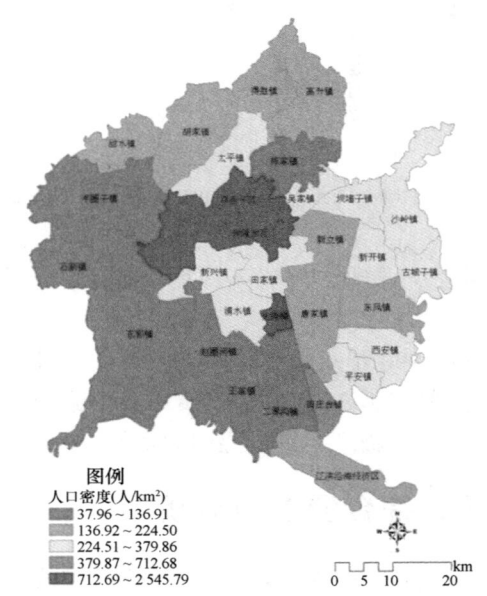

图 7.5　2012 年盘锦市各镇人口密度空间分布

运用式(7.1)计算出 2012 年盘锦市的人口密度为 360.46 人/km²,呈中心高四周低且东高西低的趋势,其中人口密度相对较大的地区主要分布于双台子区和兴隆台区两个市区以及大洼镇,而盘锦市西南部地区如陈家镇、羊圈子镇、石新镇、东郭镇、赵圈河镇、王家镇和二界沟镇的人口密度相对较小,人类活动强度较低。

#### 7.1.2.2 城镇人口密度

指单位国土面积年末城镇人口总数,在宏观层面评估人口因素给生态环境带来的压力及其时空演变。

计算方法:根据各镇历年年末城镇人口总数以及各镇土地面积,计算各镇历年城镇人口密度:

$$UPD_{i,t} = \frac{UP_{i,t} \times 10\,000}{A_i} \tag{7.2}$$

式中:$UPD_{i,t}$ 为第 $i$ 个镇第 $t$ 年人口密度(人/km²);$UP_{i,t}$ 为第 $i$ 镇第 $t$ 年年末常住城镇人口总数（万人）；$A_i$ 为第 $i$ 个镇国土面积（$km^2$）。

运用 ArcGIS 软件计算出盘锦市各镇的城镇人口密度，并将计算结果进行分级，得到 2012 年盘锦市各城镇人口密度空间分布图（图 7.6）。

运用式（7.2）计算出 2012 年盘锦市的城镇人口密度为 246.37 人/$km^2$，总体上呈中心高四周低的趋势，其中城镇人口密度相对较大的地区为双台子区、兴隆台区和大洼镇，而城镇人口密度相对较小的区域为陈家镇、吴家镇、高升镇、羊圈子镇、东郭镇、赵圈河镇、王家镇、二界沟镇、古城子镇和沙岭镇。

#### 7.1.2.3 GDP 密度

指单位国土面积按某一年可比价计算地区生产总值，用来评估宏观经济给生态环境带来的压力。根据各镇历年 GDP 数据以及各镇土地面积，计算各镇历年 GDP 密度。

$$DGDP_{i,t} = \frac{GDP_{i,t}}{A_i} \tag{7.3}$$

式中：$DGDP_{i,t}$ 第 $i$ 镇第 $t$ 年 GDP 密度（单位：万元/$km^2$）；$UP_{i,t}$ 为第 $i$ 镇第 $t$ 年份的 GDP（万元）。

运用 ArcGIS 软件计算出盘锦市各镇的 GDP 密度，并将计算结果进行分级，得到 2012 年盘锦市各镇 GDP 密度空间分布图（图 7.7）。

图 7.6 2012 年盘锦市各城镇人口密度空间分布

图 7.7 2012 年盘锦市各镇 GDP 密度空间分布

运用公式计算出 2012 年盘锦市的 GDP 密度为 2 537.96 万元/$km^2$，相对较大的区域主要分布在双台子区、兴隆台区两个市区，而大洼镇和辽滨沿海经济区的 GDP 密度也相对较高，而 GDP 密度相对较小的区域为东风镇、古城子镇、沙岭镇、坝墙子镇、陈家镇、吴家镇、高升镇、得胜镇、太平镇、胡家镇、甜水镇、羊圈子镇、石新镇、东郭镇、赵圈河镇和王家镇。

#### 7.1.2.4 第一产业增加值密度

指单位国土面积按 2000 年可比价计算第一产业增加值,在宏观层面评估农林牧副渔业发展给生态环境带来的压力及其时空演变。计算方法:同 GDP 数据收集和计算方法类似,收集并计算各镇历年可比价第一产业增加值数据;根据各镇历年可比价第一产业增加值和国土面积,计算各镇单位国土面积可比价第一产业增加值(万元/$km^2$)。

运用 ArcGIS 软件计算出盘锦市各镇的第一产业增加值密度,并将计算结果进行分级,得到 2012 年盘锦市各镇第一产业增加值密度空间分布图(图 7.8)。

运用公式计算出 2012 年盘锦市第一产业增加值密度为 303.55 万元/$km^2$,相对较大的镇为大洼镇、西安镇、二界沟镇和田庄台镇,而第一产业增加值密度相对较小的镇主要分布于盘锦市北部、西北部和西部地区。

#### 7.1.2.5 第二产业增加值密度

指单位国土面积按 2000 年可比价计算第二产业增加值,在宏观层面评估第二产业发展给生态环境带来的压力及其时空演变。计算方法:同 GDP 数据收集和计算方法类似,收集并计算各镇历年可比价第二产业增加值数据;根据各镇历年可比价第二产业增加值和国土面积,计算各镇单位国土面积可比价第二产业增加值(万元/$km^2$)。

运用 ArcGIS 软件计算出盘锦市各镇的第二产业增加值密度,并将计算结果进行分级,得到 2012 年盘锦市各镇第二产业增加值密度空间分布图(图 7.9)。

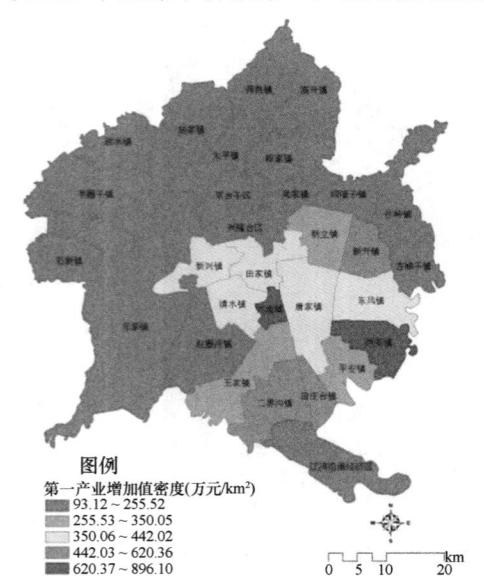

图 7.8　2012 年盘锦市各镇第一产业增加值密度空间分布

图 7.9　2012 年盘锦市各镇第二产业增加值密度空间分布

运用公式计算出 2012 年盘锦市第二产业增加值密度为 1 394.50 万元/$km^2$,相对较大的区域为双台子区、兴隆台区、大洼镇以及辽滨沿海经济区,而第二产业增加值密度相对较小的镇主要分布于东风镇、赵圈河镇和二界沟镇。

#### 7.1.2.6 第三产业增加值密度

指单位国土面积按 2000 年可比价计算第三产业增加值,在宏观层面评估第三产业发展给区域生态系统带来的胁迫及其时空演变。计算方法:同 GDP 数据收集和计算方法类似,收集并计算各镇历年可比价第三产业增加值数据;根据各镇历年可比价第三产业增加值和国土面积,计算各镇单位国土面积可比价第三产业增加值(万元/km²)。

运用 ArcGIS 软件计算出盘锦市各镇的第三产业增加值密度,并将计算结果进行分级,得到 2012 年盘锦市各镇第三产业增加值密度空间分布图(图 7.10)。

运用公式计算出 2012 年盘锦市第三产业增加值密度为 839.91 万元/km²,相对较大的区域为双台子区、兴隆台区、大洼镇、田家镇以及田庄台镇,而第三产业增加值密度相对较小的镇主要分布于赵圈河镇。

#### 7.1.2.7 建设用地指数

指评估单元内建设用地面积占评估单元总面积的百分比。计算方法:以镇级行政区为单元,计算建设用地面积占总土地面积比例,计算公式为:

$$USLI_{i,t} = \frac{USL_{i,t}}{A_i} \times 100\% \tag{7.4}$$

式中:$USLI_{i,t}$ 为第 $i$ 镇第 $t$ 年份建设用地指数(%);$USL_{i,t}$ 为第 $i$ 镇第 $t$ 年份建设用地面积(km²);$A_i$ 为第 $i$ 镇国土面积(km²)。

建设用地面积利用土地覆被分类数据,包括城乡居住地、工业用地和交通用地等。运用 ArcGIS 软件计算出盘锦市各镇的建设用地指数,并将计算结果进行分级,得到 2012 年盘锦市各镇建设用地指数空间分布图(图 7.11)。

图 7.10 2012 年盘锦市各镇第三产业增加值密度空间分布

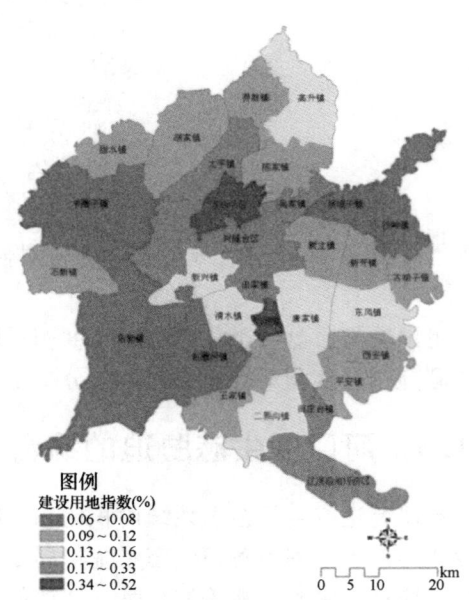

图 7.11 2012 年盘锦市各镇建设用地指数空间分布

可以看出，盘锦市建设用地指数相对较大的区域为双台子区和大洼镇，而建设用地指数相对较小的镇主要分布于沙岭镇、坝墙子镇、羊圈子镇、东郭镇和赵圈河镇。

#### 7.1.2.8 化肥施用强度

指单位国土面积农业化肥施用量，反映农业生产活动给生态系统带来的胁迫。化肥施用强度计算公式为

$$CFUI_{i,t} = \frac{CFU_{i,t}}{A_i} \tag{7.5}$$

式中：$CFUI_{i,t}$为第$i$镇第$t$年份化肥施用强度（t/km²）；$CFU_{i,t}$为第$i$镇第$t$年份化肥施用量（t）；$A_i$为第$i$镇国土面积（km²）。

运用 ArcGIS 软件计算出盘锦市各镇的化肥施用强度，并将计算结果进行分级，得到2012年盘锦市各镇化肥施用强度空间分布图（图7.12）。

图 7.12　2012 年盘锦市各镇化肥施用强度空间分布

可以看出，盘锦市化肥施用强度相对较大的镇为田家镇、新立镇、古城子镇和西安镇，而化肥施用强度相对较小的镇主要分布于羊圈子镇、东郭镇和赵圈河镇。

### 7.1.3　河口区生态胁迫的综合生态效应

本研究选取自然生态系统面积比率、综合生态系统动态度、生态系统服务功能和植被覆盖度作为评价盘锦市各镇生态系统格局变化的代表指数，确定胁迫因子对河口湿地生态系统格局、质量、服务功能等的贡献，并评估其综合效应。计算盘锦市27镇3区1998—2008年生态系统构成转移矩阵（表7.2）。

表 7.2　盘锦市各镇 1998—2008 年综合生态系统动态度指数

| 乡镇名称 | 综合动态度指数（%） | 乡镇名称 | 综合动态度指数（%） |
| --- | --- | --- | --- |
| 得胜镇 | 19.43 | 吴家镇 | 1.28 |
| 高升镇 | 14.05 | 田家镇 | 0.90 |
| 东郭镇 | 8.34 | 新立镇 | 0.80 |
| 胡家镇 | 5.95 | 新兴镇 | 0.75 |
| 太平镇 | 4.50 | 东风镇 | 0.52 |
| 甜水镇 | 2.91 | 平安镇 | 0.33 |
| 赵圈河镇 | 2.28 | 古城子镇 | 0.30 |
| 羊圈子镇 | 2.22 | 西安镇 | 0.29 |
| 辽滨沿海经济区 | 2.22 | 坝墙子镇 | 0.27 |
| 陈家镇 | 2.13 | 新开镇 | 0.26 |
| 双台子区 | 1.93 | 唐家镇 | 0.24 |
| 兴隆台区 | 1.89 | 沙岭镇 | 0.22 |
| 石新镇 | 1.86 | 清水镇 | 0.12 |
| 王家镇 | 1.84 | 大洼镇 | 0.05 |
| 二界沟镇 | 1.77 | 田庄台镇 | 0.03 |

对比分析盘锦市各镇综合生态动态度指数得出得胜镇的综合动态度指数最高，达到 19.43%；高升镇综合动态度指数次之，为 14.05%。盘锦市为发展现代农业，在高升镇建立了现代农业经济技术开发区，发展现代化畜禽养殖、标准化种植生产、标准化育苗及繁育等基地，改变了原生态系统的格局。东郭镇的综合动态度指数为 8.34%，主要是因为盘锦市为发展特色农业，在翅碱蓬退去的海域大力发展河蟹养殖基地。胡家镇、太平镇的综合动态度指数也较高，主要是因为位于东部基本农田建设区，部分苇田转换为稻田。其他地区的综合动态度指数相对较低，格局变化不剧烈。

运用 ArcGIS 软件计算获得各镇的综合生态系统动态度指数（图 7.13）、自然生态系统面积比率（图 7.14）、盘锦市单位面积生态系统服务功能（图 7.15）和单位面积植被覆盖度（图 7.16）。近些年，盘锦湿地得到了更大力度的保护，通过人工移植芦苇修复了部分芦苇湿地，羊圈子苇场、赵圈河苇场、辽滨苇场和东郭苇场等湿地面积不断增加。由图 7.14~7.16 可以看出，羊圈子镇、赵圈河镇、辽滨经济区和东郭镇各指数都相对较高，河口芦苇湿地的不断修复，更有利于河口区湿地生态系统结构和功能的恢复。

运用 CANOCO 4.5 软件进行 RDA 约束排序分析。RDA 分析需要两个矩阵：物种数据和环境数据。物种数据是指盘锦市综合动态密度、自然生态系统面积比率、单位面积生态系统服务功能和单位面积植被覆盖度，环境因子矩阵则是指人类胁迫因子。排序之前，对所有量纲不同的参数都进行标准化处理，因此在排序图中，每个胁迫因子箭头长度所代表的特征向量的长度，可以看作是人类胁迫因子对盘锦市生态系统格局变化的解释量。两个箭头的夹角可以看作是人类胁迫因子和盘锦市生态格局的相关性大小。当夹角角度为 0°~90°时，两个变量之间呈正相关；当夹角角度为 90°~180°时，两者之间呈负相关；当夹角角度为 90°时，表示两者没有显著的相关关系。

图 7.13　1998—2008 年盘锦市各镇综合生态系统动态度指数

图 7.14　2010 年盘锦市各镇自然生态系统面积比率

图 7.15　盘锦市各镇单位面积生态系统服务功能指数

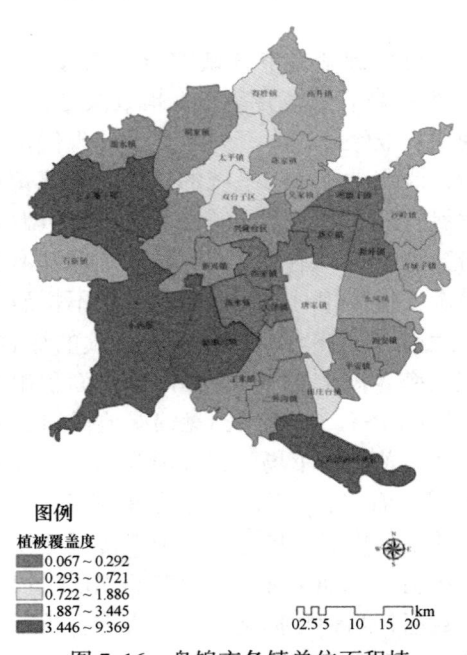

图 7.16　盘锦市各镇单位面积植被覆盖度

CANOCO 4.5 软件分析结果如图 7.17 所示，由图 7.17 可见，人类活动强度能够解释 46.2%的生态系统格局变化；GDP 密度、第二产业增加值和第三产业增加值与综合动态度指数及单位面积生态系统服务功能成正相关，与自然生态系统面积比率、单位面积植被覆盖度成负相关；人口密度、城镇人密度、化肥施用强度、城市建设用地指数与综合动态度指数、自然生态系统面积比率、单位面积植被覆盖度、单位面积生态系统服务功能均呈现不同程度的负相关。

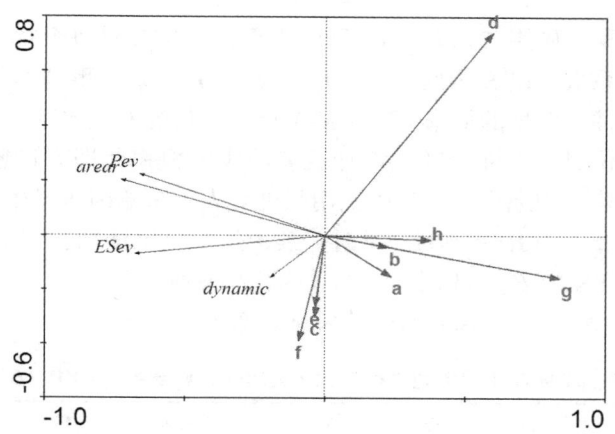

dynamic—生态系统综合动态度；arear—自然生态系统面积比率；ESev—单位面积生态系统服务功能；Pev—单位面积植被覆盖度；a—人口密度；b—城镇人口密度；c—GDP；d—第一产业增加值密度；e—第二产业增加值密度；f—第三产业增加值密度；g—化肥施用强度；h—城市建设用地指数

图 7.17　生态系统格局与胁迫因子 RDA 排序

其中，社会经济活动因子中第一产业增加值密度对盘锦市生态系统格局变化影响最大；其次为农业活动强度因子中单位面积化肥使用量，是对盘锦市生态系统格局变化影响较大的重点胁迫因子。

近些年来，盘锦市为了发展农业，土地、淡水等农业资源日趋紧张，给农业发展带来重大的影响，随着农业产业化经营水平的提高，稻田养蟹、养鱼面积不断扩大，对盘锦生态系统格局产生了重大影响。沿海湿地等大量生态用地在盘锦生态环境建设中发挥着重大的作用，其生态功能体现在保护生物多样性、调节气候、涵养水源、净化环境、防止土地退化及减少自然灾害、维系区域生命支持系统的正常运行。开发转为农田，势必会造成水资源短缺、生态环境脆弱。

## 7.2　辽河口湿地生态安全保护体系构建

通过 Clue-S 模型得到自然发展模式下，2018 年盘锦地区土地分布格局模拟图。利用 Fragstats 软件分析模拟图，生成 2018 年各景观格局指数，该指数为生态安全评价指标体系中状态指标因子。研究基于压力—状态—响应模型（PSR 模型），选取评价指标，构建辽河口流域湿地生态安全评价指标体系。

## 7.2.1 河口湿地生态安全因子的确定

通过对湿地生态系统结构、湿地生态功能及人类活动影响的分析，从不同角度对湿地的结构、功能、过程、动态与管理等方面进行深入调查和认识。综合分析已经识别出主要风险因子，并结合地区实际情况和数据可获取性，明确将生态安全因子划分为人为影响因子和自然指标因子。

对于人为影响因子，应用二元 Logsitic 回归方程，产生针对每个指示变量的事件发生比率，这个比率就是 $\beta$ 系数的以 $E$ 为底的指数值，即 EXP（$\beta$）。事件发生的比率就是某个事件发生的概率除以事件不发生的概率。对于某个指示变量的发生比率，其含义就是当指示变量增加或减少一个单位时，事件会随之增加或者减少的概率，即人口密度、GDP 密度、第三产业增加值密度、建设用地指标、化肥施用强度等人为影响因子发生自然变化时，对湿地生态格局的影响。因此，当 EXP（$\beta$）>1 时，表示发生比率增加；当 EXP（$\beta$）= 1 时，表示发生比率不变；当 EXP（$\beta$）<1 时，表示发生比率减少。

2008 年各土地类型二元 Logistic 回归结果见表 7.3。

表 7.3　2008 年不同湿地类型二元 Logistic 回归结果 [EXP（$\beta$）值]

| 解释变量 | 水田 | 旱地 | 河流 | 建成区 | 林地 | 坑塘 | 草本沼泽 |
| --- | --- | --- | --- | --- | --- | --- | --- |
| 坡向 | | | 0.742 12 | 1.070 86 | | 0.547 61 | |
| 距离海岸线距离 | 0.999 98 | 1.000 13 | | 1.000 01 | | | 0.999 98 |
| 距离河流距离 | 1.000 02 | 0.999 99 | 0.998 39 | 1.000 00 | | 1.000 10 | 1.000 03 |
| 坡度 | 0.980 46 | | | 1.070 67 | 1.598 27 | 0.456 57 | 0.980 88 |
| 距离居民点距离 | 0.999 84 | 0.999 78 | | 0.999 86 | 0.999 39 | | 1.000 38 |
| 距离交通线距离 | 0.999 83 | | | 0.000 00 | 1.000 62 | 0.999 70 | 1.000 06 |
| 人口密度 | 0.997 79 | 0.963 09 | | 1.006 37 | | 0.996 72 | 0.998 21 |
| 农业人口密度 | 1.013 99 | 1.013 65 | 1.008 49 | 0.996 27 | 0.204 80 | | 0.954 01 |
| 第三产业增加值密度 | 0.997 36 | | | 0.982 36 | | 0.983 74 | 0.991 23 |
| 化肥施用强度 | 1.013 37 | 1.016 57 | | 0.973 65 | | 1.013 32 | 1.015 68 |
| GDP 密度 | 0.999 48 | | | 0.998 74 | | 0.973 23 | 0.998 69 |

水田方面，二元 Logistic 回归方程包括 11 个解释变量，其中化肥施用强度、坡度和农业人口密度仍然是影响较大的驱动因子，EXP（$\beta$）分别为 1.013 37、0.980 46、1.013 99。与水田的发生率有正相关关系的驱动因子有：距离河流距离、农业人口密度、化肥施用强度，而其余 8 个驱动因子均具负相关性。旱地方面，包括 6 个解释变量，其中距离海岸线距离、农业人口密度和化肥施用强度是影响旱地分布的重要驱动因子。河流方面，只包括 3 个解释变量，其中农业人口密度是河流的重要影响因子。

与建成区的发生率有正相关关系的驱动因子，包括坡向、坡度和人口密度。由于经济的增长，人们生活水平和消费水平的提高，人们对物质生活的要求也随之增高，其带来的结果是改善居住环境，丰富生活内容，多方面的因素推动了城市的发展和建设用地的扩张，因此社会经济因素在盘锦市以后的土地发展变化方面的影响将愈加重要。林地方面，包括 4 个解释变量，与之呈正相关性的有坡度、距离交通线距离；与之呈负相关性的有距离居民点距离、农业人口密度。坑塘方面，剔除了距离海岸线距离、距离居民点距离和农业人口密度这三个驱动因子。草本沼泽方面，包括 10 个解释变量。

综上所述，人口密度、第三产业增加值密度、化肥施用强度、GDP 密度仍是引起盘锦市土地利用变化的主要驱动因素。同时考虑到地区实际情况和数据的可获取性，确定在后续指标体系的确立研究中，拟选定人口密度、GDP 密度和第三产业增加值密度作为人为影响因子，即压力指标因子。

对于自然指标因子，通过比较景观格局指数特征，选取包括研究区总的斑块数（$NP$）、平均斑块面积（$MPS$）、边界密度（$ED$）以及各生态系统类型的斑块平均面积、斑块数和分维数（$D$）来对斑块多样性进行描述。类型多样性指标主要包括景观类型多样性指数（$H$）、优势度（$Dd$）和均匀度指数（$E$）。多样性指数反映景观要素的多少和各景观要素所占比例的变化。优势度指数表示景观多样性对最大多样性的偏离程度，或描述景观结构中一种或几种景观类型支配景观的程度。均匀度指数反映景观里不同景观类型的分配均匀程度。选取描述格局多样性的指标包括景观聚集度指数（$RC$）和破碎度指数（$FN$）。聚集度指数反映景观中不同斑块类型的非随机性或聚集程度。破碎度指数指景观被分割的破碎程度，它在一定程度上指人为对景观的干扰程度。各指标情况见表 7.4。

表 7.4 采用的景观格局指标

| 指标名称 | 计算公式 | 参数说明 |
| --- | --- | --- |
| 边界密度（$ED$） | $ED = \dfrac{1}{A}\sum_{i=1}^{n}\sum_{j=1}^{n}P_{ij}$ | $P_{ij}$ 是景观类型 $i$ 与 $j$ 之间为邻的概率，$A$ 为斑块面积，$n$ 为景观类型总数 |
| 分维数（$D$） | $D = 2\log(P/4)/\log A$ | $P$ 为斑块周长，$A$ 定义同前 |
| 景观类型多样性指数（$H$） | $H = -\sum_{i=1}^{m}P_i \times \ln P_i$ | $m$ 为景观类型数，$P_i$ 为第 $i$ 类景观所占比例 |
| 优势度（$Dd$） | $Dd = H_{max} + \sum_{i=1}^{n}P_i \times \ln P_i$<br>其中，$H_{max} = \ln m$ | $n$ 定义同前，$P_i$ 定义同前 |
| 均匀度指数（$E$） | $E = \left(\dfrac{H}{H_{max}}\right) \times 100\%$<br>其中，$H = -\ln\left[\sum_{i=1}^{n}(P_i)^2\right]$ | $H$ 表示修正了的 Simpson 指数，$H_{max}$ 是最大可能均匀度，$P_i$ 定义同前 |
| 聚集度指数（$RC$） | $C = C_{max} + \sum_{i=1}^{n}\sum_{j=1}^{n}P_{ij}\ln(P_{ij})$<br>其中，$C_{max} = n \times \log n$ | $P_{ij}P_{ij}$ 定义同前，$n$ 定义同前 |
| 破碎度指数（$FN$） | $FN_1 = (NP-1)/NC$<br>$FN_2 = MPS(NF-1)/NC$ | $NC$ 是用栅格个数表示的研究区景观总面积，$NP$ 是景观内斑块总数，$MPS$ 是景观中各类斑块的平均面积，$NF$ 是斑块的个数，$FN_1$ 为整个区域景观的破碎度，$FN_2$ 为区域内一景观类型的破碎度 |

在自然发展模式下,依据 Clue-S 模型得到 2018 年土地利用模拟图,应用计算软件 Fragstats 分析研究区 2018 年土地利用模拟图,得到数据见表 7.5。盘锦地区斑块多样性的变化特点是从 2008 年到 2018 年斑块总数由 6 213 个增加到 6 225 个,原因是城镇景观中的居住地斑块数的增加,边界密度由 31.84 m/hm² 增加到 32.95 m/hm²,平均斑块面积由 56.41 m/hm² 减少到 56.32 m/hm²,主要是城镇景观中的居住地、交通用地以及农田景观中的水田和旱地平均斑块面积的减少,说明 2008—2018 年研究区的破碎化程度加深,其原因主要是城镇景观发育愈加破碎化,人类活动是主要引起景观斑块多样性变化的因素。

表 7.5 盘锦地区斑块多样性总体变化

| 年份 | 斑块数 | 边界密度(m/hm²) | 平均斑块面积(hm²) |
| --- | --- | --- | --- |
| 2008 | 6213 | 31.84 | 56.41 |
| 2018 | 6225 | 32.95 | 56.32 |

类型多样性可以反映盘锦地区景观中类型的丰富度和复杂度。由表 7.6 看出,研究区 2008 年至 2018 年多样性指数从 1.368 7 增大到 1.381 6;均匀度从 0.505 4 增大到 0.510 9;优势度从 3.146 3 减小到 3.134 1。这是因为 2008 年研究区的景观类型结构相对简单,均质化程度相对较高,湿地和农田景观为研究区内的优势景观,但已经开始逐渐被复杂化的城镇等景观取代,使得多样性指数增大,均匀度增大,优势度减小。到 2018 年多样性指数继续增大,均匀度继续增大,优势度继续减小,研究区内的优势景观——湿地和农田继续被其他景观所侵占,造成上述情况的主要原因是研究区内城镇化水平不断提高,城镇景观不断取代优势景观,占研究区比例不断增大。

表 7.6 盘锦地区景观类型多样性变化

| 年份 | 多样性 | 均匀度 | 优势度 |
| --- | --- | --- | --- |
| 2008 | 1.368 7 | 0.505 4 | 3.146 3 |
| 2018 | 1.381 6 | 0.510 9 | 3.134 1 |

格局多样性可以反映盘锦地区景观类型的空间分布的多样性以及斑块与斑块之间的空间与功能关系。由表 7.7 可以看出,研究区景观格局多样性的聚集度指数从 2008 年的 0.701 4 减少到 2018 年的 0.695 1。破碎度指数基本不变,聚集度指数变化反映了少数团聚的大斑块逐渐瓦解,小斑块数量增加,景观变得破碎化,总体格局呈复杂化趋势,表明水田和草本沼泽又逐渐被其他景观类型所取代,由于研究区内的湿地和农田景观的脆弱性,这种格局的变化趋势对湿地和农田景观具有影响,对湿地和农田景观的保护不利。

表 7.7 盘锦地区景观格局多样性变化

| 年份 | 聚集度指数($RC$) | 破碎度指数($FN$) |
| --- | --- | --- |
| 2008 | 0.701 4 | 0.001 5 |
| 2018 | 0.695 1 | 0.001 6 |

## 7.2.2 湿地生态安全评价指标体系构建

指标是评价的基本尺度和度量标准，指标体系是生态安全评价的根本条件和理论基础。本研究从景观格局角度出发，宏观的定量体现本区域湿地生态安全状况，因此，在指标选取时必须遵循以下几个原则：科学合理性原则；系统性原则；代表性原则；易操作性原则。

### 7.2.2.1 指标体系的建立

使用层次分析法，在 PSR 概念模型的指导下，形成 1 个目标、3 个准则、10 个测度指标的指标体系（表 7.8），有效地将指标体系的层次结构建立起来。

表 7.8 辽河口湿地生态安全评价体系

| 目标层 A | 准则层 B | 指标层 C |
| --- | --- | --- |
| 辽河口湿地生态安全评价指标体系 | 压力指标 | 人口密度 |
|  |  | GDP 密度 |
|  |  | 第三产业增加值密度 |
|  | 状态指标 | 斑块数 |
|  |  | 平均斑块面积 |
|  |  | 边界密度 |
|  |  | 多样性指数 |
|  |  | 均匀度指数 |
|  |  | 优势度指数 |
|  | 响应指标 | 破碎度指数 |
|  |  | 聚集度指数 |

（1）权重确定方法

权重表示在生态安全多指标评价过程中，选取的评价指标在总体评价中相对于评价结果的相对重要程度。通过建立递阶层次分析结构，构建两两比较的各指标层评价问卷，通过专家问卷法对指标进行两两比较打分，逐渐分析评价指标的关联性和重要程度，进而将定性的问题转化变成定量计算问题，实现生态安全评价指标权重值的确定。

权重的确定采用层次分析法，首先，在 PSR 概念模型的指导下，将湿地生态安全评价指标体系分 3 个层次，以湿地生态安全综合指数为目标层，由"压力""状态""响应" 3 个子系统构成准则层，子系统下各具体指标构成指标层。其次，检验矩阵的一致性，当一致性检验结果不大于 0.1 时，表明计算结果对原矩阵具有满意的一致性。

（2）单因子评价

逻辑斯蒂增长曲线模型又称自我抑制型曲线，是 20 世纪 20 年代 Lotka 和 Volterra 在种群生态学中研究总群数量增长过程中提出的，至今应用仍比较广泛。表达式为：

$$P = \frac{1}{1 + e^{(a - b \times R)}} \tag{7.6}$$

式中：$P$ 表示单项指标的生态安全评价指标评价值；$R$ 表示单项指标测度值；$a$、$b$ 均为常数，确定方法为：当 $R = 0.01$ 时，$P$ 的值近似取 0.001；当 $R = 0.99$ 时，$P$ 的值近似取

0.999，则此时方程中的 $a$ 和 $b$ 的值求解分别为 4.595 和 9.19，因此，单项指标评价模型为：

$$P = \frac{1}{1 + e^{(4.595 - 9.19 \times R)}} \tag{7.7}$$

$$P = 1 - \frac{1}{1 + e^{(4.595 - 9.19 \times R)}} \tag{7.8}$$

在单因子评价中，对于指标量值增加与生态环境质量的增加方向相同时，单项指标采用公式（7.7）来求得单因子指标评价值；当单项指标量值的增加方向与生态环境质量增加方向相反时，采用公式（7.8）进行评价。经计算得出各单项指标的生态安全指数。

（3）灰色数列预测

本研究中，人口密度、GDP 密度和第三产业增加值密度 3 个压力指标通过已知数据，应用灰色数列模型进行 2018 年对应值的预测。灰色数列预测模型 GM（1，1）是以时间序列性资料为基础，通过对无规律的原始数列进行转换，建立有规律的数列回归方程，并应用该方程对事物的动态发展趋势进行预测的方法。

建立基于 Excel 灰色预测模型，来完成 GM（1，1）模型的预测。经计算，得到 2018 年预测数据见表 7.9。

表 7.9　各指标因子测度值

| 指标因子 | 2008 年 | 2018 年 | 测度值 |
| --- | --- | --- | --- |
| 人口密度 | 316.35 | 304.01 | 0.040 591 |
| GDP 密度 | 1 652.79 | 6 028.86 | 2.647 687 |
| 第三产业增加值密度 | 179.31 | 51.86 | 2.457 578 |
| 斑块数 | 6 213 | 6 225 | 0.001 931 |
| 边界密度 | 31.84 | 32.95 | 0.034 862 |
| 平均斑块面积 | 56.4 | 55.32 | 0.019 523 |
| 多样性指数 | 1.368 7 | 1.381 6 | 0.009 425 |
| 均匀度指数 | 0.505 4 | 0.510 9 | 0.010 882 |
| 优势度指数 | 3.146 3 | 3.134 1 | 0.003 893 |
| 聚集度指数 | 0.701 4 | 0.695 1 | 0.009 063 |
| 破碎度指数 | 0.001 5 | 0.001 6 | 0.066 667 |

### 7.2.2.2　生态安全综合评价

根据上述计算所得到的指标权重及单项指标评价值，采用综合评价法计算辽河口湿地生态安全度的等级。公式如下：

$$I = \sum_{i=1}^{n} W_j \times X_j \tag{7.9}$$

式中：$I$ 为生态安全最终得分；$W_j$ 为各因子指标权重；$X_j$ 为单项指标的生态安全指数；$n$ 为指标数量。通过综合评价法计算出研究区湿地生态安全值，从而得到了辽河口湿地生态安全的定量化评价（表 7.10）。

表7.10 指标体系综合评价结果

| 指标因子 | 指标测度值（$R$） | 单项评价值（$X_i$） | 单项权重（$W_i$） |
| --- | --- | --- | --- |
| 人口密度 | 0.040 591 | 0.985 542 | 0.069 |
| GDP 密度 | 2.647 687 | 0.982 773 | 0.139 |
| 第三产业增加值密度 | 2.457 578 | 0.186 171 | 0.116 |
| 斑块数 | 0.001 931 | 0.010 178 | 0.047 |
| 边界密度 | 0.034 862 | 0.013 726 | 0.176 |
| 平均斑块面积 | 0.019 523 | 0.988 057 | 0.166 |
| 景观多样性 | 0.009 425 | 0.010 896 | 0.048 |
| 均匀度指数 | 0.010 882 | 0.011 042 | 0.054 |
| 优势度指数 | 0.003 893 | 0.010 362 | 0.085 |
| 聚集度指数 | 0.009 063 | 0.989 14 | 0.067 |
| 破碎度指数 | 0.066 667 | 0.018 301 | 0.033 |

#### 7.2.2.3 生态预警标准

本研究设置了辽河口湿地生态安全预警评判标准（表7.11），拟定5个档次，确定评价区域的生态环境安全度，计算得到的预警值对应于某个级别的安全预警状况。综合预警值越高，说明区域的生态安全状况越好；相反，综合预警值越低，说明区域的生态安全状态越差。通过预测2018年辽河口湿地地区各指标值，构建出2018年湿地生态安全指标体系。根据计算得到的各指标权重值和单项指标评价值，利用综合评价法计算出了辽河口湿地生态安全综合得分为0.462分。根据拟定的辽河口湿地生态安全预警评判标准，预测2018年辽河口湿地生态安全等级为Ⅲ级，处于预警（一般状态）等级，即湿地生态系统自然状态受到一定的影响，结构发生一定程度的变化，受人类活动影响较大，接近湿地生态阈值，系统尚稳定，但敏感性强，湿地生态系统可维持，但已有少量的生态异常出现，主要表现为：污水处理率低，水质差、富营养化程度严重，自然湿地面积退化，生物多样性下降，水禽栖息地破坏，景观多样性差，斑块破碎化严重，系统的外部胁迫力较大，功能有所下降，湿地不合理开发，湿地受保护水平较低。

表7.11 生态安全预警判别标准

| 综合预警值 | 生态安全等级 | 生态预警状态 |
| --- | --- | --- |
| $0.0 \leqslant I < 0.2$ | Ⅰ | 重警（恶劣状态） |
| $0.2 \leqslant I < 0.4$ | Ⅱ | 中警（较差状态） |
| $0.4 \leqslant I < 0.6$ | Ⅲ | 预警（一般状态） |
| $0.6 \leqslant I < 0.8$ | Ⅳ | 较安全（良好状态） |
| $0.8 \leqslant I < 1.0$ | Ⅴ | 安全（理想状态） |

### 7.2.3 辽河口湿地各区镇生态安全等级评价

辽河口湿地主要位于辽宁省盘锦市辖区内，盘锦市下辖兴隆台区、双台子区、大洼区、盘山县和辽东湾新区、辽河口生态经济区。近年来，虽然辽河口湿地地区经济社会发展取得了巨大成就，但由于生态环境比较脆弱，其区域经济发展的结构性矛盾和深层次问题仍然存在。因不同区域生态环境不同，自然胁迫因子存在差异；实际经济发展情况不同，人为胁迫因子同样存在差异。

因此，研究拟细化河口湿地各区块差异，依据前文研究成果和计算方法，对盘锦市市内两区及各乡镇逐一进行生态安全模拟预测。并参照社会不同发展模式，分为自然发展模式和环保发展模式两类进行模拟，分别给出自然发展模式下和环保发展模式下 2018 年各区镇生态安全预警等级，通过与基准年（2008 年）的对比分析，探讨河口湿地不同区块生态环境演变趋势及预测未来发展方向，为解决该地区的生态安全问题提供依据，为政府部门决策提供更为详细的理论支撑。

根据盘锦市行政区划，分别对高升镇、陆家镇、胡家镇、德胜镇、太平镇、甜水镇、羊圈子镇、石新镇、东郭镇、陈家镇、双台子区、兴隆台区、吴家镇、沙岭镇、古城子镇、坝墙子镇、新兴镇、赵圈河镇、新开镇、新立镇、东风镇、田家镇、清水镇、大洼镇、王家镇、唐家镇、西安镇、平安镇、田庄台镇、榆树镇、辽滨沿海经济区进行模拟预测分析，2018 年指标数据见表 7.12。

表 7.12 自然发展模式下 2018 年各区镇生态安全预警等级

| 地区 | 2008 年生态安全预警 | | 2018 年生态安全预警 | |
| --- | --- | --- | --- | --- |
| | 综合评价值 | 预警等级 | 综合评价值 | 预警等级 |
| 盘锦市 | 0.58 | Ⅲ | 0.46 | Ⅲ |
| 高升镇 | 0.6 | Ⅳ | 0.35 | Ⅱ |
| 陆家镇 | 0.53 | Ⅲ | 0.45 | Ⅲ |
| 胡家镇 | 0.71 | Ⅳ | 0.58 | Ⅲ |
| 得胜镇 | 0.49 | Ⅲ | 0.53 | Ⅲ |
| 太平镇 | 0.41 | Ⅲ | 0.3 | Ⅱ |
| 甜水镇 | 0.62 | Ⅳ | 0.51 | Ⅲ |
| 羊圈子镇 | 0.7 | Ⅳ | 0.66 | Ⅳ |
| 石新镇 | 0.6 | Ⅳ | 0.57 | Ⅳ |
| 东郭镇 | 0.81 | Ⅴ | 0.71 | Ⅳ |
| 陈家镇 | 0.43 | Ⅲ | 0.34 | Ⅱ |
| 双台子区 | 0.39 | Ⅱ | 0.31 | Ⅱ |
| 兴隆台区 | 0.55 | Ⅲ | 0.42 | Ⅲ |
| 吴家镇 | 0.35 | Ⅱ | 0.28 | Ⅱ |
| 沙岭镇 | 0.42 | Ⅲ | 0.36 | Ⅱ |
| 古城子镇 | 0.5 | Ⅲ | 0.36 | Ⅱ |
| 坝墙子镇 | 0.39 | Ⅱ | 0.32 | Ⅱ |
| 新兴镇 | 0.48 | Ⅲ | 0.39 | Ⅱ |
| 赵圈河镇 | 0.65 | Ⅳ | 0.57 | Ⅲ |
| 新开镇 | 0.49 | Ⅲ | 0.38 | Ⅱ |

续表

| 地区 | 2008年生态安全预警 | | 2018年生态安全预警 | |
|---|---|---|---|---|
| | 综合评价值 | 预警等级 | 综合评价值 | 预警等级 |
| 新立镇 | 0.56 | Ⅲ | 0.43 | Ⅲ |
| 东风镇 | 0.51 | Ⅲ | 0.41 | Ⅲ |
| 田家镇 | 0.63 | Ⅳ | 0.51 | Ⅲ |
| 清水镇 | 0.69 | Ⅳ | 0.61 | Ⅳ |
| 大洼镇 | 0.4 | Ⅲ | 0.34 | Ⅱ |
| 王家镇 | 0.74 | Ⅳ | 0.61 | Ⅳ |
| 唐家镇 | 0.59 | Ⅲ | 0.47 | Ⅲ |
| 西安镇 | 0.61 | Ⅳ | 0.46 | Ⅲ |
| 平安镇 | 0.7 | Ⅳ | 0.55 | Ⅲ |
| 田庄台镇 | 0.56 | Ⅲ | 0.49 | Ⅲ |
| 榆树镇 | 0.71 | Ⅳ | 0.65 | Ⅳ |
| 辽滨沿海经济区 | 0.68 | Ⅳ | 0.53 | Ⅲ |

2008年，盘锦市综合评价值为0.58，总体处于Ⅲ级一般预警状态。表明生态环境虽然受到部分破坏，但整体生态功能较为完善，具有一定的自我恢复能力。盘锦市各区镇生态安全预警等级主要集中在Ⅲ级和Ⅳ级，占全部区镇的87%，即综合评价值处在0.4~0.8之间，说明这些区域的生态环境处于一般状态和良好状态，生态服务功能虽已出现部分退化，生态环境受到部分破坏，生态系统结构有了一定变化，但整体安全情况较好，部分生态功能较为完善。双台子区、吴家镇和坝墙子镇的生态安全综合评价值处在0.2~0.4之间，生态安全处于第Ⅱ等级，说明这些地区的生态环境处于较差状态，生态服务功能破坏较突出，功能退化且不全，生态问题较大。

在自然发展模式下，预测盘锦市2018年的生态安全综合评价值小于2008年的生态安全综合评价值，但二者仍处于同一生态安全等级内（Ⅲ级）。表明在自然发展模式下，该地区的生态环境安全状况表现出了逐步降低的趋势，但降低幅度不大，未达到跨级提升生态安全预警，仍处于可控的范围内。

经过自然状态下的模拟发现，到2018年，该地区的整体生态安全状态为下降趋势。其中处于Ⅲ级和Ⅳ级的区镇，即生态安全状态较好的区镇，较2008年的26个减少到19个。而处于Ⅱ等级中度预警的区镇增加到了11个，超过全市区镇总数的30%，其中太平镇、陈家镇、古城子镇等6个镇生态安全等级由Ⅲ级一般预警状态变为Ⅱ级中度预警状态，说明自然发展模式下10年间由于未能充分重视生态保护，部分地区生态环境已经由生态功能部分破坏变成了破坏较为突出，生态功能退化，整体生态环境已处于较差状态。

虽然自然模式下该地区出现生态安全预警等级提高的情况，但综合分析全市总体综合评价值可知，该地区生态安全状态仍处于相对安全的一般预警等级内，并没有因为经济持续发展而对环境产生不可逆转的破坏。其中二界沟镇、王家镇、清水镇、羊圈子镇、石新镇、东郭镇6个区镇达到了预警Ⅳ级，即生态环境较为安全的良好状态。仅有高升镇生态环境安全状态变化较为剧烈，由Ⅳ级较安全状态发展为Ⅱ级中度预警状态。

在环保发展模式下，预测盘锦市 2018 年的生态安全综合评价值为 0.65（表 7.13），大于 2008 年的生态安全综合评价值，且处于Ⅳ级较安全的良好状态，相对于 2008 年的Ⅲ级一般预警状态有了明显提升。表明在环保发展模式下，由于人为保护意识增强，发展模式调控，该地区的生态环境安全状况表现出了大幅度提升的趋势，并实现了达到生态安全预警等级的跨级提升，证明依据环保模式发展的河口湿地区域，生态环境质量将显著恢复，生态环境将处于良好状态，生态系统服务功能较为完善。这说明，人为控制下的环保发展模式对生态环境质量的恢复具有重要作用，同时，2008 年该地区生态系统结构较为完整，虽受到一定干扰但具备一定的修复能力。

分析各区镇情况，全部区镇处于第Ⅲ等级或以上状态，即生态安全综合评价值全部达到 0.4 以上。其中，高升镇、太平镇、陈家镇、双台子区、吴家镇、沙岭镇、坝墙子镇和大洼镇处于Ⅲ等级一般预警状态。其他各区镇都处于非预警状态，说明这些区域的生态环境处于良好状态，生态系统服务功能较为完善，生态系统结构恢复完整。东郭镇生态安全状态最好，唯一达到Ⅴ等级安全理想状态。可以看出，环保发展模式下，2008—2018 年预测期间，各区镇生态安全综合评价值在逐步提升，就生态安全预警值而言，大部分区镇均有不同程度的提升。胡家镇、甜水镇、东郭镇和王家镇预测值基本与 2008 年基准值持平，分析原因为基准生态安全综合评价值较高，环保发展模式更多体现在保持现状不变，而不是更大幅度的提升。

表 7.13 环保发展模式下 2018 年各区镇生态安全预警等级

| 地区 | 2008 年生态安全预警 | | 2018 年生态安全预警 | |
| --- | --- | --- | --- | --- |
| | 综合评价值 | 预警等级 | 综合评价值 | 预警等级 |
| 盘锦市 | 0.58 | Ⅲ | 0.65 | Ⅳ |
| 高升镇 | 0.6 | Ⅳ | 0.54 | Ⅲ |
| 陆家镇 | 0.53 | Ⅲ | 0.67 | Ⅳ |
| 胡家镇 | 0.71 | Ⅳ | 0.7 | Ⅳ |
| 得胜镇 | 0.49 | Ⅲ | 0.61 | Ⅳ |
| 太平镇 | 0.41 | Ⅲ | 0.53 | Ⅲ |
| 甜水镇 | 0.62 | Ⅳ | 0.61 | Ⅳ |
| 羊圈子镇 | 0.7 | Ⅳ | 0.79 | Ⅳ |
| 石新镇 | 0.6 | Ⅳ | 0.64 | Ⅳ |
| 东郭镇 | 0.81 | Ⅴ | 0.81 | Ⅴ |
| 陈家镇 | 0.43 | Ⅲ | 0.56 | Ⅲ |
| 双台子区 | 0.39 | Ⅱ | 0.51 | Ⅲ |
| 兴隆台区 | 0.55 | Ⅲ | 0.67 | Ⅳ |
| 吴家镇 | 0.35 | Ⅱ | 0.48 | Ⅲ |
| 沙岭镇 | 0.42 | Ⅲ | 0.59 | Ⅲ |
| 古城子镇 | 0.5 | Ⅲ | 0.61 | Ⅳ |
| 坝墙子镇 | 0.39 | Ⅱ | 0.52 | Ⅲ |
| 新兴镇 | 0.48 | Ⅲ | 0.65 | Ⅳ |
| 赵圈河镇 | 0.65 | Ⅳ | 0.7 | Ⅳ |

续表

| 地区 | 2008年生态安全预警 | | 2018年生态安全预警 | |
| --- | --- | --- | --- | --- |
| | 综合评价值 | 预警等级 | 综合评价值 | 预警等级 |
| 新开镇 | 0.49 | Ⅲ | 0.63 | Ⅳ |
| 新立镇 | 0.56 | Ⅲ | 0.64 | Ⅳ |
| 东风镇 | 0.51 | Ⅲ | 0.65 | Ⅳ |
| 田家镇 | 0.63 | Ⅳ | 0.67 | Ⅳ |
| 清水镇 | 0.69 | Ⅳ | 0.74 | Ⅳ |
| 大洼镇 | 0.4 | Ⅲ | 0.51 | Ⅲ |
| 王家镇 | 0.74 | Ⅳ | 0.71 | Ⅳ |
| 唐家镇 | 0.59 | Ⅲ | 0.66 | Ⅳ |
| 西安镇 | 0.61 | Ⅳ | 0.68 | Ⅳ |
| 平安镇 | 0.7 | Ⅳ | 0.75 | Ⅳ |
| 田庄台镇 | 0.56 | Ⅲ | 0.69 | Ⅳ |
| 榆树镇 | 0.71 | Ⅳ | 0.73 | Ⅳ |
| 辽滨沿海经济区 | 0.68 | Ⅳ | 0.73 | Ⅳ |

## 7.2.4 生态安全保护建议

为了更好地提升辽河口地区的生态环境，可以从不同经济发展模式的角度，从不同区域的不同生态安全状态入手，对处于不同安全状态的地区分别采取措施。针对在自然发展模式下，预测生态安全预警等级仍处于Ⅳ等级的各区镇，如羊圈子镇、石新镇、东郭镇等，在保证生态环境不被破坏的前提下，可适当加大发展建设力度，提高绿色经济产业，维护生态安全的同时发展经济。

针对自然发展模式下预测结果显示生态安全预警等级明显提升的各区镇，如双台子区、新兴镇、陈家镇等，应注意现有经济发展模式是否符合可持续发展，应加大力度开展绿色经济，并以生态安全为主要目标，发展战略适当地由经济增长向环境恢复倾斜。

通过环保发展模式预测结果表明，部分地区生态环境恢复程度明显，说明发展中生态环境质量已处于一般或较差状态，有很大提升空间。部分地区生态安全综合评价值变化不大，说明目前发展状态下该地区生态本底较好，生态环境破坏并不严重。针对前者，如兴隆台区、古城子镇、东风镇等，说明当前经济发展已在一定程度上破坏了生态环境安全状态，但通过有计划的手段进行保护和恢复，能够在提升生态环境上产生显著效果，具有较大恢复价值。发展过程中可以用较小的代价得到较大的恢复成果，应适度倾斜资源。针对后者，环保发展模式对该部分地区生态安全预警等级降低并不明显，如胡家镇、甜水镇、王家镇等，说明该部分地区生态环境基础较好，前期发展中并未对生态安全破坏过度，在后续发展中应以保护为主，总结经济建设与生态环境保护相辅相成的发展经验并予以保持和推广。

# 参 考 文 献

仓基俊, 左倬, 胡伟, 等. 2013. 人工湿地改善微污染水体溶解氧的中试研究 [J]. 中国农村水利水电, (7): 10-12.

陈刚, 孙国荣, 彭永臻, 等. 2008. 星星草（*Puccinellia tenuiflora*）人工草地氮素积累对松嫩盐碱草地植被演替的影响 [J]. 生态学报, 28 (5): 2031-2041.

陈一平, 范成英, 郑坚, 等. 1992. 生丝微菌属的一个新亚种 [J]. 微生物学报, 32 (3): 161-166.

陈在新, 王文一. 2009. 影响鱼类生长的水质因子机理与控制 [J]. 畜牧与饲料科学, 30 (1): 15-17.

戴继航, 张金龙, 李婧男, 等. 2011. 咸水淋洗改良滨海盐渍土的潜力研究 [J]. 水土保持学报, 25 (3): 250-253.

戴梅, 宫象辉, 丛蕾, 等. 2006. PGPR 制剂研发现状与发展趋势 [J]. 山东科学, 19 (6): 45-48.

戴文鸿, 张云. 2010. 桥墩壅水计算及影响分析 [J]. 河海大学学报（自然科学版）, 38 (s2): 268-270.

范航清, 何斌源. 2001. 北仑河口的红树林及其生态恢复原则 [J]. 广西科学, 8 (3): 210-214.

高明. 2003. 鸭绿江河口湿地鸟类生境的破坏与修复 [J]. 生态科学, 22 (2): 186-188.

郭鹏程, 蔡明, 闫大鹏. 2014. 基于 MIKE21 模型的人工生态湖优化设计 [J]. 人民黄河, 36 (4): 56-58.

韩光, 张磊, 邱勤, 等. 2011. 复合型 PGPR 和苜蓿对新垦地土壤培肥效果研究 [J]. 土壤学报, 48 (2): 405-411.

胡育骄, 赵全胜, 郑妍, 等. 2009. 海冰水灌溉对棉田水分及棉花产量的影响 [J]. 中国农业气象 (2): 169-174.

黄耀蓉, 李登煜, 张小平, 等. 1999. 五氯酚钠污染土壤的微生物活性及优势菌群研究 [J]. 西南农业学报, 12 (12): 39-44.

黄玉新, 张宁川. 2013. 二、三维耦合水动力模型研究Ⅰ: 模型的建立 [J]. 水道港口, 34 (4): 304-310.

焦璀玲, 王昊, 李永顺, 等. 2008. 人工湿地数值模拟研究——以山东平阴湿地示范区为例 [J]. 南水北调与水利科技, 6 (6): 87-89.

康俊水, 张淑英, 李牧, 等. 2003. 滨海盐碱地耐盐地被植物引种开发的研究 [J]. 山东林业科技 (4): 1-7.

李春荣, 王文科, 曹玉清, 等. 2007. 石油污染土壤的生态效应及修复技术研究 [J]. 环境科学与技术, 30 (9): 4-6.

李锋民, 宋妮, 单时, 等. 2010. 好/厌氧多级串联潜流人工湿地对 COD 的去除效果 [J]. 环境科学与技术, 33 (s1): 8-11.

李新攀. 2012. 石羊河流域水资源优化配置研究 [D]. 兰州: 兰州理工大学.

李志新, 邢丹英, 王晓玲, 等. 2005. PGPR 菌剂对油菜的促生作用和菌核病防治效果 [J]. 中国油料作物学报, 27 (2): 51-54.

梁士楚, 刘镜法, 梁铭忠. 2004. 北仑河口国家级自然保护区红树植物群落研究 [J]. 广西师范大学学报（自然科学版）, 22 (2): 70-76.

梁云, 殷峻暹, 祝雪萍, 等. 2013. MIKE21 水动力学模型在洪泽湖水位模拟中的应用 [J]. 水电能源科学, 31 (1): 135-137.

廖书林, 郎印海, 王延松, 等. 2011. 辽河口湿地表层土壤中 PAHs 的源解析研究 [J]. 中国环境科学, 31 (3): 490-497.

凌辉. 2012. 两种水生植物净化富营养化水体中氮磷的作用研究 [D]. 扬州: 扬州大学.

刘春兰. 2004. 白洋淀湿地退化与生态恢复研究 [D]. 石家庄: 河北师范大学.

刘方春, 邢尚军, 马海林, 等. 2012. PGPR 生物肥对甜樱桃（*Cerasus pseudocerasus*）根际土壤生物学特征的影响 [J]. 应用与环境生物学报, 18 (5): 722-727.

刘红玉, 吕宪国, 刘振乾, 等. 2000. 辽河三角洲湿地资源与区域持续发展[J]. 地理科学, 20 (6): 545-551.

刘树元, 阎百兴, 王莉霞. 2011. 潜流人工湿地中植物对氮磷净化的影响[J]. 生态学报, 31 (6): 1538-1546.

刘阳春, 何文寿, 何进智, 等. 2007. 盐碱地改良利用研究进展[J]. 农业科学研究, 28 (2): 68-71.

龙江, 李适宇. 2007. 珠江河口水动力一维、二维联解的有限元计算方法[J]. 水动力学研究与进展 (A辑), 22 (4): 512-519.

卢士强, 徐祖信. 2003. 平原河网水动力模型及求解方法探讨[J]. 水资源保护, 19 (3): 5-9.

卢树昌, 苏卫国. 2004. 重盐碱区耐盐植物筛选试验研究[J]. 西北农林科技大学学报 (自然科学版), 32 (S1): 19-24.

吕佳, 李俊清. 2008. 海南东寨港红树林湿地生态恢复模式研究[J]. 山东林业科技, 38 (3): 70-72.

马从国, 赵德安. 2011. 水产养殖过程水质模糊综合评价系统的设计[J]. 安徽农业科学, 39 (17): 10497-10498.

欧维新, 高建华, 杨桂山. 2006. 芦苇湿地对氮磷污染物质的净化效应及其价值初步估算——以苏北盐城海岸带芦苇湿地为例[J]. 海洋通报, 25 (5): 90-96.

彭建华, 陈文祥, 陈会明, 等. 2004. 综合生物塘处理养殖废水初探[J]. 水利渔业, 24 (4): 60-62.

曲向荣, 贾宏宇, 张海荣, 等. 2000. 辽东湾芦苇湿地对陆源营养物质净化作用的初步研究[J]. 应用生态学报, (2): 270-272.

邵卫云, 钟力云. 2006. 城市河网洪水过程的一维数值模拟[J]. 固体力学学报, 27 (S1): 132-137.

申玉春, 熊邦喜, 叶富良, 等. 2006. 凡纳滨对虾高位池养殖系统的水质理化状况[J]. 广东海洋大学学报, 26 (1): 16-21.

宋铁红, 尹军, 崔玉波. 2005. 不同进水方式人工湿地除污效率对比分析[J]. 安全与环境工程, 12 (3): 46-48.

宋晓林, 吕宪国. 2009. 中国退化河口湿地生态恢复研究进展[J]. 湿地科学, 7 (4): 379-384.

孙立汉, 杜静, 高士平, 等. 2005. 滦河口湿地黑嘴鸥原繁殖地恢复研究[J]. 地理与地理信息科学, 21 (3): 84-87.

孙涛, 杨志峰. 2004. 河口生态系统恢复评价指标体系研究及其应用[J]. 中国环境科学, 24 (3): 381-384.

孙志高, 刘景双, 王金达, 等. 2006. 三江平原典型小叶章湿地土壤氨挥发特征及影响因素[J]. 生态学杂志, 25 (8): 931-937.

唐奇志, 刘兆普. 2004. 半干旱区海水灌溉农田土壤盐分运移规律的研究[J]. 水土保持学报, 18 (1): 47-50.

童宁, 邓风. 2014. 人工湿地系统溶解氧的变化及复氧措施研究[J]. 工业安全与环保, 40 (4): 12-14.

万新宇, 钟平安, 王建群. 2012. 沿海围垦区水资源优化配置与联合调度[J]. 水利经济, 30 (3): 58-62.

王德林. 2008. 苇田综合高效养殖与循环经济模式研究[J]. 现代农业科技, (24): 238.

王浩. 2006. 感潮河段水位预报模型研究[D]. 南京: 河海大学.

王克林. 1998. 洞庭湖湿地景观结构与生态工程模式研究[J]. 生态经济, (5): 1-4.

王丽华, 王峰. 2012. 辽河口湿地资源与环境承载力分析及其可持续利用[J]. 水资源与水工程学报, 23 (3): 62-65.

王世岩. 2004. 三江平原退化湿地土壤物理特征变化分析[J]. 水土保持学报, 18 (3): 167-170.

王铁良, 赵博, 周林飞, 等. 2007. 辽宁双台子河口湿地生态环境需水量估算[J]. 沈阳农业大学学报, 38 (4): 572-576.

王象设. 1997. 池塘生态若干问题的探讨[J]. 浙江水产学院学报, 16 (1): 55-59.

王易超, 李正魁, 周莉, 等. 2012. 伊乐藻—固定化氮循环菌技术入湖河道修复研究[J]. 中国环境科学,

32（3）：510-516.

王哲，刘凌，宋兰兰．2008．Mike21 在人工湖生态设计中的应用［J］．水电能源科学，26（5）：124-127.

韦蔓新，童万平．2001．钦州湾内湾贝类养殖海区水环境特征及营养状况初探［J］．黄渤海海洋，19（4）：51-55.

魏海峰，代智能，刘长发，等．2008．复合生物过滤技术在水产养殖废水处理中的应用研究进展［J］．渔业现代化，35（1）：28-31.

吴皓琼，牛彦波，殷博，等．2011．PGPR 植物促生肥在大豆上应用效果研究［J］．生物技术，21（3）：90-94.

肖笃宁．1994．辽河三角洲的自然资源与区域开发［J］．自然资源学报，9（1）：43-50.

谢小丁，邵秋玲，李扬．2007．九种耐盐植物在滨海盐碱地的耐盐能力试验［J］．湖北农业科学，46（4）：559-561.

邢尚军，张建锋，宋玉民，等．2005．黄河三角洲湿地的生态功能及生态修复［J］．山东林业科技，（2）：69-70.

徐恒刚，刘书润．2004．土壤盐渍化对盐生植被的影响［J］．内蒙古草业，16（2）：1-2.

徐祖信，卢士强．2003．平原感潮河网水动力模型研究［J］．水动力学研究与进展（A 辑），18（2）：176-181.

闫颖，袁星，樊宏娜．2004．五种农药对土壤转化酶活性的影响［J］．中国环境科学，24（5）：588-591.

严文武，邹长国．2007．水动力模型在平原感潮河网地区的研究与应用［J］．浙江水利科技，（4）：8-10.

杨继松，陈红亮，吴昊，等．2012．辽河口湿地水质模糊综合评判研究［J］．沈阳大学学报（自然科学版），24（3）：5-8.

叶春，金相灿，王临清，等．2004．洱海湖滨带生态修复设计原则与工程模式［J］．中国环境科学，24（6）：717-721.

叶淑红，丁鸣，马达，等．2005．微生物修复辽东湾油污染湿地研究［J］．环境科学，26（5）：143-146.

尹建道，姜志林，曹斌，等．2002．滨海盐渍土脱盐动态规律及其效果评价——野外灌水脱盐模拟实验研究［J］．南京林业大学学报（自然科学版），26（4）：15-18.

尹则高．2005．输水工程复杂边界条件下二，三维水流数值模拟［D］．杭州：浙江大学．

于长斌．2008．盘锦芦苇湿地河蟹养殖现状及发展对策［J］．现代农业科技，（23）：294-295.

袁锋明，陈子明，姚造华，等．1995．北京地区潮土表层中 $NO_3^--N$ 的转化积累及其淋洗损失［J］．土壤学报，32（4）：388-399.

袁雄燕．2008．荆江—洞庭湖河网水流数值模拟与分析［J］．人民长江，39（17）：53-55.

张帆，刘长安，姜洋．2008．滩涂盐沼湿地退化机制研究［J］．海洋开发与管理，25（8）：99-101.

张景岚，宫玉芝．1979．自生固氮菌对农作物的增产作用［J］．农业科技通讯，10：26.

张世奇．1990．黄河口输沙及冲淤变形计算研究［J］．水利学报，（1）：23-33.

张伟琼，聂明，肖明．2007．荧光假单胞菌生防机理的研究进展［J］．生物学杂志，24（3）：9-11.

张迎颖，丁为民，陈秀娟，等．2009．复合垂直流人工湿地的脱氮机理及影响因素分析［J］．环境工程，27（5）：36-40.

赵阳国，白洁，高会旺．2016．辽河口湿地生态修复理论与方法［M］．北京：海洋出版社．

郑国栋，顾立忠，李虎成，等．2010．珠江三角洲河道地貌变化对网河水情影响研究［J］．中国农村水利水电，（7）：33-36.

庄铁诚，张瑜斌，林鹏．2000．红树林土壤微生物对甲胺磷的降解［J］．应用与环境生物学报，6（3）：276-280.

Alvarez H M. 2003. Relationship between β-oxidation pathway and the hydrocarbon-degrading profile in actinomycetes bacteria［J］. International Biodeterioration & Biodegradation, 52（1）：35-42.

Anderson M S, Hall R A, Griffin M. 1980. Microbial metabolism of alicyclic hydrocarbons: cyclohexane catabolism by a pure strain of Pseudomonas sp. [J]. Microbiology, 120 (1): 89-94.

Armstrong W. 1978. Root aeration in the wetland condition [J]. Plant Life in Anaerobic Environments, 1: 197.

Blaylock M J, Salt D E, Dushenkov S, et al. 1997. Enhanced accumulation of Pb in Indian mustard by soil-applied chelating agents [J]. Environmental Science & Technology, 31 (3): 860-865.

Caesar A J, Burr T J. 1987. Growth promotion of apple seedlings and rootstocks by specific strains of bacteria. [J]. Phytopathology, 77 (11): 1583-1588.

Cao X F, Liu M, Song Y F, et al. 2013. Composition, sources, and potential toxicology of polycyclic aromatic hydrocarbons (PAHs) in agricultural soils in Liaoning, People's Republic of China [J]. Environmental Monitoring and Assessment, 185 (3): 2231-2241.

De Villiers A J, Van Rooyen M W, Theron G K, et al. 1995. Removal of sodium and chloride from a saline soil by Mesembryanthemum barklyi [J]. Journal of Arid Environments, 29 (3): 325-330.

Gagnon V, Chazarenc F, Comeau Y, et al. 2007. Influence of macrophyte species on microbial density and activity in constructed wetlands [J]. Water Science and Technology, 56 (3): 249-254.

Gagnon V, Maltais-Landry G, Puigagut J, et al. 2010. Treatment of hydroponics wastewater using constructed wetlands in winter conditions [J]. Water, Air, & Soil Pollution, 212 (1-4): 483-490.

Gao C, Wang A, Wu W, et al. 2014. Enrichment of anodic biofilm inoculated with anaerobic or aerobic sludge in single chambered air-cathode microbial fuel cells [J]. Bioresource Technology, 167: 124-132.

Ghaly A E, Kamal M, Mahmoud N S. 2005. Phytoremediation of aquaculture wastewater for water recycling and production of fish feed [J]. Environment International, 31 (1): 1-13.

Hu Y S, Zhao Y Q, Zhao X H, et al. 2012. Comprehensive analysis of step-feeding strategy to enhance biological nitrogen removal in alum sludge-based tidal flow constructed wetlands [J]. Bioresource Technology, 111: 27-35.

Kadlec R H, Wallace S D. 2008. Treatment wetlands [M]. Boca Raton, Florida: CRC press.

Lang Y, Li G, Wang X, et al. 2015. Combination of Unmix and PMF receptor model to apportion the potential sources and contributions of PAHs in wetland soils from Jiaozhou Bay, China [J]. Marine pollution bulletin, 90 (1): 129-134.

Li G, Lang Y, Yang W, et al. 2014. Source contributions of PAHs and toxicity in reed wetland soils of Liaohe estuary using a CMB-TEQ method [J]. Science of the Total Environment, 490: 199-204.

Lin Q, Mendelssohn I A, Carney K, et al. 2002. Salt marsh recovery and oil spill remediation after in-situ burning: effects of water depth and burn duration [J]. Environmental Science & Technology, 36 (4): 576-581.

Lin Q, Mendelssohn I A. 2009. Potential of restoration and phytoremediation with Juncus roemerianus for diesel-contaminated coastal wetlands [J]. Ecological Engineering, 35 (1): 85-91.

Marinho-Soriano E, Azevedo C, Trigueiro T G, et al. 2011. Bioremediation of aquaculture wastewater using macroalgae and Artemia [J]. International Biodeterioration & Biodegradation, 65 (1): 253-257.

Mattina M I, Isleyen M, Eitzer B D, et al. 2006. Uptake by Cucurbitaceae of soil-borne contaminants depends upon plant genotype and pollutant properties [J]. Environmental Science & Technology, 40 (6): 1814-1821.

Murray J R, Scheikowski T A, MacRae I C. 1974. Utilization of cyclohexanone and related substances by a Nocardia sp. [J]. Antonie van Leeuwenhoek, 40 (1): 17-24.

Nadeem S M, Ahmad M, Zahir Z A, et al. 2014. The role of mycorrhizae and plant growth promoting rhizobacteria (PGPR) in improving crop productivity under stressful environments [J]. Biotechnology Advances, 32 (2): 429-448.

Nora Aini A, Mohammad A W, Jusoh A, et al. 2005. Treatment of aquaculture wastewater using ultra-low pressure asymmetric polyethersulfone (PES) membrane [J]. Desalination, 185 (1-3): 317-325.

Oudot J, Merlin F X, Pinvidic P. 1998. Weathering rates of oil components in a bioremediation experiment in estuarine sediments [J]. Marine Environmental Research, 45 (2): 113-125.

Qin G, Liu C C, Richman N H, et al. 2005. Aquaculture wastewater treatment and reuse by wind-driven reverse osmosis membrane technology: a pilot study on Coconut Island, Hawaii [J]. Aquacultural Engineering, 32 (3): 365-378.

Ravindran K C, Venkatesan K, Balakrishnan V, et al. 2007. Restoration of saline land by halophytes for Indian soils [J]. Soil Biology and Biochemistry, 39 (10): 2661-2664.

Riley E T, Prepas E E. 1985. Comparison of the phosphorus - chlorophyll relationships in mixed and stratified lakes [J]. Canadian Journal of Fisheries and Aquatic Sciences, 42 (4): 831-835.

Rysgaard S, Risgaard Petersen N, Niels Peter S, et al. 1994. Oxygen regulation of nitrification and denitrification in sediments [J]. Limnology and Oceanography, 39 (7): 1643-1652.

Salt D E, Prince R C, Pickering I J, et al. 1995. Mechanisms of cadmium mobility and accumulation in Indian mustard [J]. Plant Physiology, 109 (4): 1427-1433.

Schaafsma J A, Baldwin A H, Streb C A. 1999. An evaluation of a constructed wetland to treat wastewater from a dairy farm in Maryland, USA [J]. Ecological Engineering, 14 (1): 199-206.

Schumacher J D, Fakoussa R M. 1999. Degradation of alicyclic molecules by Rhodococcus ruber CD4 [J]. Applied Microbiology and Biotechnology, 52 (1): 85-90.

Shin W S, Pardue J H, Jackson W A, et al. 2001. Nutrient enhanced biodegradation of crude oil in tropical salt marshes [J]. Water, Air, & Soil Pollution, 131 (1): 135-152.

Simons M, Podger G, Cooke R. 1996. IQQM—a hydrologic modelling tool for water resource and salinity management [J]. Environmental Software, 11 (1-3): 185-192.

Stirling L A, Watkinson R J, Higgins I J. 1977. Microbial metabolism of alicyclic hydrocarbons: isolation and properties of a cyclohexane-degrading bacterium [J]. Microbiology, 99 (1): 119-125.

Tango M S, Gagnon G A. 2003. Impact of ozonation on water quality in marine recirculation systems [J]. Aquacultural Engineering, 29 (3): 125-137.

Vuksanovic V, De Smedt F, Van Meerbeeck S. 1996. Transport of polychlorinated biphenyls (PCB) in the Scheldt Estuary simulated with the water quality model WASP [J]. Journal of Hydrology, 174 (1-2): 1-18.

Xing G X, Zhu Z L. 2000. An assessment of N loss from agricultural fields to the environment in China [J]. Nutrient Cycling in Agroecosystems, 57 (1): 67-73.

Yassuda E A, Davie S R, Mendelsohn D L, et al. 2000. Development of a waste load allocation model for the Charleston Harbor estuary, phase II: water quality [J]. Estuarine, Coastal and Shelf Science, 50 (1): 99-107.

Zhu H, Yan B, Xu Y, et al. 2014. Removal of nitrogen and COD in horizontal subsurface flow constructed wetlands under different influent C/N ratios [J]. Ecological Engineering, 63: 58-63.

Zhu T, Sikora F J. 1995. Ammonium and nitrate removal in vegetated and unvegetated gravel bed microcosm wetlands [J]. Water Science and Technology, 32 (3): 219-228.